새로운 배움, 더 큰 즐거움

미래엔이 응원합니다!

과학 6·2

WRITERS

미래엔콘텐츠연구회

No.1 Content를 개발하는 교육 콘텐츠 연구회

COPYRIGHT

인쇄일 2023년 7월 3일(1판2쇄)

발행일 2023년 5월 23일

펴낸이 신광수

펴낸곳 (주)미래엔

등록번호 제16-67호

융합콘텐츠개발실장 황은주

개발책임 박진영 **개발** 서규석, 최진경, 유수진, 권태정, 하희수, 지해나

디자인실장 손현지

디자인책임 김기욱 **디자인** 장병진

CS본부장 강윤구

제작책임 강승훈

ISBN 979-11-6841-437-2

과학 한눈에 보기

3학년 1학기에는

- 탐구: 과학 탐구를 수행하는 데 필요한 기초 탐구 기능을 배워요.
- 1단원: 물체와 물질이 무엇인지 알아보고, 우리 주변의 물체를 이루는 물질의 성질을 비교해요.
- 2단원: 동물의 암수에 따른 특징을 비교하고, 다양한 동물의 한살이를 알아봐요.
- 3단원: 자석의 성질을 알아보고, 자석이 일상생활에서 이용되는 모습을 찾아봐요.
- 4단원: 지구의 모양과 표면, 육지와 바다의 특징, 공기의 역할을 이해하고, 지구와 달을 비교해요.

3학년 2학기에는

- 1단원: 동물을 분류하고 동물의 생김새와 생활 방식을 알아봐요.
- 2단원: 흙의 특징과 생성 과정을 알아보고, 흐르는 물이 지형을 어떻게 변화시키는지 알아봐요.
- 3단원: 물질의 세 가지 상태를 알고, 물질의 상태에 따라 우리 주변의 물질을 분류해요.
- 4단원: 소리의 세기와 높낮이를 비교하고, 소리가 전달되거나 반사되는 것을 관찰해요.

5학년 1학기에는

- 1단원: 과학자가 자연 현상을 탐구하는 과정을 알아봐요.
- 2단원: 온도를 측정하고 온도 변화를 관찰하며, 열이 어떻게 이동하는지 알아봐요.
- 3단원: 태양계를 구성하는 행성과 태양에 대해 알고, 북쪽 하늘의 별자리를 관찰해요.
- 4단원: 용해와 용액이 무엇인지 이해하고, 용해에 영향을 주는 요인을 찾으며, 용액의 진하기를 비교해요.
- 5단원: 다양한 생물을 관찰하고, 그 생물이 우리 생활에 미치는 영향을 알아봐요.

5학년 2학기에는

- 1단원: 탐구 문제를 정하고, 계획을 세우며, 탐구를 실행하고, 결과를 발표해요.
- 2단원: 생태계와 환경에 대해 이해하고, 생태계 보전을 위해 할 수 있는 일을 알아봐요.
- 3단원: 여러 가지 날씨 요소를 이해하고, 우리나라 계절별 날씨의 특징을 알아봐요.
- 4단원: 물체의 운동과 속력을 이해하고, 속력과 관련된 일상생활 속 안전에 대해 알아봐요.
- 5단원: 산성 용액과 염기성 용액의 특징을 알고, 산성 용액과 염기성 용액을 섞을 때 일어나는 변화를 관찰해요.

1 매일매일 꾸준히 학습하고 싶다면 초코 학습 계획표를 사용하여 스스로 공부하는 습관을 길러 보세요!
2 매일 학습을 하고, 학습이 끝나면 ☐ 에 √ 표시를 하세요.

일차 ~17 쪽 / 일 / 료 ☐
5일차 18~23 쪽 / 월 일 / 학습 완료 ☐
6일차 24~31 쪽 / 월 일 / 학습 완료 ☐
7일차 32~35 쪽 / 월 일 / 학습 완료 ☐
8일차 36~39 쪽 / 월 일 / 학습 완료 ☐

4일차 52~55 쪽 / 월 일 / 학습 완료 ☐
5일차 56~63 쪽 / 월 일 / 학습 완료 ☐
6일차 64~67 쪽 / 월 일 / 학습 완료 ☐
7일차 68~71 쪽 / 월 일 / 학습 완료 ☐

4일차 82~85 쪽 / 월 일 / 학습 완료 ☐
5일차 86~93 쪽 / 월 일 / 학습 완료 ☐
6일차 94~97 쪽 / 월 일 / 학습 완료 ☐
7일차 98~101 쪽 / 월 일 / 학습 완료 ☐

일차 ~113 쪽 / 일 / 완료 ☐
5일차 114~119 쪽 / 월 일 / 학습 완료 ☐
6일차 120~127 쪽 / 월 일 / 학습 완료 ☐
7일차 128~131 쪽 / 월 일 / 학습 완료 ☐
8일차 132~135 쪽 / 월 일 / 학습 완료 ☐

4일차 146~149 쪽 / 월 일 / 학습 완료 ☐
5일차 150~157 쪽 / 월 일 / 학습 완료 ☐
6일차 158~161 쪽 / 월 일 / 학습 완료 ☐
7일차 162~165 쪽 / 월 일 / 학습 완료 ☐

초코가 추천하는

과학 학습 계획표

1 전기의 이용

1일차	2일차	3일차	4
7~9 쪽	10~11 쪽	12~15 쪽	16~
월 일	월 일	월 일	월
학습 완료 ☐	학습 완료 ☐	학습 완료 ☐	학습 완

2 계절의 변화

1일차	2일차	3일차
41~45 쪽	46~49 쪽	50~51 쪽
월 일	월 일	월 일
학습 완료 ☐	학습 완료 ☐	학습 완료 ☐

3 연소와 소화

1일차	2일차	3일차
73~75 쪽	76~79 쪽	80~81 쪽
월 일	월 일	월 일
학습 완료 ☐	학습 완료 ☐	학습 완료 ☐

4 우리 몸의 구조와 기능

1일차	2일차	3일차	4
103~105 쪽	106~107 쪽	108~111 쪽	112~
월 일	월 일	월 일	
학습 완료 ☐	학습 완료 ☐	학습 완료 ☐	학습

5 에너지와 생활

1일차	2일차	3일차
137~139 쪽	140~143 쪽	144~145 쪽
월 일	월 일	월 일
학습 완료 ☐	학습 완료 ☐	학습 완료 ☐

초등학교 3학년부터 6학년까지 과학에서는
무엇을 배우는지 한눈에 알아보아요!

4학년 1학기에는

- **탐구** 기초 탐구 기능을 활용하여 실제 과학 탐구를 실행해요.
- **1단원** 지층과 퇴적암을 관찰하고, 화석의 생성 과정, 화석과 과거 지구 환경의 관계를 알아봐요.
- **2단원** 식물의 한살이를 관찰하고, 여러 가지 식물의 한살이를 비교해요.
- **3단원** 저울로 무게를 측정하는 까닭을 알고, 양팔저울, 용수철저울로 물체의 무게를 비교하고 측정해요.
- **4단원** 혼합물을 분리하여 이용하는 까닭을 알고, 물질의 성질을 이용해서 혼합물을 분리해요.

4학년 2학기에는

- **1단원** 식물을 분류하고 식물의 생김새와 생활 방식을 알아봐요.
- **2단원** 물의 세 가지 상태를 알고 물과 얼음, 물과 수증기 사이의 상태 변화를 관찰해요.
- **3단원** 물체의 그림자를 관찰하며 빛의 직진을 이해하고, 빛의 반사와 거울의 성질을 알아봐요.
- **4단원** 화산 분출물, 화강암, 현무암의 특징을 알고, 화산 활동과 지진이 우리 생활에 미치는 영향을 알아봐요.
- **5단원** 지구에 있는 물이 순환하는 과정을 알고, 물 부족 현상을 해결하는 방법을 찾아봐요.

6학년 1학기에는

- **1단원** 일상생활에서 생긴 의문을 탐구 과정을 통해 해결하면서 통합 탐구 기능을 익혀요.
- **2단원** 태양과 달이 뜨고 지는 까닭, 계절에 따라 별자리가 변하는 까닭, 여러 날 동안 달의 모양과 위치의 변화를 알아봐요.
- **3단원** 산소와 이산화 탄소의 성질을 확인하고, 온도, 압력과 기체 부피의 관계를 알아봐요.
- **4단원** 식물과 동물의 세포를 관찰하고, 식물의 구조와 기능을 알아봐요.
- **5단원** 빛의 굴절 현상을 관찰하고, 볼록 렌즈의 특징과 쓰임새를 알아봐요.

6학년 2학기에는

- **1단원** 전기 회로에 대해 알고, 전기를 안전하게 사용하고 절약하는 방법을 조사하며, 전자석에 대해 알아봐요.
- **2단원** 계절에 따라 기온이 변하는 현상을 이해하고, 계절이 변하는 까닭을 알아봐요.
- **3단원** 물질이 연소하는 조건과 연소할 때 생성되는 물질을 알고, 불을 끄는 방법과 화재 안전 대책을 알아봐요.
- **4단원** 우리 몸의 뼈와 근육, 소화 · 순환 · 호흡 · 배설 · 감각 기관의 구조와 기능을 알아봐요.
- **5단원** 우리 주변 에너지의 형태를 알고, 에너지 전환을 이해하며, 에너지를 효율적으로 사용하는 방법을 알아봐요.

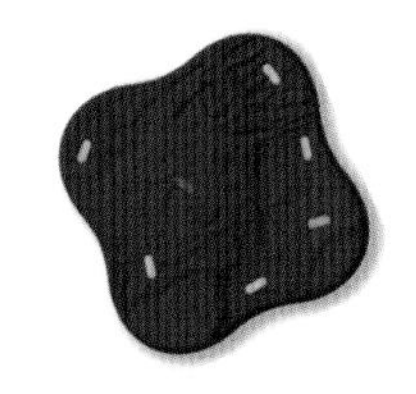

과학은
자연 현상을 이해하고 탐구하는 과목이에요.

하지만
갑자기 쏟아지는 새로운 개념과
익숙하지 않은 용어들 때문에
과학을 어렵게 느끼는 친구들이 많이 있어요.

그런 친구들을 위해
초코 가 왔어요!

초코 는~
중요하고 꼭 알아야 하는 내용을 쉽게 정리했어요.
공부한 내용은 여러 문제를 풀면서 확인할 수 있어요.
알쏭달쏭한 개념은 그림으로 한눈에 이해할 수 있어요.

공부가 재밌어지는 **초코** 와 함께라면
과학이 쉬워진답니다.

초등 과학의 즐거운 길잡이!
초코! 맛보러 떠나요~

구성과 특징

"책"으로 공부해요

1 개념이 탄탄

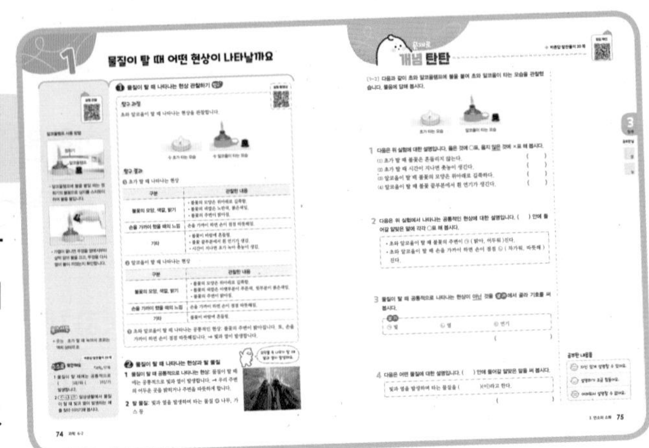

- 교과서의 탐구 활동과 핵심 개념을 간결하게 정리하여 내용을 한눈에 파악하고 쉽게 이해할 수 있어요.
- 간단한 문제를 통해 개념을 잘 이해하고 있는지 확인할 수 있어요.

2 실력이 쑥쑥

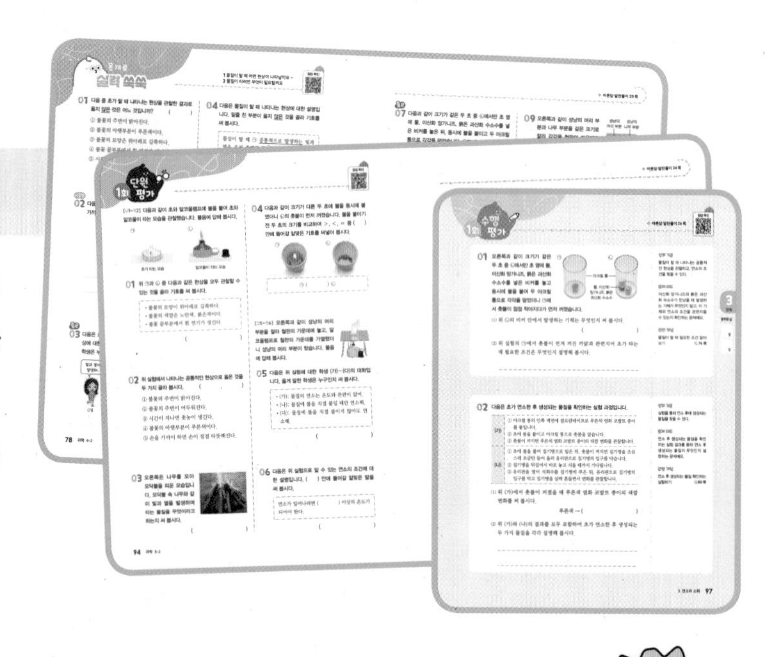

- 객관식, 단답형, 서술형 등 다양한 형식의 문제를 풀어 보면서 실력을 쌓을 수 있어요.
- 단원 평가, 수행 평가를 통해 실제 평가에 대비할 수 있어요.

"온라인 서비스"도 활용해요

생생한 실험 동영상

어렵고 복잡한 실험은 실험 동영상으로 실감 나게 학습해요.

3 핵심만 쏙쏙

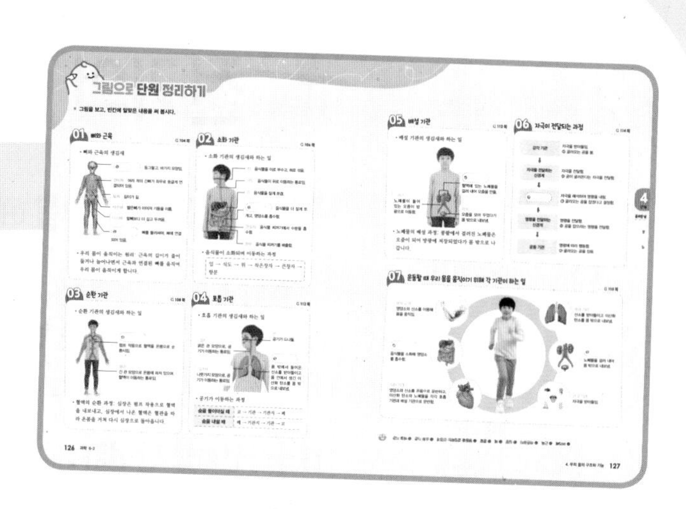

- 핵심 개념만 쏙쏙 뽑아낸 그림으로 어려운 개념도 쉽고 재미있게 학습할 수 있어요.
- 비어 있는 내용을 채우면서 학습한 개념을 다시 정리할 수 있어요.

4 교과서도 완벽

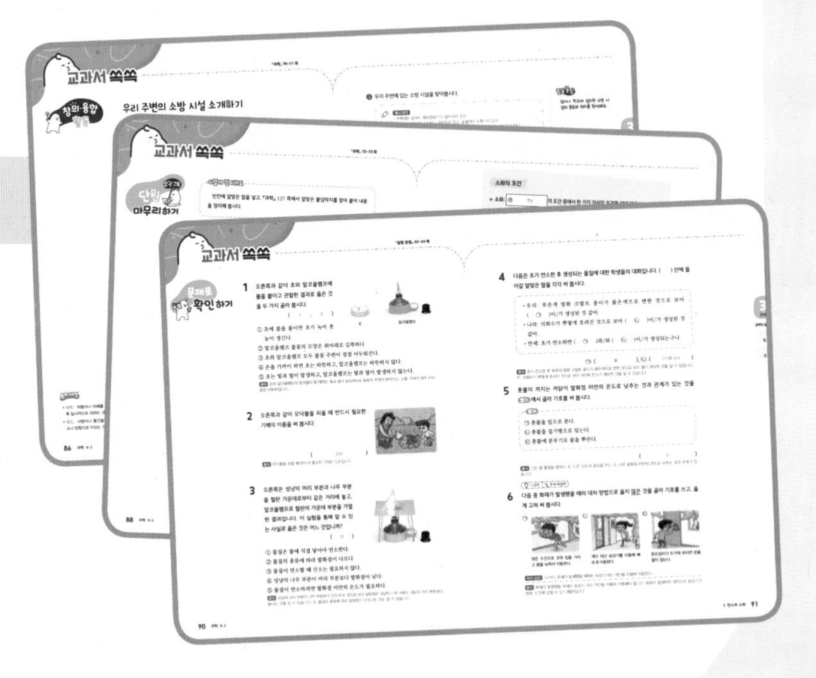

- 교과서의 단원 도입 활동, 마무리 활동을 자세하게 풀이하여 교과서 내용을 놓치지 않고 정리할 수 있어요.
- 교과서와 실험 관찰에 수록된 문제를 다시 확인할 수 있어요.

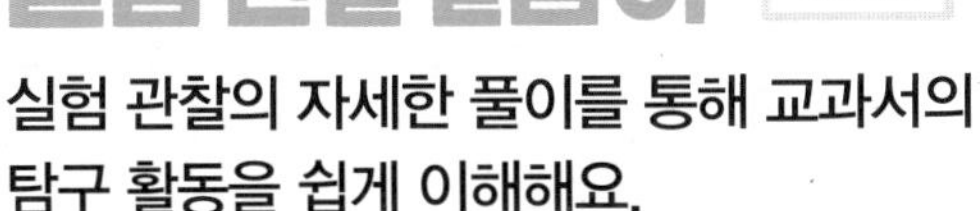

교과서 탐구를 손쉽게

실험 관찰 길잡이

실험 관찰의 자세한 풀이를 통해 교과서의 탐구 활동을 쉽게 이해해요.

스스로 확인하는

정답과 풀이

문제를 풀고 정답과 풀이를 바로 확인하면서 스스로 학습해요.

1 전기의 이용

2 계절의 변화

3 연소와 소화

4 우리 몸의 구조와 기능

5 에너지와 생활

전기의 이용

이 단원에서 무엇을 공부할지 알아보아요.

공부할 내용	쪽수	교과서 쪽수
1 전지, 전선, 전구를 어떻게 연결하면 전구에 불을 켤 수 있을까요	8~9쪽	『과학』 12~13쪽 『실험 관찰』 6쪽
2 전구를 연결하는 방법에 따라 전구의 밝기는 어떻게 달라질까요	10~11쪽	『과학』 14~15쪽 『실험 관찰』 7쪽
3 전기를 안전하게 사용하고 절약하는 방법에는 무엇이 있을까요	12~13쪽	『과학』 16~17쪽 『실험 관찰』 8~9쪽
4 전자석을 만들어 볼까요	16~17쪽	『과학』 18~19쪽 『실험 관찰』 10쪽
5 전자석은 어떤 성질이 있을까요 6 전자석을 이용하는 예에는 무엇이 있을까요	18~21쪽	『과학』 20~25쪽 『실험 관찰』 11~13쪽

『과학』 10~11 쪽

발광 다이오드의 불이 켜지는 카드

발광 다이오드, 구리 테이프, 동전 모양 전지를 이용해 불이 켜지는 카드를 만들어 봅시다.

접으면 불이 켜지는 카드 만들기

❶ 발광 다이오드의 두 다리를 동전 모양 전지의 양면에 대고 발광 다이오드에 불이 켜지는 것을 확인합니다.

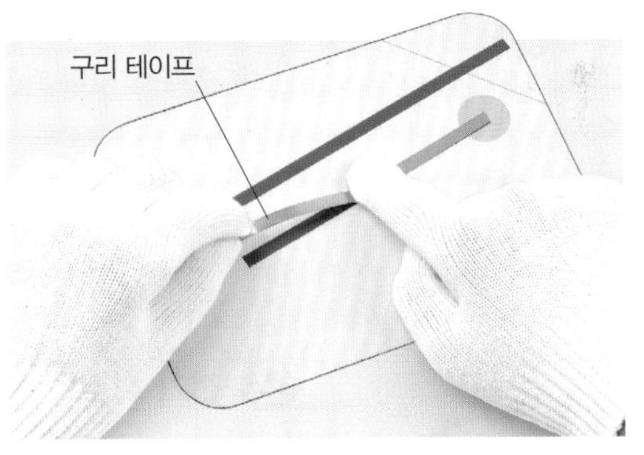

❷ 카드 도안 앞면의 파란색 선을 따라 구리 테이프를 붙입니다.

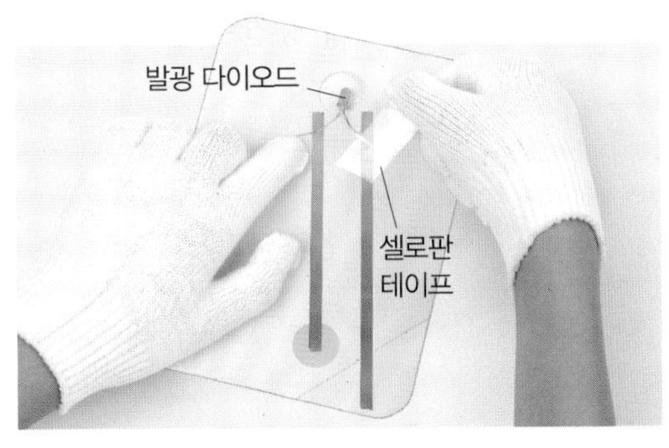

❸ 구멍이 뚫린 부분에 발광 다이오드를 놓고, 발광 다이오드의 두 다리가 구리 테이프에 각각 닿게 한 뒤 셀로판테이프를 붙입니다.

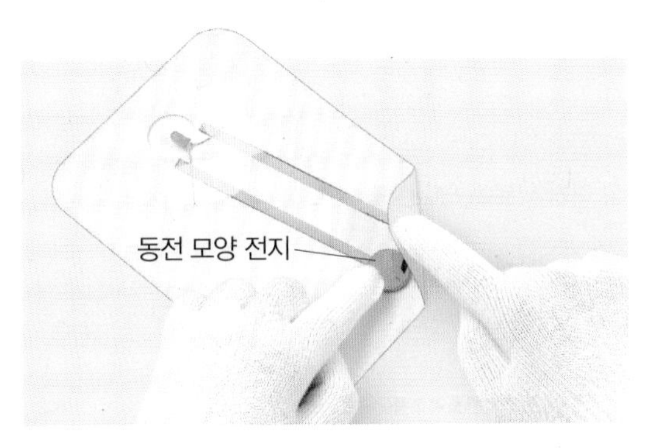

❹ 초록색 원에 동전 모양 전지를 올린 뒤 점선을 따라 접습니다. 발광 다이오드에 불이 켜지면 동전 모양 전지를 셀로판테이프로 고정합니다.

- 카드 도안을 접었을 때 발광 다이오드에 불이 켜진 까닭을 설명해 봅시다.

예시 답안 카드를 접으면 발광 다이오드에 전기가 흐르기 때문에 발광 다이오드에 불이 켜진다.

전지, 전선, 전구를 어떻게 연결하면 전구에 불을 켤 수 있을까요

여러 가지 전기 부품

- 전기 부품에는 전지, 전지 끼우개, 전구, 전구 끼우개, 집게 달린 전선, 스위치 등이 있습니다.
- 여러 가지 전기 부품은 전기가 잘 통하는 부분과 전기가 잘 통하지 않는 부분으로 이루어져 있습니다.

전지

전지 끼우개

전구

전구 끼우개

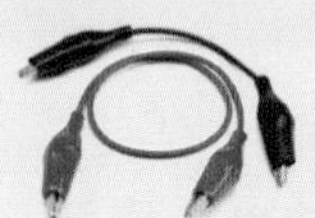
집게 달린 전선

스위치

용어 사전

★ 부품 기계의 어떤 부분에 쓰이는 물건

★ 스위치 전기 회로를 이었다 끊었다 하는 장치

바른답·알찬풀이 2쪽

『과학』 13쪽

1 전기 부품을 연결해 전기가 흐르게 만든 것을 (   )(이)라고 합니다.

2 (문제 해결력) 오른쪽 전구에 불을 켜려면 어떻게 해야 할지 설명해 봅시다.

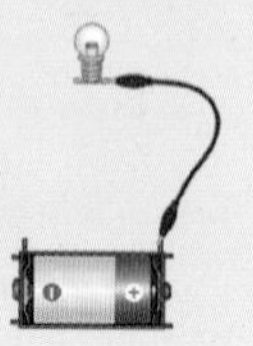

❶ 전구에 불 켜기 탐구

실험 동영상

탐구 과정

❶ 전지, 전선, 전구를 1~4와 같이 연결할 때 어느 전구에 불이 켜지는지 확인합니다.

1
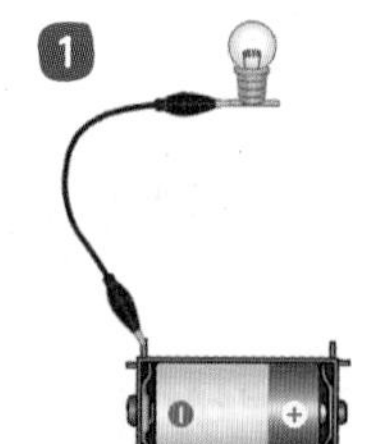

2
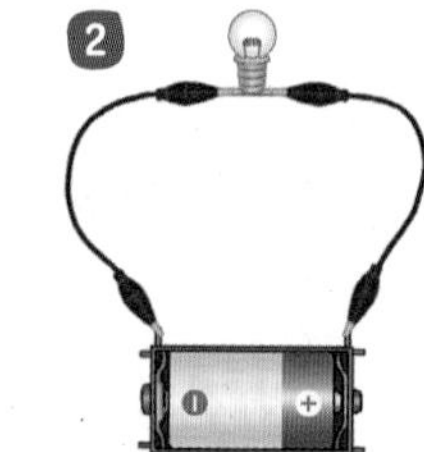

3

4

❷ 1~4 중에서 전구에 불이 켜진 것의 공통점을 찾아봅니다.

탐구 결과

전구에 불이 켜진 것	2, 4
공통점	• 전기 부품에서 전기가 잘 통하는 부분끼리 연결함. • 전구와 전선을 전지의 (+)극과 (−)극에 중간에 끊긴 곳이 없게 연결함.

❷ 전기 회로의 전구에 불이 켜지는 조건

1 전기 회로: 전지, 전선, 전구와 같은 전기 부품을 연결해 전기가 흐르게 만든 것

2 전기 회로의 전구에 불이 켜지는 조건

① 전기 부품에서 전기가 잘 통하는 부분끼리 연결해야 합니다.

② 전구와 전선을 전지의 (+)극과 (−)극에 중간에 끊긴 곳이 없게 연결해야 합니다.

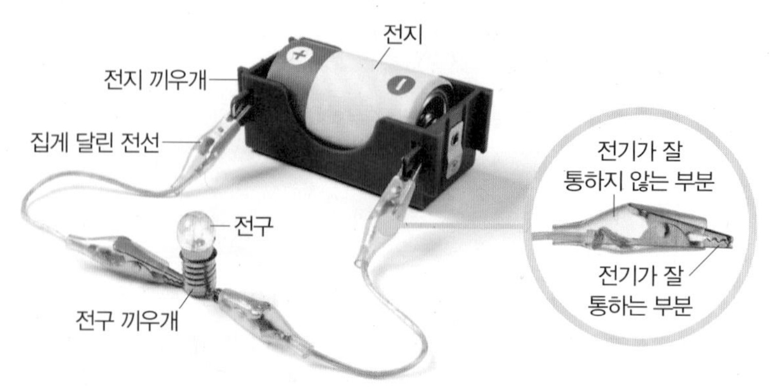

전구에 불이 켜진 전기 회로

3 전기가 잘 통하는 물질과 잘 통하지 않는 물질

① 집게 달린 전선에서 집게 부분은 전기가 잘 통하는 금속으로 만듭니다. (예 철, 구리)

② 집게 달린 전선에서 손으로 잡는 부분은 전기가 잘 통하지 않게 고무나 비닐 등으로 만듭니다.

문제로
개념 탄탄

바른답·알찬풀이 2 쪽

정답 확인

1 단원

공부한 날 월 일

[1~2] 다음은 전지, 전선, 전구를 연결한 전기 회로입니다. 물음에 답해 봅시다.

㉠

㉡

1 위 ㉠, ㉡ 중 전구에 불이 켜지는 것을 골라 기호를 써 봅시다.

(　　　　　　　　)

2 다음은 1번에서 답한 전기 회로의 전구에 불이 켜지는 조건에 대한 설명입니다. (　　) 안에 들어갈 알맞은 말에 ○표 해 봅시다.

> 전구와 전선을 전지의 ((+), (−))극과 (−)극에 중간에 끊긴 곳이 없게 연결해야 한다.

3 다음 (　　) 안에 들어갈 알맞은 말을 써 봅시다.

> 전지, 전선, 전구와 같은 전기 부품을 연결해 전기가 흐르게 만든 것을 (　　　　)(이)라고 한다.

(　　　　　　　　)

4 다음은 전기 회로의 전구에 불이 켜지는 조건에 대한 설명입니다. 옳은 것에 ○표, 옳지 않은 것에 ×표 해 봅시다.

(1) 전기 부품에서 전기가 잘 통하는 부분끼리 연결한다. (　　)

(2) 전구와 전선을 전지의 (−)극에만 끊긴 곳이 없게 연결한다. (　　)

5 오른쪽과 같은 집게 달린 전선에서 전기가 잘 통하는 부분을 골라 기호를 써 봅시다.

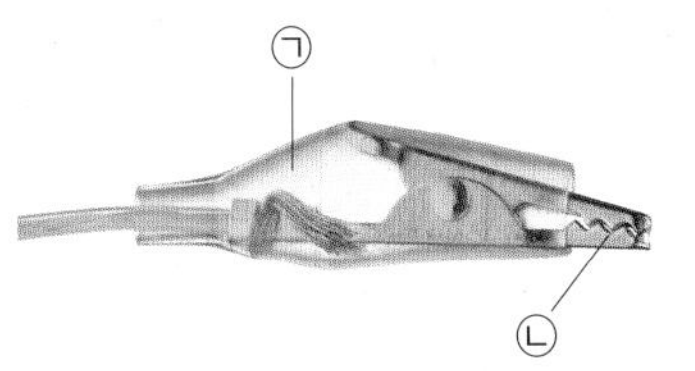

(　　　　　　　　)

공부한 내용을

- 자신 있게 설명할 수 있어요.
- 설명하기 조금 힘들어요.
- 어려워서 설명할 수 없어요.

2 전구를 연결하는 방법에 따라 전구의 밝기는 어떻게 달라질까요

실험 관찰

스위치 사용 방법

• 스위치를 닫으면 전기 회로가 연결되어 전기가 흐릅니다.

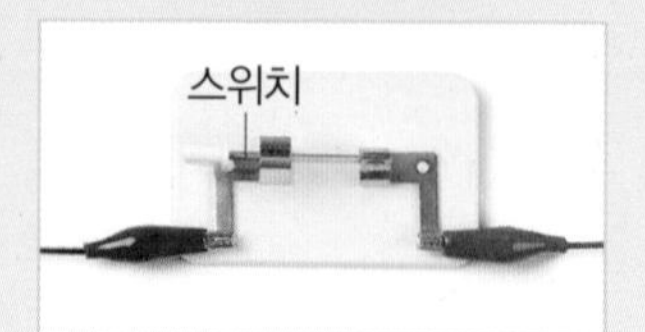

• 스위치를 닫지 않으면 전기 회로가 끊겨 전기가 흐르지 않습니다.

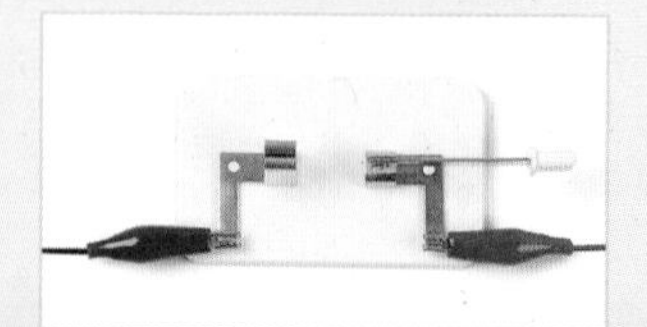

★ 직렬 한 줄로 연결함.

★ 병렬 나란히 늘어 놓음.

바른답·알찬풀이 2쪽

스스로 확인해요 『과학』 15쪽

1 같은 전지와 전구를 사용하더라도 전기 회로에 두 전구를 (직렬연결, 병렬연결)하면 (직렬연결, 병렬연결)할 때보다 전구가 더 밝습니다.

2 (사고력) 다음과 같은 전기 회로에서 전지를 그대로 두고 두 전구의 밝기를 더 어둡게 할 수 있는 방법을 설명해 봅시다.

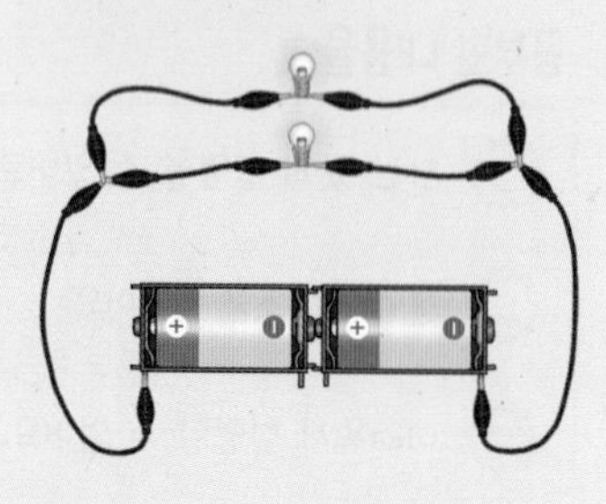

1 전구의 연결 방법에 따른 전구의 밝기 비교하기 (탐구)

실험 동영상

탐구 과정

❶ 전지, 전선, 전구, 스위치를 1~4와 같이 연결한 뒤, 스위치를 모두 닫고 전구의 밝기가 비슷한 전기 회로끼리 분류해 공통점을 찾아봅니다.

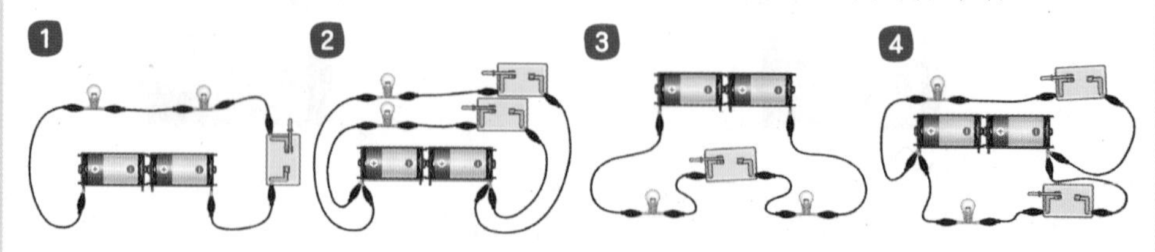

❷ 1~4에서 전구 끼우개에 연결된 전구 중에서 한 개만 뺀 뒤, 스위치를 모두 닫고 나머지 전구가 어떻게 되는지 관찰합니다.

탐구 결과

❶ 전구의 밝기가 비슷한 전기 회로의 공통점

구분	전구의 밝기가 밝은 전기 회로	전구의 밝기가 어두운 전기 회로
회로	2, 4	1, 3
공통점	두 전구가 두 줄에 한 개씩 연결되어 있음.	두 전구가 한 줄로 연결되어 있음.

❷ 한 개의 전구를 뺐을 때 나머지 전구의 변화

전기 회로	2, 4	1, 3
나머지 전구의 변화	전구의 불이 꺼지지 않음.	전구의 불이 꺼짐.

2 전구의 직렬연결과 병렬연결

구분	전구의 직렬연결	전구의 병렬연결
전기 회로	두 개 이상의 전구를 한 줄로 연결함.	두 개 이상의 전구를 여러 줄에 한 개씩 연결함.
한 전구가 꺼질 때	나머지 전구의 불이 꺼짐.	나머지 전구의 불이 꺼지지 않음.
전구의 밝기	두 전구를 병렬연결한 전구가 직렬연결한 전구보다 밝음.	
전지가 닳는 정도	두 전구를 병렬연결한 전지가 직렬연결한 전지보다 더 빨리 닳음.	

문제로
개념 탄탄

바른답·알찬풀이 2 쪽

1 단원

공부한 날 월 일

[1~2] 다음은 전지, 전선, 전구, 스위치를 연결한 전기 회로입니다. 물음에 답해 봅시다.

㉠

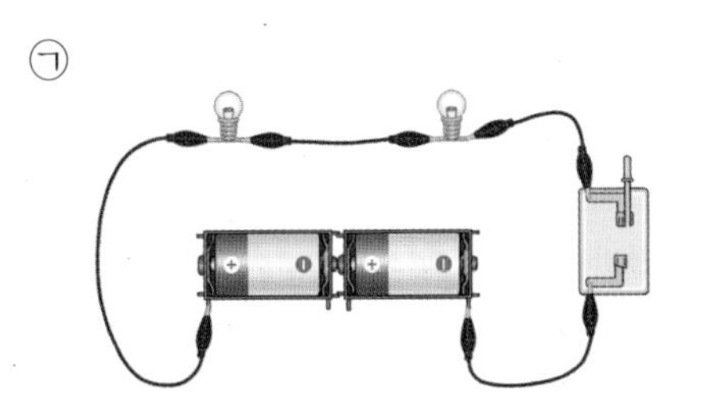

㉡

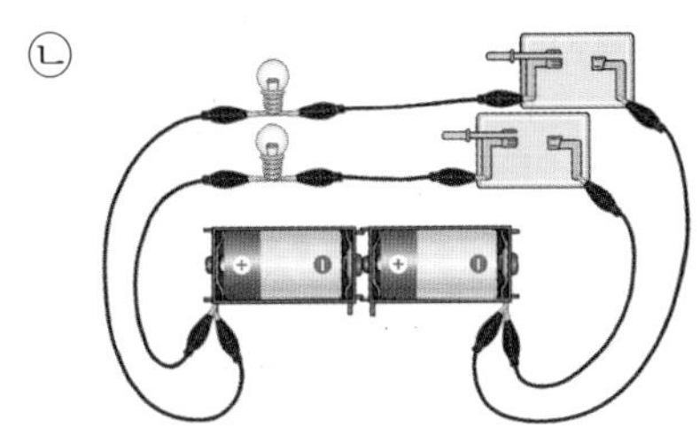

1 위 ㉠, ㉡ 중 스위치를 닫을 때 전구의 밝기가 더 밝은 것을 골라 기호를 써 봅시다.

( )

2 위 ㉠, ㉡ 중 다음 설명에 해당하는 것을 골라 기호를 써 봅시다.

(1) 두 전구가 한 줄로 연결되어 있다. ( )

(2) 두 전구가 두 줄에 한 개씩 연결되어 있다. ( )

[3~4] 다음은 전지, 전선, 전구를 연결한 전기 회로입니다. 물음에 답해 봅시다.

(가)

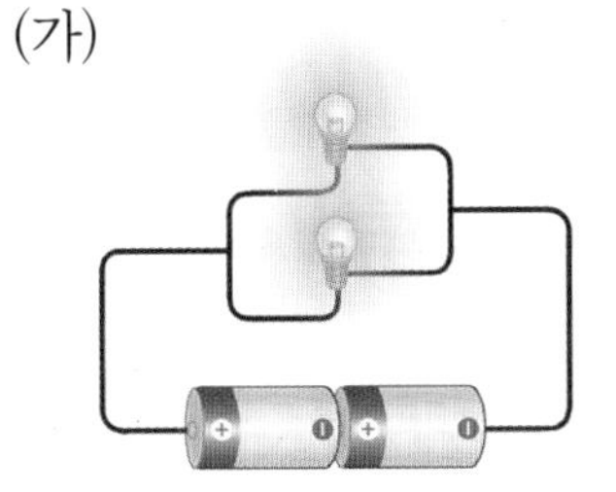

(나)

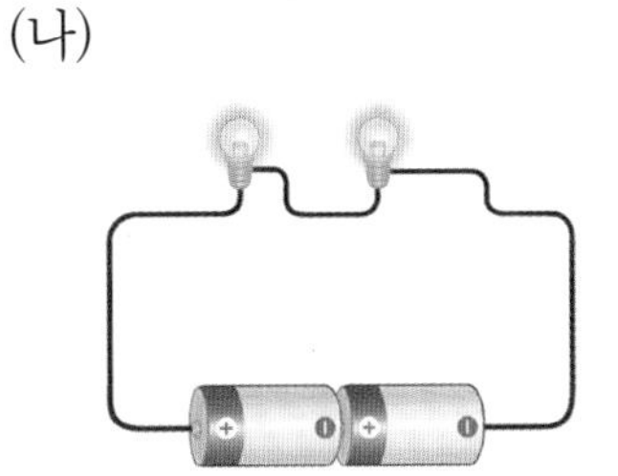

3 위 전기 회로에서 전구의 연결 방법을 선으로 이어 봅시다.

(1) (가) • • ㉠ 직렬연결

(2) (나) • • ㉡ 병렬연결

4 위 전기 회로에 대한 설명으로 옳은 것에 ○표, 옳지 않은 것에 ×표 해 봅시다.

(1) (가)에서 두 전구 중 한 전구가 꺼지면 나머지 전구도 꺼진다. ( )

(2) (나)에서 두 전구 중 한 전구가 꺼지면 나머지 전구도 꺼진다. ( )

(3) (가)의 전지는 (나)의 전지보다 더 빨리 닳는다. ( )

공부한 내용을

자신 있게 설명할 수 있어요.

설명하기 조금 힘들어요.

어려워서 설명할 수 없어요.

3 전기를 안전하게 사용하고 절약하는 방법에는 무엇이 있을까요

❶ 전기를 안전하게 사용하고 절약하는 방법을 알리는 영상 만들기 탐구

1 전기를 안전하게 사용하고 절약해야 하는 까닭

전기를 안전하게 사용해야 하는 까닭	전기를 절약해야 하는 까닭
화재나 감전 사고의 위험이 있으므로 전기를 안전하게 사용해야 함. 	전기를 만들 때 환경을 오염하는 물질이 나오기 때문에 전기를 절약해야 함. 

2 전기를 안전하게 사용하고 절약하는 방법

전기를 안전하게 사용하는 방법

전기 기구를 만질 때

위험 젖은 손으로 전기 기구를 만지면 감전될 위험이 있음.
안전 전기 기구를 만질 때에는 손에 물기를 깨끗이 닦고 나서 만져야 함.

코드를 뽑을 때

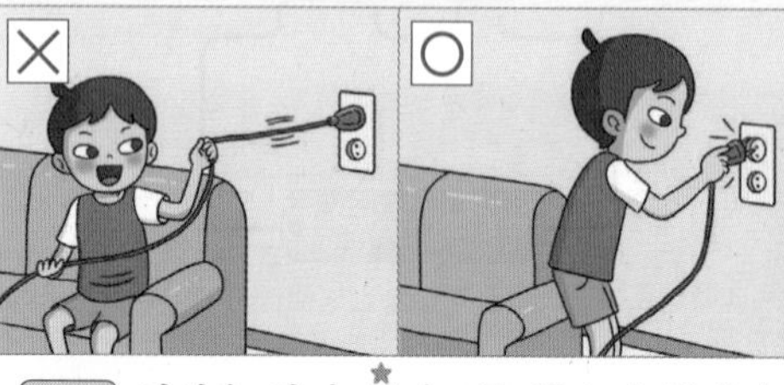

위험 전선을 당겨 플러그★를 뽑으면 화재나 감전의 위험이 있음.
안전 전선을 당기지 않고, 플러그를 잡고 뽑아야 함.

콘센트를 사용할 때

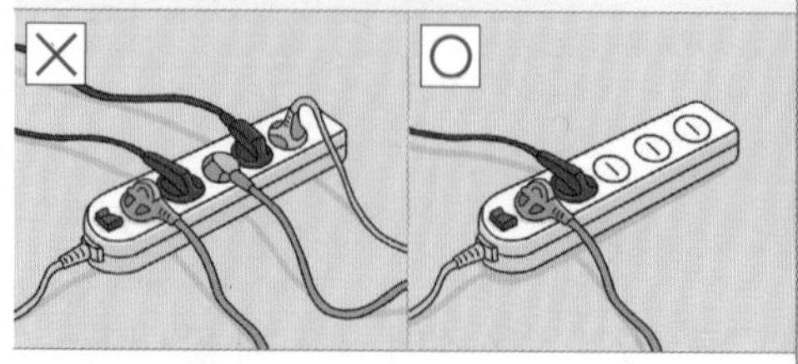

위험 한 콘센트에 여러 개의 플러그를 동시에 연결하면 화재의 위험이 있음.
안전 콘센트를 사용할 때에는 너무 많은 플러그를 한꺼번에 꽂아서 사용하지 않도록 함.

전기를 절약하는 방법

냉장고를 사용할 때

낭비 냉장고 문을 계속 열어 두면 전기를 낭비할 수 있음.
절약 전기를 절약하려면 냉장고 문은 사용한 뒤에 곧바로 닫아야 함.

냉방기를 사용할 때

낭비 냉방기를 사용할 때 창문과 문을 모두 열어 두면 전기를 낭비할 수 있음.
절약 전기를 절약하려면 창문과 문을 모두 닫고 냉방기를 사용해야 함.

전기 기구를 사용하지 않을 때

낭비 사용하지 않는 전기 기구의 전원을 켜 두면 전기를 낭비할 수 있음.
절약 전기를 절약하려면 전기 기구를 사용하지 않을 때에는 전원을 꺼 두도록 함.

실험 관찰

전기를 함부로 사용하면 일어날 수 있는 일

- 전기 화재가 날 수 있습니다.
- 감전 사고가 날 수 있습니다.
- 전기를 낭비할 수 있습니다.

영상 만들기 프로젝트

1 조사 및 토의하기
- 전기를 안전하게 사용하고 절약해야 하는 까닭 조사하기
- 전기를 안전하게 사용하고 절약하는 방법 토의하기

2 영상 계획하기
- 영상 표현 방법 정하기
- 모둠원의 역할 정하기
- 영상 대본 완성하기

3 영상 만들기
- 영상 촬영하기
- 영상 편집하기

4 발표 및 평가하기
- 완성한 영상 발표하기
- 다른 모둠의 영상 평가하기

용어 사전

★ 플러그 전기 회로를 쉽게 접속하거나 절단하는 데 사용하기 위한 기구

문제로 개념 탄탄

→ 바른답·알찬풀이 3 쪽

공부한 날 월 일

1 다음은 전기를 안전하게 사용하고 절약해야 하는 까닭입니다. 옳은 것에 ○표, 옳지 않은 것에 ×표 해 봅시다.

(1) 전기를 사용할 때에는 화재의 위험이 있으므로 안전하게 사용해야 한다. ( )

(2) 전기를 만들 때 환경에 좋은 물질이 나오므로 전기를 많이 사용할수록 좋다. ( )

2 전기를 안전하게 사용하고 있는 경우로 옳은 것에 ○표, 옳지 않은 것에 ×표 해 봅시다.

(1)

젖은 손으로 전기 기구를 만진다.

( )

(2)

플러그를 잡고 뽑는다.

( )

(3)

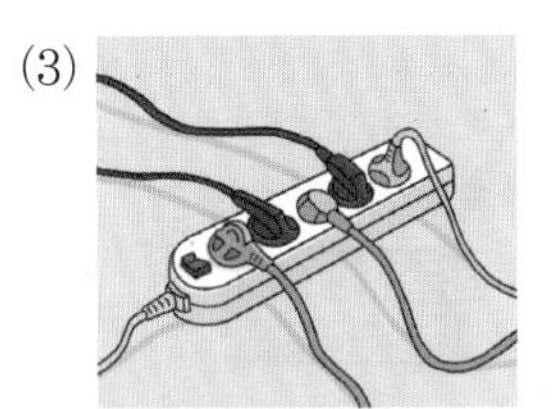

콘센트에 여러 개의 플러그를 동시에 연결한다.

( )

3 다음 상황에서 전기를 절약하는 방법을 선으로 이어 봅시다.

(1) 냉방기를 사용할 때 •

(2) 전기 기구를 사용하지 않을 때 •

• ㉠

전기 기구의 전원을 꺼 둔다.

• ㉡

창문과 문을 모두 닫는다.

4 다음은 전기를 올바르게 사용하는 방법에 대한 학생 (가)~(다)의 대화입니다. 옳게 말한 학생은 누구인지 써 봅시다.

- (가): 플러그를 뽑을 때에는 전선을 잡아당겨.
- (나): 전기 기구를 만질 때에는 손에 물기를 깨끗하게 닦아야 해.
- (다): 냉장고에서 음식을 꺼낸 뒤에도 냉장고 문을 계속 열어 둬.

( )

공부한 내용을

 자신 있게 설명할 수 있어요.

 설명하기 조금 힘들어요.

 어려워서 설명할 수 없어요.

정답 확인

[01~02] 다음과 같이 전지, 전선, 전구를 연결했습니다. 물음에 답해 봅시다.

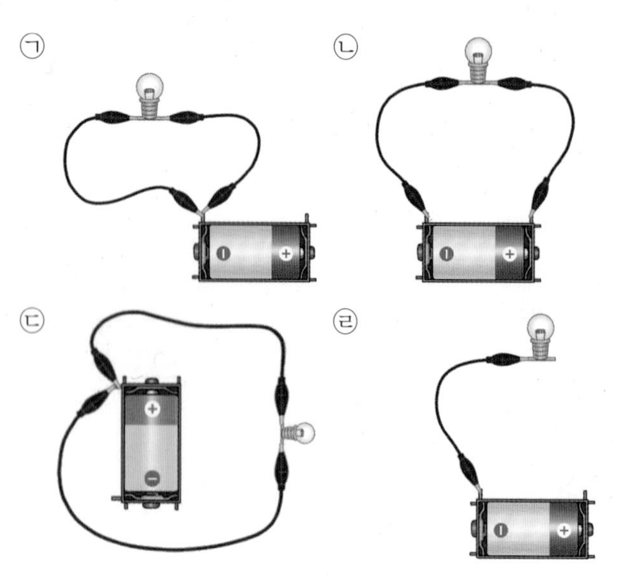

01 위 ㉠~㉣ 중 전구에 불이 켜지는 것을 골라 기호를 써 봅시다.

( )

중요

02 다음은 위 **01**번에서 답한 전기 회로에 대한 학생 (가)~(다)의 대화입니다. 옳게 말한 학생은 누구인지 써 봅시다.

- (가): 전구를 전지의 (−)극에만 연결했어.
- (나): 전기 회로의 중간에 끊어진 곳이 있어.
- (다): 전구와 전선을 전지의 (+)극과 (−)극에 연결했어.

( )

03 다음 ( ) 안에 들어갈 알맞은 말을 써 봅시다.

> 전지, 전선, 전구와 같은 전기 부품을 연결해 전기가 흐르게 만든 것을 ( )(이)라고 한다.

( )

서술형

04 오른쪽 전기 회로의 전구에 불이 켜지지 않는 까닭을 설명해 봅시다.

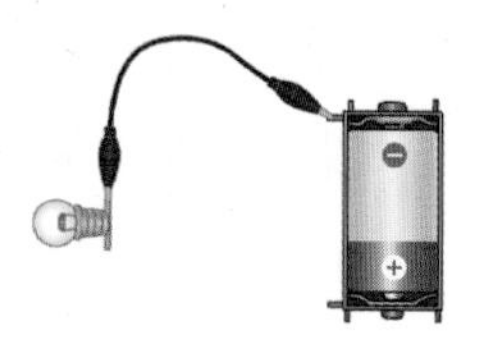

....

....

[05~06] 다음과 같이 전지, 전선, 전구, 스위치를 연결했습니다. 물음에 답해 봅시다.

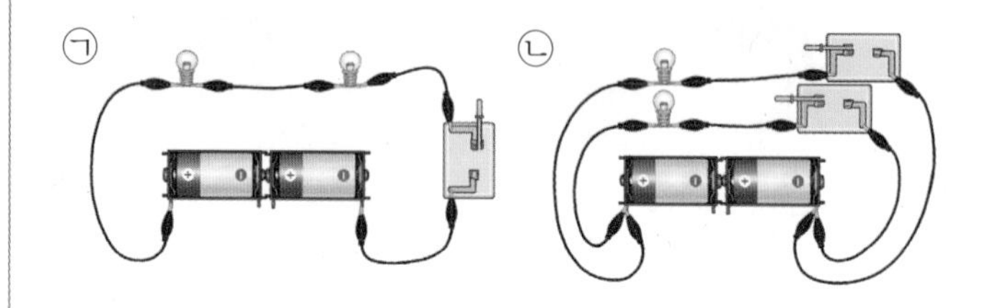

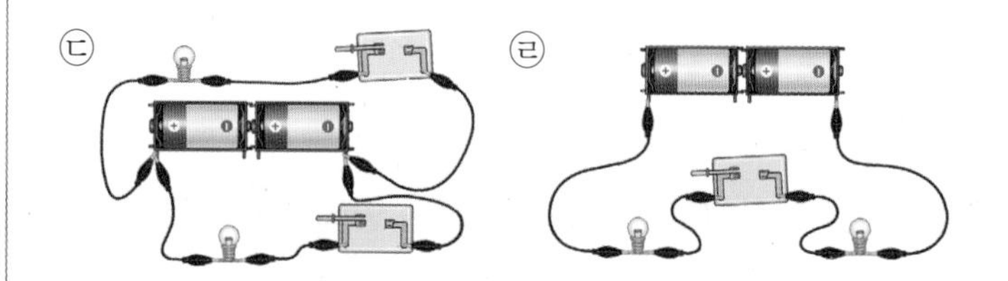

05 위 ㉠~㉣의 스위치를 닫을 때 전구의 밝기가 비슷한 것끼리 분류하여 각각 기호를 써 봅시다.

(1) 전구의 밝기가 밝은 회로: (,)

(2) 전구의 밝기가 어두운 회로: (,)

06 위 ㉠~㉣에서 전구 끼우개에 연결된 전구 중 한 개만 뺀 뒤, 스위치를 모두 닫을 때 나머지 전구의 변화를 옳게 짝 지은 것은 어느 것입니까?

( )

	불이 꺼지는 회로	불이 꺼지지 않는 회로
①	㉠, ㉡	㉢, ㉣
②	㉠, ㉢	㉡, ㉣
③	㉠, ㉣	㉡, ㉢
④	㉡, ㉢	㉠, ㉣
⑤	㉡, ㉣	㉠, ㉢

[07~08] 다음과 같이 전지, 전선, 전구를 연결했습니다. 물음에 답해 봅시다.

㉠ ㉡

중요
07 위 ㉠, ㉡에서 전구의 연결 방법은 무엇인지 각각 써 봅시다.

㉠: (　　　　　　　　), ㉡: (　　　　　　　　)

서술형
08 위 ㉠, ㉡ 중 전지가 더 빨리 닳는 것을 골라 기호를 쓰고, 그렇게 생각한 까닭을 전구의 연결 방법과 관련지어 설명해 봅시다.

....

....

09 다음은 전기를 올바르게 사용해야 하는 까닭에 대한 학생 (가)~(다)의 대화입니다. 옳게 말한 학생은 누구인지 써 봅시다.

전기는 화재의 위험이 없으므로 안심하고 사용해도 돼.

(가)

감전 사고가 일어날 수 있으므로 전기는 안전하게 사용해야 해.

(나)

전기를 만들 때에는 환경에 좋은 물질이 나오므로 많이 사용해도 돼.

(다)

(　　　　　　　　)

중요
10 다음 중 전기를 올바르게 사용하는 모습으로 옳은 것은 어느 것입니까? (　　　)

① 냉장고 문을 계속 열어 둔다.

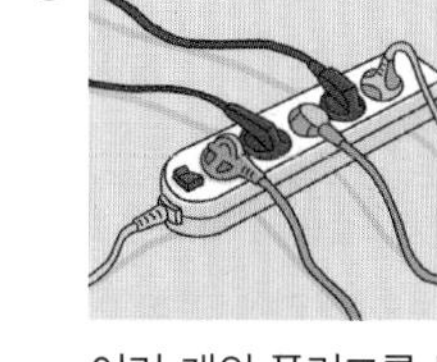

② 여러 개의 플러그를 동시에 연결한다.

③ 창문과 문을 열어 두고 냉방기를 사용한다.

④ 플러그를 잡고 뽑는다.

11 전기를 올바르게 사용하는 방법으로 옳지 않은 것을 보기에서 골라 기호를 써 봅시다.

보기
㉠ 외출할 때에도 전기난로를 켜 둔다.
㉡ 난방기를 사용할 때 창문을 닫는다.
㉢ 사용하지 않는 컴퓨터의 전원을 끈다.

(　　　　　　　　)

서술형
12 오른쪽과 같이 전기를 사용할 때 잘못된 점과 전기를 안전하게 사용하는 방법을 설명해 봅시다.

....

....

전자석을 만들어 볼까요

에나멜선의 겉면을 벗기는 까닭

에나멜선의 겉면에 입힌 에나멜은 전기가 잘 통하지 않습니다. 따라서 에나멜선의 겉면을 완전히 벗겨야 에나멜선에 집게 달린 전선을 연결할 때 전기가 흐를 수 있습니다.

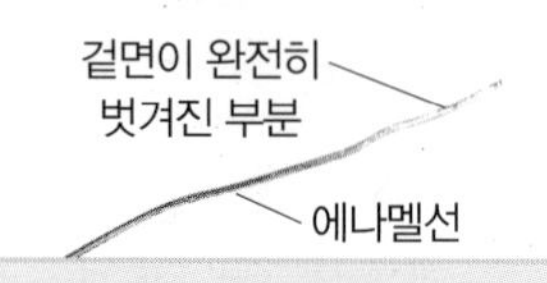

★ **에나멜선** 전기가 잘 통하는 금속에 에나멜을 얇게 입혀서 만든 전선

★ **사포** 물체를 반들반들하게 문지르는 데에 사용되는 종이

바른답·알찬풀이 4 쪽

스스로 확인해요 『과학』 19 쪽

1 (　　　)은/는 전기가 흐를 때에만 철로 된 물체를 끌어당깁니다.

2 (사고력) 다음과 같이 전자석의 양 끝에 클립이 많이 붙었습니다. 이를 통해 알 수 있는 사실은 무엇인지 설명해 봅시다.

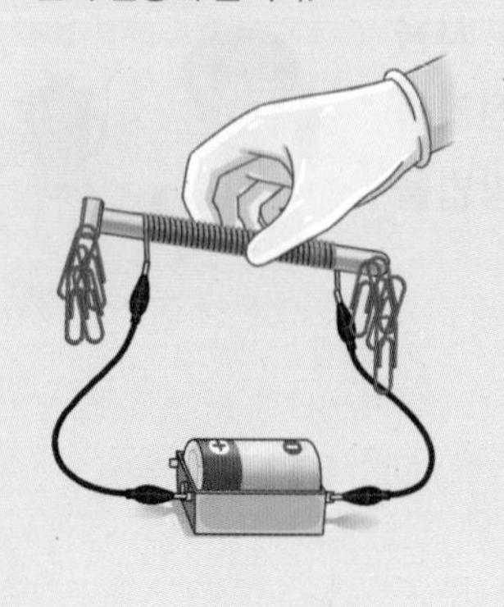

❶ 막대자석과 전자석

1 막대자석: 전기가 흐르지 않아도 자석의 성질을 띠는 막대모양의 자석

2 전자석: 전기가 흐를 때에만 자석의 성질을 띠는 자석 — 전자석은 전기가 흐르지 않으면 자석의 성질을 띠지 않아요.

❷ 전자석 만들기 (탐구)

탐구 과정

에나멜선 양쪽 끝부분을 5 cm 정도 남기고 감아요.

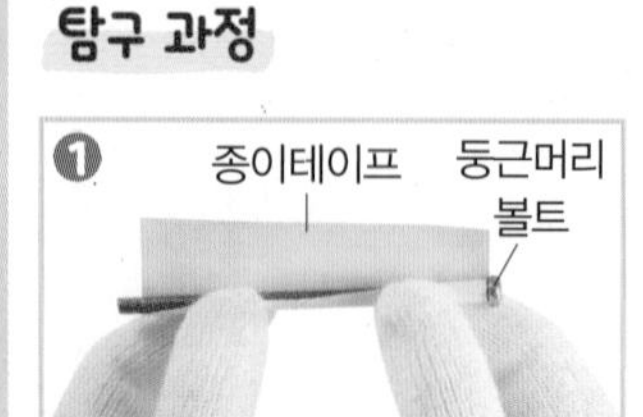

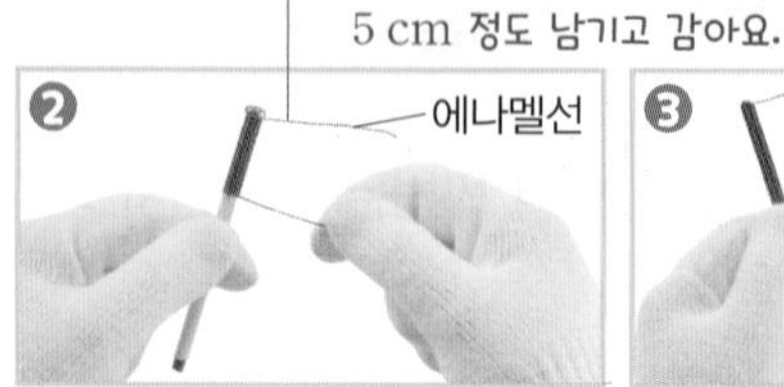

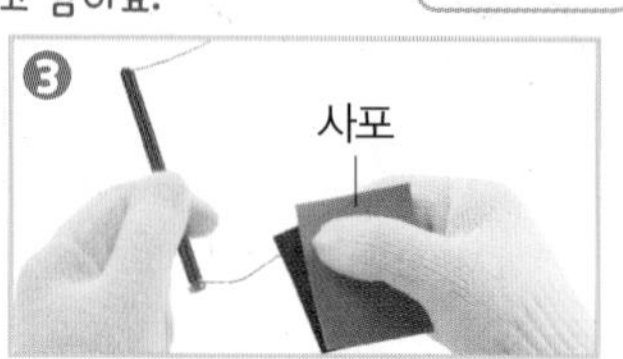

❶ 종이테이프로 둥근머리 볼트를 감쌉니다.
❷ 에나멜선*을 한쪽 방향으로 100 회 이상 감습니다.
❸ 에나멜선 양쪽을 사포*로 문질러 겉면을 벗깁니다.

❹ 에나멜선 양쪽 끝부분을 전지, 전선, 스위치와 연결해 전자석을 완성합니다.

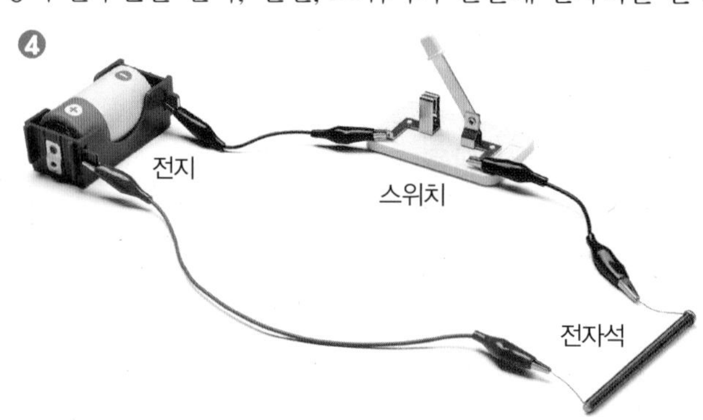

❺ 스위치를 열거나 닫았을 때 전자석 끝부분에 클립이 붙는지 관찰합니다.

탐구 결과

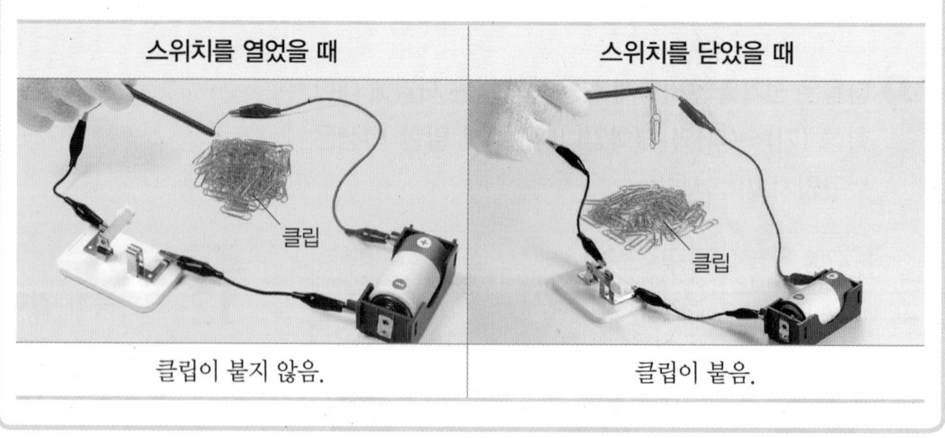

스위치를 열었을 때	스위치를 닫았을 때
클립이 붙지 않음.	클립이 붙음.

❸ 전자석에 전기가 흐를때와 흐르지 않을 때

1 전자석에 전기가 흐를 때: 전자석은 막대자석과 같이 철로 된 물체를 끌어당깁니다.

2 전자석에 전기가 흐르지 않을 때: 전자석은 자석의 성질을 띠지 않습니다.

바른답·알찬풀이 4 쪽

정답 확인

공부한 날 월 일

1 다음 ( ) 안에 들어갈 알맞은 말을 써 봅시다.

> 막대자석은 항상 자석의 성질을 띠고, (   )은/는 전기가 흐를 때에만 자석의 성질을 띤다.

(   )

2 다음은 전자석을 만드는 방법에 대한 설명입니다. 옳은 것에 ○표, 옳지 않은 것에 ×표 해 봅시다.

(1) 종이테이프로 감싼 둥근머리 볼트에 에나멜선을 한쪽 방향으로 100 회 이상 감는다. (   )

(2) 에나멜선의 양쪽 끝부분이 벗겨지지 않게 한다. (   )

[3~4] 다음은 전자석 끝부분을 클립에 가져다 댄 모습입니다. 물음에 답해 봅시다.

㉠

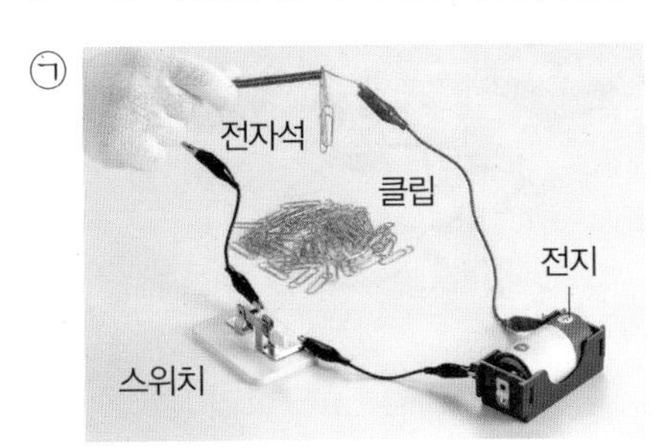

㉡

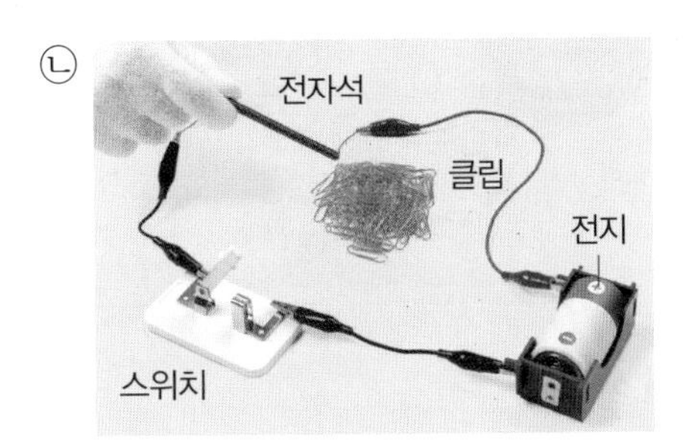

3 위 실험에서 스위치를 닫을 때 전자석에 흐르는 것은 무엇인지 써 봅시다.

(   )

4 위 ㉠, ㉡ 중 자석의 성질을 띠는 것을 골라 기호를 써 봅시다.

(   )

공부한 내용을

- 자신 있게 설명할 수 있어요.
- 설명하기 조금 힘들어요.
- 어려워서 설명할 수 없어요.

전자석은 어떤 성질이 있을까요
전자석을 이용하는 예에는 무엇이 있을까요

실험 관찰

나침반 바늘의 성질

나침반 바늘도 자석이므로 막대자석의 극과 나침반 바늘의 한쪽 끝은 서로 끌어당기거나 밀어 냅니다.

영구 자석

영구 자석은 자석의 성질을 쉽게 잃지 않고 오랫동안 유지하는 자석입니다.

❶ 전자석의 성질

1 전자석의 성질 알아보기 

실험 동영상

탐구 과정

탐구 ❶ 전지의 수와 전자석의 세기 관계 알아보기

❶ 전자석에 전지 한 개와 스위치를 연결합니다. 스위치를 닫은 뒤 전자석 끝부분을 클립에 가져다 대고 전자석 끝부분에 붙은 클립의 수를 셉니다.

❷ 전자석에 전지 두 개와 스위치를 연결합니다. 스위치를 닫은 뒤 전자석 끝부분을 클립에 가져다 대고 전자석 끝부분에 붙은 클립의 수를 셉니다.

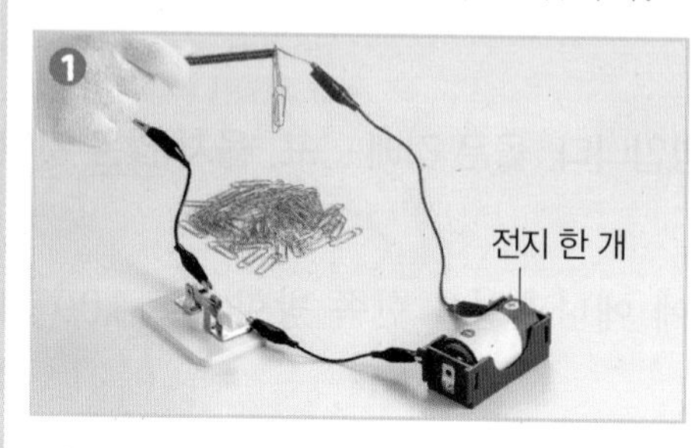

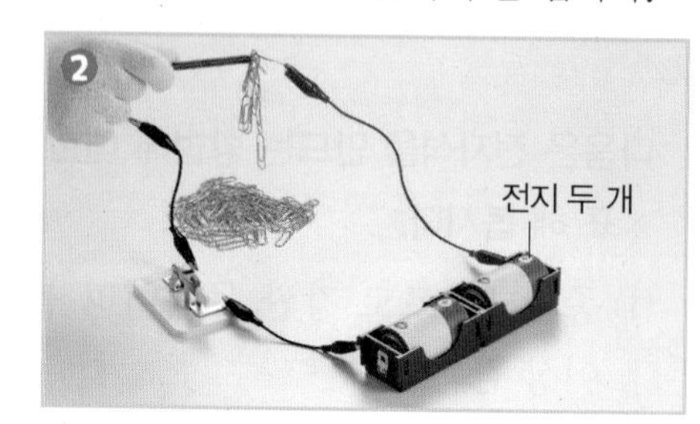

탐구 ❷ 전지의 두 극을 연결한 방향과 전자석의 극 관계 알아보기

❶ 전자석에 전지 한 개와 스위치를 연결하고, 전자석의 양 끝에서 약간 떨어진 곳에 나침반*을 각각 놓습니다.

❷ 스위치를 닫은 뒤 나침반 바늘의 모습을 관찰합니다.

❸ 전지의 두 극만 반대로 연결한 뒤 나침반 바늘의 모습을 관찰합니다.

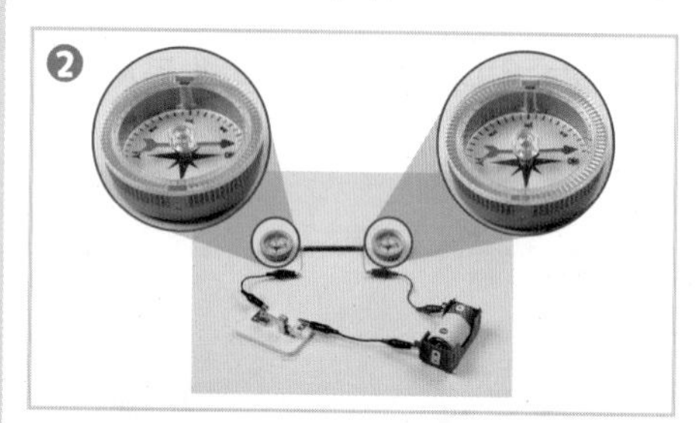

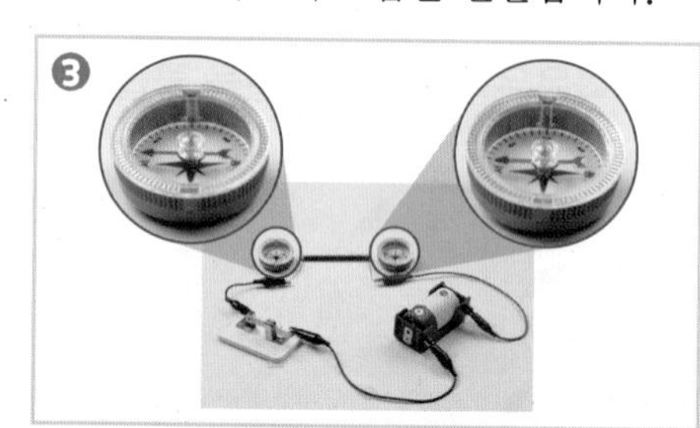

탐구 결과

❶ 전자석에 연결한 전지의 개수가 많을수록 전자석의 세기가 세집니다.
❷ 전지의 두 극을 연결한 방향이 바뀌면 전자석의 극이 반대로 바뀝니다.
❸ 막대자석과 전자석의 성질 비교하기

구분	막대자석	전자석
자석의 성질	전기가 흐르지 않아도 항상 자석의 성질이 나타남.	전기가 흐를 때에만 자석의 성질이 나타남.
자석의 세기	세기가 일정함.	전지의 개수에 따라 세기가 달라짐.
두 극의 변화	극이 변하지 않음.	전지의 두 극을 연결한 방향에 따라 극의 위치가 달라짐.

용어 사전

* 나침반 자석의 성질을 지닌 바늘이 남쪽과 북쪽을 가리키는 성질을 이용하여 방향을 알 수 있게 만든 도구

2 전자석의 성질

① 전자석은 전기가 흐를 때에만 자석의 성질을 띱니다.

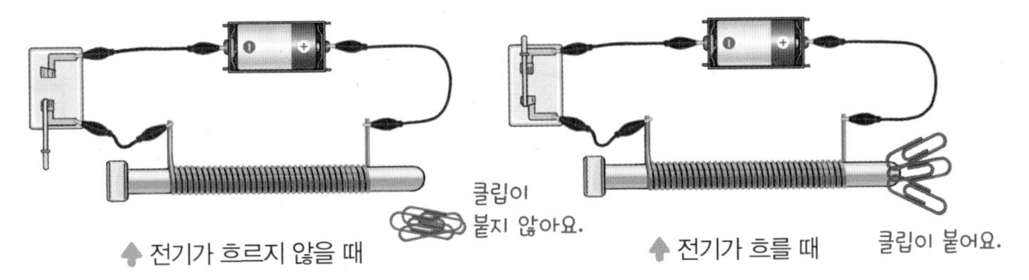

⬆ 전기가 흐르지 않을 때　　⬆ 전기가 흐를 때

② 연결한 전지의 개수가 달라지면 전자석의 세기가 달라집니다.

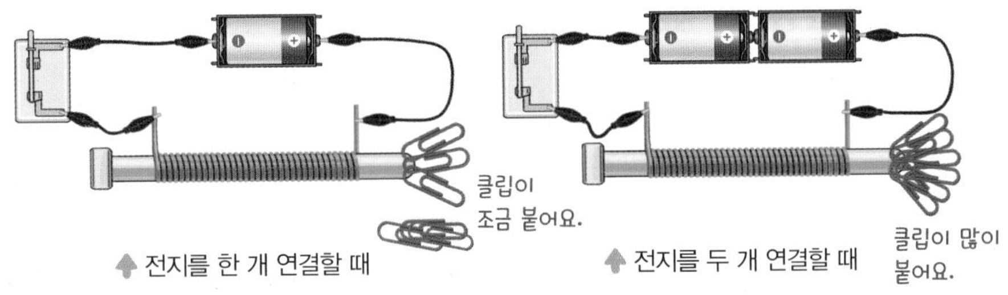

⬆ 전지를 한 개 연결할 때　　⬆ 전지를 두 개 연결할 때

③ 전지의 두 극을 연결한 방향이 바뀌면 전자석의 극이 바뀝니다.

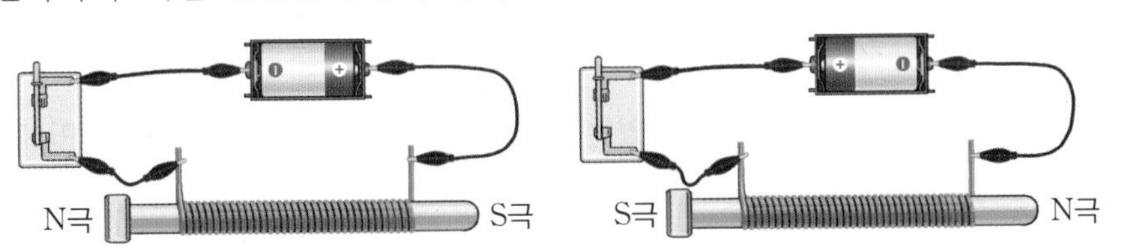

2 전자석을 이용하는 예 조사하기 탐구

헤드폰, 전기 자동차, 전자석 잠금 장치 등도 전자석을 이용한 예에요.

전자석 기중기*	자기 부상 열차	스피커
전자석이 전기가 흐를 때 자석의 성질을 띠는 것을 이용해 철판을 들어 옮김.	전자석이 전기가 흐를 때 자석의 성질을 띠는 것을 이용해 열차를 공중에 띄워 달리게 함.	전자석의 세기나 극을 바꿀 수 있는 성질을 이용해 떨림을 만들어 소리를 냄.

선풍기	머리 말리개	세탁기
전동기 속 전자석의 세기나 극을 바꿀 수 있는 성질을 이용해 날개를 돌려 바람을 일으킴.	전동기 속 전자석의 세기나 극을 바꿀 수 있는 성질을 이용해 날개를 돌려 바람을 일으킴.	전동기 속 전자석의 세기나 극을 바꿀 수 있는 성질을 이용해 통을 돌려 빨래를 함.

전동기

전동기는 내부의 전자석에 전기가 흐르면 물체를 회전시킬 수 있는 장치로 머리 말리개, 선풍기, 세탁기 등에 이용됩니다.

* **기중기** 무거운 물건을 들어 올려 옮기는 기계

바른답·알찬풀이 4쪽

스스로 확인해요

『과학』 22쪽

1 전자석은 세기를 달라지게 할 수 있고 전지의 두 극을 연결한 방향을 바꾸어 자석의 (　　　)을/를 바꿀 수 있습니다.

2 (사고력) 다음 나침반을 치우고 나침반이 놓인 자리에 막대자석의 N극을 가까이 하면 막대자석과 전자석은 어떻게 될지 설명해 봅시다.

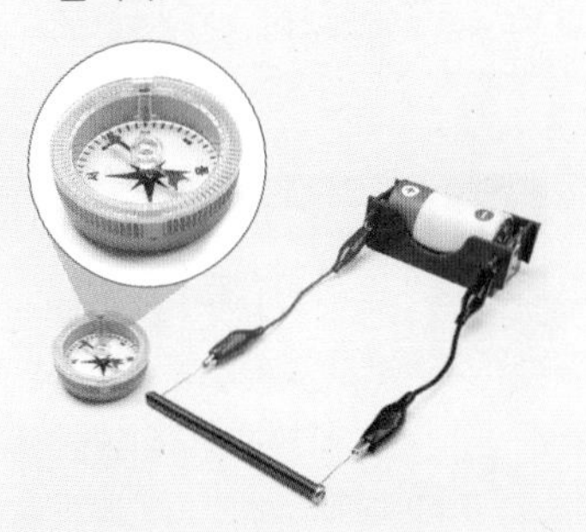

『과학』 25쪽

1 전자석 기중기, 스피커, 선풍기 등 생활 속 다양한 곳에서 (　　　)을/를 이용합니다.

2 (의사소통 능력) 전자석이 없다면 어떤 점이 불편할지 이야기해 봅시다.

문제로 개념 탄탄

[1~2] 다음과 같이 전자석에 전지와 스위치를 연결했습니다. 물음에 답해 봅시다.

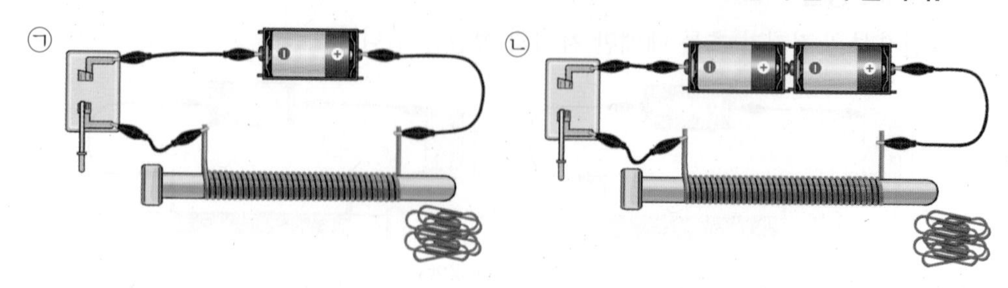

1 위 실험에서 스위치를 모두 닫고 전자석 끝부분을 클립에 가져다 댈 때 ㉠, ㉡의 끝부분에 붙은 클립의 개수를 비교하여 >, =, < 중 (　　) 안에 들어갈 알맞은 기호를 써 봅시다.

㉠에 붙은 클립의 개수 (　　　　) ㉡에 붙은 클립의 개수

2 다음은 위 실험을 통해 알 수 있는 사실입니다. (　　) 안에 들어갈 안에 알맞은 말에 ○표 해 봅시다.

전자석에 연결한 전지의 개수가 많을수록 전자석의 세기가 (세진다, 약해진다).

3 오른쪽은 전자석의 양 끝에 나침반을 놓고 스위치를 닫은 모습입니다. 이에 대한 설명으로 옳은 것에 ○표, 옳지 않은 것에 ×표 해 봅시다.

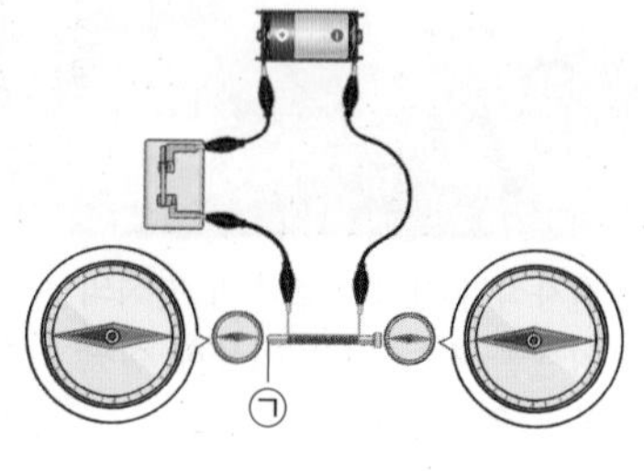

(1) 전자석의 ㉠은 N극이다. (　　)

(2) 전지의 두 극을 반대로 연결하고 스위치를 닫아도 ㉠은 극이 변하지 않는다. (　　)

4 전자석의 성질에 대한 설명으로 옳은 것에 ○표, 옳지 않은 것에 ×표 해 봅시다.

(1) 전자석은 세기가 일정한 자석이다. (　　)

(2) 전자석은 전기가 흐를 때에만 자석의 성질을 띤다. (　　)

(3) 전자석의 두 극은 전지를 연결한 방향에 상관없이 일정하다. (　　)

바른답·알찬풀이 5 쪽

정답 확인

5 다음은 막대자석과 전자석의 성질을 비교한 결과입니다. ㉠~㉢ 중 비교한 결과가 옳지 않은 것을 골라 기호를 써 봅시다.

구분	막대자석	전자석
㉠ 자석의 성질	전기가 흐르지 않아도 항상 자석의 성질이 나타남.	전기가 흐를 때에만 자석의 성질이 나타남.
㉡ 자석의 세기	세기가 일정함.	연결한 전지의 개수에 따라 세기가 달라짐.
㉢ 두 극의 위치	전지의 두 극을 연결한 방향에 따라 극의 위치가 달라짐.	극이 변하지 않음.

( )

6 다음 중 일상생활에서 전자석을 이용한 예를 골라 기호를 써 봅시다.

㉠

나침반

㉡

스피커

( )

7 일상생활에서 전자석의 이용에 대한 설명으로 옳은 것에 ○표, 옳지 않은 것에 ×표 해 봅시다.

(1) 전자석 기중기는 전자석이 항상 자석의 성질을 띠는 것을 이용해 철판을 들어 옮긴다. ( )

(2) 헤드셋은 전자석의 세기나 극을 바꿀 수 있는 성질을 이용해 떨림을 만들어 소리를 낸다. ( )

8 다음 ( ) 안에 들어갈 알맞은 말을 써 봅시다.

> 선풍기는 전자석의 세기나 ( )을/를 바꿀 수 있는 성질을 이용해 전동기로 날개를 돌려 바람을 일으킨다.

( )

1 단원

공부한 날 월 일

창의적으로 생각해요 『과학』 23 쪽

외르스테드의 발견이 과학에 어떤 영향을 미쳤는지 조사해 봅시다.

예시 답안
- 외르스테드의 발견으로 이후에 전자석을 발명할 수 있었다.
- 외르스테드의 발견으로 전기와 자석의 성질에 관한 다양한 연구가 이루어져 오늘날 과학 기술 발전의 바탕이 되었다.

공부한 내용을

 자신 있게 설명할 수 있어요.

 설명하기 조금 힘들어요.

 어려워서 설명할 수 없어요.

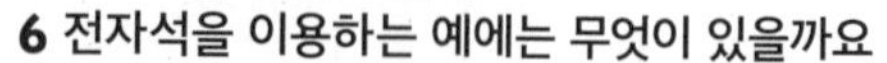

[01~02] 다음과 같이 전지, 전선, 스위치를 연결해 전자석을 만들었습니다. 물음에 답해 봅시다.

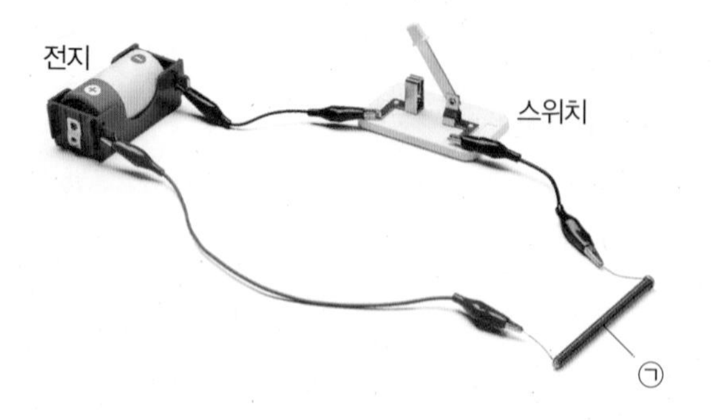

01 위 실험에서 스위치를 닫을 때 ㉠에 흐르는 것은 무엇인지 써 봅시다.

( )

중요

02 다음은 위 실험에 대한 학생 (가)~(다)의 대화입니다. 옳게 말한 학생은 누구인지 써 봅시다.

- (가): 스위치를 열면 ㉠에 전기가 흘러.
- (나): 전기가 흐르지 않아도 ㉠은 자석의 성질을 띠어.
- (다): 스위치를 닫으면 ㉠은 철로 된 물체를 끌어당겨.

( )

03 다음은 전자석 끝부분을 클립에 가져다 댔을 때의 결과입니다. 스위치가 닫혀 있는 것을 골라 기호를 써 봅시다.

㉠

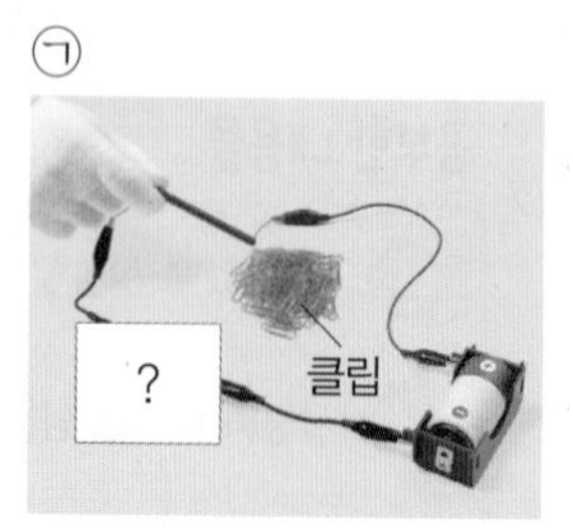

㉡

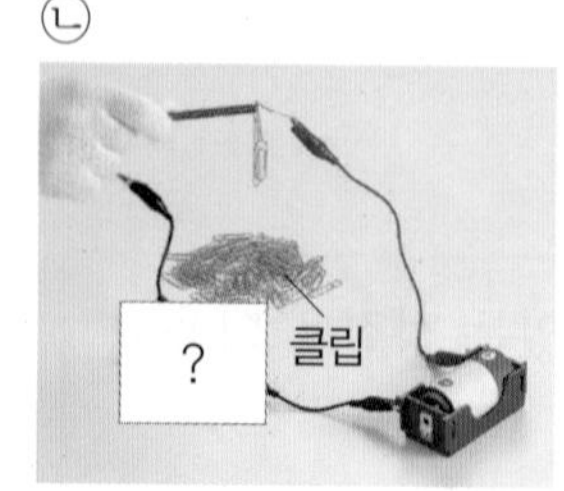

( )

04 다음 중 전자석을 만드는 과정에 대한 설명으로 옳지 않은 것은 어느 것입니까? ( )

① 종이테이프를 감싼 부분에 에나멜선을 100 회 이상 감는다.
② 에나멜선 양쪽 끝부분을 전지, 전선, 스위치와 연결한다.
③ 에나멜선 양쪽 끝부분의 겉면이 벗겨지지 않도록 주의한다.
④ 에나멜선 양쪽 끝부분을 5 cm 정도 남기고 둥근머리 볼트를 감는다.
⑤ 둥근머리 볼트에 에나멜선을 감을 때 한쪽 방향으로 촘촘히 감는다.

[05~06] 다음은 전자석의 스위치를 모두 닫고 전자석 끝부분을 클립에 가져다 댔을 때의 모습입니다. 물음에 답해 봅시다.

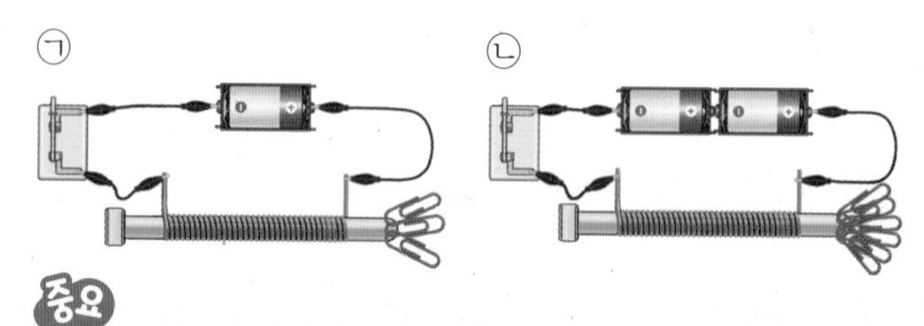

중요

05 위 ㉠, ㉡ 중 세기가 더 센 전자석을 골라 기호를 써 봅시다.

( )

서술형

06 위 05번에서 답한 전자석 끝부분에 붙은 클립의 개수를 늘리는 방법을 전자석의 성질과 관련지어 설명해 봅시다.

[07~09] 다음은 전자석의 한 쪽 끝에 나침반을 놓고 스위치를 닫은 모습입니다. 물음에 답해 봅시다.

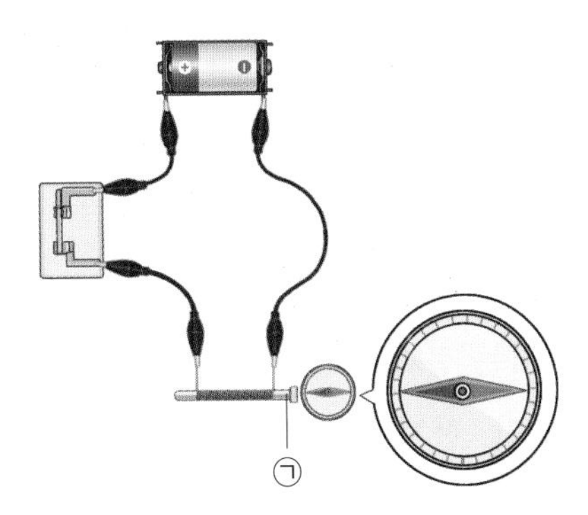

07 위 실험에서 전자석의 ㉠은 어떤 극인지 써 봅시다.

( )극

중요
08 위 실험에서 전지의 두 극만 반대로 연결할 때 나침반의 모습으로 옳은 것은 어느 것입니까? ( )

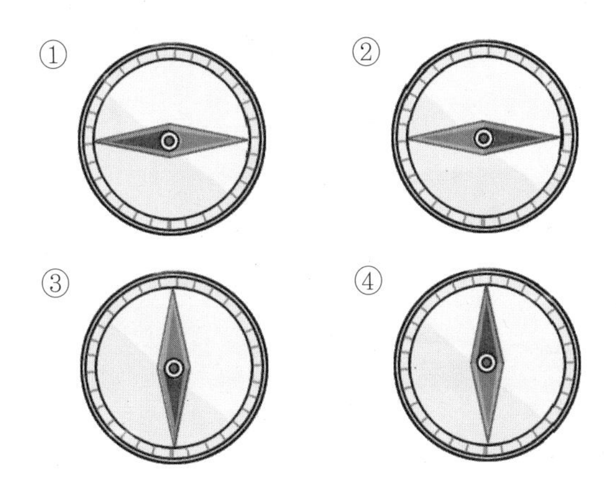

서술형
09 위 **08**번과 같이 답한 까닭을 전자석의 성질과 관련지어 설명해 봅시다.

중요
10 다음 중 막대자석과 전자석에 대한 설명으로 옳지 않은 것은 어느 것입니까? ( )

① 막대자석은 항상 자석의 성질을 띤다.
② 자기 부상 열차는 전자석을 이용한 예이다.
③ 막대자석의 두 극의 위치는 항상 변하지 않는다.
④ 전자석은 전지의 두 극을 연결한 방향에 따라 극의 위치가 달라진다.
⑤ 전자석은 연결한 전지의 개수가 많을수록 전자석의 세기가 약해진다.

11 다음은 일상생활에서 전자석을 이용한 예입니다. ( ) 안에 공통으로 들어갈 알맞은 말을 써 봅시다.

세탁기

스피커

- 세탁기는 전동기 속 전자석의 ( )(이)나 극을 바꿀 수 있는 성질을 이용해 통을 돌려 빨래를 한다.
- 스피커는 전자석의 ( )(이)나 극을 바꿀 수 있는 성질을 이용해 떨림을 만들어 소리를 낸다.

( )

12 다음 중 전자석을 이용하는 예로 옳지 않은 것은 어느 것입니까? ( )

① 헤드폰
② 나침반
③ 머리 말리개
④ 전기 자동차
⑤ 전자석 잠금 장치

전기 자동차에 대한 내 생각을 주장하는 글 쓰기

전기 자동차는 전기를 이용해 움직이는 자동차입니다. 일반적인 자동차는 기름으로 엔진을 작동해 움직이지만, 전기 자동차는 전기로 전동기를 작동해 움직입니다.

전기 자동차는 매연*을 내보내지 않지만, 전지를 충전하는 데 시간이 오래 걸립니다. 현재 전기 자동차의 단점을 보완하기 위해 연구를 계속하고 있습니다. 전기 자동차에 대한 여러 가지 생각을 알아보고, 전기 자동차에 대한 내 생각을 주장하는 글을 써 봅시다.

다양한 전기 자동차

전기 자동차의 특징

전기 자동차는 전동기 속 전자석의 세기나 극을 바꿀 수 있는 성질을 이용해 바퀴를 돌려 자동차를 움직입니다. 일반적인 자동차는 기름으로 엔진을 작동하지만 전기 자동차는 전기로 작동하기 때문에 매연을 내보내지 않아 친환경적*입니다. 하지만 전기 자동차의 전지를 충전하는 데 시간이 오래 걸리고, 전기 자동차의 전지를 충전하는 곳이 부족하다는 단점이 있습니다.

- ★ **매연** 연료가 탈 때 나오는 그을음이 섞인 오염 물질
- ★ **친환경적** 환경을 오염하지 않고 자연 그대로의 환경과 잘 어울리는 것

❶ 다음은 전기 자동차에 대한 네 사람의 의견입니다. 각 사람의 전기 자동차에 대한 의견이 긍정적인지 부정적인지를 골라 ✓ 표시해 봅시다.

주변의 전기 자동차를 보았던 경험을 떠올려 보고, 긍정적이었던 점과 부정적이었던 점을 구분해 생각해 보아요.

❷ 다음은 전기 자동차에 대한 어느 시민의 의견입니다. 이 시민의 의견에 나는 찬성하는지 반대하는지를 고르고, 그렇게 생각한 까닭을 써 봅시다.

전기 자동차에 대한 내 생각은 긍정적인지 부정적인지 고르고, 그 생각을 뒷받침 할 수 있는 근거를 조사하여 글을 써 보아요.

❸ ❷에서 쓴 내 생각을 이야기해 봅시다.

이렇게 정리해요

빈칸에 알맞은 말을 넣고, 『과학』 125 쪽에서 알맞은 붙임딱지를 찾아 붙여 내용을 정리해 봅시다.

전구에 불을 켜는 방법

● 전지, 전선, 전구를 연결해 전구에 불을 켜는 방법

- 전지, 전선, 전구에서 전기가 잘 통하는 부분끼리 연결함.
- 전구와 전선을 ❶ 전지 의 (+)극과 (−)극에 중간에 끊긴 곳이 없도록 연결함.

풀이 전구에 불을 켜기 위해서는 전구와 전선을 전지의 (+)극과 (−)극에 중간에 끊긴 곳이 없도록 연결해야 합니다.

전구의 연결 방법에 따른 전구의 밝기 비교

● 전구의 연결 방법과 전구의 밝기: 전구를 ❷ (직렬연결, 병렬연결)한 전기 회로의 전구가 더 밝음.

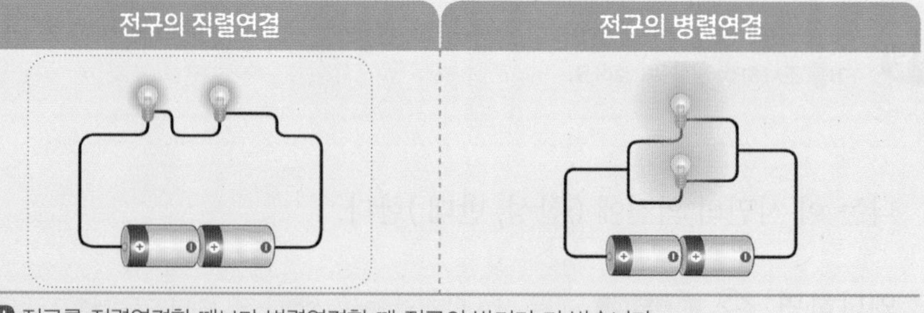

풀이 전구를 직렬연결할 때보다 병렬연결할 때 전구의 밝기가 더 밝습니다.

전기를 안전하게 사용하고 절약하는 방법

전기를 안전하게 사용하는 방법	전기를 절약하는 방법
• 젖은 손으로 전기 기구를 만지지 않음. • 코드를 뽑을 때에는 전선이 아닌 플러그를 잡고 뽑음.	• 사용하지 않는 조명이나 전기 기구의 전원을 끔. • 냉장고 문을 오랫동안 열어 두지 않음.

1 단원

공부한 날 월 일

전기의 이용

전자석의 성질

● **전자석**: 전기가 흐르면 자석의 성질을 띠는 자석

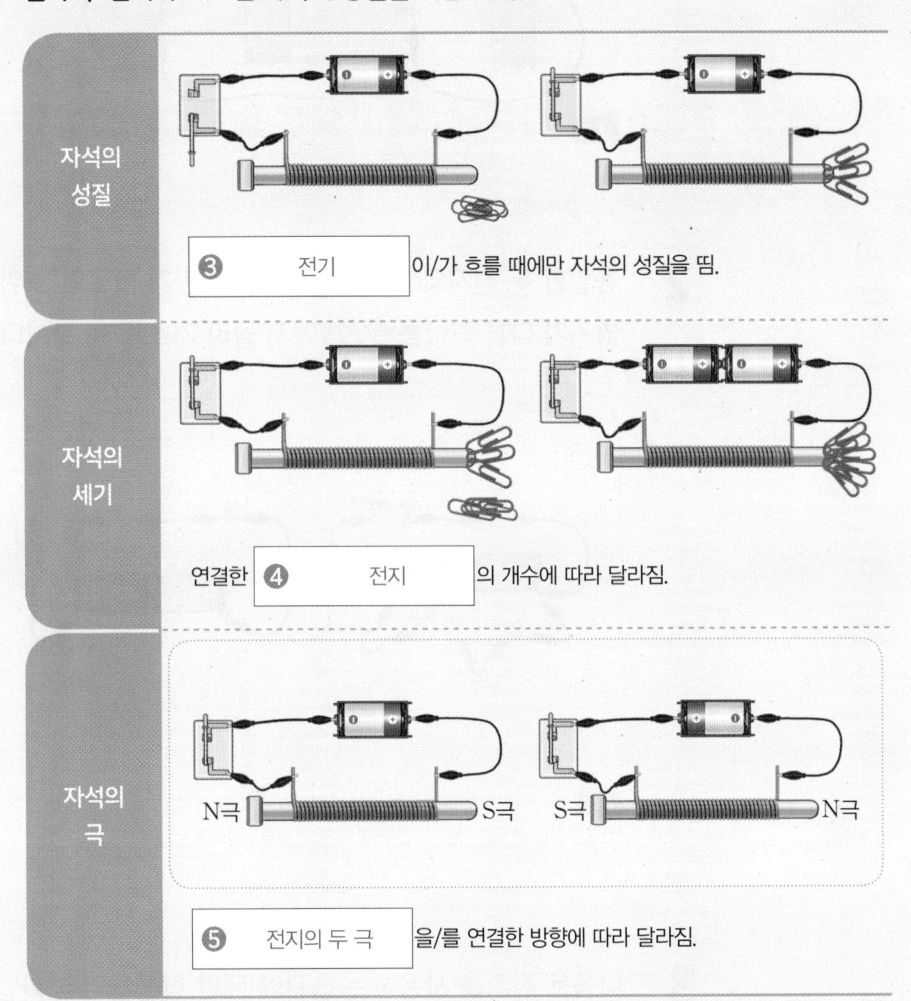

풀이 전자석은 전기가 흐를 때에만 자석의 성질을 띠고, 연결한 전지의 개수가 많을수록 전자석의 세기가 세집니다. 전자석에 전지의 두 극을 연결한 방향에 따라 전자석의 극이 달라집니다.

직업 탐험하기 전기를 안전하고 편리하게 사용하도록 도와주는 전기 공학 기술자

『과학』 30 쪽

전기 공학 기술자는 우리가 가정이나 학교에서 전기를 안전하고 편리하게 사용하도록 관리합니다.

창의적으로 생각해요

내가 전기 공학 기술자라면 어떤 일을 하고 싶은지 이야기해 봅시다.

예시 답안 • 전기 자동차를 널리 사용할 수 있도록 전기 자동차 충전소의 전기 시설을 설치하고 관리하는 일을 하고 싶다.
• 우리 지역 여러 학교에서 전기를 안전하게 사용할 수 있도록 관리하는 일을 하고 싶다.
• 전기 사용이 많은 여름철에 갑자기 정전이 되었을 때 전기 시설을 수리하는 일을 하고 싶다.

1 다음 중 전구에 불이 켜지는 것을 두 가지 골라 봅시다. (② , ④)

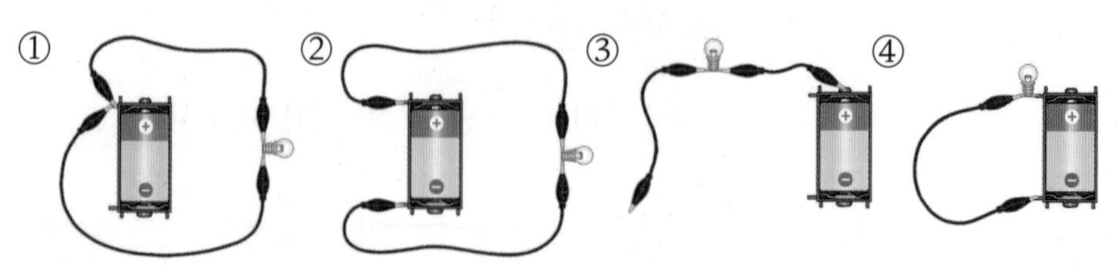

풀이 전구와 전선을 전지의 (+)극과 (−)극에 중간에 끊긴 곳이 없게 연결해야 전구에 불이 켜집니다.

2 동일한 두 전지와 두 전구를 연결한 전기 회로의 스위치를 모두 닫았을 때, 전구의 밝기가 다른 하나를 보기 에서 골라 기호를 써 봅시다.

보기

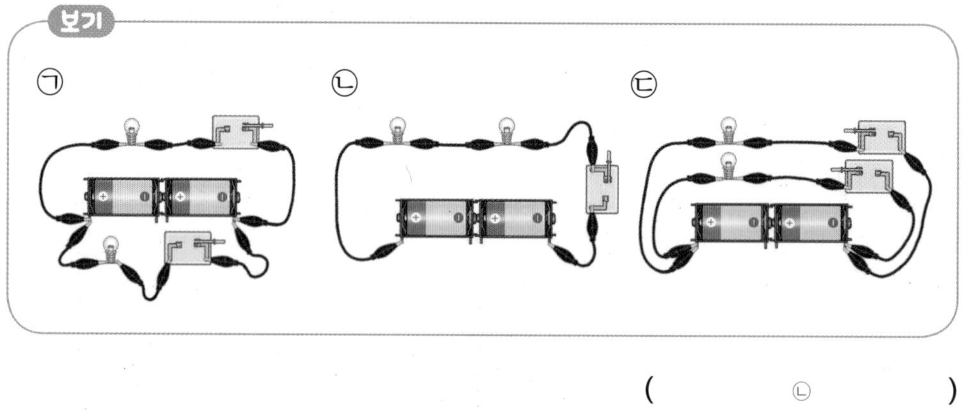

(㉡)

풀이 두 전구를 병렬연결한 전기 회로의 전구가 직렬연결한 전기 회로의 전구보다 밝습니다. ㉠, ㉢은 두 전구를 병렬연결하였고, ㉡은 두 전구를 직렬연결하였습니다.

3 다음은 전기를 사용하는 습관에 대한 학생들의 대화입니다. 전기를 절약하는 학생은 누구인지 써 봅시다.

(나라)

풀이 전기를 절약하려면 사용하지 않는 전등이나 전기 기구의 전원을 끄고, 불필요하게 냉장고 문을 열고 닫지 않아야 합니다.

4 다음 중 전자석의 성질로 옳은 것은 어느 것입니까? (④)

① N극이나 S극만 있다.
② 전자석의 극을 바꿀 수 없다.
③ 전자석의 세기를 조절할 수 없다.
④ 전기가 흐를 때에만 자석의 성질을 띤다.
⑤ 전기에 관계없이 항상 자석의 성질을 띤다.

풀이 전자석은 전기가 흐를 때에만 자석의 성질을 띠고, 연결한 전지의 개수가 달라지면 전자석의 세기가 달라지며, 전지의 두 극을 연결한 방향이 바뀌면 전자석의 극이 바뀌는 성질이 있습니다.

5 생활 속에서 전자석을 이용한 예로 옳은 것을 보기에서 두 가지 골라 기호를 써 봅시다.

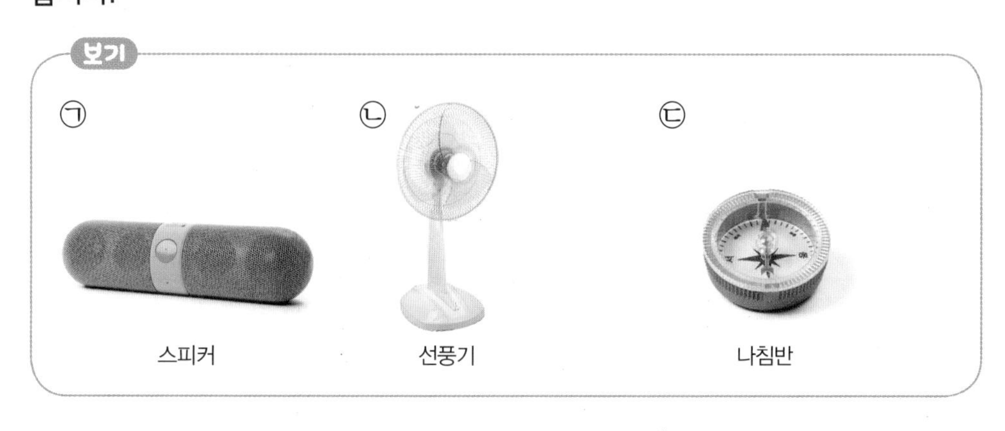

(㉠ , ㉡)

풀이 전자석은 전기가 흐를 때에만 자석의 성질을 띠는데, 나침반 바늘은 항상 자석의 성질을 띱니다.

사고력 | 문제 해결력

6 오른쪽과 같이 전자석의 양 끝에 나침반을 놓고 스위치를 닫았습니다. 물음에 답해 봅시다.

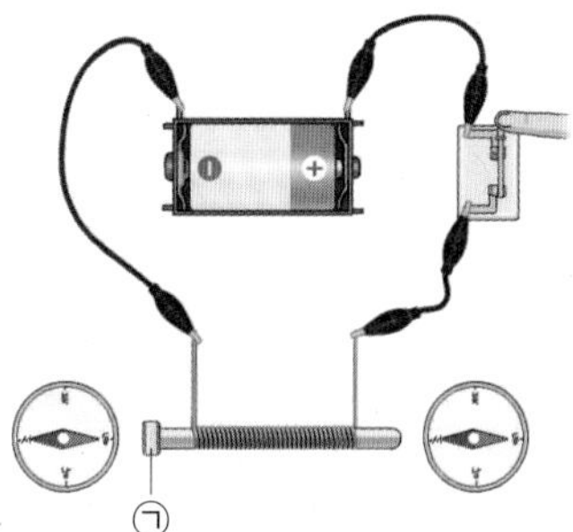

(1) 전자석의 ㉠은 어떤 극인지 써 봅시다.

(N)극

(2) 전지의 두 극을 반대로 연결하고 스위치를 닫으면 ㉠은 어떤 극이 되는지 쓰고, 그 까닭을 설명해 봅시다.

• ㉠: (S)극

• 까닭: 예시 답안 전지의 두 극을 반대로 연결하면 전자석의 두 극이 바뀌어 N극이었던 곳은 S극이 되기 때문이다.

풀이 전지의 두 극을 반대로 연결하면 전자석의 두 극이 서로 바뀝니다. 즉, N극이었던 곳은 S극이 되고, S극이었던 곳은 N극이 됩니다.

그림으로 단원 정리하기

● 그림을 보고, 빈칸에 알맞은 내용을 써 봅시다.

01 전기 회로에서 전구에 불이 켜지는 조건

G 8쪽

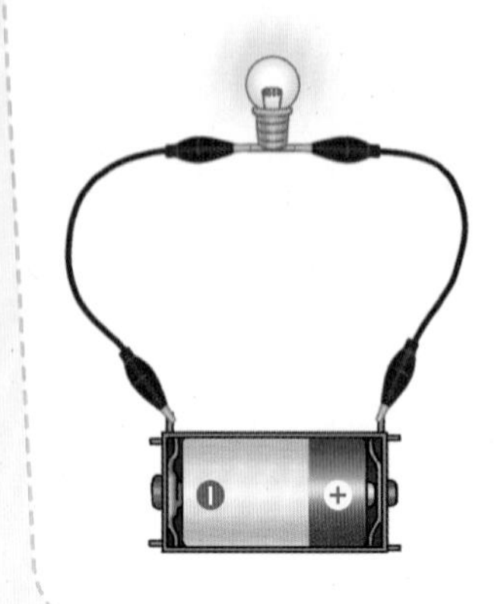

- 전기 부품에서 ❶ (   )이/가 잘 통하는 부분끼리 연결합니다.
- 전구와 전선을 전지의 (+)극과 (−)극에 중간에 끊긴 곳이 없게 연결합니다.

02 전구의 직렬연결과 병렬연결

G 10쪽

구분	전구의 직렬연결	전구의 병렬연결
전기 회로	두 개 이상의 전구를 한 줄로 연결함.	두 개 이상의 전구를 여러 줄에 한 개씩 연결함.
한 전구가 꺼질 때	나머지 전구의 불이 ❷ ( ).	나머지 전구의 불이 꺼지지 않음.
전구의 밝기	두 전구를 병렬연결한 전구가 직렬연결한 전구보다 밝음.	
전지가 닳는 정도	두 전구를 병렬연결한 전지가 직렬연결한 전지보다 더 ❸ ( ) 닳음.	

03 전기를 안전하게 사용하고 절약하는 방법

G 12쪽

전기를 안전하게 사용하는 방법

전기 기구를 만질 때에는 손에 물기를 깨끗이 닦고 나서 만집니다.

❹ ( ) 을/를 잡고 뽑습니다.

전기를 절약하는 방법

냉장고 문은 사용한 뒤에 곧바로 닫습니다.

냉방기를 사용할 때에는 창문과 문을 닫습니다.

04 전자석의 성질

G 18쪽

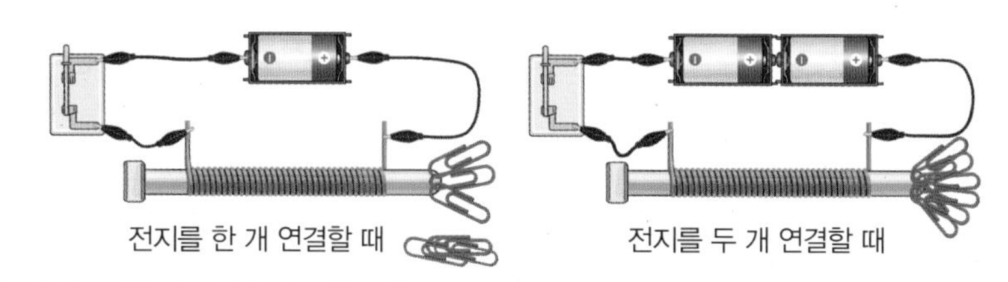

전지를 한 개 연결할 때 / 전지를 두 개 연결할 때

전자석의 세기

전자석에 연결한 전지의 개수가 많을수록 전자석의 ❺ ( ) 이/가 세집니다.

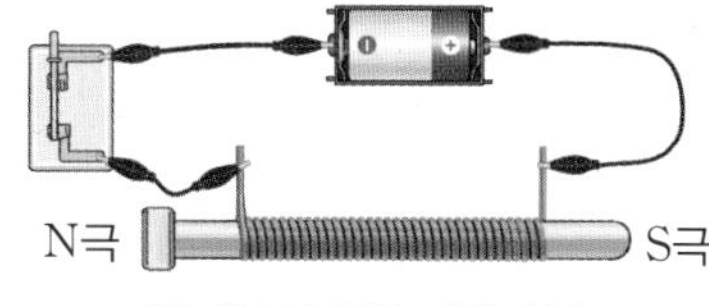

전지의 두 극을 바꾸기 전

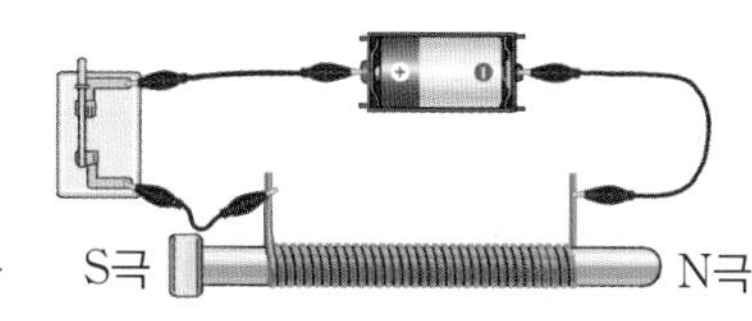

전지의 두 극을 바꾼 후

전자석의 극

❻ ( ) 의 두 극을 연결한 방향이 바뀌면 전자석의 극이 반대로 바뀝니다.

05 일상생활에서 전자석을 이용하는 예

G 19쪽

전자석 기중기	스피커	❼ ( )	머리 말리개

답 ❶ 전기 ❷ 켜짐 ❸ 빨리 ❹ 플러그 ❺ 세기 ❻ 전지 ❼ 세탁기

01 다음과 같이 전지, 전선, 전구를 연결할 때 전구에 불이 켜지는 결과를 옳게 짝 지은 것은 어느 것입니까? (　　　)

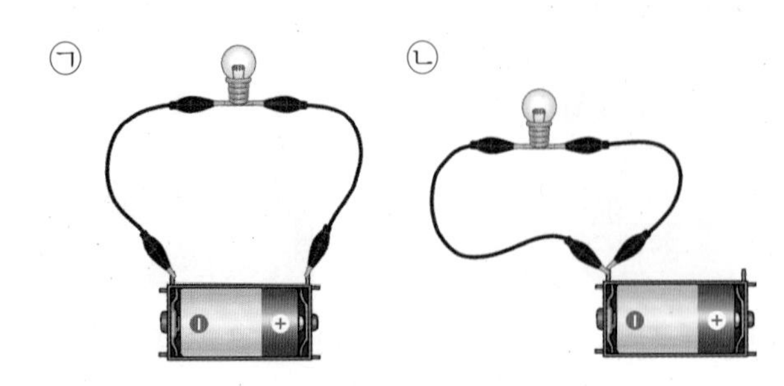

	㉠	㉡
①	불이 켜짐.	불이 켜짐.
②	불이 켜짐.	불이 깜빡거림.
③	불이 켜짐.	불이 켜지지 않음.
④	불이 켜지지 않음.	불이 켜짐.
⑤	불이 켜지지 않음.	불이 켜지지 않음.

02 오른쪽과 같이 전지, 전선, 전구를 연결한 전기 회로에 대한 설명으로 옳은 것을 보기 에서 골라 기호를 써 봅시다.

보기
㉠ 전구를 전지의 (−)극에만 연결했다.
㉡ 전기 회로의 중간이 끊기게 연결했다.
㉢ 전구와 전선을 전지의 (+)극과 (−)극에 연결했다.

(　　　)

03 다음은 집게 달린 전선에 대한 설명입니다. (　　) 안에 들어갈 알맞은 말을 써 봅시다.

전선의 집게 부분은 (　　　)이/가 잘 통하는 금속으로 만든다.

(　　　)

[04~05] 다음은 전지, 전선, 전구, 스위치를 연결한 전기 회로입니다. 물음에 답해 봅시다.

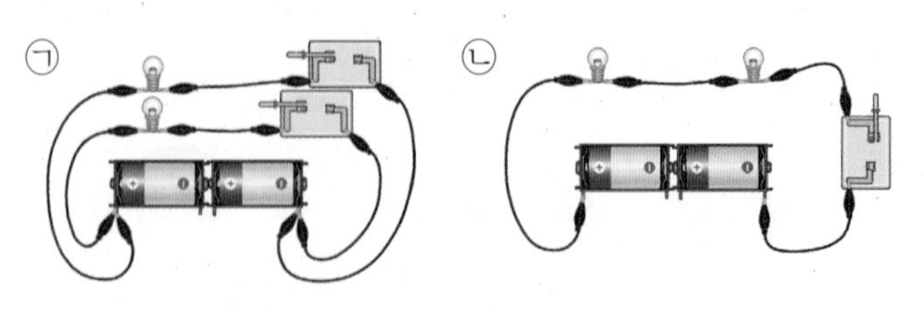

04 위 ㉠, ㉡을 전구의 직렬연결과 전구의 병렬연결로 구분하여 각각 기호를 써 봅시다.

(1) 전구의 직렬연결: (　　　)

(2) 전구의 병렬연결: (　　　)

05 위 ㉠, ㉡에서 전구 끼우개에 연결된 전구 중에서 한 개를 빼내고 스위치를 모두 닫을 때 나머지 전구의 변화를 옳게 짝 지은 것은 어느 것입니까? (　　　)

	㉠	㉡
①	불이 꺼짐.	불이 꺼짐.
②	불이 꺼짐.	불이 꺼지지 않음.
③	불이 꺼지지 않음.	불이 꺼짐.
④	불이 꺼지지 않음.	불이 깜빡거림.
⑤	불이 꺼지지 않음.	불이 꺼지지 않음.

06 다음 중 전기를 안전하게 사용하는 상황으로 옳은 것을 두 가지 골라 봅시다. (　　,　　)

① 젖은 수건을 전기 기구에 올려 둔다.
② 물이 묻은 손으로 전기 콘센트를 만진다.
③ 전선을 당기지 않고 플러그를 잡고 뽑는다.
④ 겨울철 난방기를 오랜 시간 동안 켜 둔 채 방치한다.
⑤ 한 콘센트에 여러 개의 플러그를 한꺼번에 꽂지 않는다.

07 전기를 올바르게 사용하고 있는 상황을 보기에서 골라 기호를 써 봅시다.

보기

㉠ 젖은 손으로 전기 기구를 만진다.
㉡ 냉장고 문은 사용한 뒤 곧바로 닫는다.
㉢ 문을 열고 냉방기를 사용한다.

( )

[08~09] 오른쪽은 전자석에 전지 한 개와 스위치를 연결하고 스위치를 닫은 뒤 전자석의 끝부분을 클립에 가져다 댄 모습입니다. 물음에 답해 봅시다.

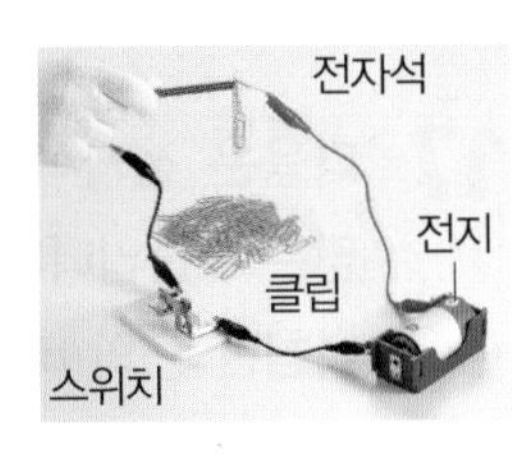

08 위 실험을 통해 알 수 있는 전자석의 성질을 보기에서 골라 기호를 써 봅시다.

보기
㉠ 전자석에는 전기가 흐를 수 없다.
㉡ 전자석은 항상 자석의 성질을 띤다.
㉢ 전자석은 전기가 흐를 때 철로 된 물체를 끌어당길 수 있다.

( )

09 다음은 위 실험에서 전자석에 붙은 클립의 개수를 늘리는 방법에 대한 학생 (가)~(다)의 대화입니다. 옳게 말한 학생은 누구인지 써 봅시다.

- (가): 회로의 스위치를 열자.
- (나): 전지 두 개를 한 줄로 연결하자.
- (다): 전지의 두 극을 반대로 연결하자.

( )

10 오른쪽과 같이 전자석의 양 끝에 나침반을 놓고 스위치를 닫을 때에 대한 설명으로 옳지 않은 것을 보기에서 골라 기호를 써 봅시다.

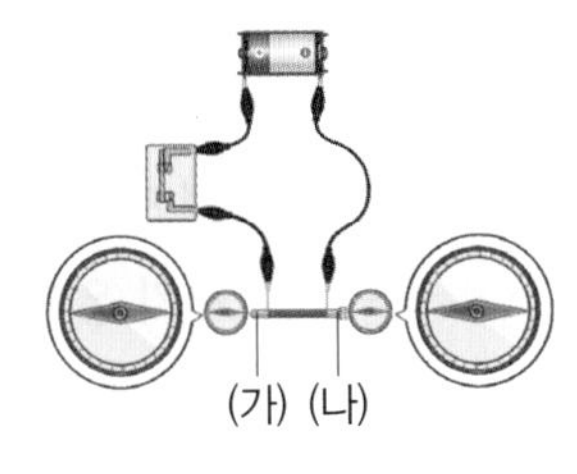

보기
㉠ 전자석의 (가)는 N극, (나)는 S극이다.
㉡ 전지의 두 극을 반대로 연결하면 나침반의 바늘이 움직인다.
㉢ 전자석에 연결한 전지의 개수를 늘리면 전자석의 극의 위치가 달라진다.

( )

11 다음 중 일상생활에서 전자석을 이용한 예에 대한 설명으로 옳은 것은 어느 것입니까? ( )

① 나침반은 전자석의 성질을 이용한 물체이다.
② 전기 자동차는 전자석의 성질을 이용해 바퀴를 돌려 움직인다.
③ 자기 부상 열차는 전자석에 전기가 흐르지 않아도 열차를 띄울 수 있다.
④ 선풍기는 전자석의 세기나 극의 방향이 일정한 성질을 이용해 바람을 일으킨다.
⑤ 전자석 기중기는 전자석이 항상 자석의 성질을 띠는 것을 이용해 철판을 들어 옮긴다.

12 다음 ( ) 안에 들어갈 알맞은 말을 써 봅시다.

스피커는 ( )의 세기나 극을 바꿀 수 있는 성질을 이용해 떨림을 만들어 소리를 낸다.

( )

13 오른쪽 전기 회로의 전구에 불이 켜지지 않는 까닭을 설명해 봅시다.

14 다음은 전지, 전선, 전구, 스위치를 연결한 두 가지 전기 회로입니다. 전구 끼우개에 연결된 전구 중 한 개만 뺀 뒤 스위치를 모두 닫을 때 나머지 전구의 변화를 각각 설명해 봅시다.

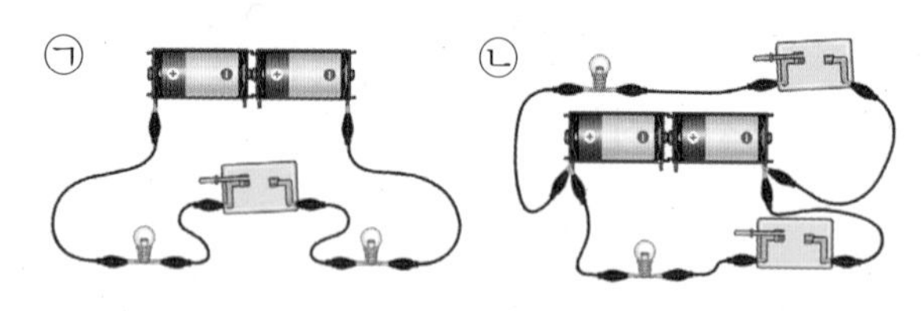

15 오른쪽과 같이 전기 기구의 플러그를 뽑을 때 잘못된 점과 전기를 안전하게 사용하는 방법을 설명해 봅시다.

16 다음은 전자석에 전지 한 개와 스위치를 연결한 모습입니다. 두 전자석 끝부분을 클립에 가져다 댈 때 클립이 붙는 전자석을 골라 기호를 쓰고, 그 까닭을 설명해 봅시다.

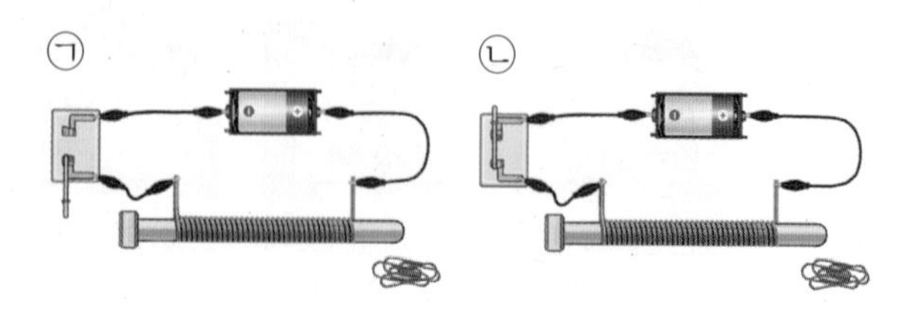

17 다음은 전자석 양 끝에 나침반을 놓고 스위치를 닫은 모습입니다. 전지의 두 극만 반대로 연결할 때 나침반 ㉠의 바늘이 어떻게 되는지 전자석의 성질과 관련지어 설명해 봅시다.

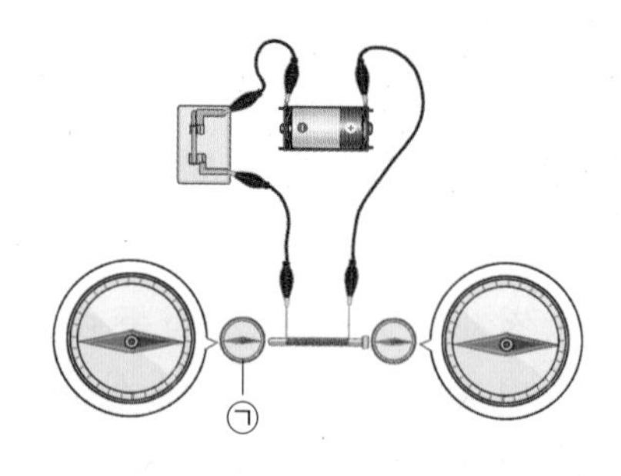

18 오른쪽과 같은 전자석 기중기의 쓰임새와 전자석 기중기에 이용된 전자석의 성질을 설명해 봅시다.

➔ 바른답·알찬풀이 8 쪽

공부한 날 월 일

01 다음과 같이 전지, 전선, 전구, 스위치를 연결한 뒤 전구의 밝기를 관찰했습니다.

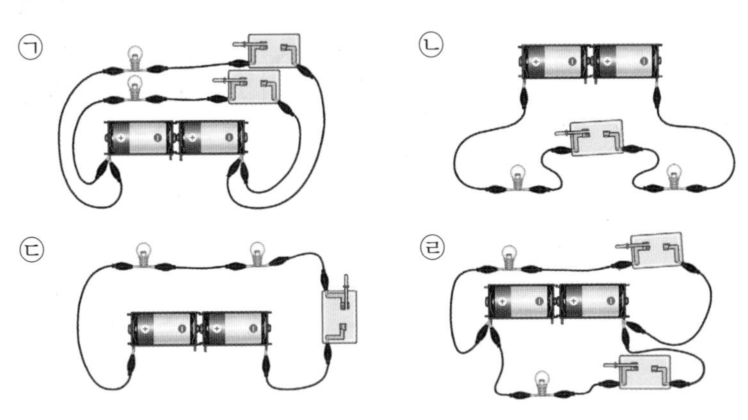

(1) 위 ㉠~㉣의 스위치를 모두 닫을 때 전구의 밝기가 비슷한 것끼리 분류하여 기호를 써 봅시다.

- 전구의 밝기가 밝은 전기 회로: (　　　　　,　　　　　)
- 전구의 밝기가 어두운 전기 회로: (　　　　　,　　　　　)

(2) (1)의 답을 보고, 전구의 밝기가 비슷한 전기 회로에서 전구가 연결된 방법의 공통점을 각각 설명해 봅시다.

____

성취 기준

전구를 직렬연결할 때와 병렬연결할 때 전구의 밝기 차이를 비교할 수 있다.

출제 의도

두 전구가 연결된 전기 회로의 모습을 보고 전구의 연결 방법에 따른 전구의 밝기를 비교한 뒤 공통점을 설명하는 문제예요.

관련 개념

전구의 연결 방법에 따른 전구의 밝기 비교하기 G 10 쪽

02 다음은 전자석에 전지와 스위치를 연결한 모습입니다.

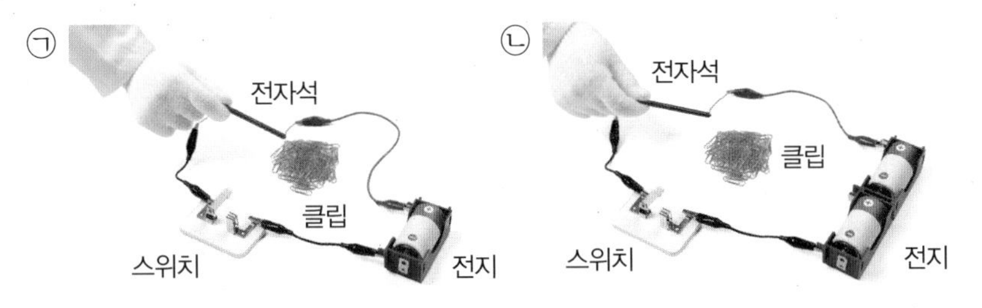

(1) 스위치를 닫은 뒤 전자석의 끝부분을 클립에 가져다 댈 때 클립이 더 많이 붙는 전자석을 골라 기호를 써 봅시다.

(　　　　　　　　)

(2) (1)의 답을 보고, 전자석에 연결한 전지의 개수와 전자석의 세기는 어떤 관계가 있는지 설명해 봅시다.

____

성취 기준

전자석을 만들어 영구 자석과 전자석을 비교하고 일상생활에서 전자석이 사용되는 예를 조사할 수 있다.

출제 의도

전자석에 연결한 전지의 개수에 따라 전자석에 붙은 클립의 개수가 다른 것을 통해 전자석의 성질을 알 수 있는 문제예요.

관련 개념

전자석의 성질 알아보기 G 18 쪽

[01~02] 다음은 전지, 전선, 전구를 연결한 전기 회로입니다. 물음에 답해 봅시다.

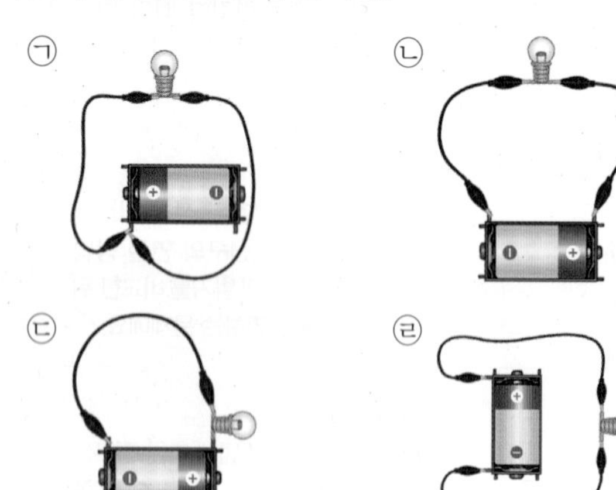

01 위 ㉠~㉣ 중 전구에 불이 켜지지 않는 전기 회로를 골라 기호를 써 봅시다.

( )

02 위 ㉠~㉣ 중 전구에 불이 켜진 전기 회로의 공통점을 두 가지 골라 봅시다. (,)

① 전기 회로가 중간에 끊겨 있다.
② 전구를 전지의 (+)극에만 연결했다.
③ 전구를 전지의 (−)극에만 연결했다.
④ 전구를 전지의 (+)극과 (−)극에 모두 연결했다.
⑤ 전기 부품의 전기가 잘 흐르는 부분끼리 서로 연결했다.

03 오른쪽과 같은 집게 달린 전선에 대한 설명으로 옳은 것을 보기에서 골라 기호를 써 봅시다.

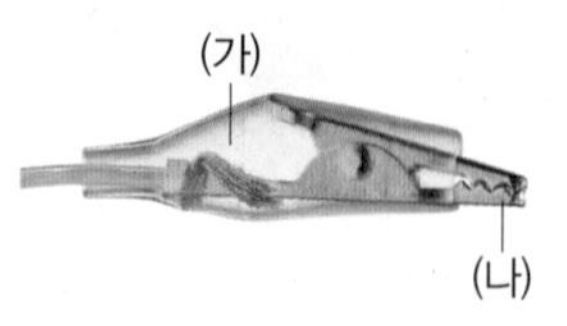

보기
㉠ (가)는 전기가 잘 통하는 부분이다.
㉡ 손으로 잡는 부분은 고무나 비닐로 만든다.
㉢ (나)는 전기가 잘 통하지 않는 부분으로 금속으로 만든다.

( )

[04~05] 다음은 전지, 전선, 전구, 스위치를 연결한 전기 회로입니다. 물음에 답해 봅시다.

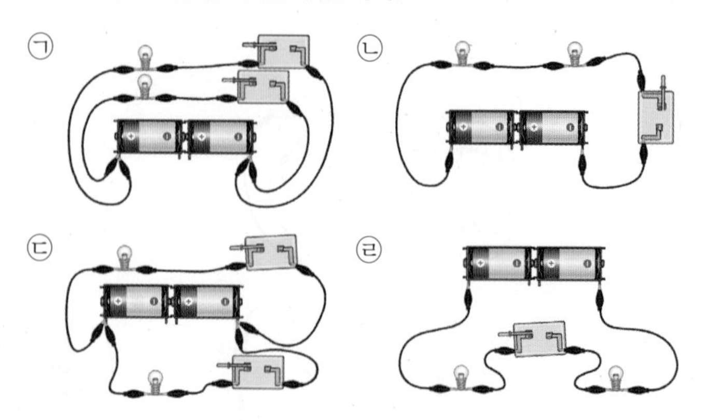

04 위 ㉠~㉣에서 스위치를 닫을 때 전구의 밝기가 어두운 전기 회로를 두 가지 골라 기호를 써 봅시다.

(,)

05 위 ㉠~㉣에서 전구 끼우개에 연결된 전구 중 한 개를 뺀 뒤 스위치를 모두 닫을 때 나머지 전구의 불이 꺼지지 않는 전기 회로를 두 가지 골라 기호를 써 봅시다.

(,)

06 전기를 올바르게 사용하는 방법에 대한 설명으로 옳은 것을 보기에서 골라 기호를 써 봅시다.

보기
㉠ 젖은 손으로 전기 기구를 만져도 위험하지 않다.
㉡ 냉방기를 사용할 때에는 문과 창문을 활짝 열고 사용한다.
㉢ 콘센트를 사용할 때에는 너무 많은 플러그를 한꺼번에 꽂아서 사용하지 않는다.

( )

07 다음은 전자석을 만드는 모습을 순서 없이 나타낸 것입니다. 순서대로 기호를 써 봅시다.

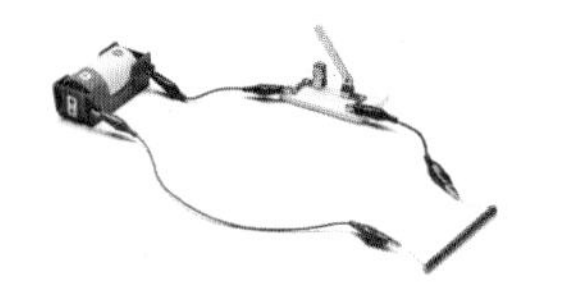
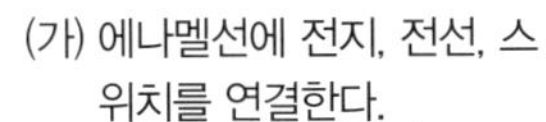
(가) 에나멜선에 전지, 전선, 스위치를 연결한다.

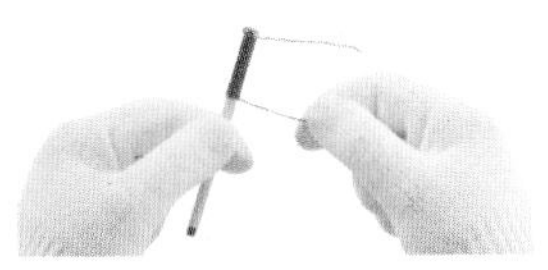
(나) 에나멜선을 한쪽 방향으로 감는다.

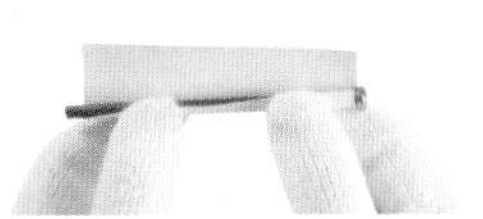
(다) 종이테이프로 둥근머리 볼트를 감는다.

(라) 에나멜선 양쪽을 사포로 문질러 벗긴다.

(　　　) → (　　　) → (　　　) → (　　　)

08 다음은 전자석에 전지와 스위치를 연결하고 스위치를 닫은 뒤 전자석 끝부분을 클립에 가져다 댔을 때 결과입니다. 세기가 더 센 전자석을 골라 기호를 써 봅시다.

전자석	전자석에 붙은 클립의 개수
㉠	20 개
㉡	5 개

(　　　　　)

09 오른쪽은 전자석의 양 끝에 나침반을 놓고 스위치를 닫은 모습입니다. 전지의 두 극을 반대로 연결할 때에 대한 설명으로 옳은 것을 보기에서 골라 기호를 써 봅시다.

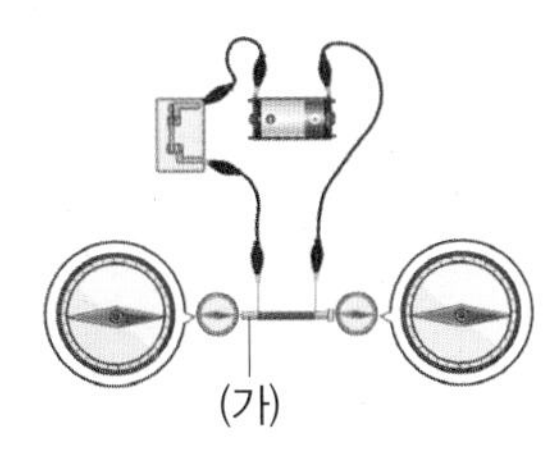

보기
㉠ 전자석의 세기가 세진다.
㉡ 전자석의 (가)는 N극이 된다.
㉢ 나침반의 바늘의 방향이 변하지 않는다.

(　　　　　)

10 다음은 막대자석과 전자석의 성질을 비교한 결과입니다. (　　) 안에 공통으로 들어갈 알맞은 말을 써 봅시다.

구분	막대자석	전자석
자석의 성질	항상 나타남.	전기가 흐를 때만 나타남.
자석의 세기	세기가 일정함.	연결한 (　　　　)의 개수에 따라 달라짐.
두 극의 변화	변하지 않음.	연결한 (　　　　)의 방향에 따라 달라짐.

(　　　　　)

11 다음은 전동기에 대한 학생 (가)~(다)의 대화입니다. 잘못 말한 학생은 누구인지 써 봅시다.

- (가): 전동기 내부에 전자석이 있어.
- (나): 세탁기, 선풍기 등에 전동기가 이용돼.
- (다): 전기가 흐르지 않아도 물체를 회전시킬 수 있어.

(　　　　　)

12 다음 중 전자석을 이용하는 예로 옳지 않은 것은 어느 것입니까? (　　　)

① 
머리 말리개

②  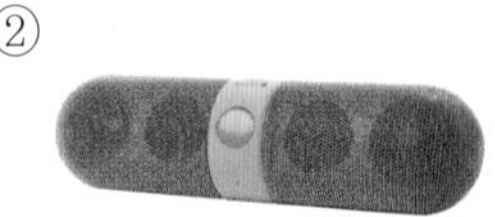
스피커

③ 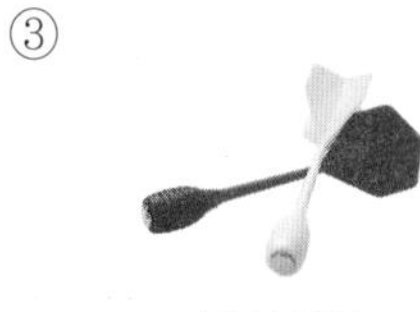
자석 다트

④ 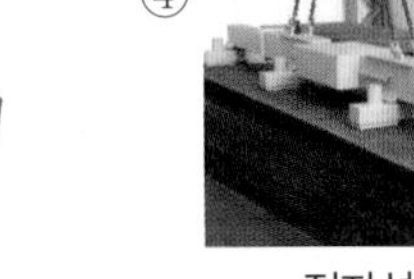
전자석 기중기

서술형 문제

13 오른쪽 전기 회로의 전구에는 불이 켜지지 않습니다. 전구에 불을 켜기 위한 방법을 설명해 봅시다.

....

....

14 다음은 전지, 전선, 전구를 연결한 전기 회로입니다. 전지가 더 천천히 닳는 것을 골라 기호를 쓰고, 그렇게 생각한 까닭을 전구의 연결 방법과 관련지어 설명해 봅시다.

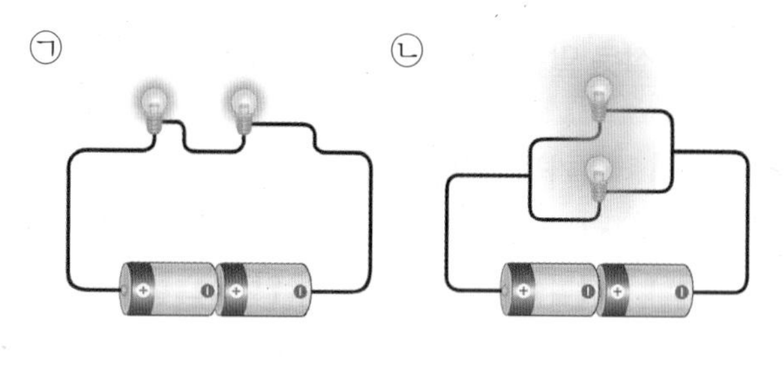

....

....

15 다음과 같이 전기를 사용할 때 잘못된 점은 무엇인지 각각 설명해 봅시다.

㉠  ㉡ 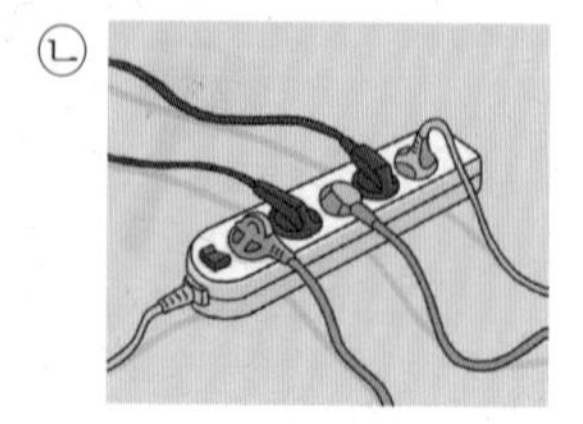

....

....

16 다음은 전자석의 스위치를 닫기 전과 스위치를 닫은 뒤의 모습을 나타낸 것입니다. 스위치를 닫은 뒤에만 전자석 끝부분에 클립이 붙는 까닭을 설명해 봅시다.

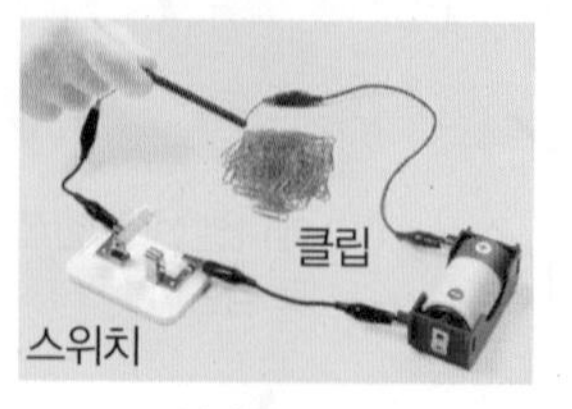

스위치를 닫기 전

스위치를 닫은 뒤

....

....

17 다음은 전자석에 전지와 스위치를 연결하고 스위치를 닫은 뒤 전자석 끝부분을 클립에 가져다 댄 모습입니다. ㉠, ㉡ 중 세기가 더 센 전자석을 골라 기호를 쓰고, 그 까닭을 설명해 봅시다.

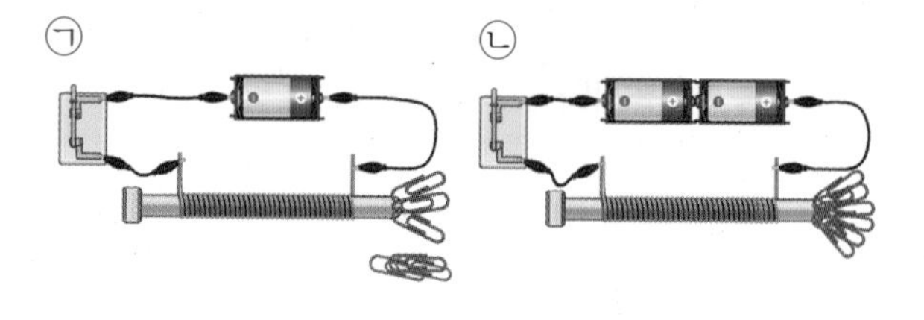

....

....

18 다음은 일상생활에서 편리하게 이용하는 기구입니다. 두 기구의 차이점을 자석의 성질과 관련지어 설명해 봅시다.

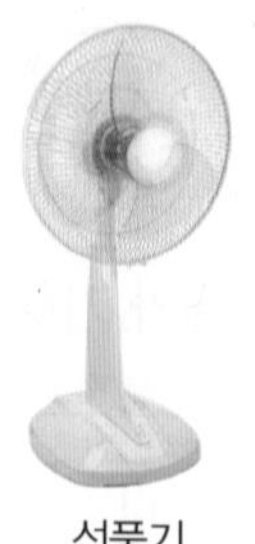
선풍기

나침반

....

....

2회 수행평가

바른답·알찬풀이 10 쪽

1 단원

공부한 날

월

일

01 다음은 전지, 전선, 전구를 연결한 전기 회로입니다.

㉠

㉡

(1) 위 ㉠, ㉡ 중 전구에 불이 켜지지 않는 것을 골라 기호를 써 봅시다.

( )

(2) (1)에서 답한 전기 회로에 불이 켜지지 않는 까닭을 설명해 봅시다.

____

성취 기준

전지와 전구, 전선을 연결하여 전구에 불이 켜지는 조건을 찾아 설명할 수 있다.

출제 의도

전지, 전선, 전구가 연결된 모습을 보고 전구에 불이 켜지는 회로와 불이 켜지지 않는 회로의 차이점을 설명하는 문제예요.

관련 개념

전기 회로의 전구에 불이 켜지는 조건 G 8 쪽

02 다음과 같이 전자석의 양 끝에 나침반을 놓고 스위치를 닫은 뒤 나침반 바늘의 모습을 관찰했습니다. (나)는 (가)에서 전지의 극만 반대로 했습니다.

(가) (나)

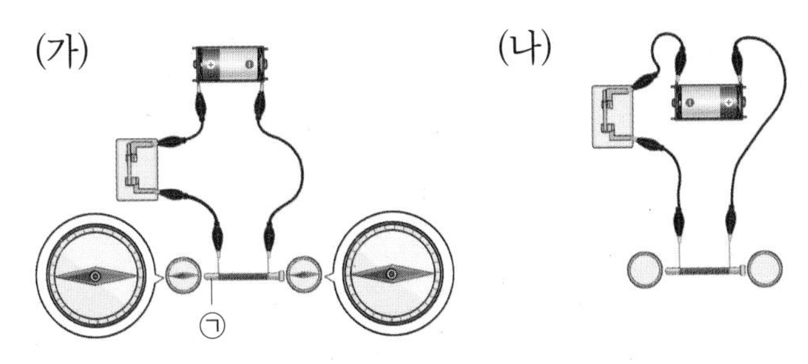

(1) (가)에서 전자석의 ㉠은 어떤 극인지 써 봅시다.

( )극

(2) (나)에서 나침반 바늘이 가리키는 방향을 그려 봅시다.

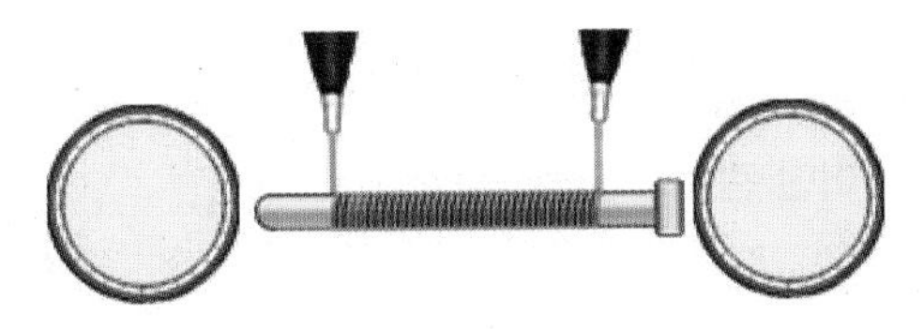

(3) (2)의 답을 보고, 전자석에 전지의 두 극을 연결한 방향과 전자석의 극은 어떤 관계가 있는지 설명해 봅시다.

____

성취 기준

전자석을 만들어 영구 자석과 전자석을 비교하고 일상생활에서 전자석이 사용되는 예를 조사할 수 있다.

출제 의도

전자석에 연결한 전지의 방향에 따라 전자석의 극이 달라지는 것을 통해 나침반 바늘이 가리키는 방향을 예상해 볼 수 있는 문제예요.

관련 개념

전자석의 성질 알아보기

G 18 쪽

계절의 변화

이 단원에서 무엇을 공부할지 알아보아요.

공부할 내용	쪽수	교과서 쪽수
1 하루 동안 태양 고도, 그림자 길이, 기온은 어떤 관계가 있을까요	42~45쪽	『과학』 34~37쪽 『실험 관찰』 16~17쪽
2 계절에 따라 태양의 남중 고도, 낮과 밤의 길이, 기온은 어떻게 변할까요	46~47쪽	『과학』 38~39쪽 『실험 관찰』 18쪽
3 계절에 따라 기온이 변하는 까닭은 무엇일까요	50~51쪽	『과학』 40~42쪽 『실험 관찰』 19쪽
4 계절이 변하는 원인은 무엇일까요	52~53쪽	『과학』 44~47쪽 『실험 관찰』 20~21쪽

『과학』 32~33 쪽

달력이 알려 주는 계절의 변화

내 생일을 이용해 나만의 절기를 만들고, 우리 반 절기 달력을 꾸며 계절의 특징을 나타내 봅시다.

우리 반 절기 달력 만들기

❶ 같은 달에 생일이 있는 사람끼리 모둠을 이루고, 모둠별로 그 달의 달력을 한 장씩 나눠 가집니다.

❷ 내 생일에 주로 나타났던 날씨나 자주 했던 일을 생각하며 나만의 절기를 정해봅시다.

❸ 달력에서 내 생일을 찾아 절기의 이름을 쓰고, 뜻을 나타내는 그림을 그립니다.

❹ 모둠별 달력을 모아 우리 반 절기 달력을 완성해 봅시다.

• 완성한 절기 달력을 보고, 계절별 특징이 어떻게 다른지 이야기해 봅시다.

예시 답안 봄에는 기온이 높아지고, 꽃이 핀다. 가을에는 기온이 낮아지고, 나무에 단풍이 든다.

1 하루 동안 태양 고도, 그림자 길이, 기온은 어떤 관계가 있을까요

❶ 태양 고도

1 태양 고도: 태양이 지표면과 이루는 각

2 태양 고도 측정 방법: 태양 고도는 지표면에 수직으로 막대를 세우고, 바닥에 생긴 막대의 그림자를 이용해 측정합니다.

태양 고도가 높아지면 막대의 그림자 길이가 짧아지고, 태양 고도가 낮아지면 막대의 그림자 길이가 길어져요.

❷ 하루 동안 태양 고도, 그림자 길이, 기온 측정하기 탐구

태양 고도, 그림자 길이, 기온을 측정하는 방법

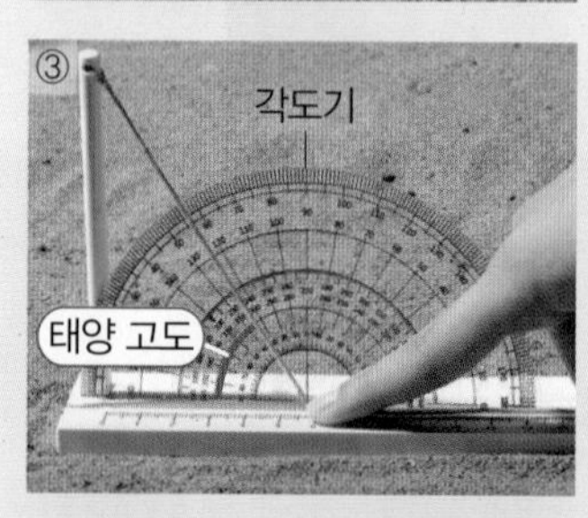

탐구 과정

❶ 하루 동안 태양 고도, 그림자 길이, 기온을 측정합니다.
- ① 햇빛이 잘 드는 편평한 곳에 태양 고도 측정기를 놓습니다.
- ② 막대의 그림자를 눈금과 평행하게 맞추고 길이를 측정합니다.
- ③ 막대의 그림자 끝에 중심이 오도록 각도기를 두고, 실을 당겨 태양 고도를 측정합니다.
- ④ 그늘진 곳에 알코올 온도계를 두고 기온을 측정합니다.
- ⑤ 1 시간 간격으로 태양 고도, 그림자 길이, 기온을 측정합니다.

❷ 색깔이 다른 유성 펜을 이용해 투명 모눈종이*에 태양 고도, 그림자 길이, 기온을 꺾은선그래프로 그립니다.

❸ ❷에서 그린 그래프를 서로 겹쳐서 붙이고 태양 고도, 그림자 길이, 기온 그래프의 모양을 비교합니다.

탐구 결과

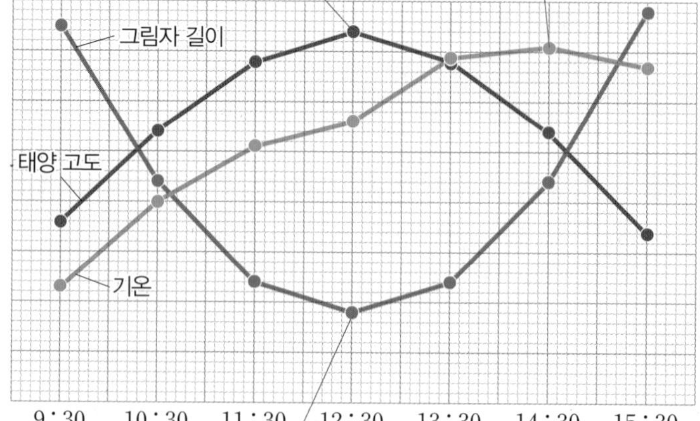

▲ 하루 동안 측정하여 기록한 태양 고도, 그림자 길이, 기온 그래프

태양 고도 그래프와 모양이 비슷한 그래프	태양 고도 그래프와 모양이 다른 그래프
기온 그래프	그림자 길이 그래프

→ 태양 고도가 높아지면 그림자 길이는 짧아지고 기온은 높아집니다.

용어 사전

★ **모눈종이** 일정한 간격으로 여러 개의 세로줄과 가로줄을 그린 종이

❸ 태양의 남중 고도, 그림자 길이, 기온의 관계

1 하루 동안 태양 고도의 변화

① 하루 동안 태양은 동쪽에서 떠오른 뒤 남쪽을 지나 서쪽으로 집니다.

② 태양이 정확히 남쪽에 위치할 때 태양이 남중했다고 합니다. ➜ 태양 고도는 태양이 남중했을 때 가장 높습니다.

▲ 하루 동안 태양의 위치 변화

2 태양의 남중 고도: 태양이 남중했을 때의 태양 고도

3 하루 동안 태양 고도, 그림자 길이, 기온의 관계

태양 고도와 그림자 길이의 관계

태양 고도(°): 60, 55, 50, 45, 40, 35, 30, 25, 20
그림자 길이(cm): 12, 11, 10, 9, 8, 7, 6, 5, 4
그림자 길이
태양 고도
태양 고도가 가장 높은 때
그림자 길이가 가장 짧은 때
9 : 30 10 : 30 11 : 30 12 : 30 13 : 30 14 : 30 15 : 30
측정 시각(시 : 분)

- 태양 고도 그래프와 그림자 길이 그래프는 모양이 반대임.
- 하루 중 태양 고도가 가장 높은 시각에 그림자 길이가 가장 짧음.

➜ 태양 고도가 높아지면 그림자 길이는 짧아짐.

태양 고도와 기온의 관계

태양 고도(°): 60, 55, 50, 45, 40, 35, 30, 25, 20
기온(℃): 29, 28, 27, 26, 25, 24, 23, 22, 21
태양 고도
기온
태양 고도가 가장 높은 때
기온이 가장 높은 때
9 : 30 10 : 30 11 : 30 12 : 30 13 : 30 14 : 30 15 : 30
측정 시각(시 : 분)

- 기온이 가장 높은 때는 태양 고도가 가장 높은 때보다 대체로 늦음.
- 기온은 태양 고도가 가장 높은 때보다 2 시간 정도 뒤에 가장 높음.

➜ 태양 고도가 높아지면 대체로 기온은 높아짐.

기온이 가장 높을 때가 태양 고도가 가장 높을 때보다 늦는 까닭

지표면이 태양에 의해 데워지고 데워진 지표면이 그 위의 공기를 데우면 기온이 높아지는데, 지표면이 데워져 공기의 온도가 높아지는 데에는 시간이 걸리기 때문입니다.

용어 사전

★ 지표면 지구의 표면

스스로 확인해요

바른답·알찬풀이 11 쪽

『과학』 37 쪽

1 태양 고도가 높아지면 그림자 길이는 (길어지고, 짧아지고), 기온은 (높아집니다, 낮아집니다).

2 (사고력) 다음과 같이 나무의 그림자 길이가 변하면 태양 고도와 기온은 어떻게 변할지 설명해 봅시다.

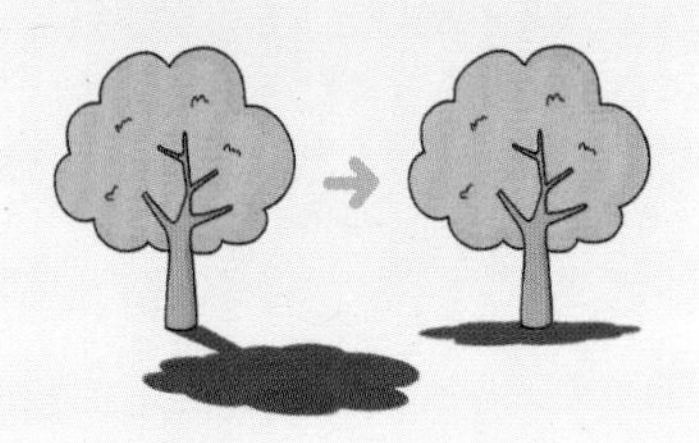

2 단원 공부한 날 월 일

문제로 개념 탄탄

1 오른쪽 그림에서 ㉠은 무엇을 나타내는지 써 봅시다.

(   )

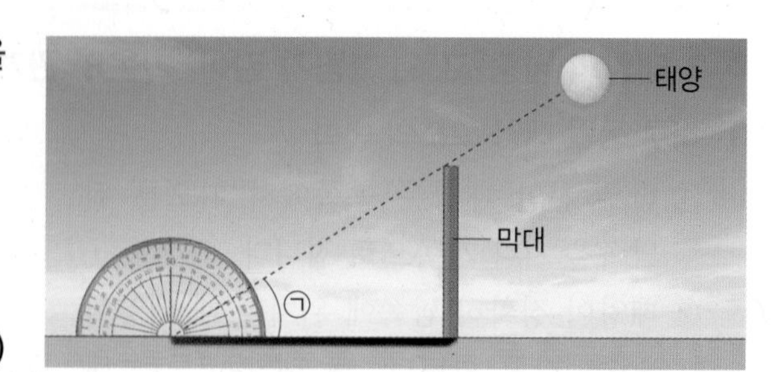

[2~4] 다음은 하루 동안 태양 고도, 그림자 길이, 기온을 측정하여 나타낸 그래프입니다. 물음에 답해 봅시다.

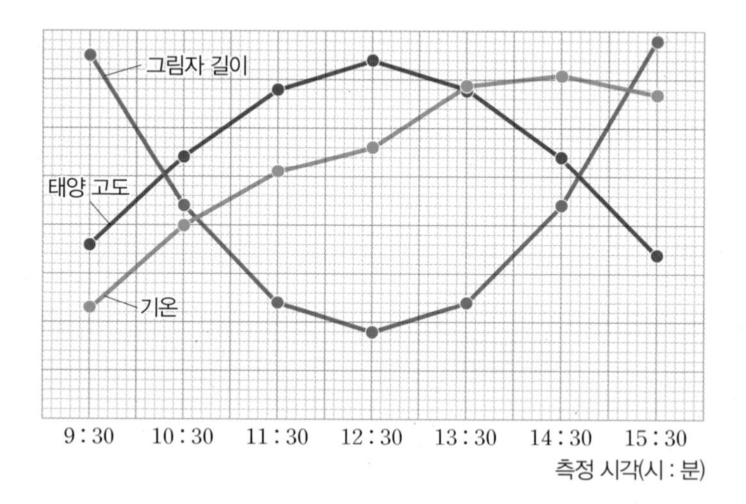

2 위 그래프에서 하루 중 태양 고도가 가장 높은 때는 언제인지 써 봅시다.

(   )

3 위 그래프에서 하루 중 기온이 가장 높은 때는 언제인지 써 봅시다.

(   )

4 다음은 위 그래프에 대한 설명입니다. 옳은 것에 ○표, 옳지 않은 것에 ×표 해 봅시다.

(1) 태양 고도가 높아지면 그림자 길이가 짧아진다. (   )

(2) 태양 고도가 가장 높은 때와 그림자 길이가 가장 긴 때는 같다. (   )

(3) 태양 고도 그래프와 모양이 반대인 그래프는 그림자 길이 그래프이다. (   )

5 다음 ( ) 안에 공통으로 들어갈 알맞은 말을 써 봅시다.

> 태양이 정확히 남쪽에 위치할 때 태양이 ( )했다고 하며, 태양 고도는 태양이 ( )했을 때 가장 높다.

( )

6 오른쪽은 하루 동안 태양의 움직임을 나타낸 것입니다. 태양이 남중할 때 태양의 위치를 골라 기호를 써 봅시다.

( )

[7~8] 다음은 하루 동안 태양 고도와 기온의 관계를 나타낸 그래프입니다. 물음에 답해 봅시다.

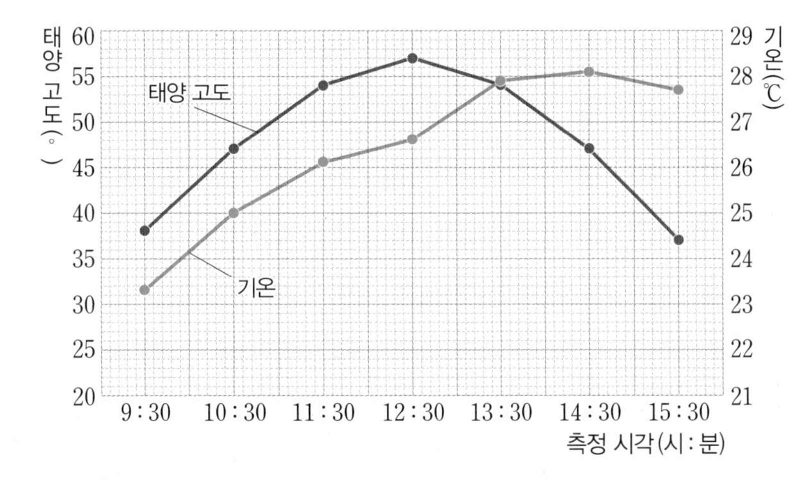

7 다음은 위 그래프에 대한 설명입니다. 옳은 것에 ○표, 옳지 않은 것에 ×표 해 봅시다.

(1) 태양 고도가 가장 높은 때와 기온이 가장 높은 때는 같다. ( )

(2) 12 시 30 분 이후에 기온은 낮아지고 태양 고도는 높아진다. ( )

8 다음은 위 그래프로 알 수 있는 사실입니다. ( ) 안에 들어갈 알맞은 말에 ○표 해 봅시다.

> 하루 중 태양 고도가 높아지면 대체로 기온은 (높아진다, 낮아진다).

공부한 내용을

- 자신 있게 설명할 수 있어요.
- 설명하기 조금 힘들어요.
- 어려워서 설명할 수 없어요.

2 계절에 따라 태양의 남중 고도, 낮과 밤의 길이, 기온은 어떻게 변할까요

낮의 길이와 밤의 길이

- 하루는 24 시간이므로 밤의 길이는 24 시간에서 낮의 길이를 뺀 시간입니다.
- 낮의 길이와 밤의 길이 합이 일정★하기 때문에 밤의 길이 변화는 낮의 길이 변화와 반대로 나타납니다.

★ 일정 어떤 것의 크기, 모양, 범위, 시간 따위가 하나로 정해져 있음.

바른답·알찬풀이 11 쪽

스스로 확인해요 『과학』 39 쪽

1 여름에는 겨울보다 태양의 남중 고도가 (높고, 낮고), 낮의 길이가 (길며, 짧으며), 기온이 (높습니다, 낮습니다).

2 (사고력) 오늘부터 3 개월 뒤에 태양의 남중 고도, 낮의 길이, 기온이 어떻게 달라질지 설명해 봅시다.

❶ 계절별 태양의 남중 고도, 낮과 밤의 길이, 기온 자료 해석하기 (탐구)

태양의 남중 고도	여름에 가장 높고, 점점 낮아져 겨울에 가장 낮음.
낮의 길이	여름에 가장 길고, 점점 짧아져 겨울에 가장 짧음.
밤의 길이	여름에 가장 짧고, 점점 길어져 겨울에 가장 긺.
기온	여름에 가장 높고, 점점 낮아져 겨울에 가장 낮음.

→ 태양의 남중 고도가 높은 계절에 낮의 길이가 길고 기온이 높습니다.

❷ 계절별 태양의 남중 고도, 낮의 길이, 기온의 관계

1 계절별 태양의 남중 고도와 낮의 길이의 관계

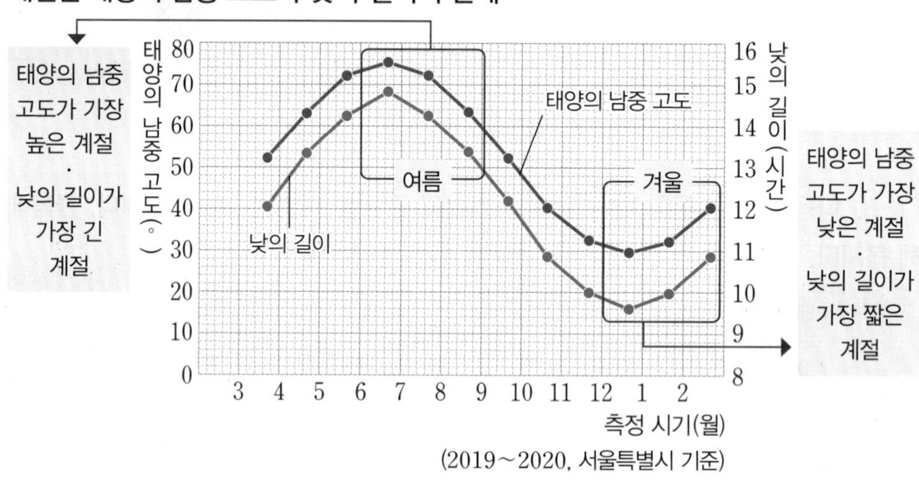

→ 태양의 남중 고도가 높아지면 낮의 길이가 길어집니다.

2 계절별 태양의 남중 고도와 기온의 관계

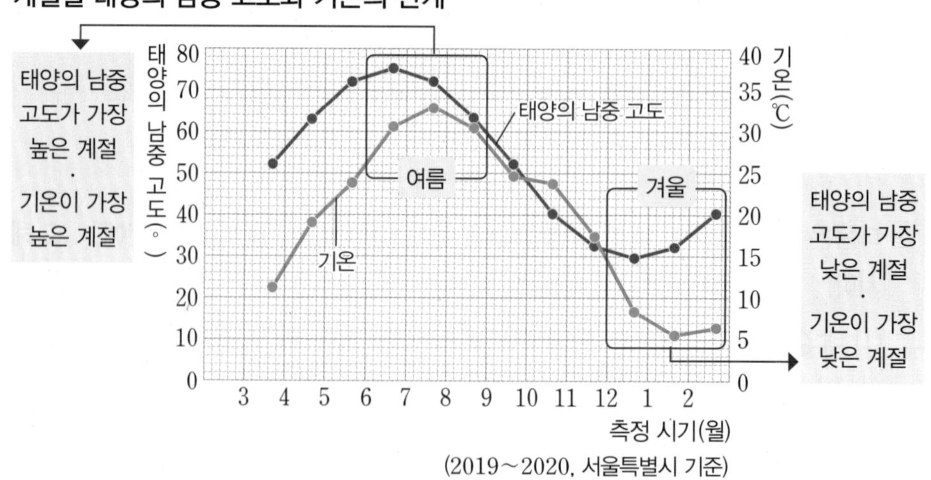

→ 태양의 남중 고도가 높아지면 대체로 기온이 높아집니다.

3 계절별 태양의 남중 고도, 낮의 길이, 기온의 관계

① 여름에는 태양의 남중 고도가 높아 낮의 길이가 길고 기온이 높습니다.
② 겨울에는 태양의 남중 고도가 낮아 낮의 길이가 짧고 기온이 낮습니다.

문제로 개념 탄탄

바른답·알찬풀이 11 쪽

정답 확인

1 다음 (　　) 안에 들어갈 알맞은 계절을 써 봅시다.

> (　　　　)에 태양의 남중 고도는 가장 높고, 밤의 길이는 가장 짧다.

(　　　　　　　)

2 다음은 계절별 태양의 남중 고도와 낮의 길이의 관계를 나타낸 그래프입니다. 이에 대한 설명으로 옳은 것에 ○표, 옳지 않은 것에 ×표 해 봅시다.

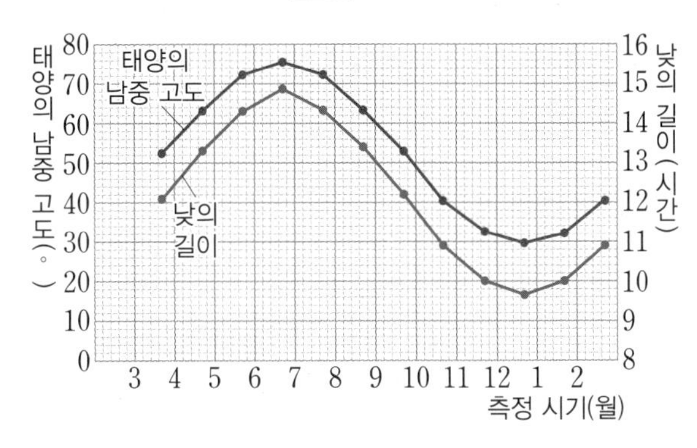

(1) 낮의 길이가 가장 긴 계절은 여름이다. (　　)

(2) 태양의 남중 고도가 가장 높은 계절은 겨울이다. (　　)

(3) 태양의 남중 고도가 높아지면 낮의 길이는 길어진다. (　　)

3 다음은 계절별 태양의 남중 고도와 기온의 관계를 나타낸 그래프입니다. 기온이 가장 높은 계절을 보기에서 골라 기호를 써 봅시다.

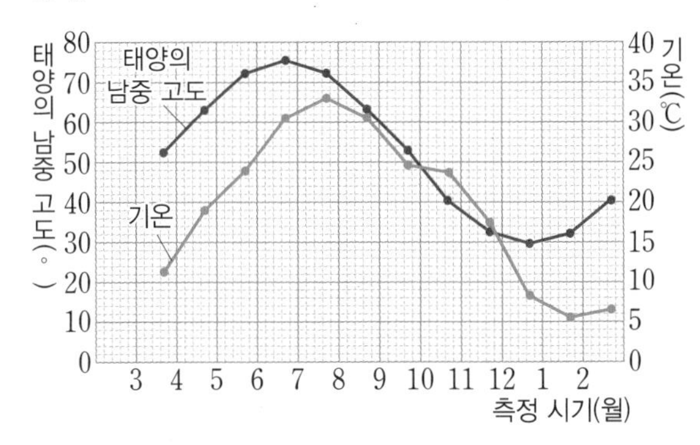

보기

㉠ 봄　　㉡ 여름　　㉢ 가을　　㉣ 겨울

(　　　　　　　)

4 다음은 계절별 태양의 남중 고도, 낮의 길이, 기온의 관계에 대한 설명입니다. (　　) 안에 들어갈 알맞은 말에 각각 ○표 해 봅시다.

> 겨울에는 여름보다 태양의 남중 고도가 낮아 낮의 길이가 ㉠ (길고, 짧고) 기온이 ㉡ (높다, 낮다).

2 단원

공부한 날 　월 　일

공부한 내용을

- 자신 있게 설명할 수 있어요.
- 설명하기 조금 힘들어요.
- 어려워서 설명할 수 없어요.

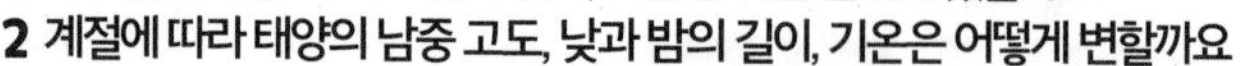

01 다음과 같이 태양 고도를 측정할 때, ㉠~㉢ 중 태양 고도를 나타내는 것을 골라 기호를 써 봅시다.

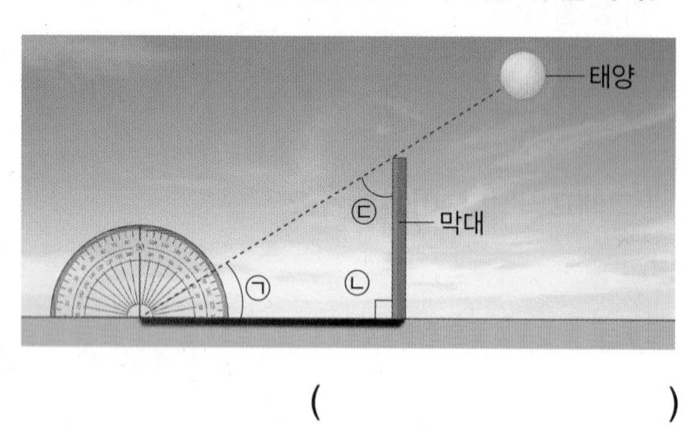

( )

[02~03] 다음은 하루 동안 태양 고도, 그림자 길이, 기온을 측정하여 나타낸 그래프입니다. 물음에 답해 봅시다.

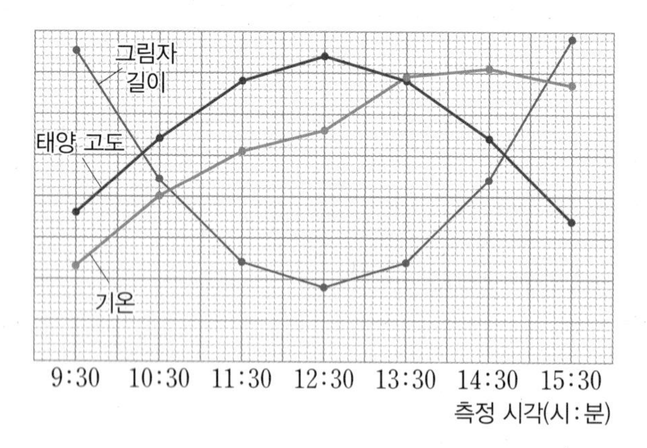

02 위 그림자 길이와 기온 그래프 중 태양 고도 그래프와 모양이 비슷한 그래프는 어느 것인지 써 봅시다.

( ) 그래프

중요

03 위 그래프에 대한 설명으로 옳은 것은 어느 것입니까? ( )

① 기온은 12 시 30 분에 가장 높다.
② 오전에 태양 고도는 점점 낮아진다.
③ 그림자 길이는 12 시 30 분에 가장 길다.
④ 태양 고도가 높아지면 대체로 기온은 낮아진다.
⑤ 태양 고도가 높아지면 그림자 길이는 짧아진다.

중요

04 다음은 태양의 위치에 대한 설명입니다. ( ) 안에 들어갈 알맞은 말을 각각 써 봅시다.

> 하루 중 태양이 정확히 남쪽에 위치할 때 태양이 (㉠)했다고 하며, 이때의 태양 고도를 태양의 (㉡)(이)라고 한다.

㉠: ( ), ㉡: ( )

[05~06] 다음은 하루 동안 태양 고도와 그림자 길이의 관계를 나타낸 그래프입니다. 물음에 답해 봅시다.

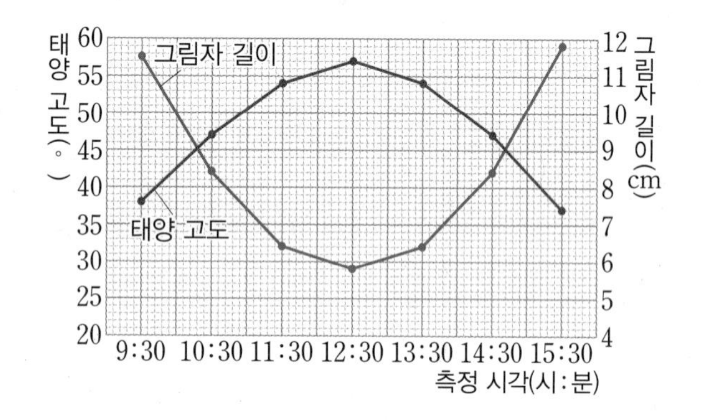

05 위 그래프에서 ㉠ 태양 고도가 가장 높은 때와 ㉡ 그림자 길이가 가장 짧은 때는 언제인지 각각 써 봅시다.

㉠: ( ), ㉡: ( )

서술형

06 위 그래프를 통해 알 수 있는 태양 고도와 그림자 길이의 관계를 설명해 봅시다.

07 다음과 같은 하루 동안 태양 고도와 기온의 관계를 나타낸 그래프에 대한 설명으로 옳은 것을 보기에서 골라 기호를 써 봅시다.

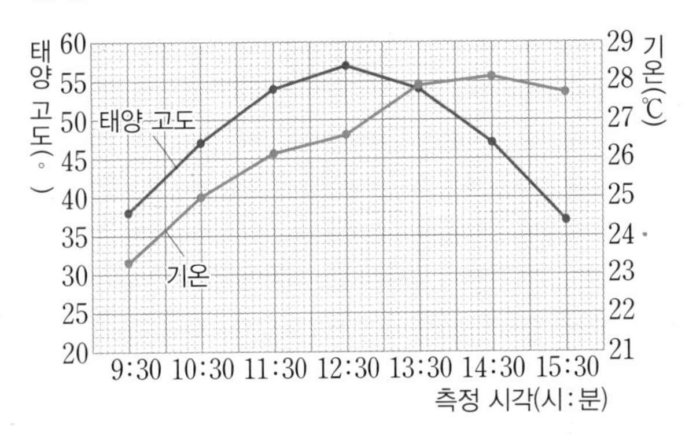

보기

㉠ 기온은 12 시 30 분에 가장 낮다.
㉡ 태양 고도는 12 시 30 분에 가장 높다.
㉢ 태양 고도가 가장 높은 때는 기온이 가장 높은 때보다 늦다.

( )

[08~09] 다음은 계절별 태양의 남중 고도와 낮의 길이의 관계를 나타낸 그래프입니다. 물음에 답해 봅시다.

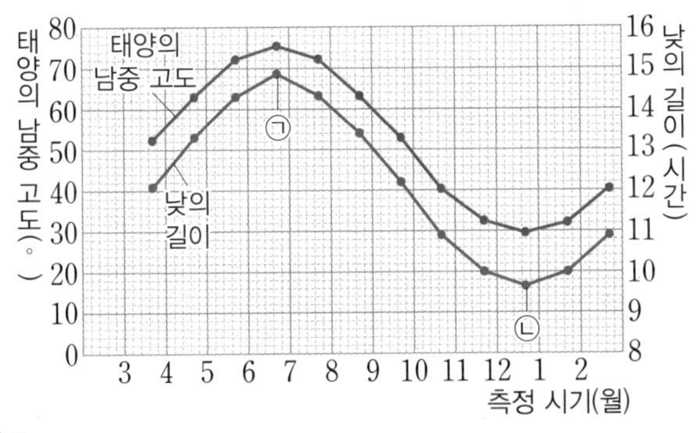

중요
08 위 그래프에서 ㉠과 ㉡에 해당하는 계절을 옳게 짝 지은 것은 어느 것입니까? ( )

	㉠	㉡		㉠	㉡
①	봄	여름	②	봄	겨울
③	여름	가을	④	여름	겨울
⑤	겨울	여름			

서술형
09 앞 그래프에서 계절에 따라 태양의 남중 고도가 어떻게 달라지는지 설명해 봅시다.

[10~11] 다음은 계절별 태양의 남중 고도와 기온의 관계를 나타낸 그래프입니다. 물음에 답해 봅시다.

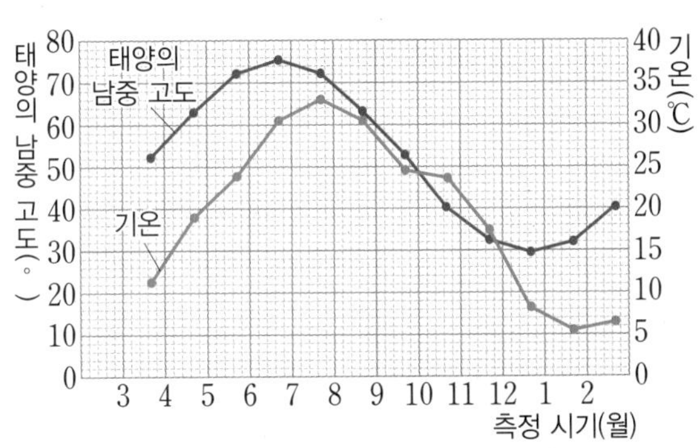

10 위 그래프에서 태양의 남중 고도가 가장 높은 때는 언제입니까? ( )

① 1 월~2 월 ② 3 월~4 월
③ 6 월~7 월 ④ 9 월~10 월
⑤ 11 월~12 월

중요
11 위 그래프에 대한 설명으로 옳은 것은 어느 것입니까? ( )

① 기온이 가장 낮은 계절은 여름이다.
② 기온은 8 월 이후부터 점점 높아진다.
③ 기온이 가장 높은 때는 1 월~2 월이다.
④ 기온은 봄에 가장 높고, 그 이후 점점 낮아진다.
⑤ 태양의 남중 고도가 높아지면 대체로 기온이 높아진다.

계절에 따라 기온이 변하는 까닭은 무엇일까요

❶ 태양 고도에 따른 태양★ 에너지양 비교하기 탐구

실험 동영상

탐구 과정

❶ 태양 전지판을 이용해 소리 발생 장치를 만들고, 손전등 앞에 종이를 말아 붙입니다.

❷ 태양 전지판으로부터 약 20 cm 거리에서 태양 전지판을 수직으로 비출 때와 태양 전지판을 비추는 각을 작게 할 때 소리 발생 장치에서 나는 소리의 크기를 확인합니다.

└ 태양 전지판에 빛이 많이 도달할수록 소리 발생 장치에서 나는 소리가 커요.

손전등에서 나오는 빛의 양은 일정해요.

손전등

태양 전지판

탐구 결과

❶ 손전등이 태양 전지판을 비추는 각에 따른 소리의 크기

손전등이 태양 전지판을 비추는 각이 클 때 소리의 크기

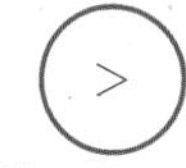

손전등이 태양 전지판을 비추는 각이 작을 때 소리의 크기

└ 수직으로 비출 때 각이 가장 커요.

➡ 손전등이 태양 전지판을 비추는 각이 클 때 태양 전지판에 빛이 많이 도달합니다.

❷ 손전등이 태양 전지판을 비추는 각은 태양 고도, 손전등 빛은 태양 에너지와 비슷합니다. ➡ 태양 고도가 높을수록 같은 면적에 도달하는 태양 에너지양이 많습니다.

❷ 계절에 따라 기온이 변하는 까닭

1 계절에 따라 기온이 변하는 까닭: 태양의 남중 고도가 달라지기 때문입니다.

- 태양의 남중 고도가 높아집니다. ➡ 같은 면적의 지표면에 도달하는 태양 에너지양이 많아집니다. ➡ 태양 에너지는 지표를 데우고, 지표는 공기를 데웁니다. ➡ 기온이 높아집니다.

2 계절별 태양의 남중 고도 변화에 따른 기온 변화

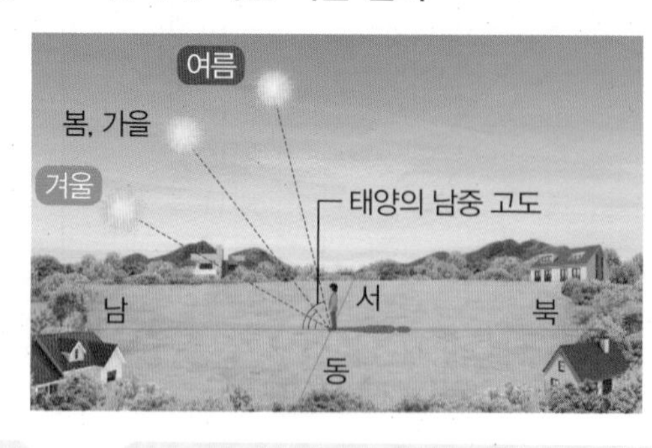

태양의 남중 고도가 높아지면 낮의 길이도 길어져 기온이 높아져요.

여름	태양의 남중 고도가 높음.	→	같은 면적의 지표면에 도달하는 태양 에너지양이 많음. 낮의 길이가 긺.	→ 기온이 높음.
겨울	태양의 남중 고도가 낮음.	→	같은 면적의 지표면에 도달하는 태양 에너지양이 적음. 낮의 길이가 짧음.	→ 기온이 낮음.

실험 관찰

같은 거리에서 손전등이 바닥을 비출 때 각의 크기와 빛의 양의 관계

- 각이 클 때 빛이 닿는 면적이 좁아져 같은 면적에 도달하는 빛의 양이 많아집니다.

- 각이 작을 때 빛이 닿는 면적이 넓어져 같은 면적에 도달하는 빛의 양이 적어집니다.

용어 사전

★ **태양 에너지** 태양이 내보내는 에너지

바른답·알찬풀이 12 쪽

『과학』 42 쪽

1 태양의 남중 고도가 높아질수록 같은 면적의 지표면에 도달하는 태양 에너지양이 (많아져, 적어져) 기온이 (높아집니다, 낮아집니다).

2 (의사소통 능력) 하지는 1 년 중 낮이 가장 긴 절기이고, 동지는 1 년 중 밤이 가장 긴 절기입니다. 두 절기의 기온을 비교하여 이야기해 봅시다.

➔ 바른답·알찬풀이 13 쪽

공부한 날 월 일

[1~2] 다음은 손전등을 태양 전지판으로부터 같은 거리에 두고 각을 다르게 하여 빛을 비추었을 때 소리 발생 장치가 작동하는 모습입니다. 물음에 답해 봅시다.

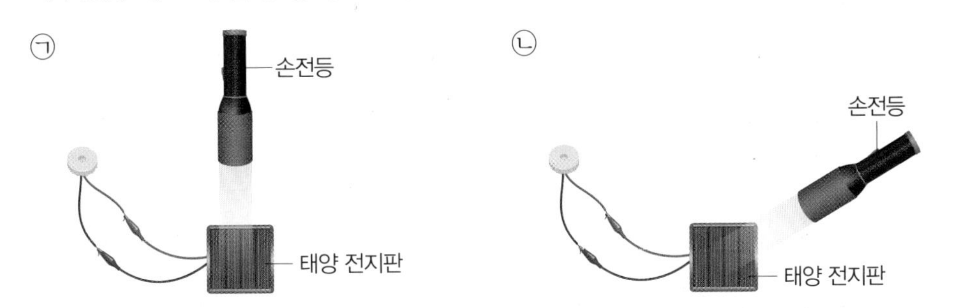

1 위 ㉠과 ㉡ 중 손전등이 태양 전지판을 비추는 각이 더 클 때를 골라 기호를 써 봅시다.

( )

2 다음은 위 실험으로 알 수 있는 사실입니다. ( ) 안에 들어갈 알맞은 말에 ○표 해 봅시다.

> 손전등이 태양 전지판을 비추는 각이 클 때 같은 면적의 태양 전지판에 빛이 (많이, 적게) 도달한다.

3 다음은 계절에 따라 기온이 변하는 까닭에 대한 설명입니다. ( ) 안에 들어갈 알맞은 말을 써 봅시다.

> 태양의 ( )이/가 높아질수록 같은 면적의 지표면에 도달하는 태양 에너지양이 많아져 기온이 높아진다.

( )

4 다음 계절과 계절에 따른 태양 에너지양과 기온의 변화로 옳은 것끼리 선으로 이어 봅시다.

(1)	여름 •	• (가) 같은 면적의 지표면에 도달하는 태양 에너지양이 적음. •	• ㉠	기온이 낮음.
(2)	겨울 •	• (나) 같은 면적의 지표면에 도달하는 태양 에너지양이 많음. •	• ㉡	기온이 높음.

창의적으로 생각해요 『과학』 43 쪽

우리나라보다 계절별 태양의 남중 고도가 더 낮은 지역에서는 처마를 어떻게 만들면 좋을지 설명해 봅시다.

예시 답안 태양의 남중 고도가 낮은 지역은 기온이 더 낮으므로 집안으로 햇빛이 더 잘 들어올 수 있도록 처마의 길이를 짧게 만들고 처마가 뻗어 나온 각을 크게 만들어야 한다.

공부한 내용을

- 자신 있게 설명할 수 있어요.
- 설명하기 조금 힘들어요.
- 어려워서 설명할 수 없어요.

계절이 변하는 원인은 무엇일까요

실험 관찰

실험에서 같게 한 조건과 다르게 한 조건
- 같게 한 조건: 지구본과 전등 사이의 거리, 전등의 높이, 막대를 붙인 위치 등
- 다르게 한 조건: 지구본의 기울기

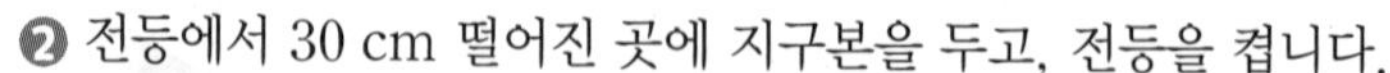

❶ 지구 자전축 기울기*에 따른 계절별 태양의 남중 고도 비교하기 탐구

실험 동영상

탐구 과정

❶ 빨판 달린 막대 끝에 실을 붙이고 지구본의 우리나라 위치에 붙입니다.
❷ 전등에서 30 cm 떨어진 곳에 지구본을 두고, 전등을 켭니다.
❸ 지구본의 자전축이 수직일 때와 23.5° 기울어져 있을 때, 지구본을 시계 반대 방향으로 이동시키며 각 위치에서 막대의 그림자와 실이 이루는 각을 측정합니다.

탐구 결과

	자전축이 수직일 때				자전축이 기울어져 있을 때			
구분	자전축, (가), (나), (다), (라)				자전축, (가), (나), (다), (라)			
위치	(가)	(나)	(다)	(라)	(가)	(나)	(다)	(라)
막대의 그림자와 실이 이루는 각	52°	52°	52°	52°	52°	75.5°	52°	28.5°
	(가)~(라)에서 막대의 그림자와 실이 이루는 각이 모두 같음.				(가)~(라)에서 막대의 그림자와 실이 이루는 각이 서로 다름.			

➜ 지구가 자전축이 기울어진 채 태양 주위를 공전하기 때문에 계절에 따라 태양의 남중 고도가 달라집니다. 전등은 태양, 막대의 그림자와 실이 이루는 각은 태양의 남중 고도와 비슷해요.

지구본의 자전축이 기울어져 있을 때 우리나라의 계절
- 지구본의 위치가 (나)일 때 우리나라는 여름입니다.
- 지구본의 위치가 (라)일 때 우리나라는 겨울입니다.

❷ 계절 변화의 원인

지구의 자전축이 수직이라면 태양의 남중 고도는 달라지지 않아요.

1 계절이 변하는 까닭: 지구가 자전축이 기울어진 채 태양 주위를 공전하기 때문입니다.
- 지구의 자전축이 기울어진 채 태양 주위를 공전합니다. ➜ 지구의 위치에 따라 태양의 남중 고도가 달라집니다. ➜ 같은 면적의 지표면에 도달하는 태양 에너지양이 달라집니다. ➜ 계절이 변합니다.

남반구의 계절은 북반구와 반대로 나타나요.

봄, 태양, 여름, 겨울, 가을 (북반구 기준)

북반구 계절	지구의 자전축이 기울어진 방향	태양의 남중 고도	같은 면적의 지표면에 도달하는 태양 에너지양
여름	북극이 태양을 향하는 방향	높음.	많음.
겨울	북극이 태양의 반대쪽을 향하는 방향	낮음.	적음.

용어 사전

* 기울기 어떤 물체의 기울어진 정도

바른답·알찬풀이 13쪽

스스로 확인해요 『과학』 47쪽

1 지구가 자전축이 (수직인, 기울어진) 채 태양 주위를 공전하기 때문에 계절이 변합니다.

2 (문제 해결력) 남반구에 있는 나라는 우리나라와 계절이 어떻게 다른지 설명해 봅시다.

바른답·알찬풀이 13 쪽

[1~2] 다음은 지구본의 자전축을 23.5° 기울인 채 지구본을 이동시키면서 각 위치에서 막대의 그림자와 실이 이루는 각을 측정하고 있는 모습입니다. 물음에 답해 봅시다.

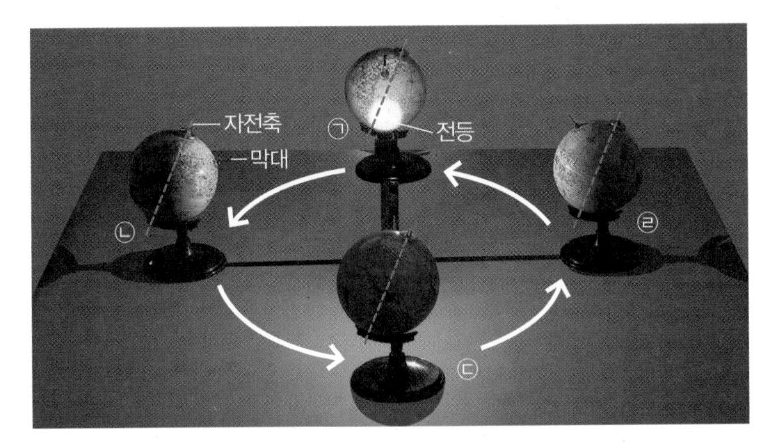

1 다음은 위 실험에 대한 설명입니다. 옳은 것에 ○표, 옳지 않은 것에 ×표 해 봅시다.

(1) ㉠의 위치에서 막대의 그림자와 실이 이루는 각이 가장 크다. ( )

(2) ㉣의 위치에서 막대의 그림자와 실이 이루는 각이 가장 작다. ( )

(3) ㉡의 위치에서 막대의 그림자와 실이 이루는 각과 ㉣의 위치에서 막대의 그림자와 실이 이루는 각은 같다. ( )

2 위 실험에서 전등은 태양을 나타낼 때, 막대의 그림자와 실이 이루는 각이 나타내는 것은 무엇인지 써 봅시다.

( )

3 다음 ( ) 안에 들어갈 알맞은 말에 각각 ○표 해 봅시다.

> 북반구에서는 ㉠ (여름, 겨울)에 태양의 남중 고도가 높고, ㉡ (여름, 겨울)에 태양의 남중 고도가 낮다.

4 다음 ( ) 안에 들어갈 알맞은 말을 각각 써 봅시다.

> 지구가 (㉠)이/가 기울어진 채 태양 주위를 (㉡)하기 때문에 계절이 변한다.

㉠: ( ), ㉡: ( )

2 단원

공부한 날 월 일

공부한 내용을

- 자신 있게 설명할 수 있어요.
- 설명하기 조금 힘들어요.
- 어려워서 설명할 수 없어요.

문제로 실력 쑥쑥

[01~02] 다음은 손전등을 태양 전지판으로부터 같은 거리에 두고 각을 다르게 하여 빛을 비추었을 때 소리 발생 장치가 작동하는 모습입니다. 물음에 답해 봅시다.

중요
01 위 ㉠~㉢ 중 소리 발생 장치에서 나는 소리의 크기가 가장 클 때 손전등의 위치를 골라 기호를 써 봅시다.

( )

서술형
02 위 실험에서 손전등이 태양 전지판을 비추는 각에 따라 같은 면적의 태양 전지판에 도달하는 빛의 양이 어떻게 달라지는지 설명해 봅시다.

03 다음은 손전등이 바닥을 비추고 있는 모습입니다. ㉠과 ㉡ 중 바닥의 같은 면적에 도달하는 빛의 양이 더 많은 것을 골라 기호를 써 봅시다.

㉠
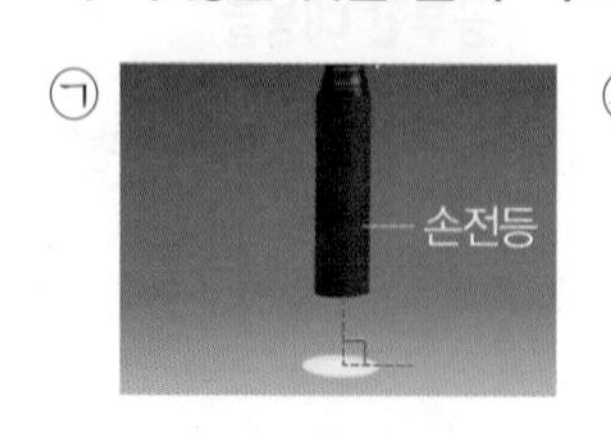

㉡

( )

04 계절에 따라 기온이 변하는 까닭으로 옳은 것을 보기에서 골라 기호를 써 봅시다.

보기
㉠ 태양의 모양이 달라지기 때문이다.
㉡ 태양의 크기가 달라지기 때문이다.
㉢ 태양의 남중 고도가 달라지기 때문이다.

( )

[05~06] 다음은 계절별 태양의 남중 고도 변화를 나타낸 것입니다. 물음에 답해 봅시다.

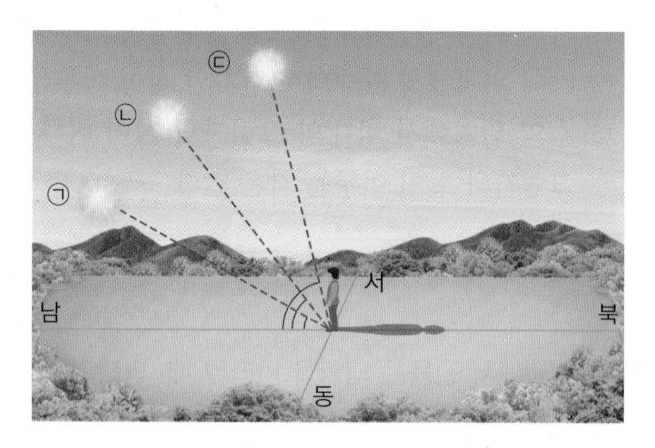

05 위 ㉠~㉢ 중 여름에 해당하는 것을 골라 기호를 써 봅시다.

( )

중요
06 위 ㉠에 해당하는 계절에 대한 설명으로 옳은 것을 두 가지 골라 봅시다. (,)

① 겨울이다.
② 기온이 높다.
③ 낮의 길이가 길다.
④ 태양의 남중 고도가 높다.
⑤ 같은 면적의 지표면에 도달하는 태양 에너지 양이 적다.

[07~09] 다음은 지구본의 자전축 기울기를 다르게 하여 지구본을 이동시키면서 막대의 그림자와 실이 이루는 각을 측정하는 실험입니다. 물음에 답해 봅시다.

(가)

지구본의 자전축이 수직일 때

(나)

지구본의 자전축이 기울어져 있을 때

07 위 실험에서 다르게 한 조건으로 옳은 것은 어느 것입니까? ( )

① 전등의 높이
② 지구본의 크기
③ 지구본의 기울기
④ 막대를 붙인 위치
⑤ 지구본과 전등 사이의 거리

중요
08 위 실험에 대한 설명으로 옳은 것을 보기에서 골라 기호를 써 봅시다.

보기
㉠ (가)는 지구본의 위치에 따라 막대의 그림자와 실이 이루는 각이 서로 다르다.
㉡ (나)는 지구본의 위치에 따라 막대의 그림자와 실이 이루는 각이 모두 같다.
㉢ (가)와 (나)는 지구본을 시계 반대 방향으로 이동시킨다.

( )

서술형
09 위 실험에서 전등은 태양, 막대의 그림자와 실이 이루는 각은 태양의 남중 고도에 해당할 때, 실험으로 알 수 있는 지구의 위치에 따라 태양의 남중 고도가 달라지는 까닭을 설명해 봅시다.

[10~12] 다음은 지구가 태양 주위를 공전하는 모습입니다. 물음에 답해 봅시다.

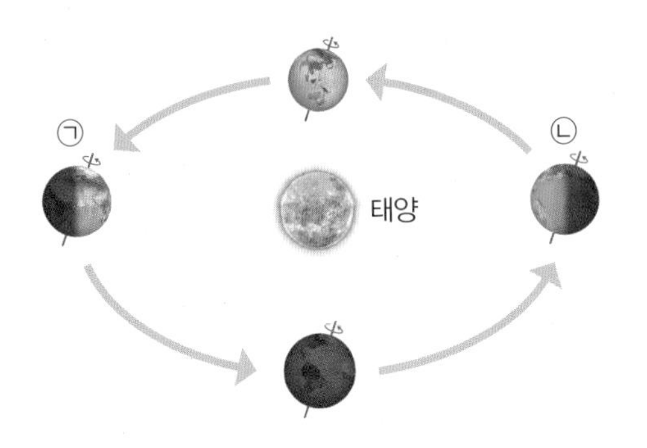

10 위 그림에서 지구가 ㉠과 ㉡의 위치에 있을 때 북반구에 있는 우리나라는 어느 계절인지 각각 써 봅시다.

㉠: ( ), ㉡: ( )

중요
11 위 그림에서 지구가 ㉠의 위치에 있을 때 우리나라에서 일어나는 현상에 대한 설명으로 옳은 것은 어느 것입니까? ( )

① 기온이 낮다.
② 낮의 길이가 길다.
③ 밤의 길이가 길다.
④ 태양의 남중 고도가 낮다.
⑤ 같은 면적의 지표면에 도달하는 태양 에너지양이 적다.

서술형
12 위와 같이 지구의 위치에 따라 우리나라의 계절이 변하는 까닭을 설명해 봅시다.

『과학』 48~49 쪽

계절의 모습이 달라진 미래를 상상해 글 쓰기

2019 년에서 2020 년에 이르는 겨울의 평균★ 기온은 3.1 ℃로 지난 30 년 동안 겨울의 평균 기온보다 2.5 ℃ 높았습니다. 이는 우리나라에서 본격적으로 기상 관측을 시작한 뒤로 가장 높은 기록입니다. 또, 여름에는 계속된 비로 기온이 낮았다가 늦여름 무렵 기온이 매우 높아져 폭염이 나타나는 등 기온 변화가 심해지기도 했습니다.

이렇게 계절의 기온이 달라지면 자연환경이나 우리 생활의 모습이 크게 바뀔 수 있습니다. 계절의 모습이 달라진 미래를 상상해 글을 써 보고, 이러한 변화가 나에게 주는 영향을 생각해 봅시다.

기온 변화에 따른 계절의 모습 변화

과거에 비해 지구의 평균 기온은 높아지고 있습니다. 특히 겨울철의 평균 기온이 매우 높아졌습니다. 지구의 평균 기온이 높아짐에 따라 세계 여러 지역의 자연환경도 변하고 있습니다. 비가 너무 많이 내리는 홍수, 기온이 너무 높아 일상생활이 어려운 폭염이나 열대야, 비가 오지 않아서 사용할 물이 부족한 가뭄 등이 과거에 비해 자주 나타나고 있으며 이러한 현상들이 나타나는 지역도 과거와 조금씩 달라지고 있습니다.

용어 사전

★ **평균** 여러 사물의 질이나 양 따위를 고르게 한 것

다음은 계절의 기온이 달라질 때 나타날 수 있는 일입니다.

▲ 비가 더 많이 내리고 홍수가 자주 일어나요.

▲ 농작물이 잘 자라지 못하거나, 주로 자라는 지역이 달라져요.

▲ 모기 등 병을 옮기는 생물이 많아져요.

2 단원

공부한 날 월 일

❶ 계절의 기온이 달라지면 계절의 모습이 어떻게 변할지 이야기해 봅시다.

봄, 여름, 가을, 겨울마다 기온이 상승하여 더워지거나 따뜻해졌을 때 일어날 수 있는 일들을 생각해요.

예 겨울철에 눈을 볼 수 없다.

봄꽃이 피는 시기가 달라진다.

예시 답안 여름철에 질병에 걸리는 사람이 많아진다.

❷ ❶의 내용을 바탕으로 하여 미래의 내 하루를 상상해 글로 써 봅시다.

활동꿀팁 하나의 계절을 선택하고, 그 계절의 기온이 달라져서 일어날 수 있는 일과 그때 나의 기분 등을 자유롭게 상상해 글로 써요.

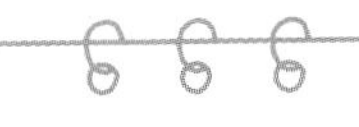

2030 년 7 월 28 일 날씨: 가끔 비

예시 답안 오늘도 매우 더운 날이었다. 낮에는 햇빛이 너무 뜨거워 밖에 나가기 어려워서 집에서 책을 읽었다. 오후가 되자 갑자기 비가 세차게 쏟아졌다. 날씨가 자꾸 변하니 내 기분도 오르락내리락했다.

교과서 쏙쏙

이렇게 정리해요

빈칸에 알맞은 말을 넣고, 『과학』 125 쪽에서 알맞은 붙임딱지를 찾아 붙여 내용을 정리해 봅시다.

하루 동안 태양 고도, 그림자 길이, 기온의 관계

- 태양 고도: 태양이 지표면과 이루는 각

풀이 태양이 정확히 남쪽에 위치할 때의 태양 고도를 태양의 남중 고도라고 하며, 이때 태양 고도는 하루 중에서 가장 높습니다.

- 태양의 ❶ 남중 고도 : 태양이 정확히 남쪽에 위치할 때의 태양 고도
- 하루 동안 태양 고도, 그림자 길이, 기온의 관계: 태양 고도가 ❷ 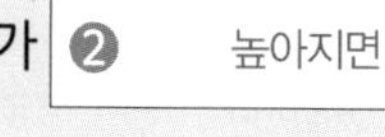 높아지면 그림자 길이는 짧아지고, 기온은 높아짐.

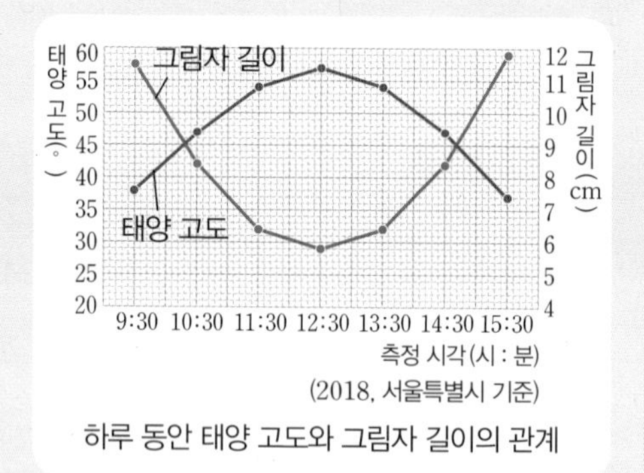

하루 동안 태양 고도와 그림자 길이의 관계

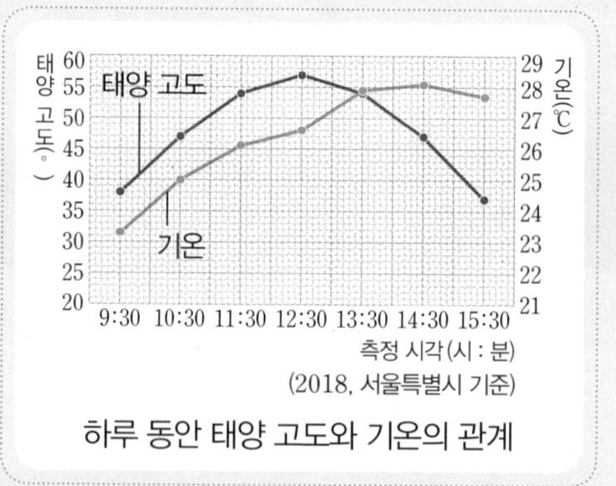

하루 동안 태양 고도와 기온의 관계

계절별 태양의 남중 고도, 낮과 밤의 길이, 기온 변화

- 태양의 남중 고도는 여름에 가장 높고, 겨울에 가장 낮음.
- 태양의 남중 고도가 높아지면 낮의 길이는 ❸  길어지고 기온은 높아짐.

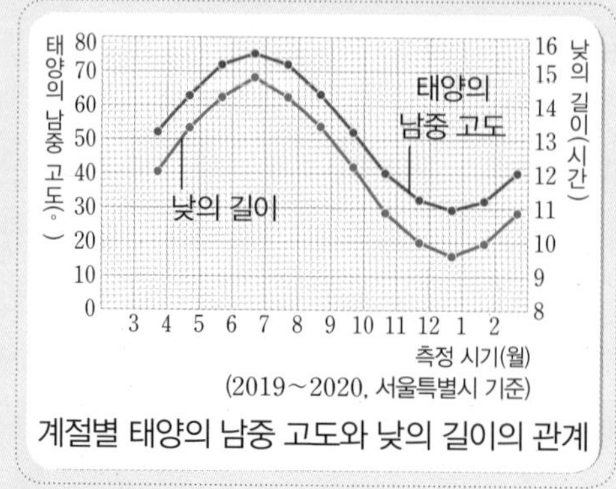

계절별 태양의 남중 고도와 낮의 길이의 관계

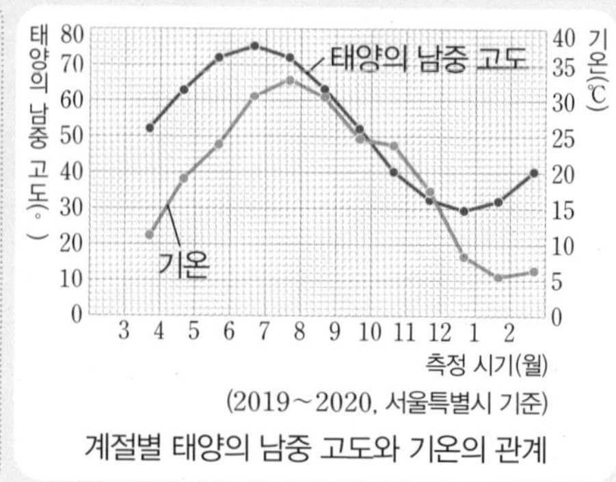

계절별 태양의 남중 고도와 기온의 관계

풀이 태양의 남중 고도가 높아지면 낮의 길이는 길어집니다.

계절에 따라 기온이 변하는 까닭

- **손전등이 태양 전지판을 비추는 각에 따른 소리 발생 장치의 소리 크기**
  - 각이 클 때: 소리 크기가 ❹ 큼 .
  - 각이 작을 때: 소리 크기가 ❺ 작음 .
- **계절에 따라 기온이 변하는 까닭**: 태양의 남중 고도가 ❻ 높을 수록 같은 면적의 지표면에 도달하는 태양 에너지양이 많아져 기온이 높아짐.

풀이 태양의 남중 고도가 높아질수록 같은 면적의 지표면에 도달하는 태양 에너지양이 많아져 기온이 높아집니다.

계절의 변화

계절 변화의 원인

- **지구 자전축의 기울기와 태양의 남중 고도 변화**
  - 지구가 자전축이 수직인 채 공전하면 태양의 남중 고도가 ❼ 일정함 .
  - 지구가 자전축이 기울어진 채 공전하면 태양의 남중 고도가 ❽ 달라짐 .
- **계절 변화의 원인**: 지구가 자전축이 ❾ 기울어진 채 태양 주위를 공전하기 때문에 태양의 남중 고도가 달라져 계절이 변함.

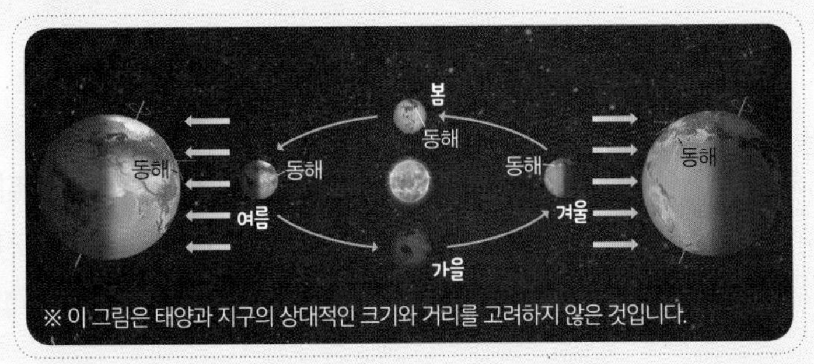

※ 이 그림은 태양과 지구의 상대적인 크기와 거리를 고려하지 않은 것입니다.

풀이 지구가 자전축이 기울어진 채 태양 주위를 공전하기 때문에 태양의 남중 고도가 달라져 계절이 변합니다.

과학 이야기

시각과 절기를 알려 주는 해시계 앙부일구

『과학』 52 쪽

조선 시대에 만들어진 앙부일구는 바닥에 시각을 나타내는 세로줄과 절기를 나타내는 가로줄이 새겨져 있습니다. 그 위로 영침이 있어 바닥에 생긴 영침의 그림자가 가리키는 위치에 따라 시각과 절기를 알 수 있게 했습니다.

⬆ 앙부일구

창의적으로 생각해요

앙부일구가 그 당시 농사에 어떤 영향을 주었을지 설명해 봅시다.

예시 답안 앙부일구는 현재의 시각과 절기를 정확하게 알려 주어 씨를 뿌리거나 추수할 시기를 알 수 있게 하는 등 농사에 큰 도움을 주었다.

교과서 쏙쏙

『실험 관찰』 22~23 쪽

1 다음은 태양의 높이를 나타내는 방법에 대한 설명입니다. (　　) 안에 공통으로 들어갈 알맞은 말을 써 봅시다.

> • 태양이 지표면과 이루는 각을 (　　　　)(이)라고 한다.
> • (　　　　)은/는 지표면에 막대를 수직으로 세우고, 바닥에 생긴 막대의 그림자를 이용해 측정한다.

(태양 고도)

풀이 태양의 높이는 태양이 지표면과 이루는 각인 태양 고도로 나타낼 수 있습니다.

2 오른쪽은 하루 동안 태양 고도, 그림자 길이, 기온을 측정해 나타낸 그래프입니다. 이를 통해 알 수 있는 사실로 옳은 것을 보기 에서 골라 기호를 써 봅시다.

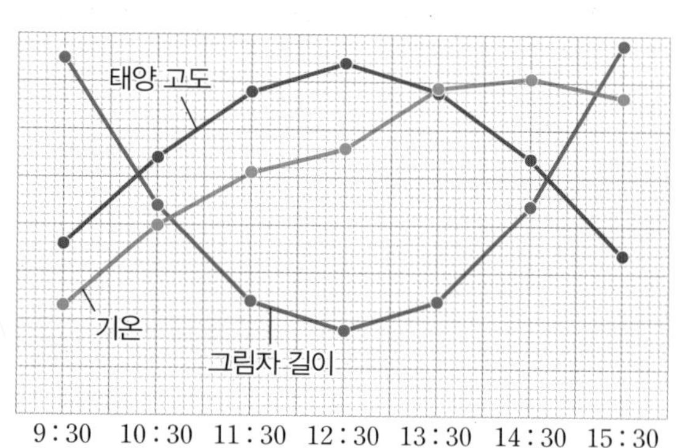

> 보기
> ㉠ 태양 고도가 높아지면 기온은 낮아진다.
> ㉡ 그림자 길이가 길어지면 기온은 높아진다.
> ㉢ 태양 고도가 높아지면 그림자 길이는 짧아진다.

(㉢)

풀이 태양 고도가 높아지면 그림자 길이는 짧아지고 기온은 높아집니다.

3 오른쪽은 계절별 태양의 남중 고도 변화를 나타낸 것입니다. 겨울에 해당하는 것을 골라 기호를 써 봅시다.

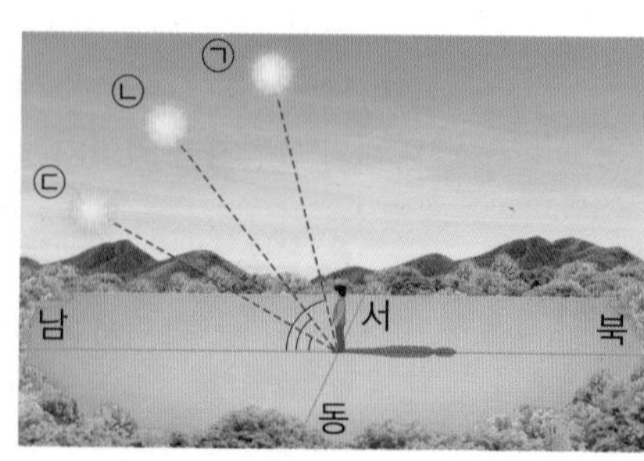

(㉢)

풀이 태양의 남중 고도는 여름에 가장 높고, 겨울에 가장 낮습니다.

4 오른쪽은 태양 전지판을 이용한 소리 발생 장치에 손전등으로 각도를 다르게 하며 빛을 비추는 모습입니다. 소리의 크기가 큰 것부터 순서대로 기호를 써 봅시다.

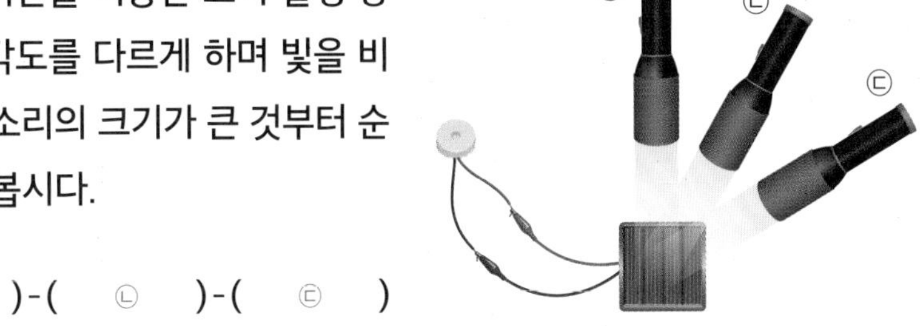

(㉠)-(㉡)-(㉢)

풀이 손전등이 태양 전지판을 비추는 각이 클수록 같은 면적의 태양 전지판에 도달하는 빛의 양이 많아져 소리의 크기가 큽니다.

5 다음은 지구본의 자전축 기울기를 다르게 하며 전등 주위에서 막대의 그림자와 실이 이루는 각을 측정하는 모습입니다. 이에 대한 설명으로 옳지 않은 것은 어느 것입니까? (②)

자전축이 수직일 때

자전축이 기울어져 있을 때

① 전등은 태양에 해당한다.
② 실제 지구는 자전축이 수직인 상태로 공전할 것이다.
③ 막대의 그림자와 실이 이루는 각은 태양의 남중 고도에 해당한다.
④ 지구본의 자전축이 수직일 때 각 위치에서 측정한 각은 모두 같다.
⑤ 지구본의 자전축이 기울어져 있을 때 각 위치에서 측정한 각은 서로 다르다.

풀이 지구는 자전축이 기울어진 상태로 공전하므로 지구의 위치에 따라 태양의 남중 고도가 달라집니다.

사고력 | 의사소통 능력

6 오른쪽은 지구가 태양 주위를 공전하는 모습을 나타낸 것입니다. 지구의 위치가 ㉡일 때 우리나라의 계절과 기온을 쓰고, 그 까닭을 설명해 봅시다.

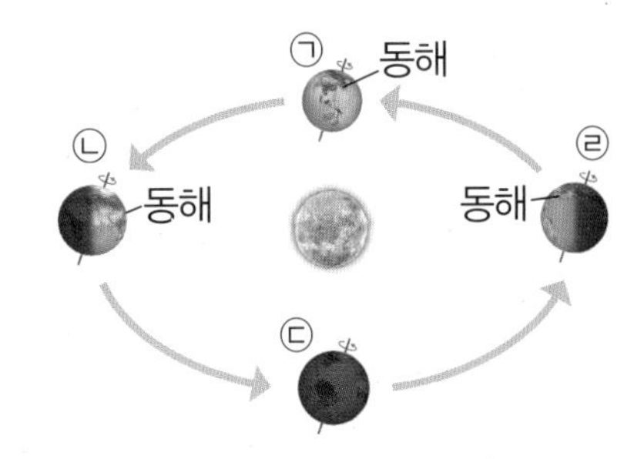

예시 답안 여름, 기온이 높다. 태양의 남중 고도가 높아서 같은 면적의 지표면에 도달하는 태양 에너지양이 많기 때문이다.

풀이 지구 자전축의 기울어진 방향이 태양을 향하는 위치에서는 태양의 남중 고도가 높습니다. 태양의 남중 고도가 높을수록 같은 면적의 지표면에 도달하는 태양 에너지양이 많아져 기온이 높아집니다. 따라서 ㉡에서 우리나라는 여름이 됩니다.

2 단원

공부한 날 월 일

그림으로 단원 정리하기

● 그림을 보고, 빈칸에 알맞은 내용을 써 봅시다.

01 태양의 남중 고도

G 43 쪽

하루 동안 태양의 위치 변화

태양의 남중	태양이 정확히 남쪽에 위치할 때
태양의 ❶	태양이 남중했을 때의 고도

02 하루 동안 태양 고도, 그림자 길이, 기온의 관계

G 43 쪽

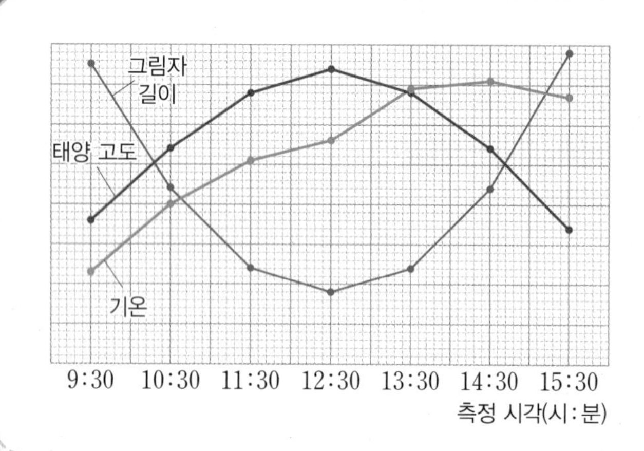

- 태양 고도가 높아지면 그림자 길이는 ❷ 집니다.
- 태양 고도가 가장 높을 때 그림자 길이가 가장 짧습니다.
- 태양 고도가 높아지면 기온은 대체로 ❸ 집니다.
- 기온이 가장 높을 때는 태양 고도가 가장 높을 때보다 늦습니다.

03 계절별 태양의 남중 고도와 낮의 길이의 관계

G 46 쪽

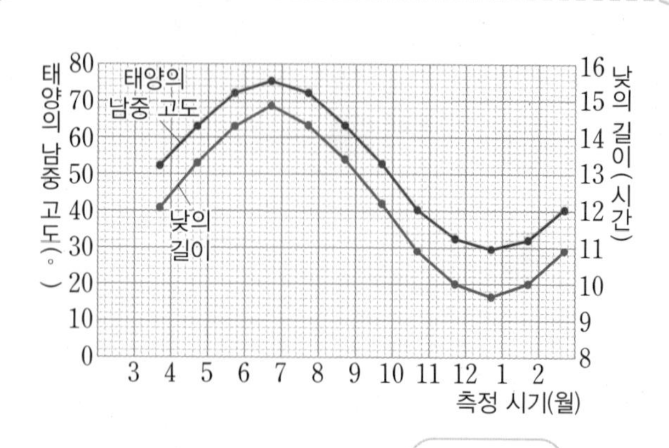

태양의 남중 고도가 높아지면 ❹ 이/가 길어집니다.

04 계절별 태양의 남중 고도와 기온의 관계

G 46 쪽

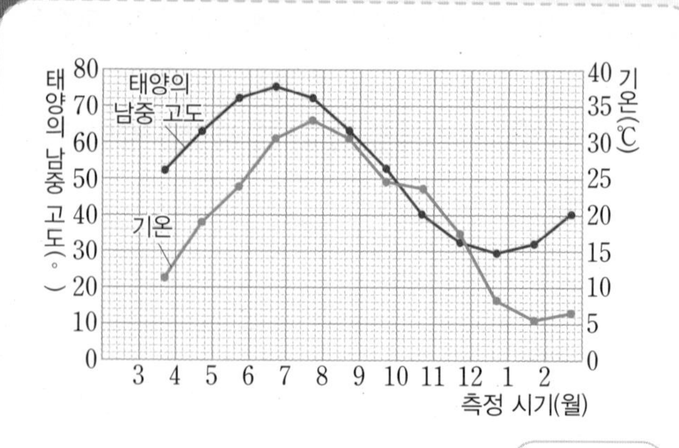

태양의 남중 고도가 높아지면 대체로 ❺ 이/가 높아집니다.

05 계절별 태양의 남중 고도 변화에 따른 기온 변화

G 50 쪽

계절	여름	겨울
태양의 남중 고도	❻	낮음.
같은 면적의 지표면에 도달하는 태양 에너지양	많음.	적음.
낮의 길이	길.	짧음.
기온	높음.	❼

06 지구의 공전에 따른 계절의 변화

G 52 쪽

계절이 변하는 까닭: 지구가 ❽ 이/가 기울어진 채 태양 주위를 공전하기 때문에 태양의 남중 고도가 달라집니다.

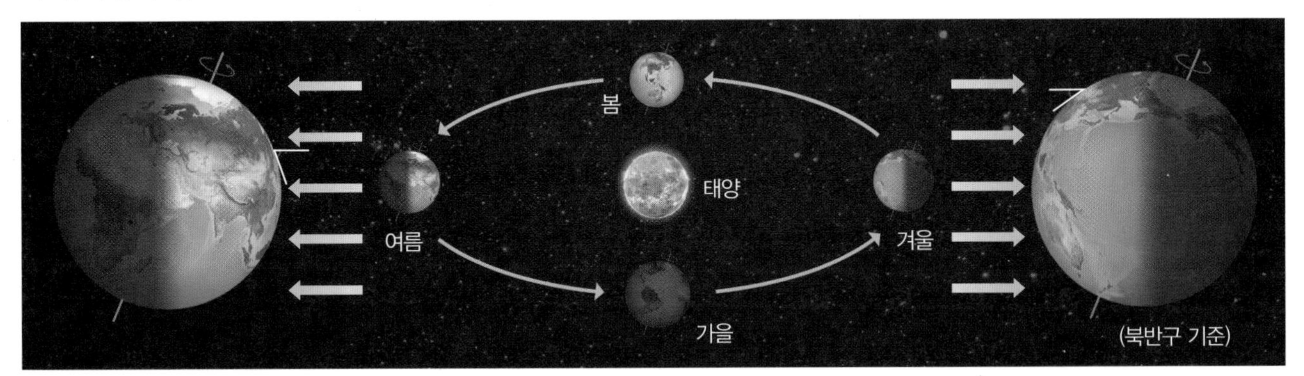

북반구 계절	지구의 자전축이 기울어진 방향	태양의 남중 고도	같은 면적의 지표면에 도달하는 태양 에너지양
❾	북극이 태양을 향하는 방향	높음.	많음.
❿	북극이 태양의 반대쪽을 향하는 방향	낮음.	적음.

답 ❶ 남중 고도 ❷ 짧아 ❸ 높아 ❹ 낮의 길이 ❺ 기온 ❻ 높음. ❼ 낮음. ❽ 자전축 ❾ 여름 ❿ 겨울

[01~02] 다음은 하루 동안 태양 고도, 기온을 측정하여 나타낸 그래프입니다. 물음에 답해 봅시다.

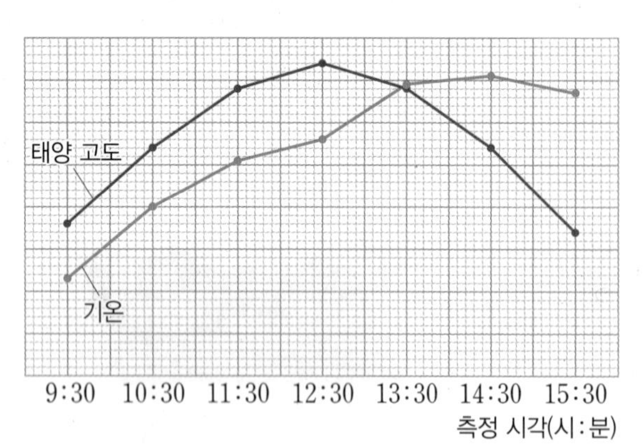

01 다음은 위 그래프에 대한 설명으로 ( ) 안에 들어갈 알맞은 말을 각각 써 봅시다.

> 하루 중 (㉠)이/가 가장 높은 때는 (㉡)이/가 가장 높은 때보다 더 늦다.

㉠: ( ), ㉡: ( )

02 위와 같은 날 측정한 그림자 길이를 그래프로 나타낼 때 그래프의 모양으로 옳은 것은 어느 것입니까?

( )

①
그림자 길이
측정 시각

②
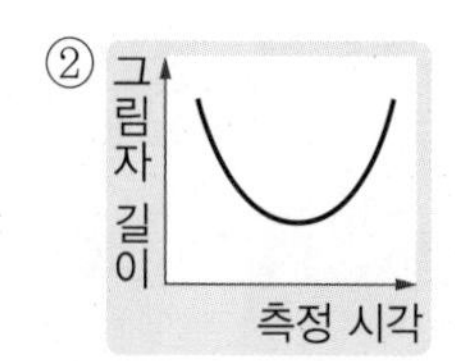

③
그림자 길이
측정 시각

④
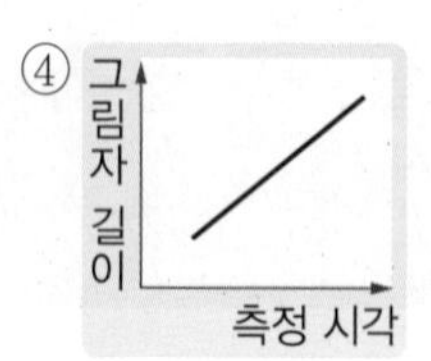

03 다음 설명에 해당하는 것은 무엇인지 써 봅시다.

> 하루 중 태양이 정확히 남쪽에 위치할 때의 태양 고도로, 이때 태양 고도는 하루 중 가장 높다.

( )

[04~05] 다음은 계절별 태양의 남중 고도와 낮의 길이의 관계를 나타낸 그래프입니다. 물음에 답해 봅시다.

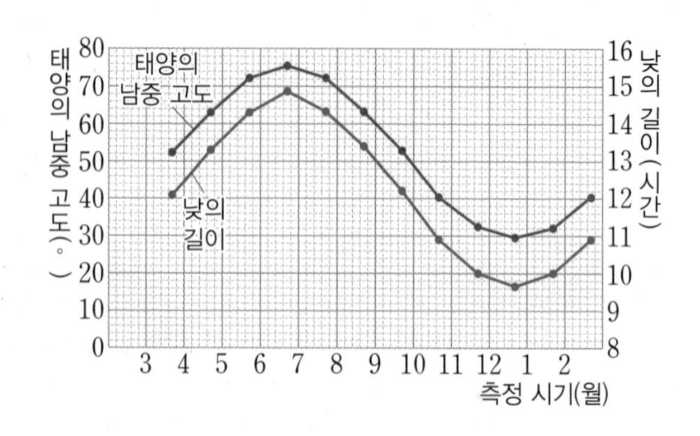

04 위 그래프에서 낮의 길이가 가장 짧은 때는 언제입니까?

( )

① 2 월~3 월 ② 4 월~5 월
③ 6 월~7 월 ④ 9 월~10 월
⑤ 12 월~1 월

05 위 그래프에 대한 설명으로 옳지 않은 것을 보기에서 골라 기호를 써 봅시다.

보기

㉠ 태양의 남중 고도가 높아지면 낮의 길이는 길어진다.
㉡ 태양의 남중 고도가 가장 높은 계절에 낮의 길이가 가장 짧다.
㉢ 태양의 남중 고도가 가장 낮은 계절과 낮의 길이가 가장 짧은 계절은 같다.

( )

06 다음은 여름과 겨울의 태양의 남중 고도, 밤의 길이, 기온의 변화를 나타낸 결과입니다. ㉠, ㉡에 들어갈 알맞은 말을 각각 써 봅시다.

계절	태양의 남중 고도	밤의 길이	기온
여름	높음.	짧음.	(㉠).
겨울	낮음.	긺.	(㉡).

㉠: ( ), ㉡: ( )

07 계절에 따라 기온이 변하는 까닭과 관계있는 것을 보기에서 골라 기호를 써 봅시다.

보기
㉠ 태양의 크기
㉡ 지구의 크기
㉢ 태양의 남중 고도

( )

[08~09] 다음은 여름과 겨울의 태양의 남중 고도를 순서 없이 나타낸 모습입니다. 물음에 답해 봅시다.

㉠

㉡

08 위 ㉠과 ㉡ 중 태양의 남중 고도가 더 높은 계절을 골라 기호를 써 봅시다.

( )

09 위 ㉠과 ㉡에 대한 설명으로 옳은 것을 두 가지 골라 봅시다. (,)

① ㉠은 여름에 해당한다.
② ㉠일 때 낮의 길이가 짧다.
③ ㉡은 겨울에 해당한다.
④ ㉡일 때 기온이 낮다.
⑤ ㉡일 때 같은 면적의 지표면에 도달하는 태양 에너지양이 많다.

10 다음과 같이 지구본의 자전축을 기울인 채 지구본의 위치에 따라 막대의 그림자와 실이 이루는 각을 측정할 때, ㉠~㉣ 중 막대의 그림자와 실이 이루는 각이 가장 큰 지구본의 위치를 골라 기호를 써 봅시다.

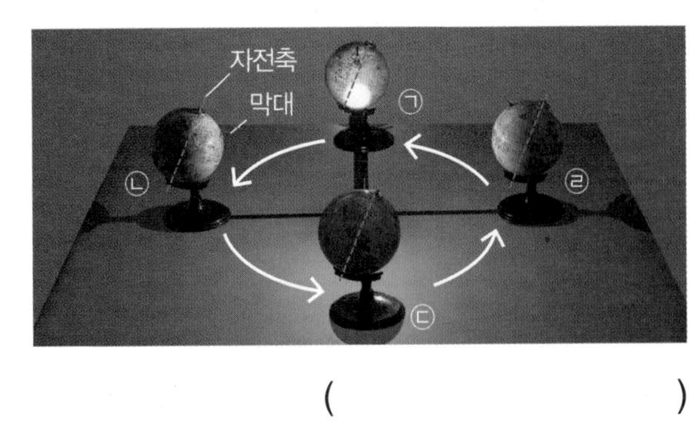

( )

11 다음 중 지구가 자전축이 기울어진 채 태양 주위를 공전하기 때문에 나타나는 현상으로 옳지 않은 것은 어느 것입니까? ( )

① 계절의 변화가 생긴다.
② 낮의 길이가 일정하다.
③ 태양의 남중 고도가 달라진다.
④ 계절에 따라 기온이 달라진다.
⑤ 계절에 따라 같은 면적의 지표면에 도달하는 태양 에너지양이 달라진다.

12 다음은 지구가 태양 주위를 공전하는 모습입니다. 우리나라에서 태양의 남중 고도가 가장 높은 계절일 때의 지구의 위치를 골라 기호를 써 봅시다.

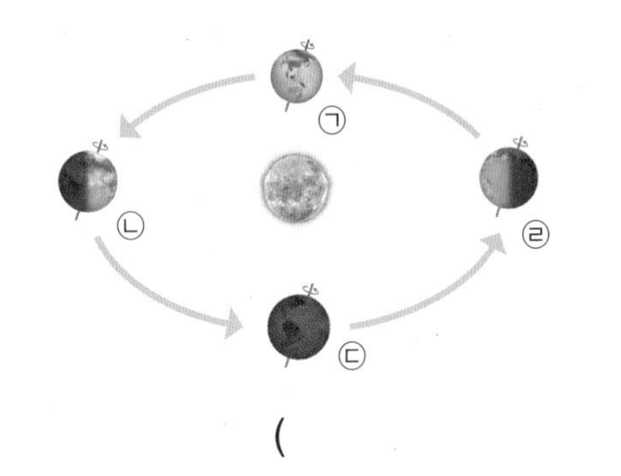

( )

2 단원 공부한 날 월 일

서술형 문제

13 다음 ㉠이 나타내는 것이 무엇인지 쓰고, ㉠의 크기가 커질수록 막대의 그림자 길이는 어떻게 달라지는지 설명해 봅시다.

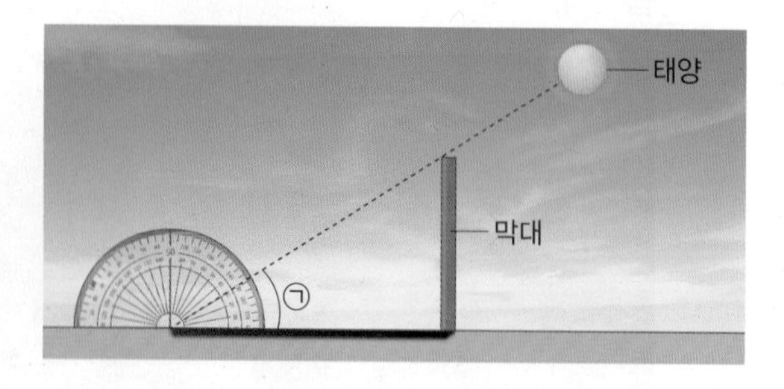

14 다음은 계절별 태양의 남중 고도와 기온의 관계를 나타낸 그래프입니다. 태양의 남중 고도가 가장 높은 계절을 쓰고, 태양의 남중 고도와 기온의 관계를 설명해 봅시다.

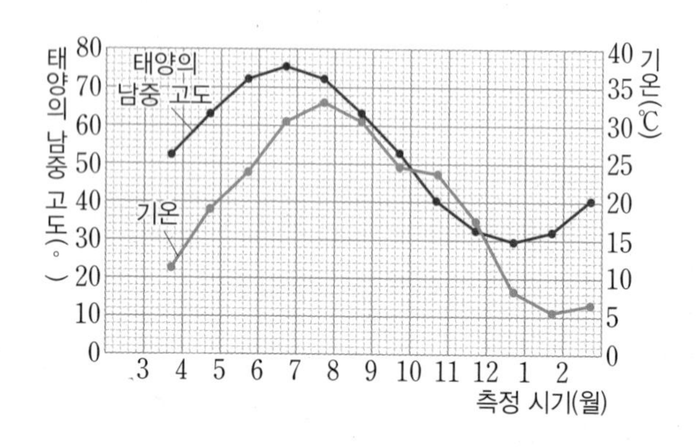

15 다음 단어를 모두 사용하여 겨울에 기온이 낮은 까닭을 설명해 봅시다.

> 태양의 남중 고도　　기온　　태양 에너지양

16 하지는 1 년 중 낮의 길이가 가장 긴 절기이고, 동지는 1 년 중 밤의 길이가 가장 긴 절기일 때 두 절기의 남중 고도와 기온을 비교하여 설명해 봅시다.

17 다음은 지구본의 자전축 기울기를 다르게 하여 전등 주위에서 막대의 그림자와 실이 이루는 각을 측정하는 모습입니다. ㉠과 ㉡에서 막대의 그림자와 실이 이루는 각이 어떻게 다른지 비교하여 설명해 봅시다.

㉠ 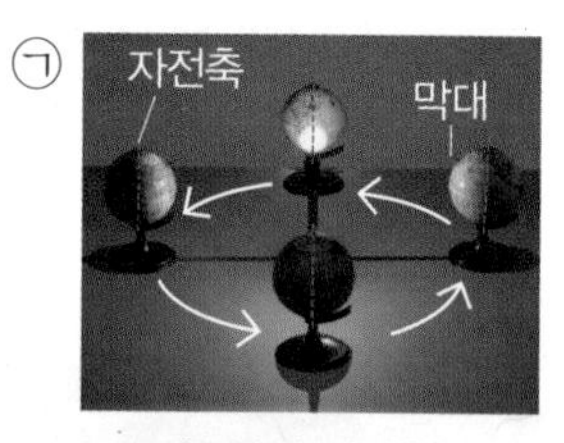

지구본의 자전축이 수직일 때

㉡ 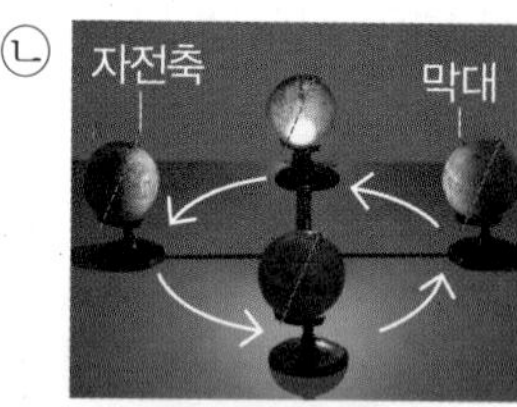

지구본의 자전축이 기울어져 있을 때

18 다음은 지구가 태양 주위를 공전하는 모습입니다. 지구가 ㉠의 위치에 있을 때 우리나라의 계절을 쓰고, 그렇게 생각한 까닭을 설명해 봅시다.

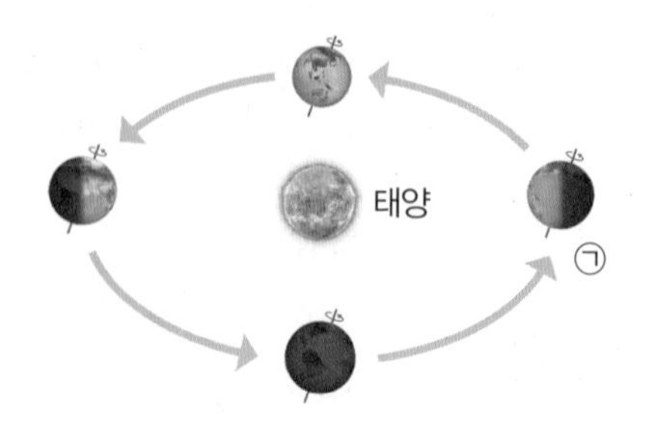

바른답·알찬풀이 16 쪽

01 다음은 하루 동안 태양 고도, 그림자 길이, 기온을 측정하여 나타낸 그래프입니다.

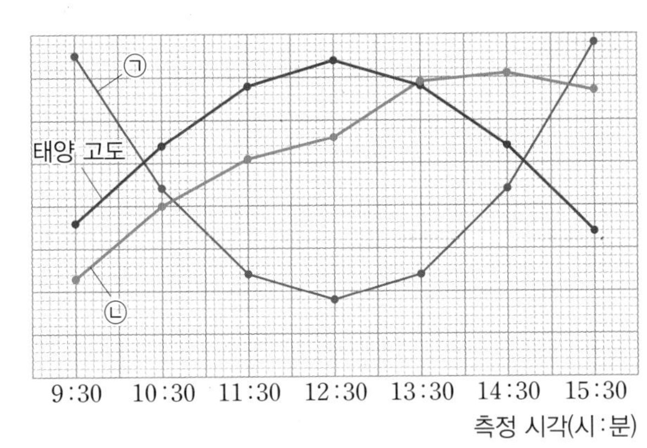

(1) 위 ㉠과 ㉡은 무엇에 대한 그래프인지 각각 써 봅시다.

㉠: ( ), ㉡: ( )

(2) 위 그래프에서 14 시 30 분 이후에 태양 고도, 그림자 길이, 기온은 어떻게 변하는지 설명해 봅시다.

성취 기준
하루 동안 태양 고도, 그림자 길이, 기온을 측정하여 이들 사이의 관계를 찾을 수 있다.

출제 의도
하루 동안 태양 고도, 그림자 길이, 기온의 변화를 묻는 문제예요.

관련 개념
하루 동안 태양 고도, 그림자 길이, 기온의 관계 G 43 쪽

공부한 날 월 일

02 다음은 손전등을 태양 전지판으로부터 같은 거리에 두고 각을 다르게 하여 빛을 비추었을 때 소리 발생 장치가 작동하는 모습입니다.

손전등이 태양 전지판을 비추는 각이 클 때 / 손전등이 태양 전지판을 비추는 각이 작을 때

(1) 위 ㉠과 ㉡ 중 같은 면적의 태양 전지판에 도달하는 빛의 양이 더 많은 것을 골라 기호를 써 봅시다.

( )

(2) 위 실험으로 알 수 있는 태양 고도와 태양 에너지양의 관계에 대해 설명해 봅시다.

성취 기준
계절에 따른 태양의 남중 고도, 낮과 밤의 길이, 기온 변화를 설명할 수 있다.

출제 의도
태양 고도에 따라 태양 에너지양의 변화를 이해하고 있는지 묻는 문제예요.

관련 개념
태양 고도에 따른 태양 에너지양 비교하기 G 50 쪽

01 오른쪽과 같은 태양 고도 측정기를 이용해 그림자 길이와 태양 고도를 측정하는 방법으로 옳지 않은 것을 보기에서 골라 기호를 써 봅시다.

보기
㉠ 그늘지고 경사진 곳에서 측정한다.
㉡ 막대의 그림자를 눈금과 평행하게 맞춘 뒤 그림자 길이를 측정한다.
㉢ 막대의 그림자 끝에 중심이 오도록 각도기를 두고, 실을 당겨 태양 고도를 측정한다.

( )

[02~03] 다음은 하루 동안 태양 고도, 그림자 길이, 기온을 측정하여 나타낸 그래프입니다. 물음에 답해 봅시다.

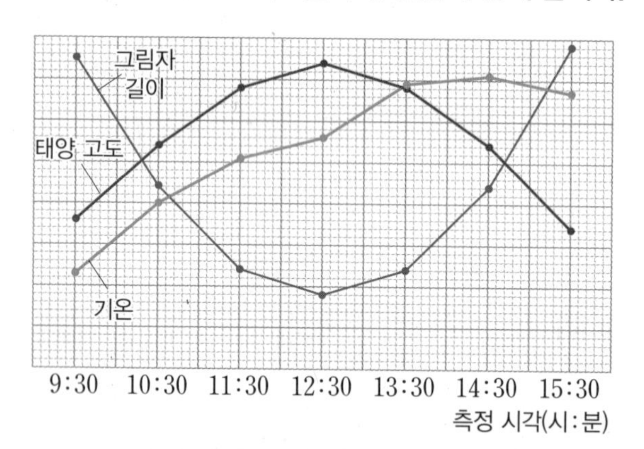

02 위 그림자 길이와 기온 그래프 중 태양 고도 그래프와 모양이 반대인 그래프는 어느 것인지 써 봅시다.

( ) 그래프

03 다음은 위 그래프로 알 수 있는 사실입니다. ( ) 안에 들어갈 알맞은 말을 각각 써 봅시다.

태양 고도가 높아지면 (㉠)은/는 짧아지고, 대체로 (㉡)은/는 높아진다.

㉠: ( ), ㉡: ( )

04 다음 중 여름에서 가을로 계절이 변할 때 태양의 남중 고도와 낮의 길이의 변화를 옳게 짝 지은 것은 어느 것입니까? ( )

	남중 고도	낮의 길이
①	높아짐.	짧아짐.
②	높아짐.	길어짐.
③	낮아짐.	짧아짐.
④	낮아짐.	길어짐.
⑤	변화 없음.	변화 없음.

[05~06] 다음은 계절별 태양의 남중 고도와 기온의 관계를 나타낸 그래프입니다. 물음에 답해 봅시다.

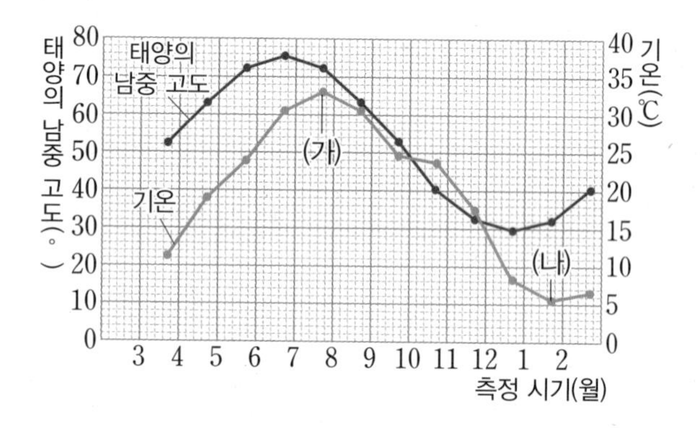

05 위 그래프에서 (가)와 (나)에 해당하는 계절을 각각 써 봅시다.

(가): ( ), (나): ( )

06 위 그래프에 대한 설명으로 옳은 것을 보기에서 골라 기호를 써 봅시다.

보기
㉠ 봄과 여름은 기온이 비슷하다.
㉡ 태양의 남중 고도는 여름에 가장 높다.
㉢ 가을에서 겨울이 되면 태양의 남중 고도는 높아지고, 기온은 낮아진다.

( )

[07~08] 다음은 손전등을 태양 전지판으로부터 같은 거리에 두고 각을 다르게 하여 빛을 비추었을 때 소리 발생 장치에서 나는 소리의 크기 변화를 확인하는 모습입니다. 물음에 답해 봅시다.

07 위 실험에서 ㉠ 손전등이 태양 전지판을 비추는 각과 ㉡ 손전등 빛은 자연에서 무엇과 비슷한지 각각 써 봅시다.

㉠: (　　　　　　　), ㉡: (　　　　　　　)

08 다음은 위 실험으로 알 수 있는 사실에 대한 학생 (가)~(다)의 대화입니다. 옳게 말한 학생은 누구인지 써 봅시다.

- (가): 태양 전지판을 비추는 각이 작을수록 빛이 닿는 면적이 좁아져.
- (나): 태양 전지판을 수직으로 비출 때 소리 발생 장치에서 나는 소리가 가장 작아.
- (다): 태양 전지판을 비추는 각이 클수록 같은 면적의 태양 전지판에 빛이 많이 도달해.

(　　　　　　　)

09 다음은 여름에 기온이 높은 까닭에 대한 설명입니다. 밑줄 친 부분이 옳지 않은 것을 골라 기호를 써 봅시다.

> 여름에는 태양의 남중 고도가 ㉠ 높아 같은 면적의 지표면에 도달하는 빛의 양이 ㉡ 많아지고, 낮의 길이가 ㉢ 짧아져 기온이 높다.

(　　　　　　　)

10 다음과 같이 지구본의 자전축을 수직으로 하여 지구본의 위치를 이동시킬 때, 우리나라에 붙인 막대의 그림자와 실이 이루는 각의 크기를 옳게 비교한 것은 어느 것입니까? (　　　)

① ㉠>㉡>㉢>㉣　② ㉠=㉡=㉢=㉣
③ ㉡>㉣>㉢>㉠　④ ㉡=㉢>㉠>㉣
⑤ ㉣>㉢>㉡>㉠

11 지구가 자전축이 기울어진 채 태양 주위를 공전하여 나타나는 현상으로 옳은 것을 보기에서 골라 기호를 써 봅시다.

보기
㉠ 계절의 변화가 나타난다.
㉡ 낮과 밤의 길이가 비슷해진다.
㉢ 태양의 남중 고도가 같아진다.

(　　　　　　　)

12 다음은 지구가 태양 주위를 공전하는 모습입니다. 우리나라의 계절이 여름일 때와 겨울일 때 지구의 위치를 골라 기호를 각각 써 봅시다.

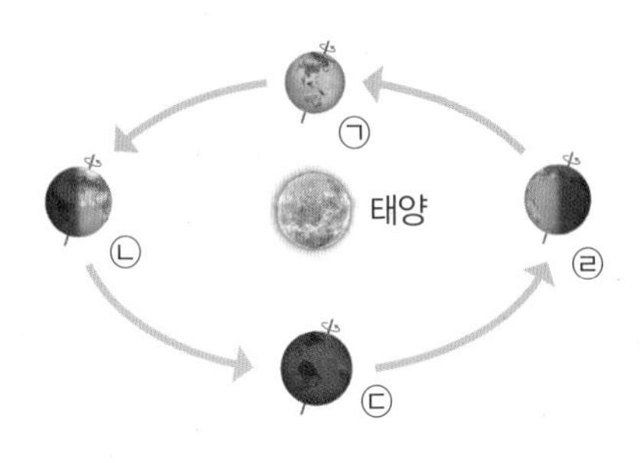

여름: (　　　　　), 겨울: (　　　　　)

서술형 문제

13 다음은 하루 동안 태양의 위치 변화를 나타낸 것입니다. 태양이 ㉠에서 ㉡으로 이동할 때, 그림자 길이와 기온은 어떻게 달라지는지 설명해 봅시다.

14 다음은 하루 동안 태양 고도와 기온을 측정하여 나타낸 그래프입니다. 기온이 가장 높은 때가 태양 고도가 가장 높은 때보다 약 두 시간 정도 뒤인 까닭을 설명해 봅시다.

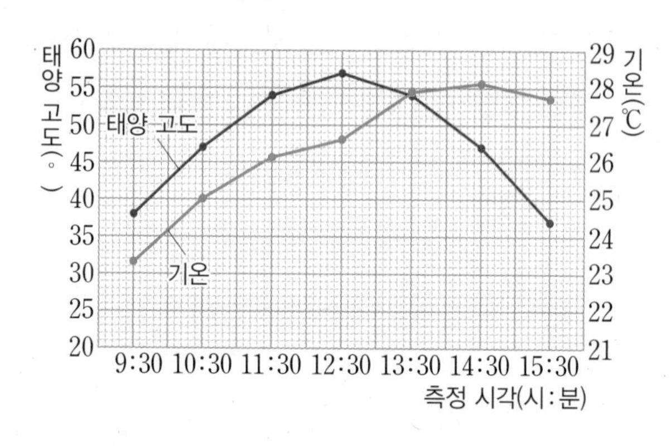

15 오른쪽과 같이 여름과 겨울의 낮의 길이가 다른 까닭을 태양의 남중 고도와 관련지어 설명해 봅시다.

16 다음은 계절별 태양의 남중 고도 변화를 나타낸 것입니다. ㉠~㉢ 중 기온이 가장 낮은 때를 골라 기호를 쓰고, 그 까닭을 설명해 봅시다.

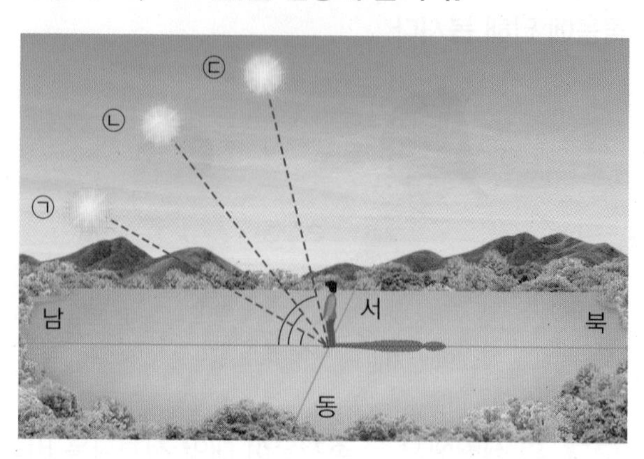

17 다음은 지구가 태양 주위를 공전하는 모습입니다. 지구가 ㉠과 ㉡의 위치에 있을 때 우리나라의 태양의 남중 고도와 기온을 비교하여 설명해 봅시다.

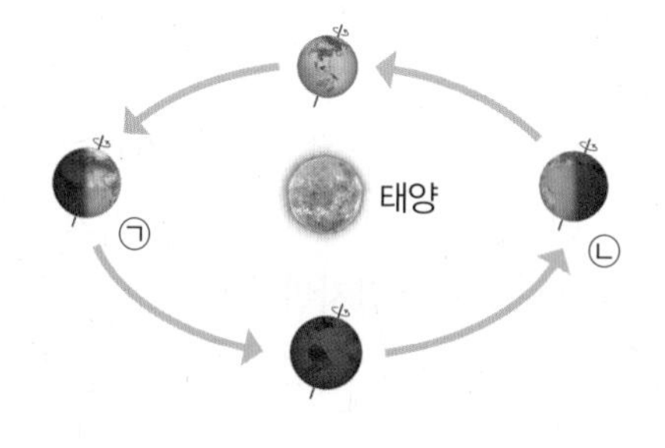

18 우리나라가 겨울일 때 남반구에 있는 뉴질랜드의 계절은 무엇인지 쓰고, 그 까닭을 설명해 봅시다.

➔ 바른답·알찬풀이 19 쪽

정답 확인

01 다음은 계절별 태양의 남중 고도와 낮의 길이, 태양의 남중 고도와 기온의 관계를 나타낸 그래프입니다.

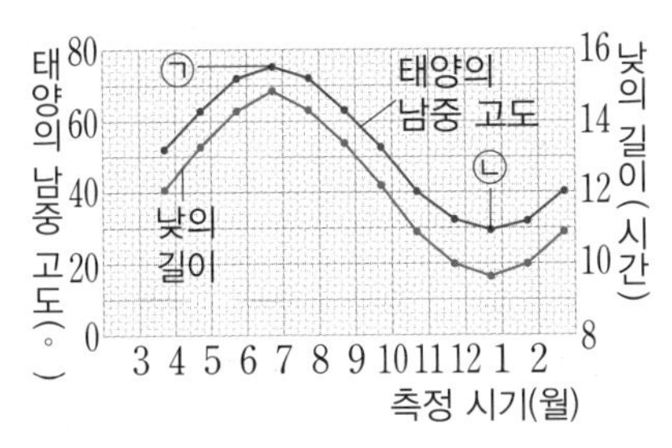

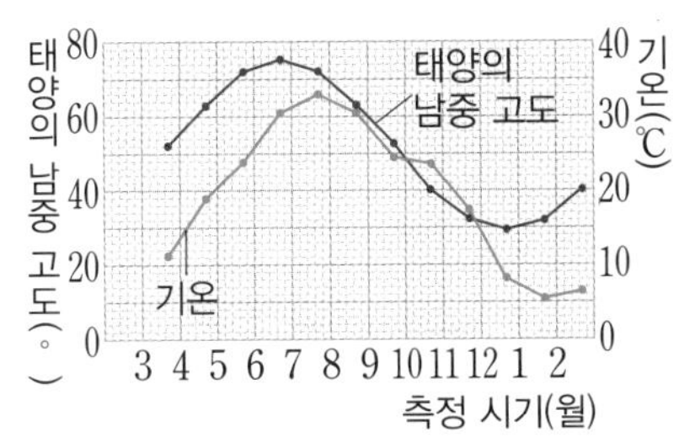

(1) 위 ㉠과 ㉡에 해당하는 계절을 각각 써 봅시다.

㉠: (　　　　　　　　), ㉡: (　　　　　　　　)

(2) 위 그래프를 보고 9 월 15 일인 오늘과 비교하여 3 개월 뒤에 태양의 남중 고도, 낮의 길이, 기온이 어떻게 달라질지 설명해 봅시다.

성취 기준
계절에 따른 태양의 남중 고도, 낮과 밤의 길이, 기온 변화를 설명할 수 있다.

출제 의도
계절별 태양의 남중 고도, 낮의 길이, 기온을 비교하는 문제예요.

관련 개념
계절별 태양의 남중 고도, 낮의 길이, 기온의 관계 G 46 쪽

02 다음은 지구본의 자전축 기울기를 다르게 하여 지구본을 시계 반대 방향으로 이동시키며 각 위치에서 막대의 그림자와 실이 이루는 각을 측정하는 모습입니다.

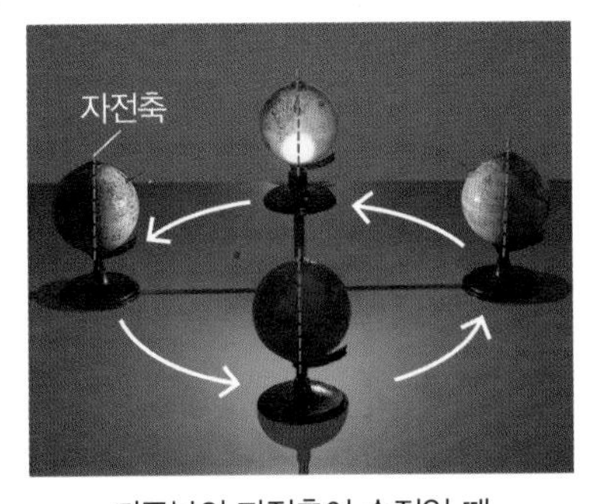

지구본의 자전축이 수직일 때

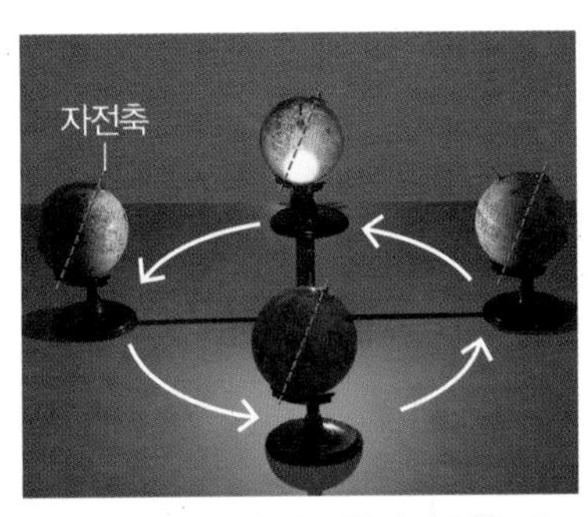

지구본의 자전축이 기울어져 있을 때

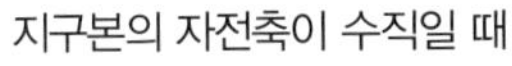

(1) 위 실험에서 다르게 한 조건을 써 봅시다.

(　　　　　　　　　　)

(2) 위 실험을 통해 알 수 있는 계절이 변하는 원인을 태양의 남중 고도와 관련지어 설명해 봅시다.

성취 기준
계절 변화의 원인은 지구 자전축이 기울어진 채 공전하기 때문임을 모형실험을 통해 설명할 수 있다.

출제 의도
지구의 자전축 기울기에 따라 태양의 남중 고도가 변함을 알고, 그것을 계절 변화의 원인과 연결 지을 수 있는지 묻는 문제예요.

관련 개념
지구 자전축 기울기에 따른 계절별 태양의 남중 고도 비교하기 G 52 쪽

연소와 소화

이 단원에서 무엇을 공부할지 알아보아요.

공부할 내용	쪽수	교과서 쪽수
1 물질이 탈 때 어떤 현상이 나타날까요	74~75 쪽	『과학』 56~57 쪽 『실험 관찰』 24 쪽
2 물질이 타려면 무엇이 필요할까요	76~77 쪽	『과학』 58~61 쪽 『실험 관찰』 25~27 쪽
3 물질이 연소한 후 무엇이 생성될까요	80~81 쪽	『과학』 62~63 쪽 『실험 관찰』 28 쪽
4 불을 끄려면 어떻게 해야 할까요 5 화재 안전 대책을 알아볼까요	82~83 쪽	『과학』 64~69 쪽 『실험 관찰』 29~31 쪽

『과학』 54~55 쪽

기체를 이용한 촛불 마술

촛불이 잘 타는 마술과 촛불을 끄는 마술에서 각각 어떤 기체를 이용했는지 알아봅시다.

촛불 마술 시간

❶ 자른 감자 껍질을 병에 넣고 묽은 과산화 수소수를 넣어 병마개를 닫습니다. 잠시 뒤 병마개를 열고 병 입구에 촛불을 가까이 합니다.

❷ 컵에 탄산음료를 $\frac{2}{3}$ 정도 따라 낸 뒤, 병마개를 닫고 가볍게 2 회~3 회 흔듭니다. 병마개를 천천히 열고 탄산음료 병의 입구를 촛불 위로 가까이 합니다.

- 촛불 마술에 이용한 두 가지 기체가 무엇인지 생각해 봅시다.

예시 답안 • 촛불을 잘 타게 한 기체는 산소이다. 산소는 다른 물질이 타는 것을 돕는 성질이 있기 때문이다.
• 촛불을 끄게 한 기체는 이산화 탄소이다. 이산화 탄소는 다른 물질이 타는 것을 막는 성질이 있기 때문이다.

1 물질이 탈 때 어떤 현상이 나타날까요

실험 관찰

알코올램프 사용 방법

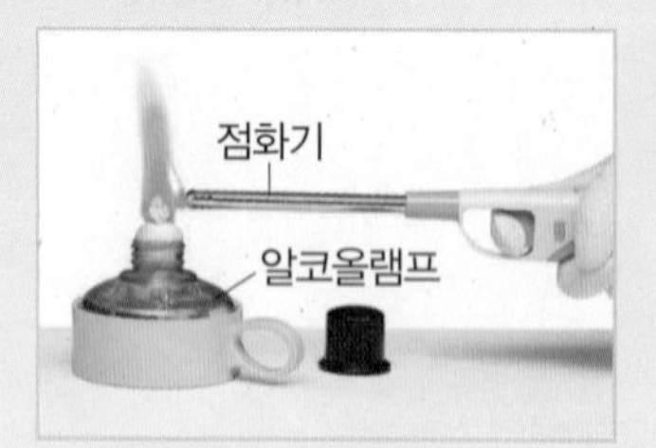

• 알코올램프에 불을 붙일 때는 점화기의 불꽃으로 심지를 스치듯이 하여 불을 붙입니다.

• 가열이 끝나면 뚜껑을 옆에서부터 살짝 덮어 불을 끄고, 뚜껑을 다시 열어 불이 꺼졌는지 확인합니다.

 물질이 탈 때 나타나는 현상 관찰하기 

실험 동영상

탐구 과정

초와 알코올이 탈 때 나타나는 현상을 관찰합니다.

▲ 초가 타는 모습

▲ 알코올이 타는 모습

탐구 결과

❶ 초가 탈 때 나타나는 현상

구분	관찰한 내용
불꽃의 모양, 색깔, 밝기	• 불꽃의 모양은 위아래로 길쭉함. • 불꽃의 색깔은 노란색, 붉은색임. • 불꽃의 주변이 밝아짐.
손을 가까이 했을 때의 느낌	손을 가까이 하면 손이 점점 따뜻해짐.
기타	• 불꽃이 바람에 흔들림. • 불꽃 끝부분에서 흰 연기가 생김. • 시간이 지나면 초가 녹아 촛농*이 생김.

❷ 알코올이 탈 때 나타나는 현상

구분	관찰한 내용
불꽃의 모양, 색깔, 밝기	• 불꽃의 모양은 위아래로 길쭉함. • 불꽃의 색깔은 아랫부분이 푸른색, 윗부분이 붉은색임. • 불꽃의 주변이 밝아짐.
손을 가까이 했을 때의 느낌	손을 가까이 하면 손이 점점 따뜻해짐.
기타	불꽃이 바람에 흔들림.

❸ 초와 알코올이 탈 때 나타나는 공통적인 현상: 불꽃의 주변이 밝아집니다. 또, 손을 가까이 하면 손이 점점 따뜻해집니다. ➡ 빛과 열이 발생합니다.

용어 사전

★ 촛농 초가 탈 때 녹아서 흐르는 액체 상태의 초

2 물질이 탈 때 나타나는 현상과 탈 물질

1 물질이 탈 때 공통적으로 나타나는 현상: 물질이 탈 때에는 공통적으로 빛과 열이 발생합니다. ➡ 우리 주변의 어두운 곳을 밝히거나 주변을 따뜻하게 합니다.

2 탈 물질: 빛과 열을 발생하며 타는 물질 예 나무, 가스 등

바른답·알찬풀이 20쪽

 **스스로 확인해요**

『과학』 57쪽

1 물질이 탈 때에는 공통적으로 (   )과/와 (   )이/가 발생합니다.

2 (의사소통 능력) 일상생활에서 물질이 탈 때 빛과 열이 발생하는 예를 찾아 이야기해 봅시다.

문제로 개념 탄탄

➜ 바른답·알찬풀이 20 쪽

[1~2] 다음과 같이 초와 알코올램프에 불을 붙여 초와 알코올이 타는 모습을 관찰했습니다. 물음에 답해 봅시다.

초가 타는 모습

알코올이 타는 모습

1 다음은 위 실험에 대한 설명입니다. 옳은 것에 ○표, 옳지 않은 것에 ×표 해 봅시다.

(1) 초가 탈 때 불꽃은 흔들리지 않는다. (　　)
(2) 초가 탈 때 시간이 지나면 촛농이 생긴다. (　　)
(3) 알코올이 탈 때 불꽃의 모양은 위아래로 길쭉하다. (　　)
(4) 알코올이 탈 때 불꽃 끝부분에서 흰 연기가 생긴다. (　　)

2 다음은 위 실험에서 나타나는 공통적인 현상에 대한 설명입니다. (　　) 안에 들어갈 알맞은 말에 각각 ○표 해 봅시다.

- 초와 알코올이 탈 때 불꽃의 주변이 ㉠ (밝아, 어두워)진다.
- 초와 알코올이 탈 때 손을 가까이 하면 손이 점점 ㉡ (차가워, 따뜻해)진다.

3 물질이 탈 때 공통적으로 나타나는 현상이 아닌 것을 보기에서 골라 기호를 써 봅시다.

보기
㉠ 빛　　㉡ 열　　㉢ 연기

(　　　　)

4 다음은 어떤 물질에 대한 설명입니다. (　　) 안에 들어갈 알맞은 말을 써 봅시다.

빛과 열을 발생하며 타는 물질을 (　　　　)(이)라고 한다.

(　　　　)

3 단원

공부한 날 월 일

공부한 내용을

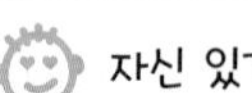
자신 있게 설명할 수 있어요.

설명하기 조금 힘들어요.

어려워서 설명할 수 없어요.

물질이 타려면 무엇이 필요할까요

1 물질이 탈 때 필요한 조건 알아보기 탐구

실험 동영상

탐구 과정

❶ 크기가 다른 두 초에 불을 동시에 붙이고 관찰합니다. — 다르게 한 조건: 초의 크기

❷ 크기가 같은 두 초 중 한 초의 옆에만 물, 이산화 망가니즈, 묽은 과산화 수소수를 넣은 비커를 놓은 다음, 두 초에 불을 동시에 붙이고 두 아크릴 통으로 각각을 덮어 관찰합니다. — 다르게 한 조건: 산소의 공급 여부

탐구 결과

물질을 태우려고 산소를 공급하는 예: 나무나 숯에 불을 붙일 때 부채질을 하면 산소가 더 많이 공급되어 쉽게 불을 붙일 수 있어요.

크기가 다른 초가 탈 때	크기가 같은 초가 탈 때
크기가 작은 초의 촛불이 먼저 꺼져요.	산소가 공급되지 않은 초의 촛불이 먼저 꺼져요.
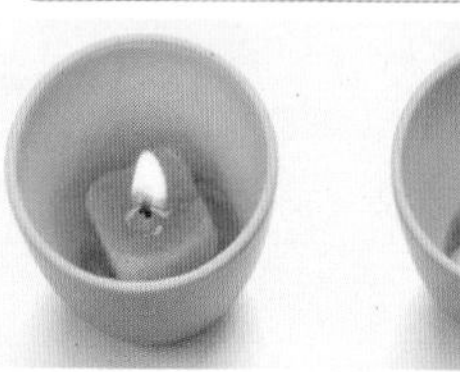 ↑크기가 큰 초 ↑크기가 작은 초	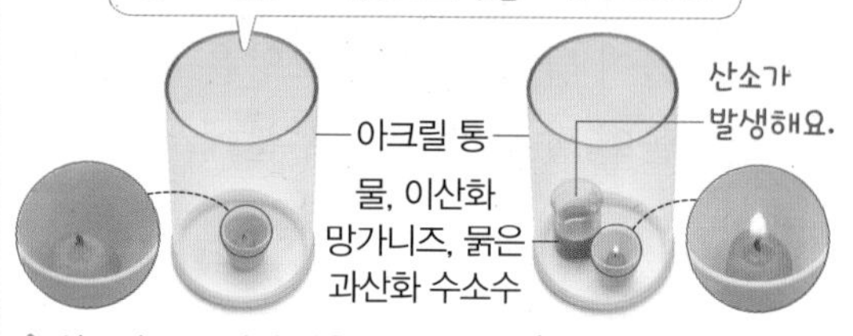 ↑산소가 공급되지 않은 초 ↑산소가 공급되는 초
• 크기가 작은 초가 모두 타서 탈 물질이 없어졌으므로 촛불이 꺼짐. • 초가 타는 데 탈 물질이 필요함.	• 아크릴 통으로 덮어 산소가 공급되지 않으므로 탈 물질이 남아 있더라도 더 이상 타지 않고 촛불이 꺼짐. • 초가 타는 데 산소가 필요함.

산소: 스스로 타지 않지만 다른 물질이 타는 것을 도와요.

2 물질이 타기 시작하는 온도

실험 동영상

1 불을 직접 붙이지 않고 물질 태워 보기 탐구

① 성냥의 머리 부분을 잘라 철판의 가운데에 놓고, 알코올램프로 철판의 가운데를 가열하면 성냥의 머리 부분이 탑니다. ➡ 물질에 불을 직접 붙이지 않아도 주변의 온도가 높아지면 물질이 탑니다. 예 성냥의 머리 부분을 성냥갑에 마찰하면 성냥의 머리 부분의 온도가 높아져 타요.

② 성냥의 머리 부분과 나무 부분을 같은 크기로 잘라 각각을 철판의 가운데로부터 같은 거리에 놓고, 알코올램프로 철판의 가운데를 가열하면 성냥의 머리 부분이 먼저 탑니다. ➡ 물질이 타기 시작하는 온도는 물질마다 다릅니다.

2 발화점: 물질이 불에 직접 닿지 않아도 타기 시작하는 온도를 그 물질의 발화점이라고 합니다. ➡ 발화점은 물질마다 다릅니다.

3 연소의 세 가지 조건

1 연소: 물질이 산소와 빠르게 반응*하면서 빛과 열을 내는 현상

2 연소의 세 가지 조건: 연소가 일어나려면 탈 물질과 산소가 있어야 하고, 발화점 이상의 온도가 되어야 합니다.

↑연소의 세 가지 조건

실험 관찰

성냥의 머리 부분 태워 보기

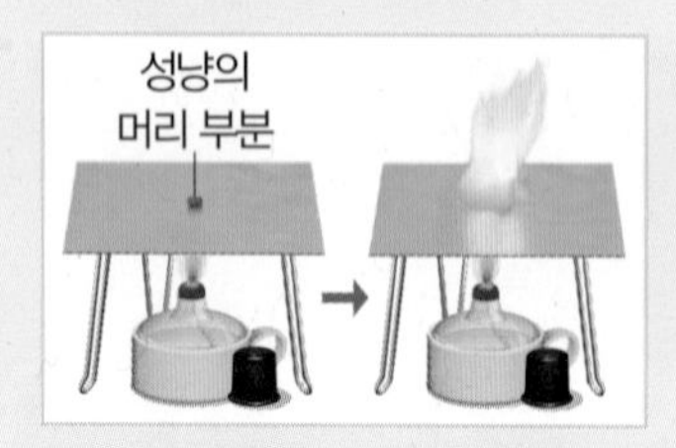

불을 직접 붙이지 않아도 성냥의 머리 부분이 탑니다.

같은 크기의 성냥의 머리 부분과 나무 부분 태워 보기

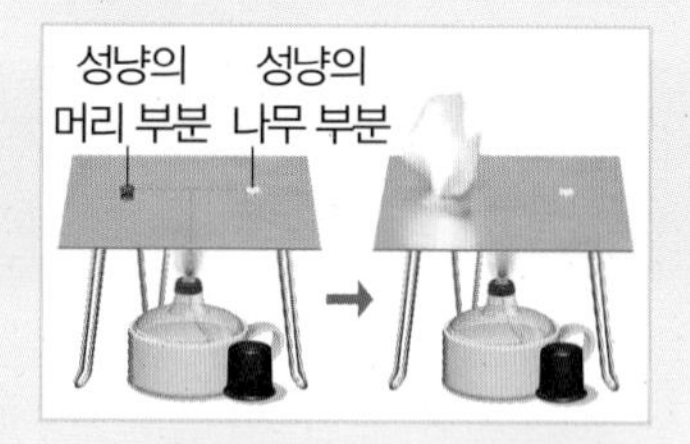

성냥의 머리 부분이 나무 부분보다 먼저 탑니다. ➡ 발화점은 성냥의 나무 부분이 머리 부분보다 높습니다.

용어 사전

* 반응 물질이 서로 영향을 미쳐 일어나는 변화로, 물질의 성질이 변함.

바른답·알찬풀이 20 쪽

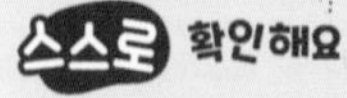

스스로 확인해요 『과학』 61 쪽

1 물질이 산소와 빠르게 반응하면서 빛과 열을 내는 현상을 (   )(이)라고 합니다.

2 (사고력) 프라이팬으로 요리를 하다가 기름에 불을 붙이지 않았는데 기름에 불이 붙었다면 그 까닭이 무엇인지 연소의 조건과 관련지어 설명해 봅시다.

바른답·알찬풀이 20 쪽

정답 확인

1 다음과 같이 크기가 다른 두 초에 불을 동시에 붙였을 때 촛불이 먼저 꺼지는 것을 골라 기호를 써 봅시다.

㉠

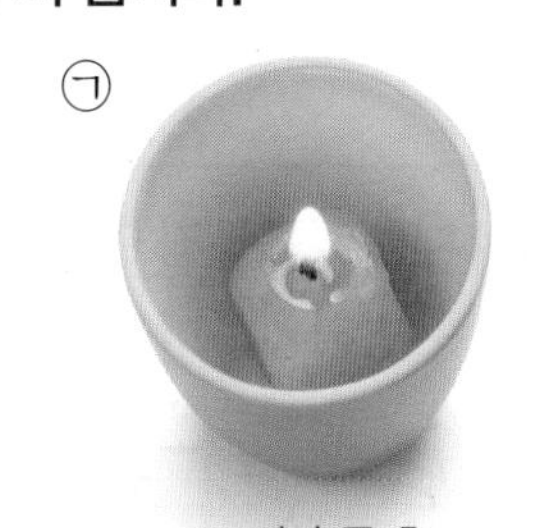

크기가 큰 초

㉡

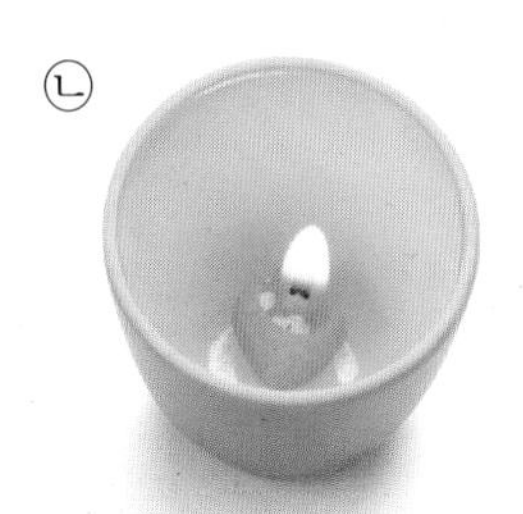

크기가 작은 초

( )

2 다음은 아크릴 통으로 덮은 초의 촛불이 꺼지는 까닭에 대한 설명입니다. ( ) 안에 들어갈 알맞은 말을 써 봅시다.

> 초에 불을 붙이고 아크릴 통으로 덮으면 촛불이 점점 작아지다가 꺼진다. 그 까닭은 ( )이/가 공급되지 않기 때문이다.

( )

3 오른쪽과 같이 성냥의 머리 부분과 나무 부분을 같은 크기로 잘라 각각을 철판의 가운데로부터 같은 거리에 놓고, 알코올램프로 철판의 가운데를 가열했을 때 성냥의 머리 부분과 나무 부분 중 먼저 타는 것을 골라 오른쪽에 ○표 해 봅시다.

4 다음은 연소에 대한 설명입니다. 옳은 것에 ○표, 옳지 않은 것에 ×표 해 봅시다.

(1) 물질에 불을 직접 붙일때만 연소할 수 있다. ( )

(2) 물질이 산소와 빠르게 반응하면서 빛과 열을 내는 현상을 연소라고 한다. ( )

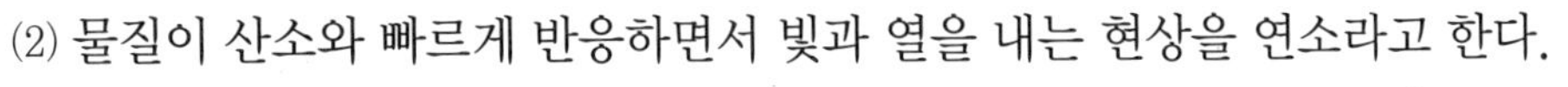

(3) 연소가 일어나려면 탈 물질과 산소가 필요하고, 발화점 이상의 온도가 되어야 한다. ( )

3 단원

공부한 날 월 일

공부한 내용을

- 자신 있게 설명할 수 있어요.
- 설명하기 조금 힘들어요.
- 어려워서 설명할 수 없어요.

문제로 실력 쑥쑥

1 물질이 탈 때 어떤 현상이 나타날까요 ~
2 물질이 타려면 무엇이 필요할까요

01 다음 중 초가 탈 때 나타나는 현상을 관찰한 결과로 옳지 않은 것은 어느 것입니까? (　　　)

① 불꽃의 주변이 밝아진다.
② 불꽃의 아랫부분이 푸른색이다.
③ 불꽃의 모양은 위아래로 길쭉하다.
④ 불꽃 끝부분에서 흰 연기가 생긴다.
⑤ 시간이 지나면 초가 녹아 촛농이 생긴다.

서술형

02 다음과 같이 알코올램프에서 알코올이 탈 때 손을 가까이 하면 어떤 느낌이 드는지 설명해 봅시다.

중요

03 다음은 초와 알코올이 탈 때 나타나는 공통적인 현상에 대한 학생 (가)~(다)의 대화입니다. 옳게 말한 학생은 누구인지 써 봅시다.

(　　　)

04 다음은 물질이 탈 때 나타나는 현상에 대한 설명입니다. 밑줄 친 부분이 옳지 않은 것을 골라 기호를 써 봅시다.

> 물질이 탈 때 ㉠ 공통적으로 발생하는 빛과 열은 우리 주변의 ㉡ 어두운 곳을 밝히거나 ㉢ 주변을 차갑게 한다.

(　　　)

[05~06] 다음과 같이 크기가 다른 두 초에 불을 동시에 붙이고 관찰했더니 크기가 작은 초의 촛불이 먼저 꺼졌습니다. 물음에 답해 봅시다.

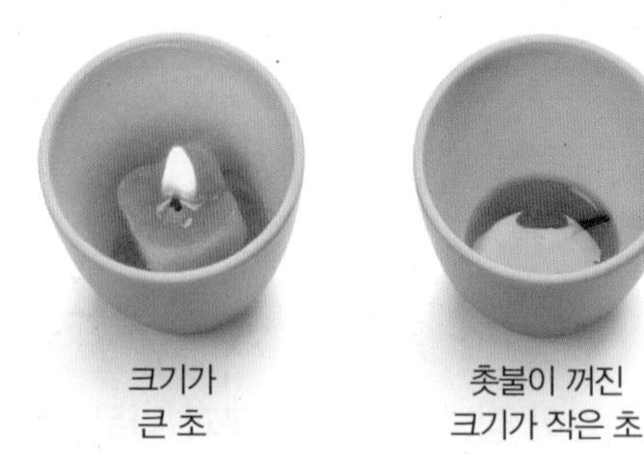

05 위 실험에서 다르게 한 조건은 무엇인지 써 봅시다.

초의 (　　　)

06 위 실험에서 알 수 있는 사실로 옳은 것을 보기에서 골라 기호를 써 봅시다.

> 보기
> ㉠ 초가 타는 데 산소가 필요하다.
> ㉡ 초가 타는 데 탈 물질이 필요하다.
> ㉢ 초가 모두 타도 촛불이 꺼지지 않는다.

(　　　)

중요

07 다음과 같이 크기가 같은 두 초 중 ㉡에서만 초 옆에 물, 이산화 망가니즈, 묽은 과산화 수소수를 넣은 비커를 놓은 뒤, 동시에 불을 붙이고 두 아크릴 통으로 각각을 덮었습니다. ㉠과 ㉡ 중 촛불이 먼저 꺼지는 것과 그 까닭을 옳게 짝 지은 것은 어느 것입니까? ( )

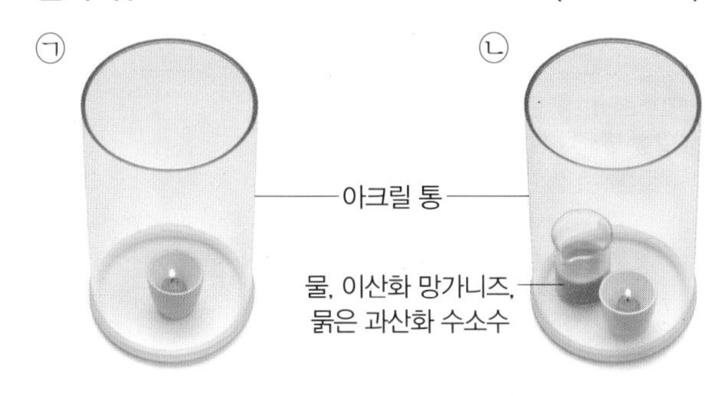

① ㉠, 탈 물질이 없기 때문
② ㉡, 탈 물질이 없기 때문
③ ㉠, 산소가 공급되지 않기 때문
④ ㉡, 산소가 공급되지 않기 때문
⑤ ㉡, 비커에서 이산화 탄소가 발생하기 때문

서술형

08 다음과 같이 성냥의 머리 부분을 잘라 철판의 가운데에 놓고, 알코올램프로 철판의 가운데를 가열했습니다. 이 실험의 결과를 예상하고, 그렇게 생각한 까닭을 설명해 봅시다.

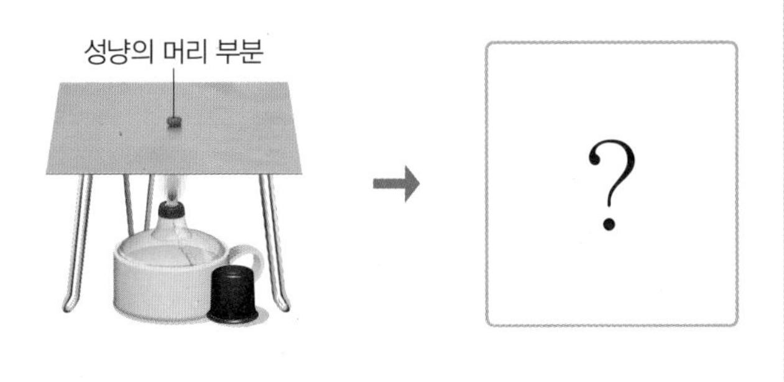

....

....

09 오른쪽과 같이 성냥의 머리 부분과 나무 부분을 같은 크기로 잘라 각각을 철판의 가운데로부터 같은 거리에 놓고, 알코올램프로 철판의 가운데를 가열한 결과로 옳은 것을 보기에서 골라 기호를 써 봅시다.

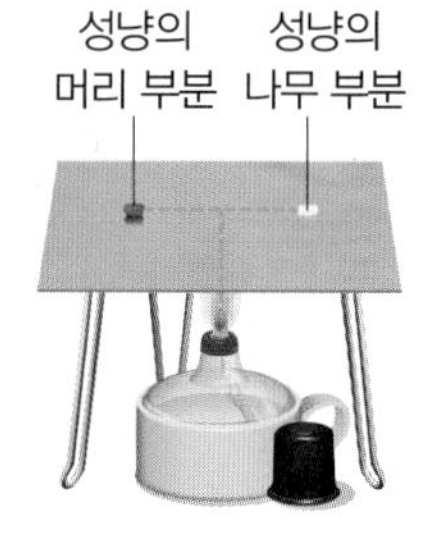

보기
㉠ 성냥의 머리 부분이 먼저 탄다.
㉡ 성냥의 나무 부분이 먼저 탄다.
㉢ 성냥의 머리 부분과 나무 부분이 동시에 탄다.

( )

중요

10 다음 중 연소와 연소의 조건에 대한 설명으로 옳지 않은 것은 어느 것입니까? ( )

① 연소가 일어나면 빛과 열이 발생한다.
② 연소가 일어나려면 세 가지 조건이 필요하다.
③ 연소는 물질이 산소와 빠르게 반응할 때 일어난다.
④ 발화점은 물질이 불에 직접 닿았을 때 타기 시작하는 온도이다.
⑤ 탈 물질이 남아 있어도 산소가 공급되지 않으면 연소가 일어나지 않는다.

11 다음은 연소의 세 가지 조건에 대한 설명입니다. ( ) 안에 들어갈 알맞은 말을 써 봅시다.

성냥이나 나무가 타는 것과 같이 연소가 일어나려면 탈 물질과 ( )이/가 있어야 하고, 발화점 이상의 온도가 되어야 한다.

( )

3 단원

공부한 날 월 일

물질이 연소한 후 무엇이 생성될까요

1 연소 후 생성되는 물질 확인하는 실험하기 탐구

푸른색 염화 코발트 종이의 성질

푸른색 염화 코발트 종이는 물에 닿으면 붉은색으로 변합니다.

탐구 1 푸른색 염화 코발트 종이로 연소 후 생성되는 물질 확인하기

탐구 과정

1. 아크릴 통의 안쪽 벽면에 셀로판테이프로 푸른색 염화 코발트 종이를 붙입니다.
2. 초에 불을 붙이고 아크릴 통으로 촛불을 덮습니다.
3. 촛불이 꺼지면 푸른색 염화 코발트 종이의 색깔 변화를 관찰합니다.

탐구 결과

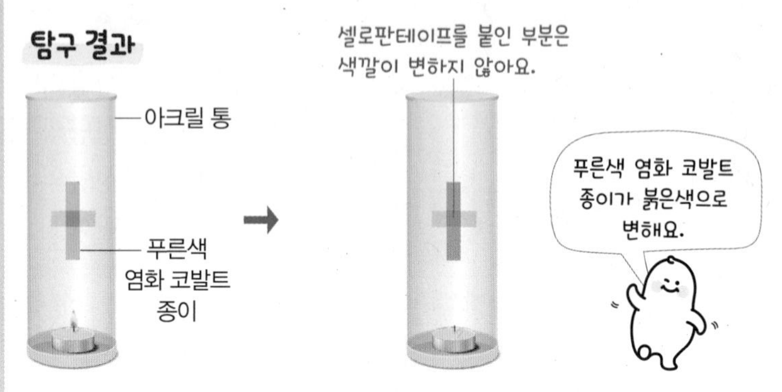

→ 초가 연소한 후 물이 생성됩니다.

탐구 2 석회수로 연소 후 생성되는 물질 확인하기

탐구 과정

1. 초에 불을 붙여 집기병으로 덮은 뒤, 촛불이 꺼지면 집기병을 조심스레 조금만 들어 올려 유리판으로 집기병의 입구를 막습니다.
2. 집기병을 뒤집어서 바로 놓고 식을 때까지 기다립니다.
3. 유리판을 열어 석회수를 집기병에 부은 뒤, 유리판으로 집기병의 입구를 막고 집기병을 살짝 흔들면서 변화를 관찰합니다.

탐구 결과

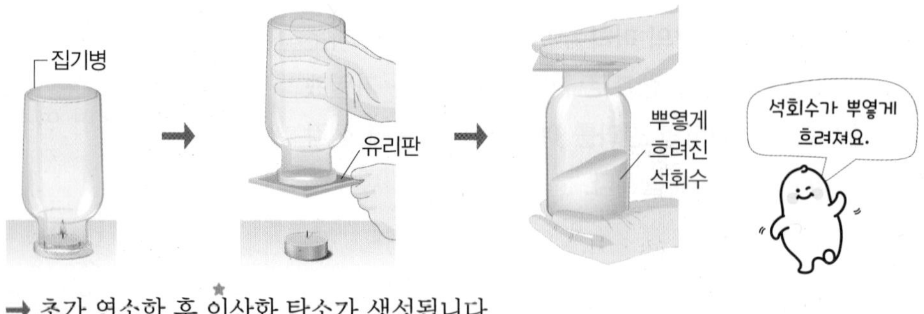

→ 초가 연소한 후 이산화 탄소★가 생성됩니다.

용어 사전

★ **이산화 탄소** 다른 물질이 타는 것을 막고, 석회수를 뿌옇게 흐리게 하는 기체

바른답·알찬풀이 22 쪽

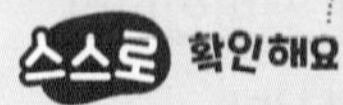

스스로 확인해요 『과학』 63 쪽

1 초가 연소한 후에는 (,   )이/가 생성됩니다.

2 (문제 해결력) 알코올이 연소하면 물과 이산화 탄소가 생성됩니다. 물과 이산화 탄소가 생성된 것을 확인할 수 있는 방법을 설명해 봅시다.

2 연소 후 생성되는 물질

초가 연소한 후 다른 물질로 변하기 때문에 초의 크기가 줄어들어요.

1 **초가 연소한 후 생성되는 물질**: 초가 연소한 후 물과 이산화 탄소가 생성됩니다.

2 **연소 후 생성되는 물질**: 물질이 연소하면 연소 전의 물질과 다른 새로운 물질이 생성됩니다.

문제로
개념 탄탄

바른답·알찬풀이 22 쪽

공부한 날 월 일

1 다음 석회수와 푸른색 염화 코발트 종이의 변화에서 확인할 수 있는 물질을 선으로 이어 봅시다.

(1) 석회수가 뿌옇게 흐려진다. • 　　　• ㉠ 물

(2) 푸른색 염화 코발트 종이가 붉은색으로 변한다. • 　　　• ㉡ 이산화 탄소

2 다음 중 초가 연소한 후 이산화 탄소가 생성되는지 확인할 수 있는 것을 골라 기호를 써 봅시다.

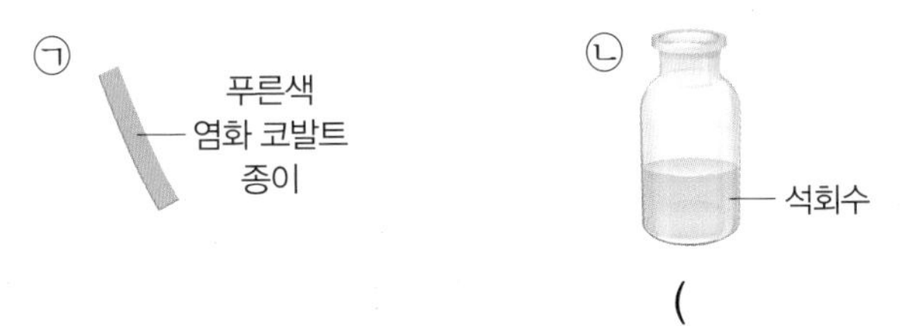

(　　　　　　　　)

3 다음 (　　) 안에 들어갈 알맞은 말을 골라 써넣어 봅시다.

물	석회수	이산화 탄소	푸른색 염화 코발트 종이

(1) 이산화 탄소는 (　　　　　　　)을/를 뿌옇게 흐리게 한다.

(2) 푸른색 염화 코발트 종이는 (　　　　　　　)에 닿으면 붉은색으로 변한다.

(3) 초가 연소한 후에 물이 생성되는 것은 (　　　　　　　)(으)로 확인할 수 있고, (　　　　　　　)이/가 생성되는 것은 석회수로 확인할 수 있다.

4 다음 (　　) 안에 들어갈 알맞은 말에 ○표 해 봅시다.

물질이 연소하면 연소 전의 물질과 (같은, 다른) 물질이 생성된다.

공부한 내용을

- 자신 있게 설명할 수 있어요.
- 설명하기 조금 힘들어요.
- 어려워서 설명할 수 없어요.

불을 끄려면 어떻게 해야 할까요 화재 안전 대책을 알아볼까요

① 소화

1 촛불을 끄는 방법 알아보기 탐구

촛불을 끄는 방법	촛불이 꺼지는 까닭
촛불을 입으로 불기	탈 물질과 관련이 있음. → 촛불을 입으로 불면 탈 물질이 날아가기 때문 예 가스레인지의 연료 조절 밸브를 잠가서 불을 꺼요.
촛불을 집기병으로 덮기	산소와 관련이 있음. → 촛불을 집기병으로 덮으면 산소가 공급되지 않기 때문 예 알코올램프의 뚜껑을 덮어서 불을 꺼요.
촛불에 분무기로 물 뿌리기	발화점 이상의 온도와 관련이 있음. → 촛불에 분무기로 물을 뿌리면 발화점 미만으로 온도가 낮아지기 때문 예 불이 난 곳에 소방 헬기나 소방차로 물을 뿌려서 불을 꺼요.

[또 다른 방법]
- 타고 있는 초의 심지를 핀셋으로 집거나 모두 자름. → 탈 물질 없애기
- 촛불을 아크릴 통이나 모래로 덮음. → 산소의 공급 막기
- 촛불을 물수건으로 덮음. → 산소의 공급 막기, 발화점 미만으로 온도 낮추기

2 소화: 연소의 조건 중에서 한 가지 이상의 조건을 없애 불을 끄는 것 → 연소의 세 가지 조건 중에서 하나라도 없다면 연소가 일어나지 않습니다.

분말 소화기 사용 방법

① 불이 난 곳으로 소화기를 옮깁니다.
② 손잡이 부분의 안전핀을 뽑습니다.
③ 바람을 등지고 고무관이 불 쪽으로 향하게 잡습니다.
④ 손잡이를 힘껏 움켜쥡니다.
⑤ 빗자루로 쓸듯이 뿌립니다.

② 화재* 안전 대책

1 화재 안전 대책: 화재 상황에 따라 대처하는 방법, 연소 물질에 따라 소화하는 방법, 화재가 발생하지 않게 예방하는 방법 등을 모두 포함합니다.

2 다양한 연소 물질에 의해 발생하는 화재 안전 대책 조사하기 탐구

대처 방법	• 화재가 발생했을 때 대처하는 방법은 화재 상황에 따라 다름. • 불을 발견하면 "불이야!"라고 큰 소리로 외치고 비상벨을 눌러 주변에 알림. • 재빨리 안전한 장소로 피한 뒤 119에 신고함. — 불이 난 장소와 상황을 말하고, 소방대원의 질문에 답해요. • 젖은 수건으로 코와 입을 가리고 낮은 자세로 이동함. — 유독 가스를 마시지 않아야 해요. • 이동할 때에는 승강기 대신 계단을 이용함. — 정전이 되면 승강기 안에 갇힐 수 있어요. • 아래층으로 피할 수 없을 때에는 높은 곳으로 올라가 구조를 요청함. • 문손잡이가 뜨거워 보이거나 문틈으로 연기가 새어 들어올 때에는 문을 열지 않음. — 문 반대편에 불이 있을 수 있어요.
소화 방법	• 소화 방법은 탈 물질에 따라 다름. • 나무에서 발생한 화재: 물을 뿌려 소화함. • 기름에서 발생한 화재: 모래를 덮거나 유류 화재용 소화기로 소화함. — 물을 뿌리면 불이 더 크게 번질 수 있어요. • 전기로 발생한 화재: 전기 화재용 소화기로 소화함. — 물을 뿌리면 감전될 수 있어요.
예방 방법	• 화재를 예방하려면 불을 다룰 때 항상 주의해야 함. • 실험실에서 안전 수칙을 잘 지키며 실험함. • 외출할 때 사용하지 않는 전기 기구의 전원을 끄고 플러그를 뽑음. • 하나의 콘센트에 여러 개의 전기 기구를 연결하지 않고, 누전 차단기를 사용함. • 부엌에서 조리할 때 자리를 비우지 않고, 조리가 끝나면 연료 조절 밸브를 잠금.

★ 화재 불이 나는 것. 또는 불 때문에 생긴 재난

바른답·알찬풀이 22쪽

스스로 확인해요

『과학』 65쪽

1 연소의 조건 중에서 한 가지 이상의 조건을 없애 불을 끄는 것을 (   )(이)라고 합니다.

2 (의사소통 능력) 산불이 났을 때 소화하는 방법을 연소의 조건과 관련지어 이야기해 봅시다.

『과학』 69쪽

1 화재가 발생하면 재빨리 안전한 곳으로 피한 뒤에 119에 신고합니다. (○, ×)

2 (참여와 평생 학습 능력) 교실에서 화재가 발생했을 때 안전하고 빠르게 대피하는 방법을 이야기해 봅시다.

➜ 바른답·알찬풀이 22 쪽

1 다음 소화 방법과 불이 꺼지는 까닭으로 옳은 것끼리 선으로 이어 봅시다.

(1) 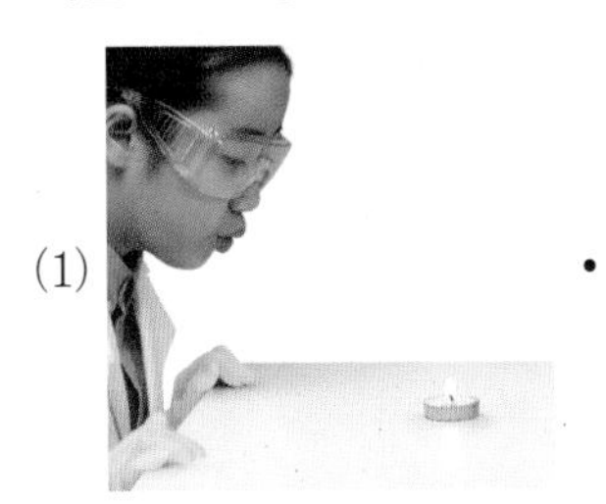 •   • ㉠ 탈 물질이 날아가기 때문

(2) 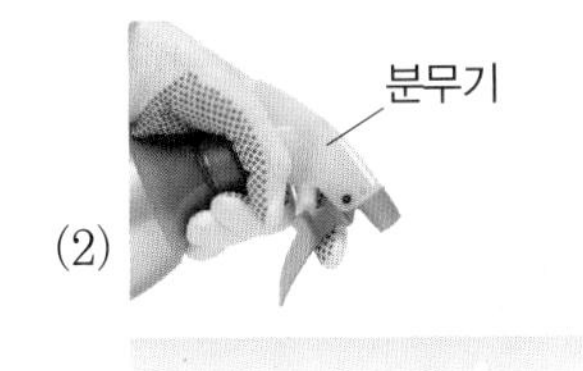

•   • ㉡ 산소가 공급되지 않기 때문

(3) 

•   • ㉢ 발화점 미만으로 온도가 낮아지기 때문

2 다음은 소화에 대한 설명입니다. 옳은 것에 ○표, 옳지 않은 것에 ×표 해 봅시다.

(1) 연소의 조건을 모두 없애야만 불이 꺼진다. ( )

(2) 소화 방법은 탈 물질이 달라져도 항상 같다. ( )

(3) 소화는 연소의 조건 중에서 한 가지 이상의 조건을 없애 불을 끄는 것이다. ( )

3 화재 대처 방법으로 옳지 않은 것을 보기에서 골라 기호를 써 봅시다.

( )

공부한 날 월 일

공부한 내용을

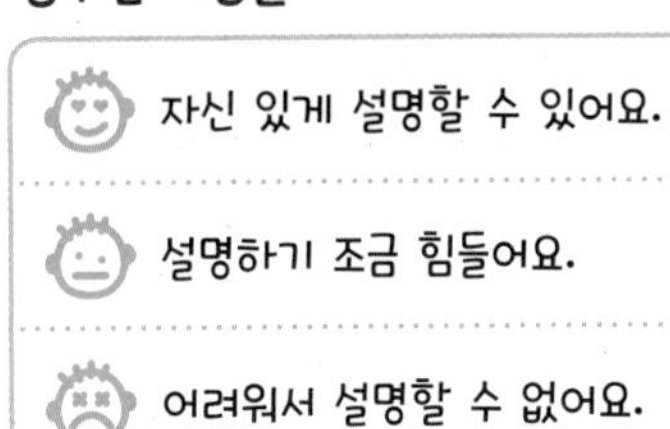

[01~03] 다음과 같이 초에 불을 붙여 안쪽 벽면에 ㉠을 붙인 아크릴 통으로 덮은 뒤, 촛불이 꺼지면 ㉠의 변화를 관찰했습니다. 물음에 답해 봅시다.

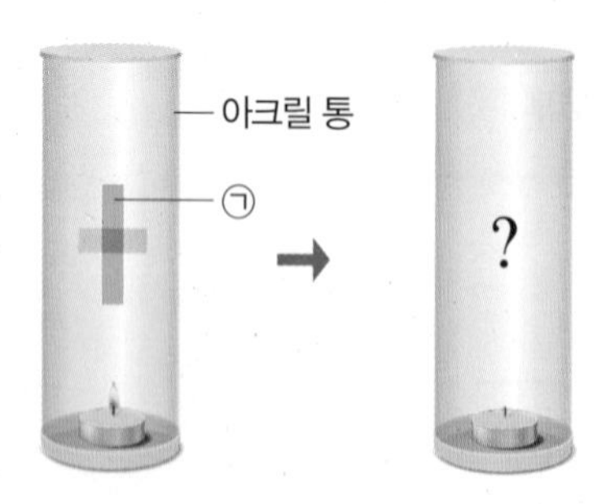

01 위 ㉠의 이름으로 옳은 것은 어느 것입니까? (　　　)

① 거름종이
② 시약포지
③ 종이 테이프
④ 푸른색 리트머스 종이
⑤ 푸른색 염화 코발트 종이

중요

02 위 실험에서 ㉠의 변화를 관찰한 결과로 옳은 것을 보기에서 골라 기호를 써 봅시다.

보기
㉠ 흰색으로 변한다.
㉡ 붉은색으로 변한다.
㉢ 아무런 변화가 없다.

(　　　　　　　　　)

서술형

03 위 02번에서 답한 실험 결과로 알 수 있는 사실을 설명해 봅시다.

....

....

[04~05] 다음과 같이 초에 불을 붙여 집기병으로 덮고 촛불이 꺼지면 유리판으로 집기병의 입구를 막아 뒤집어 식힌 뒤, 유리판을 열고 집기병에 석회수를 부어 살짝 흔들면서 변화를 관찰했습니다. 물음에 답해 봅시다.

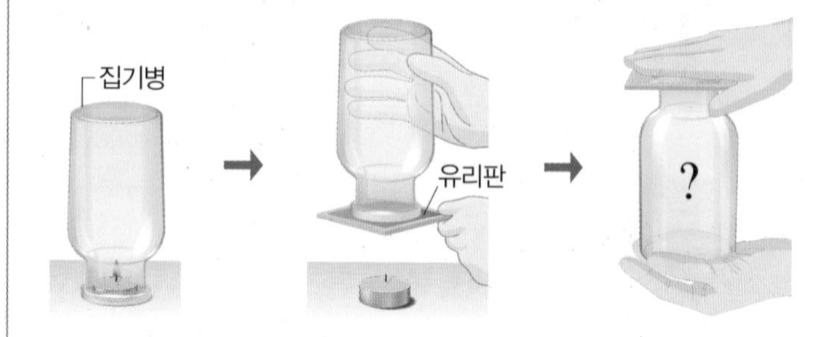

04 위 실험에서 집기병에 석회수를 부어 살짝 흔들었을 때의 변화에 대한 설명으로 옳은 것은 어느 것입니까? (　　　)

① 아무런 변화가 없다.
② 석회수가 고체로 변한다.
③ 석회수가 뿌옇게 흐려진다.
④ 석회수가 붉은색으로 변한다.
⑤ 석회수가 푸른색으로 변한다.

05 위 실험으로 확인할 수 있는 초가 연소한 후 생성된 물질은 무엇인지 써 봅시다.

(　　　　　　　　　)

중요

06 다음 중 푸른색 염화 코발트 종이와 석회수를 이용하여 확인할 수 있는 연소 후 생성되는 물질로 옳은 것을 두 가지 골라 봅시다. (　　　,　　　)

① 물
② 질소
③ 산소
④ 묽은 염산
⑤ 이산화 탄소

07 다음은 초와 알코올이 연소한 후 생성되는 물질에 대한 학생 (가)~(다)의 대화입니다. 잘못 말한 학생은 누구인지 써 봅시다.

- (가): 초가 연소한 후 물과 이산화 탄소가 생성돼.
- (나): 석회수가 뿌옇게 흐려지는 것으로 보아 초가 연소한 후 물이 생성되는 것을 알 수 있어.
- (다): 알코올이 연소한 후 물과 이산화 탄소가 생성되는 것은 푸른색 염화 코발트 종이와 석회수로 확인할 수 있어.

( )

서술형
08 오른쪽과 같이 케이크에 꽂은 초의 촛불을 입으로 불어서 껐습니다. 촛불이 꺼진 까닭을 설명해 봅시다.

중요
09 촛불이 꺼지는 까닭이 나머지와 다른 하나를 보기 에서 골라 기호를 써 봅시다.

보기
㉠ 촛불을 모래로 덮으면 촛불이 꺼진다.
㉡ 촛불을 집기병으로 덮으면 촛불이 꺼진다.
㉢ 타고 있는 초의 심지를 모두 자르면 촛불이 꺼진다.

( )

10 다음은 촛불을 끄는 방법에 대한 설명입니다. ( ) 안에 들어갈 알맞은 말을 각각 써 봅시다.

촛불에 분무기로 물을 뿌리면 (㉠) 미만으로 온도가 낮아지기 때문에 촛불이 꺼진다. 이처럼 연소의 조건 중에서 한 가지 이상의 조건을 없애 불을 끄는 것을 (㉡)(이)라고 한다.

㉠: ( ), ㉡: ( )

중요
11 다음 중 화재 대처 방법으로 옳지 않은 것은 어느 것입니까? ( )

① 불을 발견하면 큰 소리로 외친다.
② 이동할 때에는 승강기 대신 계단을 이용한다.
③ 젖은 수건으로 코와 입을 가리고 낮은 자세로 이동한다.
④ 문손잡이가 뜨거워 보이면 젖은 수건으로 잡아 문을 연다.
⑤ 아래층으로 피할 수 없을 때에는 높은 곳으로 올라가 구조를 요청한다.

12 화재를 예방하는 방법으로 옳은 것을 보기 에서 골라 기호를 써 봅시다.

보기
㉠ 부엌에서 조리할 때 자리를 비우지 않는다.
㉡ 하나의 콘센트에 여러 개의 전기 기구를 연결한다.
㉢ 사용하지 않는 전기 기구의 전원을 켜 둔 채 외출한다.

( )

3 단원
공부한 날 월 일

우리 주변의 소방 시설 소개하기

소방 시설은 소화 기구, 화재가 발생한 것을 알려 주는 기구, 화재가 발생했을 때 대피★하기 위해 사용하는 기구를 모두 포함합니다.

소화 기구에는 소화기, 스프링클러 등이 있습니다. 스프링클러는 천장에 설치하여 일정 실내 온도 이상이 되면 자동으로 물을 뿜어 불을 끕니다. 화재경보기는 불이 났을 때 자동으로 경보음이 울리는 기구입니다. 유도★등은 비상시 안전하게 이동하도록 위치를 알려 주는 등입니다.

우리 주변에 있는 소방 시설을 찾아보고 소방 시설을 소개하는 자료를 만들어 봅시다.

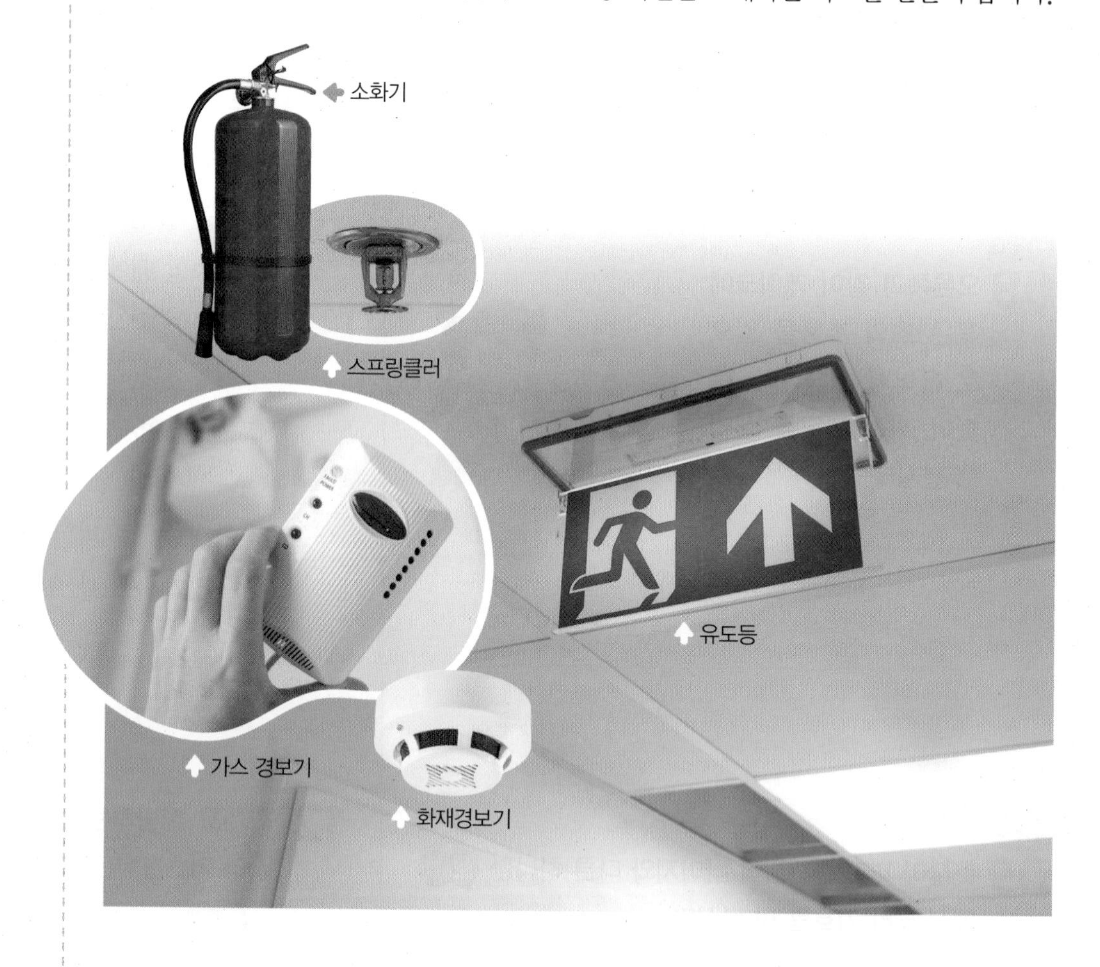

화재 안전 대책

화재 안전 대책은 화재가 발생했을 때 상황에 따라 대처하는 방법, 연소 물질에 따라 소화하는 방법, 화재가 발생하지 않게 예방하는 방법 등을 모두 포함합니다. 화재가 발생하면 큰 소리로 외치고 비상벨을 눌러 주변에 알린 뒤, 안전한 곳으로 대피하여 119에 신고합니다. 화재 초기 단계에서는 소화기를 사용해서 불을 끌 수 있습니다.

용어 사전

- ★ **대피** 위험이나 피해를 입지 않도록 일시적으로 피하는 것
- ★ **유도** 사람이나 물건을 목적한 장소나 방향으로 이끄는 것

❶ 우리 주변에 있는 소방 시설을 찾아봅시다.

예시 답안
- 주택에는 방마다 화재경보기가 설치되어 있다.
- 학교에는 층마다 소화전이 설치되어 있고, 교실마다 소화기가 있다.
- 도서관 복도에는 소화전과 유도등이 있고, 천장에는 스프링클러가 설치되어 있다.
- 지하철의 객실 양쪽 끝에는 소화기가 있다.

집이나 학교에 설치된 소방 시설의 종류와 위치를 찾아봐요.

❷ ❶에서 찾은 소방 시설을 스마트 기기로 조사해 봅시다.

예시 답안
- 소화전은 소방 활동에 필요한 물을 공급하기 위한 시설이다. 소방 차량에 연결하거나 직접 수관에 연결하여 화재를 진압하는 데 사용한다.
- 소화기는 불을 끄는 기구이다. 분말 소화기 외에도 간편하게 사용할 수 있는 분무 소화기, 불이 난 곳에 던져서 사용할 수 있는 투척용 소화기도 있다.

활동꿀팁

소방 시설의 종류에 따른 용도, 사용 방법 등을 스마트 기기로 조사해요.

❸ ❷의 결과를 바탕으로 하여 우리 주변에 있는 소방 시설을 소개하는 자료를 만들어 봅시다.

예시 답안 지하철 소방 시설 소개 자료

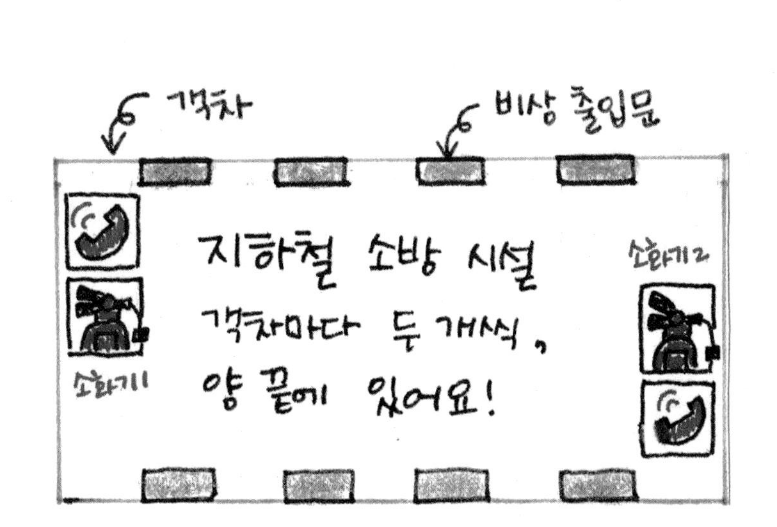

소방 시설 소개 자료를 만들 때는 소방 시설의 종류와 위치, 대피할 수 있는 정보 등을 한눈에 볼 수 있게 정리해요.

교과서 쏙쏙

이렇게 정리해요

빈칸에 알맞은 말을 넣고, 『과학』 127 쪽에서 알맞은 붙임딱지를 찾아 붙여 내용을 정리해 봅시다.

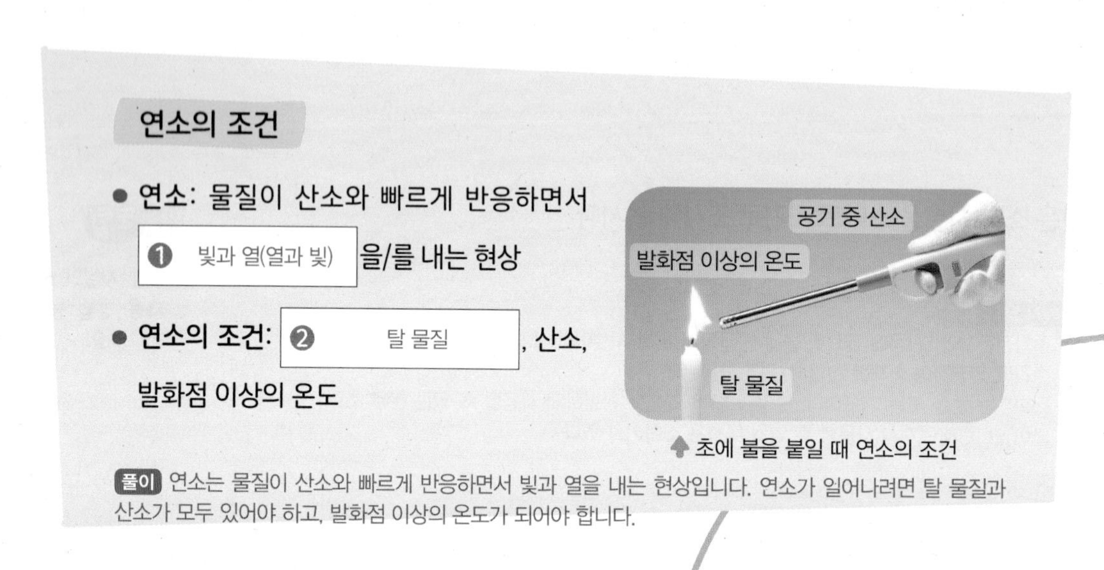

연소의 조건

- 연소: 물질이 산소와 빠르게 반응하면서 ❶ 빛과 열(열과 빛) 을/를 내는 현상
- 연소의 조건: ❷ 탈 물질 , 산소, 발화점 이상의 온도

⬆ 초에 불을 붙일 때 연소의 조건

풀이 연소는 물질이 산소와 빠르게 반응하면서 빛과 열을 내는 현상입니다. 연소가 일어나려면 탈 물질과 산소가 모두 있어야 하고, 발화점 이상의 온도가 되어야 합니다.

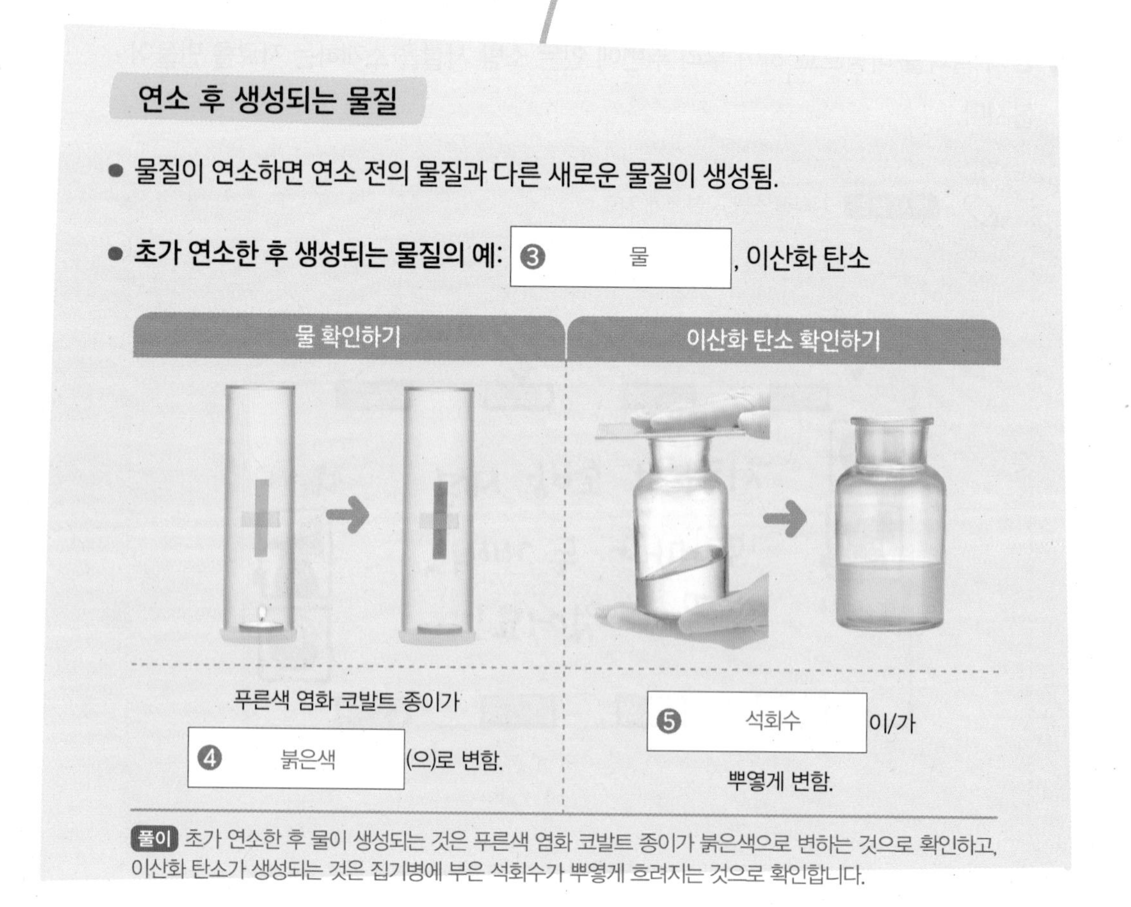

연소 후 생성되는 물질

- 물질이 연소하면 연소 전의 물질과 다른 새로운 물질이 생성됨.
- 초가 연소한 후 생성되는 물질의 예: ❸ 물 , 이산화 탄소

물 확인하기	이산화 탄소 확인하기
푸른색 염화 코발트 종이가 ❹ 붉은색 (으)로 변함.	❺ 석회수 이/가 뿌옇게 변함.

풀이 초가 연소한 후 물이 생성되는 것은 푸른색 염화 코발트 종이가 붉은색으로 변하는 것으로 확인하고, 이산화 탄소가 생성되는 것은 집기병에 부은 석회수가 뿌옇게 흐려지는 것으로 확인합니다.

소화의 조건

- 소화: ❻ 연소 의 조건 중에서 한 가지 이상의 조건을 없애 불을 끄는 것
- 소화의 조건: 탈 물질 없애기, ❼ 산소 의 공급 막기, 발화점 미만으로 온도 낮추기
- 촛불을 소화하는 방법의 예

탈 물질 없애기	산소의 공급 막기	발화점 미만으로 온도 낮추기

- 연소 물질에 따라 소화하는 방법이 ❽ (같음, 다름).

풀이 소화는 연소의 조건 중에서 한 가지 이상의 조건을 없애 불을 끄는 것을 말합니다. 연소 물질에 따라 소화하는 방법이 다릅니다.

연소와 소화

화재 안전 대책

- 화재가 발생했을 때 대처하는 방법은 화재 ❾ 상황 에 따라 다름.

불을 발견하면 큰 소리로 외치거나 비상벨 누르기

젖은 수건으로 코와 입을 가리고 낮은 자세로 이동하기

이동할 때에는 승강기 대신 계단을 이용하기

풀이 화재는 다양한 원인으로 발생합니다. 화재가 발생했을 때 대처하는 방법은 화재 상황에 따라 다릅니다.

직업 탐험하기

우리의 안전을 지키는 소방관

『과학』 74 쪽

소방관은 불이 났을 때 출동해 불을 끄고, 위험에 빠진 사람을 구합니다. 또, 위급한 환자를 병원으로 옮기거나 자연재해로 발생한 피해를 복구하는 등 여러 가지 일을 합니다.

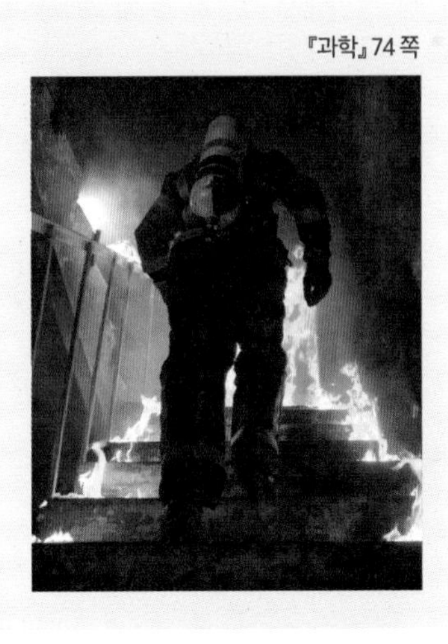

창의적으로 생각해요

소방관이 되려면 어떤 자세나 태도가 필요한지 이야기해 봅시다.

예시 답안

- 강한 체력과 배려심, 협동심, 리더십 등이 있어야 한다.
- 자신보다 남을 소중히 여기는 희생정신과 봉사 정신이 필요하다.
- 상황에 따른 대처 능력과 신속하게 일을 처리하는 능력이 필요하다.

교과서 쏙쏙

1 오른쪽과 같이 초와 알코올램프에 불을 붙이고 관찰한 결과로 옳은 것을 두 가지 골라 봅시다.

(① , ②)

초

알코올램프

① 초에 불을 붙이면 초가 녹아 촛농이 생긴다.
② 알코올램프 불꽃의 모양은 위아래로 길쭉하다.
③ 초와 알코올램프 모두 불꽃 주변이 점점 어두워진다.
④ 손을 가까이 하면 초는 따뜻하고, 알코올램프는 따뜻하지 않다.
⑤ 초는 빛과 열이 발생하고, 알코올램프는 빛과 열이 발생하지 않는다.

풀이 초와 알코올램프의 알코올이 탈 때에는 빛과 열이 발생하므로 불꽃의 주변이 밝아지고, 손을 가까이 하면 손이 점점 따뜻해집니다.

2 오른쪽과 같이 모닥불을 피울 때 반드시 필요한 기체의 이름을 써 봅시다.

(산소)

풀이 모닥불을 피울 때 반드시 필요한 기체는 산소입니다.

3 오른쪽은 성냥의 머리 부분과 나무 부분을 철판 가운데로부터 같은 거리에 놓고, 알코올램프로 철판의 가운데 부분을 가열한 결과입니다. 이 실험을 통해 알 수 있는 사실로 옳은 것은 어느 것입니까?

(②)

① 물질은 불에 직접 닿아야 연소한다.
② 물질의 종류에 따라 발화점이 다르다.
③ 물질이 연소할 때 산소는 필요하지 않다.

④ 성냥의 나무 부분이 머리 부분보다 발화점이 낮다.
⑤ 물질이 연소하려면 발화점 미만의 온도가 필요하다.

풀이 성냥의 머리 부분이 나무 부분보다 먼저 타는 것으로 보아 발화점은 성냥의 나무 부분이 성냥의 머리 부분보다 높다는 것을 알 수 있습니다. 또, 물질의 종류에 따라 발화점이 다르다는 것도 알 수 있습니다.

4 다음은 초가 연소한 후 생성되는 물질에 대한 학생들의 대화입니다. (　　) 안에 들어갈 알맞은 말을 각각 써 봅시다.

- 우리: 푸른색 염화 코발트 종이가 붉은색으로 변한 것으로 보아 (㉠)이/가 생성된 것 같아.
- 나라: 석회수가 뿌옇게 흐려진 것으로 보아 (㉡)이/가 생성된 것 같아.
- 만세: 초가 연소하면 (㉠)과/와 (㉡)이/가 생성되는구나.

㉠: (물), ㉡: (이산화 탄소)

풀이 초가 연소한 후 푸른색 염화 코발트 종이가 붉은색으로 변한 것으로 보아 물이 생성된 것을 알 수 있습니다. 또, 석회수가 뿌옇게 흐려진 것으로 보아 이산화 탄소가 생성된 것을 알 수 있습니다.

5 촛불이 꺼지는 까닭이 발화점 미만의 온도로 낮추는 것과 관계가 있는 것을 보기 에서 골라 기호를 써 봅시다.

보기

㉠ 촛불을 입으로 분다.
㉡ 촛불을 집기병으로 덮는다.
㉢ 촛불에 분무기로 물을 뿌린다.

(㉢)

풀이 ㉠은 탈 물질을 없애는 것, ㉡은 산소의 공급을 막는 것, ㉢은 발화점 미만의 온도로 낮추는 것과 관계가 있습니다.

사고력 | 문제 해결력

6 다음 중 화재가 발생했을 때의 대처 방법으로 옳지 <u>않은</u> 것을 골라 기호를 쓰고, 옳게 고쳐 써 봅시다.

㉠

젖은 수건으로 코와 입을 가리고 몸을 낮추어 이동한다.

㉡

계단 대신 승강기를 이용해 빠르게 이동한다.

㉢

문손잡이가 뜨거워 보이면 문을 열지 않는다.

예시 답안 ㉡이다. 화재가 발생했을 때에는 승강기 대신 계단을 이용해 이동한다.

풀이 화재가 발생했을 때에는 승강기 대신 계단을 이용해 이동해야 합니다. 화재가 발생하면 정전으로 승강기가 멈춰 그 안에 갇힐 수 있기 때문입니다.

3 단원

공부한 날 월 일

그림으로 단원 정리하기

● 그림을 보고, 빈칸에 알맞은 내용을 써 봅시다.

01 탈 물질

G 74 쪽

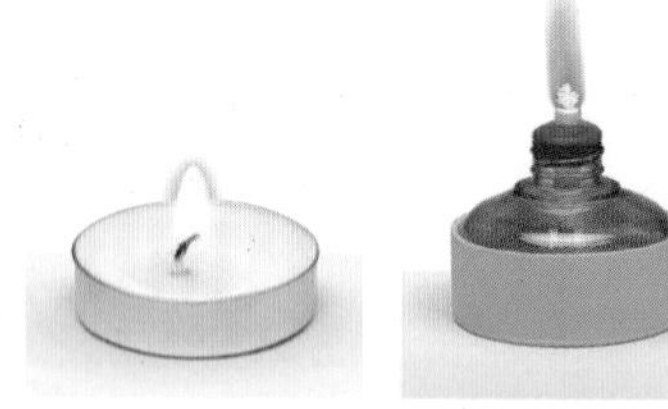

↑ 초가 타는 모습 ↑ 알코올이 타는 모습

- 초와 알코올이 탈 때 공통적으로 빛과 ❶ (   ) 이/가 발생합니다.
- 초와 알코올처럼 빛과 열을 발생하며 타는 물질을 ❷ (   ) (이)라고 합니다.

02 산소

G 76 쪽

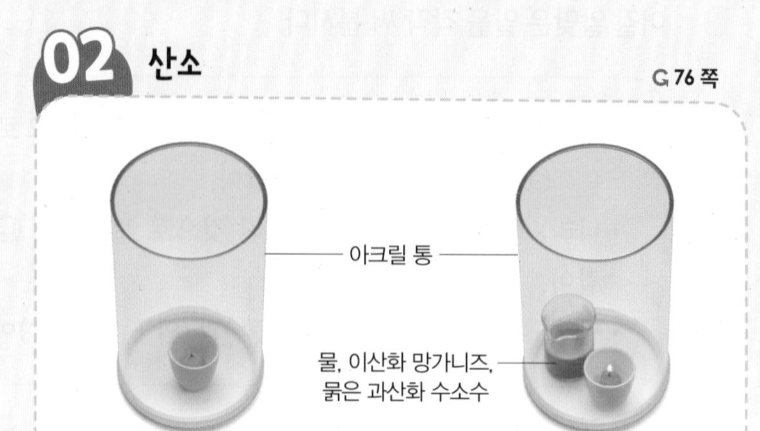

- 크기가 같은 두 초에 불을 동시에 붙여 아크릴 통으로 덮으면 ❸ (   ) 이/가 공급되지 않은 초의 촛불이 먼저 꺼집니다.
- 물질이 타는 데 산소가 필요합니다.

03 발화점

G 76 쪽

- 성냥의 머리 부분을 잘라 철판의 가운데에 놓고, 알코올램프로 철판의 가운데를 가열하면 성냥의 머리 부분이 탑니다.
- 물질이 불에 직접 닿지 않아도 타기 시작하는 온도를 그 물질의 ❹ (   ) (이)라고 합니다.

04 연소의 세 가지 조건

G 76 쪽

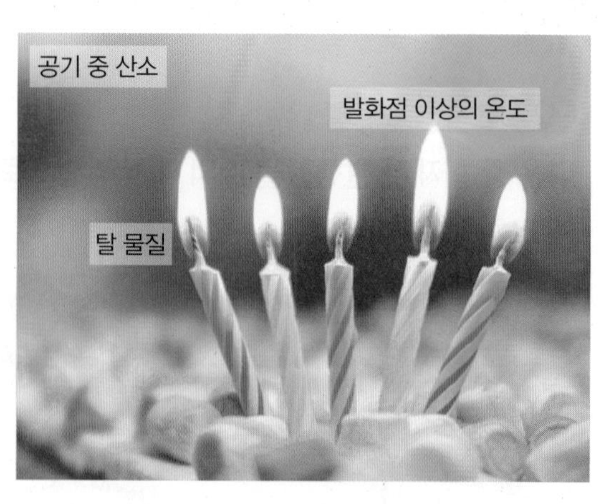

- 물질이 산소와 빠르게 반응하면서 빛과 열을 내는 현상을 ❺ (   ) (이)라고 합니다.
- 연소가 일어나려면 탈 물질과 산소가 있어야 하고, 발화점 이상의 온도가 되어야 합니다.

05 연소 후 생성되는 물질

80 쪽

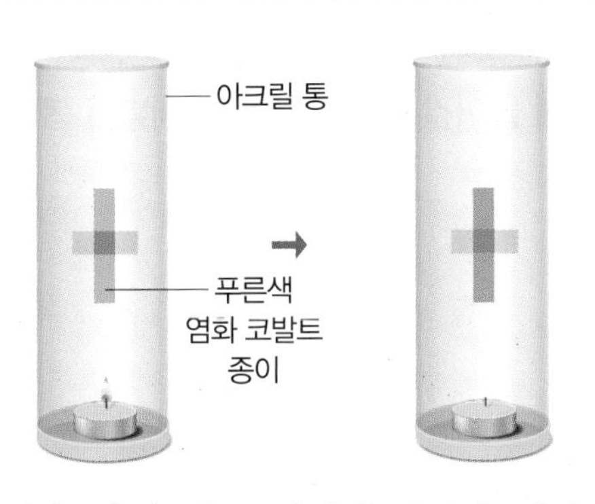

- 초에 불을 붙여 안쪽 벽면에 푸른색 염화 코발트 종이를 붙인 아크릴 통으로 덮은 뒤, 촛불이 꺼지면 푸른색 염화 코발트 종이가 붉은색으로 변합니다. → 초가 연소한 후 ❻ ______ 이/가 생성됩니다.
- 물질이 연소한 후 물이 생성되는 것은 푸른색 염화 코발트 종이로 확인할 수 있습니다.

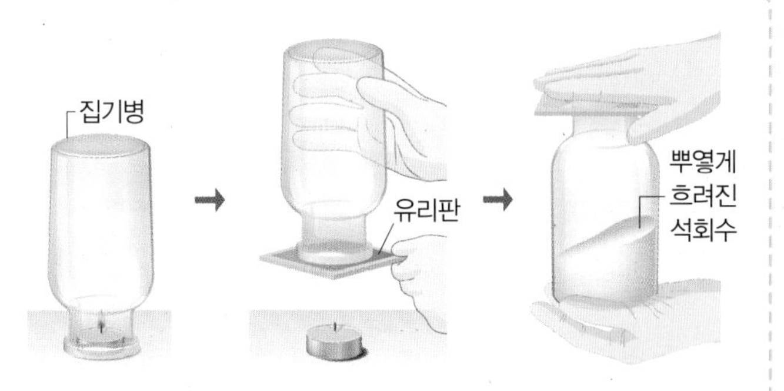

- 초에 불을 붙여 집기병으로 덮고 촛불이 꺼지면 유리판으로 집기병의 입구를 막아 뒤집어 식힌 뒤, 유리판을 열고 집기병에 석회수를 부어 살짝 흔들면 석회수가 뿌옇게 흐려집니다. → 초가 연소한 후 ❼ ______ 이/가 생성됩니다.
- 물질이 연소한 후 이산화 탄소가 생성되는 것은 ❽ ______ (으)로 확인할 수 있습니다.

06 소화

82 쪽

연소의 조건 중에서 한 가지 이상의 조건을 없애 불을 끄는 것을 ❾ ______ (이)라고 합니다.

촛불을 입으로 불기	촛불을 집기병으로 덮기	촛불에 분무기로 물 뿌리기
		분무기
❿ ______ 을/를 없애 촛불을 끔.	산소의 공급을 막아 촛불을 끔.	⓫ ______ 미만으로 온도를 낮춰 촛불을 끔.

답 ❶ 열 ❷ 탈 물질 ❸ 산소 ❹ 발화점 ❺ 연소 ❻ 물 ❼ 이산화 탄소 ❽ 석회수 ❾ 소화 ❿ 탈 물질 ⓫ 발화점

[01~02] 다음과 같이 초와 알코올램프에 불을 붙여 초와 알코올이 타는 모습을 관찰했습니다. 물음에 답해 봅시다.

㉠ 
초가 타는 모습

㉡ 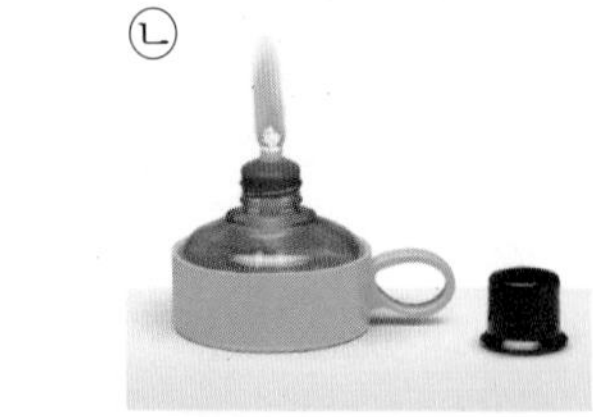
알코올이 타는 모습

01 위 ㉠과 ㉡ 중 다음과 같은 현상을 모두 관찰할 수 있는 것을 골라 기호를 써 봅시다.

- 불꽃의 모양이 위아래로 길쭉하다.
- 불꽃의 색깔은 노란색, 붉은색이다.
- 불꽃 끝부분에서 흰 연기가 생긴다.

(　　　　　)

02 위 실험에서 나타나는 공통적인 현상으로 옳은 것을 두 가지 골라 봅시다. (　　,　　)

① 불꽃의 주변이 밝아진다.
② 불꽃의 주변이 어두워진다.
③ 시간이 지나면 촛농이 생긴다.
④ 불꽃의 아랫부분이 푸른색이다.
⑤ 손을 가까이 하면 손이 점점 따뜻해진다.

03 오른쪽은 나무를 모아 모닥불을 피운 모습입니다. 모닥불 속 나무와 같이 빛과 열을 발생하며 타는 물질을 무엇이라고 하는지 써 봅시다.

(　　　　　)

04 다음과 같이 크기가 다른 두 초에 불을 동시에 붙였더니 ㉡의 촛불이 먼저 꺼졌습니다. 불을 붙이기 전 두 초의 크기를 비교하여 >, <, = 중 (　) 안에 들어갈 알맞은 기호를 써넣어 봅시다.

㉠ 
㉡ 

㉠ (　　　) ㉡

[05~06] 오른쪽과 같이 성냥의 머리 부분을 잘라 철판의 가운데에 놓고, 알코올램프로 철판의 가운데를 가열했더니 성냥의 머리 부분이 탔습니다. 물음에 답해 봅시다.

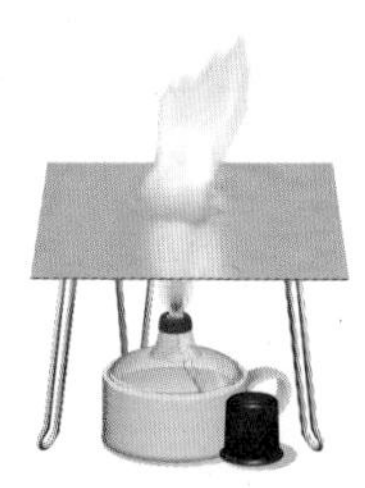

05 다음은 위 실험에 대한 학생 (가)~(다)의 대화입니다. 옳게 말한 학생은 누구인지 써 봅시다.

- (가): 물질의 연소는 온도와 관련이 없어.
- (나): 물질에 불을 직접 붙일 때만 연소해.
- (다): 물질에 불을 직접 붙이지 않아도 연소해.

(　　　　　)

06 다음은 위 실험으로 알 수 있는 연소의 조건에 대한 설명입니다. (　) 안에 들어갈 알맞은 말을 써 봅시다.

연소가 일어나려면 (　　　　) 이상의 온도가 되어야 한다.

(　　　　　)

07 연소의 조건으로 옳지 않은 것을 **보기**에서 골라 기호를 써 봅시다.

보기
㉠ 산소 ㉡ 탈 물질
㉢ 이산화 탄소 ㉣ 발화점 이상의 온도

( )

08 오른쪽과 같이 초에 불을 붙여 안쪽 벽면에 푸른색 염화 코발트 종이를 붙인 아크릴 통으로 덮은 뒤, 촛불이 꺼졌을 때 ㉠ 푸른색 염화 코발트 종이의 색깔 변화와 ㉡ 이를 통해 확인할 수 있는 초가 연소한 후 생성된 물질을 옳게 짝 지은 것은 어느 것입니까? ( )

	㉠	㉡
①	변하지 않음.	물
②	흰색으로 변함.	물
③	흰색으로 변함.	이산화 탄소
④	붉은색으로 변함.	물
⑤	붉은색으로 변함.	이산화 탄소

09 오른쪽은 초가 연소한 후 생성된 기체를 집기병에 모아 어떤 액체를 부어 살짝 흔들었더니 뿌옇게 흐려진 모습입니다. 이 실험으로 초가 연소한 후 이산화 탄소가 생성되는 것을 확인할 수 있다면 집기병에 부은 액체는 어느 것입니까? ( )

① 물 ② 석회수
③ 묽은 염산 ④ 진한 식초
⑤ 묽은 과산화 수소수

[10~11] 다음은 촛불을 끄는 몇 가지 방법입니다. 물음에 답해 봅시다.

㉠
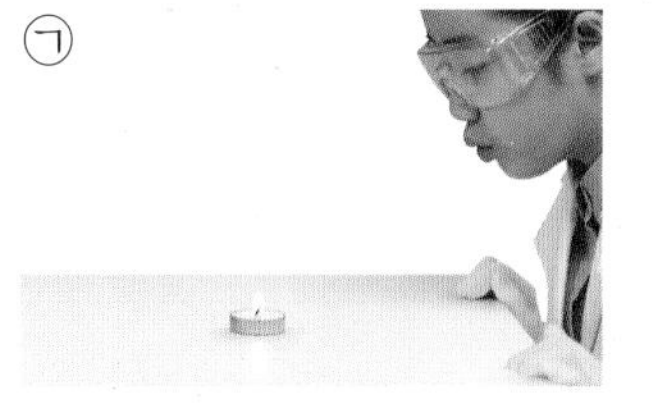
촛불을 입으로 불기

㉡

촛불을 집기병으로 덮기

㉢
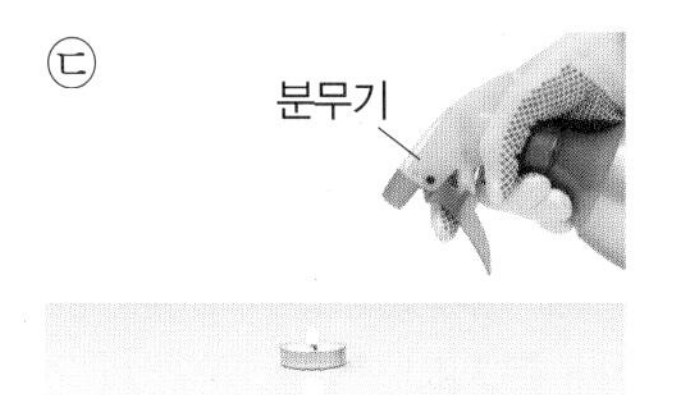

촛불에 분무기로 물 뿌리기

㉣

타고 있는 초의 심지를 핀셋으로 집기

10 위 ㉠~㉣ 중 촛불이 꺼지는 까닭이 탈 물질과 관련 있는 것을 두 가지 골라 기호를 써 봅시다.

(,)

11 위 ㉠~㉣ 중 소방 헬기로 물을 뿌려 산불을 끄는 것과 같은 까닭으로 촛불이 꺼지는 것을 골라 기호를 써 봅시다.

( )

12 다음은 소화 방법에 대한 학생 (가)~(다)의 대화입니다. 잘못 말한 학생은 누구인지 써 봅시다.

( )

3 단원
공부한 날 월 일

서술형 문제

[13~14] 다음과 같이 알코올램프에 불을 붙여 알코올이 탈 때 나타나는 현상을 관찰했습니다. 물음에 답해 봅시다.

13 위 실험에서 알코올이 탈 때 불꽃의 모양, 색깔, 밝기를 관찰한 내용을 설명해 봅시다.

14 위 실험에서 나타나는 현상을 관찰한 뒤 알코올램프의 불을 끄는 방법을 설명해 봅시다.

15 다음과 같이 크기가 다른 두 초에 불을 동시에 붙였을 때 ㉠과 ㉡ 중 촛불이 먼저 꺼지는 것을 고르고, 그 까닭을 연소의 조건 중 한 가지와 관련지어 설명해 봅시다.

㉠ 
크기가 큰 초

㉡ 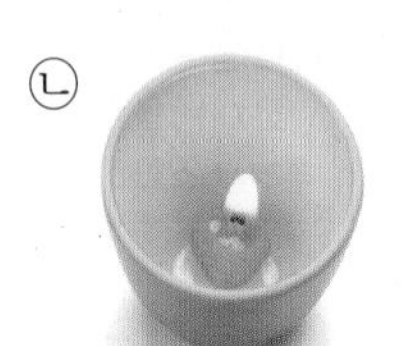
크기가 작은 초

16 다음과 같이 성냥의 머리 부분과 나무 부분을 같은 크기로 잘라 각각을 철판의 가운데로부터 같은 거리에 놓고 철판을 가열했더니 성냥의 머리 부분에 불이 붙었습니다. 성냥의 머리 부분과 나무 부분의 발화점을 비교하고, 그렇게 생각한 까닭을 설명해 봅시다.

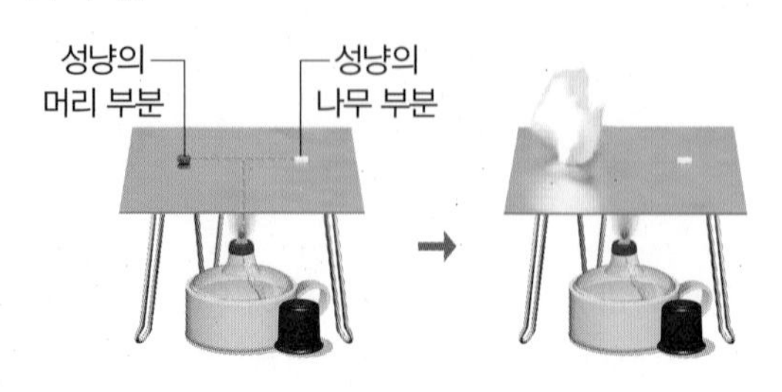

17 오른쪽과 같이 불이 켜진 가스레인지의 연료 조절 밸브를 잠그면 불이 꺼지는 까닭을 설명해 봅시다.

18 다음은 화재 안전 대책에 대한 학생 (가)~(다)의 대화입니다. 잘못 말한 학생을 고르고, 옳게 고쳐 설명해 봅시다.

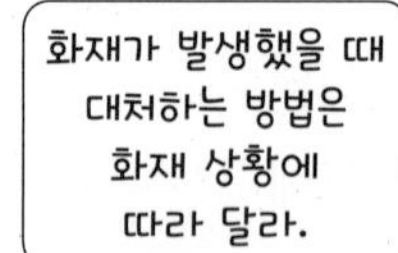

(가)

(나)

(다)

➔ 바른답·알찬풀이 26 쪽

01 오른쪽과 같이 크기가 같은 두 초 중 ㉡에서만 초 옆에 물, 이산화 망가니즈, 묽은 과산화 수소수를 넣은 비커를 놓고 동시에 불을 붙여 두 아크릴 통으로 각각을 덮었더니 ㉠에서 촛불이 점점 작아지다가 먼저 꺼졌습니다.

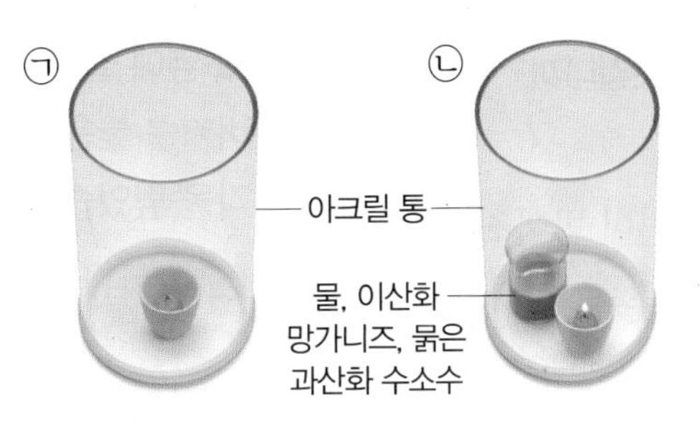

(1) 위 ㉡의 비커 안에서 발생하는 기체는 무엇인지 써 봅시다.

( )

(2) 위 실험의 ㉠에서 촛불이 먼저 꺼진 까닭과 관련지어 초가 타는 데 필요한 조건은 무엇인지 설명해 봅시다.

성취 기준

물질이 탈 때 나타나는 공통적인 현상을 관찰하고, 연소의 조건을 찾을 수 있다.

출제 의도

이산화 망가니즈와 묽은 과산화 수소수가 만났을 때 발생하는 기체가 무엇인지 알고, 이 기체와 연소의 조건을 관련지을 수 있는지 확인하는 문제예요.

관련 개념

물질이 탈 때 필요한 조건 알아보기 76 쪽

02 다음은 초가 연소한 후 생성되는 물질을 확인하는 실험 과정입니다.

(가)	① 아크릴 통의 안쪽 벽면에 셀로판테이프로 푸른색 염화 코발트 종이를 붙입니다. ② 초에 불을 붙이고 아크릴 통으로 촛불을 덮습니다. ③ 촛불이 꺼지면 푸른색 염화 코발트 종이의 색깔 변화를 관찰합니다.
(나)	① 초에 불을 붙여 집기병으로 덮은 뒤, 촛불이 꺼지면 집기병을 조심스레 조금만 들어 올려 유리판으로 집기병의 입구를 막습니다. ② 집기병을 뒤집어서 바로 놓고 식을 때까지 기다립니다. ③ 유리판을 열어 석회수를 집기병에 부은 뒤, 유리판으로 집기병의 입구를 막고 집기병을 살짝 흔들면서 변화를 관찰합니다.

(1) 위 (가)에서 촛불이 꺼졌을 때 푸른색 염화 코발트 종이의 색깔 변화를 써 봅시다.

푸른색 → ( )

(2) 위 (가)와 (나)의 결과를 모두 포함하여 초가 연소한 후 생성되는 두 가지 물질을 각각 설명해 봅시다.

성취 기준

실험을 통해 연소 후에 생성되는 물질을 찾을 수 있다.

출제 의도

연소 후 생성되는 물질을 확인하는 실험 결과를 통해 연소 후 생성되는 물질이 무엇인지 설명하는 문제예요.

관련 개념

연소 후 생성되는 물질 확인하는 실험하기 80 쪽

01 다음 중 초와 알코올이 탈 때 나타나는 현상에 대한 설명으로 옳지 않은 것은 어느 것입니까?

( )

① 알코올이 탈 때 불꽃의 주변이 밝아진다.
② 초가 탈 때 시간이 지나면 촛농이 생긴다.
③ 초가 탈 때 불꽃의 색깔은 노란색, 붉은색이다.
④ 알코올이 탈 때 불꽃 끝부분에서 흰 연기가 생긴다.
⑤ 초와 알코올이 탈 때 공통적으로 빛과 열이 발생한다.

[02~03] 다음은 우리 주변의 어두운 곳을 밝히거나 주변을 따뜻하게 하는 예입니다. 물음에 답해 봅시다.

(가) 모닥불

(나) 가스레인지

(다) 전기 조명

02 위 (가)~(다) 중 물질이 탈 때 공통적으로 나타나는 현상을 이용하지 않는 것을 골라 기호를 써 봅시다.

( )

03 다음은 위 (가)~(다) 중 물질이 타는 현상에 대한 설명입니다. ( ) 안에 들어갈 알맞은 말을 각각 써 봅시다.

> 빛과 열을 발생하며 타는 물질을 (㉠)(이)라고 한다. 위 (가)~(다) 중 (㉠)이/가 가스인 것은 (㉡)이다.

㉠: ( ), ㉡: ( )

[04~05] 다음과 같이 크기가 같은 두 초 중 (나)에서만 초 옆에 물, 이산화 망가니즈, 묽은 과산화 수소수를 넣은 비커를 놓은 뒤, 동시에 불을 붙이고 두 아크릴 통으로 각각을 덮었습니다. 물음에 답해 봅시다.

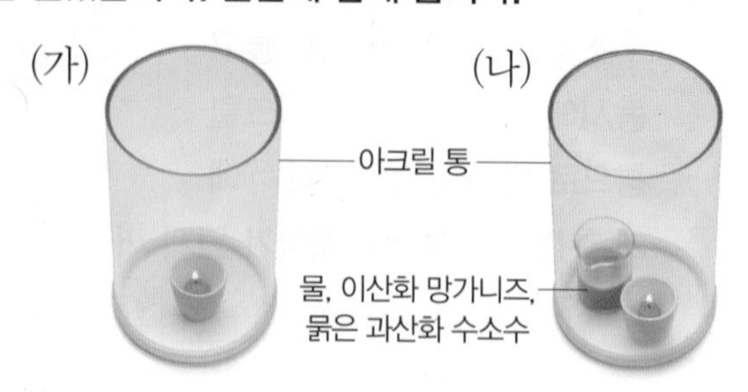

04 위 (가)와 (나) 중 촛불이 먼저 꺼지는 것을 골라 기호를 써 봅시다.

( )

05 위 실험에 대한 설명으로 옳지 않은 것을 보기에서 골라 기호를 써 봅시다.

> **보기**
> ㉠ (나)의 비커에서 산소가 발생한다.
> ㉡ (가)에서 초가 모두 타면 촛불이 꺼진다.
> ㉢ 실험에서 다르게 한 조건은 산소의 공급 여부이다.

( )

06 다음은 오른쪽과 같이 성냥의 머리 부분을 잘라 철판의 가운데에 놓고, 알코올램프로 철판의 가운데를 가열하는 실험에 대한 학생 (가)~(다)의 대화입니다. 옳게 말한 학생은 누구인지 써 봅시다.

> • (가): 성냥의 머리 부분이 타.
> • (나): 성냥의 머리 부분이 타지 않아.
> • (다): 성냥의 머리 부분 주변의 온도가 낮아져.

( )

07 연소에 대한 설명으로 옳은 것을 **보기**에서 골라 기호를 써 봅시다.

> **보기**
> ㉠ 물질은 불에 직접 닿을 때만 연소한다.
> ㉡ 탈 물질과 산소만 있으면 연소가 일어날 수 있다.
> ㉢ 연소는 물질이 산소와 빠르게 반응하며 빛과 열을 내는 현상이다.

( )

[08~09] 다음 (가)는 초에 불을 붙이고 안쪽 벽면에 ㉠을 붙인 아크릴 통으로 덮어 촛불이 꺼졌을 때, (나)는 초가 연소한 후 생성된 기체를 집기병에 모아 ㉡을 부어 살짝 흔들었을 때의 결과입니다. 물음에 답해 봅시다.

(가)	(나)
(㉠)이/가 붉은색으로 변함.	(㉡) 이/가 뿌옇게 흐려짐.

08 위 ㉠과 ㉡이 무엇인지 각각 써 봅시다.

㉠: ( ), ㉡: ( )

09 위 (가)와 (나)에서 확인할 수 있는 초가 연소한 후 생성된 물질을 옳게 짝 지은 것은 어느 것입니까? ( )

	(가)	(나)
①	물	산소
②	물	이산화 탄소
③	산소	물
④	산소	이산화 탄소
⑤	이산화 탄소	물

10 다음에서 설명하는 것은 어느 것입니까? ( )

> 탈 물질, 산소, 발화점 이상의 온도 중에서 한 가지 이상의 조건을 없애 불을 끄는 것이다.

① 연소 ② 발화 ③ 연기
④ 소화 ⑤ 화재

11 소화 방법 중 불이 꺼지는 까닭이 나머지와 다른 하나를 **보기**에서 골라 기호를 써 봅시다.

> **보기**
> ㉠ 촛불을 아크릴 통으로 덮는다.
> ㉡ 나무에 붙은 불을 끄기 위해 소방차로 물을 뿌린다.
> ㉢ 기름 요리를 하다가 불이 붙은 프라이팬에 모래를 뿌려 덮는다.

( )

12 다음 중 화재가 발생했을 때 대처 방법으로 옳지 않은 것은 어느 것입니까? ( )

①

이동할 때 승강기 대신 계단을 이용한다.

②

젖은 수건으로 코와 입을 가리고 이동한다.

③

화재가 발생하면 피하지 말고 119에 신고한다.

④

문틈으로 연기가 새어 들어오면 문을 열지 않는다.

3 단원
공부한 날 월 일

13 다음과 같이 초와 알코올이 탈 때 나타나는 공통적인 현상을 두 가지 설명해 봅시다.

초가 타는 모습

알코올이 타는 모습

[14~15] 다음은 연소의 조건입니다. 물음에 답해 봅시다.

산소	탈 물질	발화점 이상의 온도

14 오른쪽과 같이 나무를 모아 모닥불을 피울 때 부채질을 하면 불이 잘 붙습니다. 그 까닭을 위 연소의 조건 중 한 가지와 관련지어 설명해 봅시다.

15 오른쪽과 같이 성냥의 머리 부분을 성냥갑에 마찰하면 성냥의 머리 부분이 탑니다. 그 까닭을 위 연소의 조건 중 한 가지와 관련지어 설명해 봅시다.

16 다음은 초가 연소한 후 생성된 물질에 대한 학생 (가)~(다)의 대화입니다.

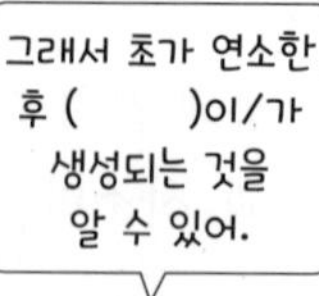

(가)

(나)

(다)

(1) 위 (   ) 안에 들어갈 알맞은 물질을 써 봅시다.

(   )

(2) 위 학생 (다)가 말한 내용을 확인하는 방법을 설명해 봅시다.

17 다음은 촛불을 끄는 방법입니다. 이 방법들에서 공통적으로 촛불이 꺼지는 까닭을 설명해 봅시다.

- 촛불을 입으로 분다.
- 타고 있는 초의 심지를 모두 자른다.
- 타고 있는 초의 심지를 핀셋으로 집는다.

18 화재가 발생했을 때의 대처 방법을 두 가지 설명해 봅시다.

➔ 바른답·알찬풀이 28 쪽

01 다음 (가)는 성냥의 머리 부분, (나)는 같은 크기의 성냥의 머리 부분과 나무 부분에 불을 직접 붙이지 않고 태우는 모습과 그 결과입니다.

(가)	(나)
성냥의 머리 부분 / 성냥의 머리 부분이 탐.	성냥의 머리 부분 / 성냥의 나무 부분 / 성냥의 머리 부분이 먼저 탐.

(1) 위 (가)에서 성냥의 머리 부분이 타는 까닭을 발화점과 관련지어 설명해 봅시다.

____

(2) 위 (나)에서 성냥의 머리 부분과 나무 부분의 발화점을 비교하고, 이를 통해 알 수 있는 사실을 설명해 봅시다.

____

성취 기준
물질이 탈 때 나타나는 공통적인 현상을 관찰하고, 연소의 조건을 찾을 수 있다.

출제 의도
물질에 불을 직접 붙이지 않고 태우는 실험으로부터 발화점에 대해 알 수 있는 사실을 설명하는 문제예요.

관련 개념
물질이 타기 시작하는 온도 G 76 쪽

02 다음은 촛불을 끄는 방법과 촛불이 꺼지는 까닭입니다.

구분	촛불을 끄는 방법	촛불이 꺼지는 까닭
(가)	촛불을 집기병으로 덮음.	산소가 공급되지 않기 때문
(나)	촛불에 분무기로 물을 뿌림.	발화점 미만으로 온도가 낮아지기 때문

(1) 오른쪽은 알코올램프의 뚜껑을 덮어서 불을 끄는 모습입니다. 위 (가)와 (나) 중 오른쪽과 관련 있는 것을 골라 기호를 써 봅시다.

( )

(2) 위 (가)와 (나)에서 촛불이 꺼지는 까닭을 바탕으로 촛불을 물수건으로 덮었을 때 촛불이 꺼지는 까닭을 설명해 봅시다.

____

성취 기준
연소의 조건과 관련지어 소화 방법을 제안하고 화재 안전 대책에 대해 토의할 수 있다.

출제 의도
연소의 조건을 한 가지 이상 없애면 불을 끌 수 있는 것을 알고, 불이 꺼지는 까닭을 연소의 조건과 관련지어 설명하는 문제예요.

관련 개념
소화 G 82 쪽

우리 몸의 구조와 기능

이 단원에서 무엇을 공부할지 알아보아요.

『과학』 76~77 쪽

알쏭달쏭 우리 몸

우리 몸속은 어떻게 생겼을까요? 우리는 어떻게 움직이고, 우리가 먹은 음식물은 몸속에 들어가서 어떻게 될까요? 우리 몸 병풍책을 만들면서 우리 몸에 대해 알아봅시다.

우리 몸 병풍책 준비하기

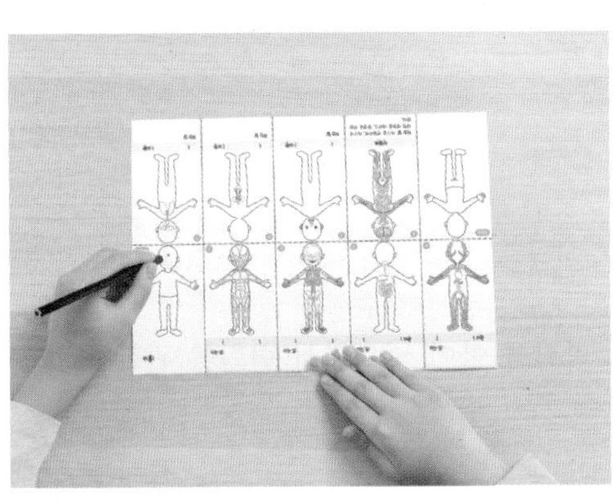

❶ 우리 몸 병풍책에 내 앞모습과 뒷모습을 그린 뒤 이름을 씁니다.

❷ 가운데를 반으로 접어 풀로 붙인 뒤 병풍 모양으로 접습니다.

❸ 내 몸이 어떤 구조로 이루어져 있는지 우리 몸 병풍책을 관찰해 봅시다.

- 우리 몸 병풍책에서 가장 흥미 있는 칸을 골라 어떤 일을 할지 이야기해 봅시다.

예시 답안 ❷ 번 칸은 몸의 형태를 만드는 일을 할 것 같다. ❸ 번 칸은 입에 연결되어 있는 것으로 보아 입으로 들어온 음식물을 쪼개는 일을 할 것 같다. 온몸에 퍼져 있는 긴 관이 그려진 ❹ 번 칸은 혈액을 이동하는 일을 할 것 같다. 등

1 우리 몸은 어떻게 움직일까요

우리 몸 병풍책에서 뼈와 근육 완성하기

- 뼈: ② 번 칸에 그려져 있으며, 우리 몸의 형태를 만들고 몸을 지지합니다.
- 근육: ① 번 칸에 그려져 있으며, 뼈를 움직여 우리 몸이 움직이게 합니다.

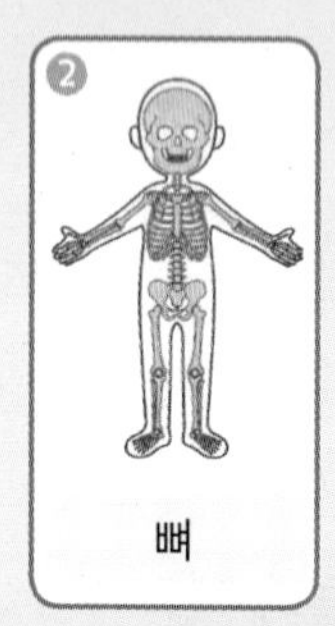

① 뼈와 근육

1 뼈: 우리 몸의 형태★를 만들고 몸을 지지하며, 심장, 폐, 뇌 등을 보호합니다.

뼈는 스스로 움직일 수 없어요.

2 근육: 길이가 줄어들거나 늘어나면서 뼈를 움직여 우리 몸이 움직이게 합니다.

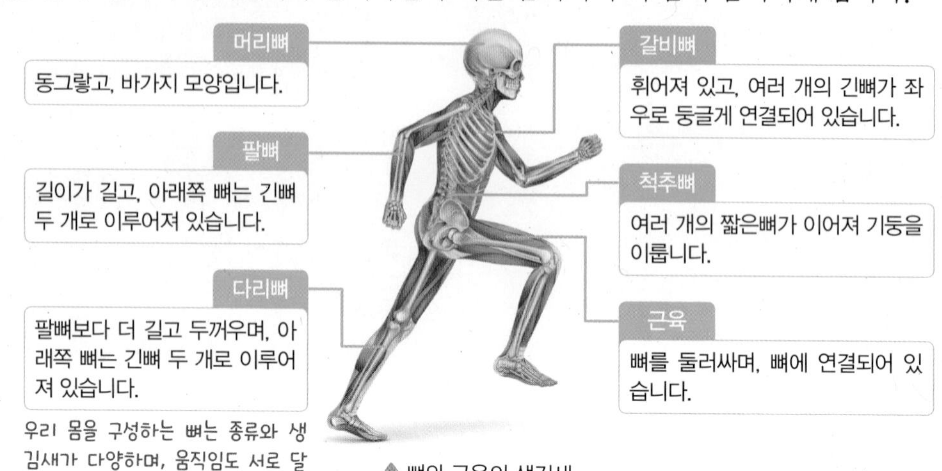

우리 몸을 구성하는 뼈는 종류와 생김새가 다양하며, 움직임도 서로 달라요.

▲ 뼈와 근육의 생김새

② 뼈와 근육 모형 만들기 탐구

실험 동영상

탐구 과정

❶ 납작한 빨대 ㉮와 ㉯의 뚫린 구멍에 할핀을 꽂아 빨대를 연결합니다.

❷ 비닐봉지의 막힌 부분은 셀로판테이프로 감고, 벌어진 부분은 주름 빨대를 넣은 뒤 공기가 새지 않게 셀로판테이프로 감습니다.

❸ 납작한 빨대 ㉯의 끝에 주름 빨대를 감은 비닐봉지의 끝을 맞추고, 비닐봉지의 양쪽 끝을 셀로판테이프로 감아 고정한 뒤 손 그림을 납작한 빨대 ㉮에 붙입니다.

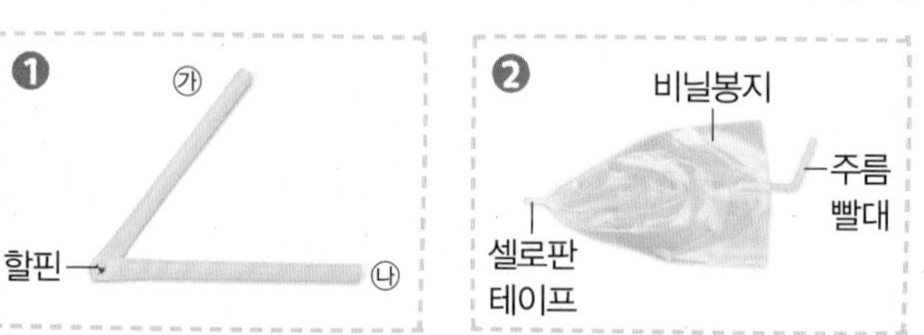

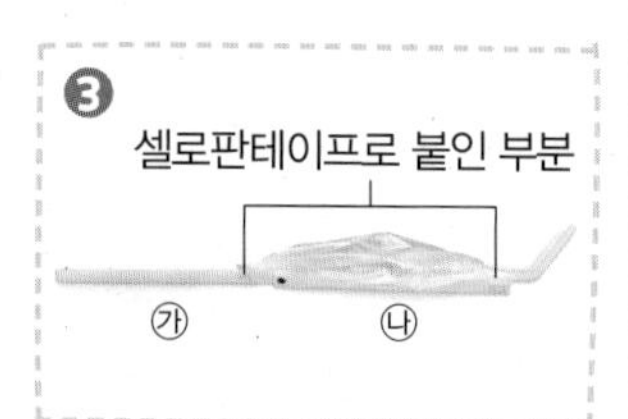

❹ 뼈와 근육 모형에 입으로 바람을 불어 넣으면서 변화를 관찰하고, 비닐봉지의 길이를 측정합니다.

탐구 결과

납작한 빨대는 뼈를 나타내고, 비닐봉지는 근육을 나타내요.

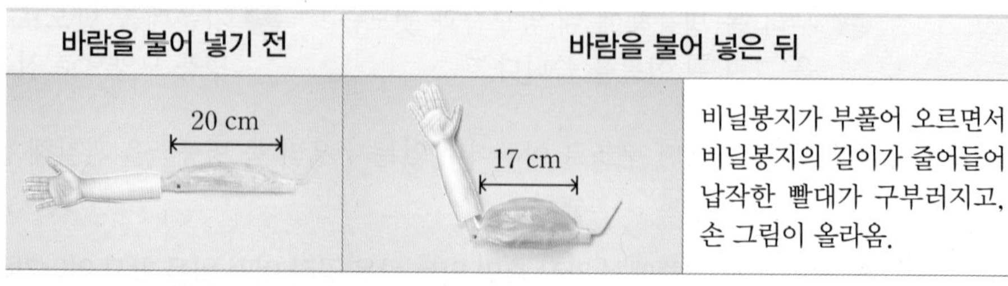

→ 팔이 구부러지고 펴지는 원리: 팔 안쪽 근육의 길이가 줄어들면 팔뼈가 따라 올라와 팔이 구부러지고, 팔 안쪽 근육의 길이가 늘어나면 팔뼈가 따라 내려가 팔이 펴짐.

★ 형태 사물의 생김새나 모양

바른답·알찬풀이 29 쪽

스스로 확인해요 『과학』 79 쪽

1 우리 몸에 있는 뼈의 생김새는 모두 같습니다. (○, ×)

2 (의사소통 능력) 우리 몸에 뼈와 근육이 있어 할 수 있는 것을 이야기해 봅시다.

문제로 개념 탄탄

바른답·알찬풀이 29 쪽

정답 확인

1 다음은 뼈와 근육에 대한 설명입니다. 옳은 것에 ○표, 옳지 않은 것에 ×표 해 봅시다.

(1) 근육은 뼈를 둘러싸고 있다. (　　)

(2) 뼈는 길이가 달라지면서 스스로 움직인다. (　　)

(3) 뼈는 우리 몸의 형태를 만들고, 몸을 지지한다. (　　)

2 다음 설명에 해당하는 뼈의 종류를 보기 에서 골라 기호를 써 봅시다.

보기

㉠ 팔뼈　　㉡ 머리뼈　　㉢ 척추뼈　　㉣ 갈비뼈

(1) 동그랗고, 바가지 모양이다. (　　)

(2) 여러 개의 짧은뼈가 이어져 기둥을 이룬다. (　　)

(3) 여러 개의 긴뼈가 좌우로 둥글게 연결되어 있다. (　　)

(4) 길이가 길고, 아래쪽 뼈는 긴뼈 두 개로 이루어져 있다. (　　)

[3~4] 오른쪽은 뼈와 근육 모형입니다. 물음에 답해 봅시다.

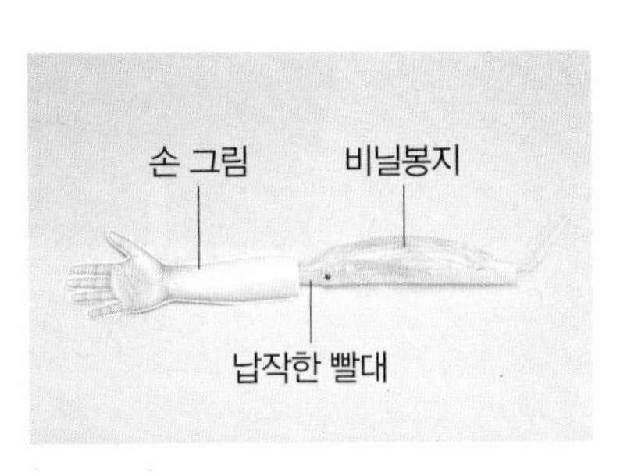

3 비닐봉지와 납작한 빨대는 각각 우리 몸에서 어떤 역할을 하는지 써 봅시다.

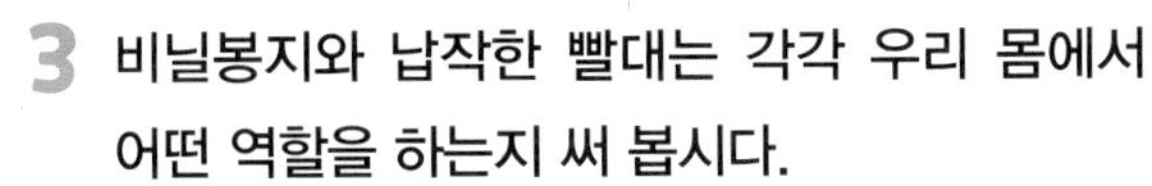

(1) 비닐봉지: (　　　　　　　　)

(2) 납작한 빨대: (　　　　　　　　)

4 다음은 위 뼈와 근육 모형에 입으로 바람을 불어 넣었을 때의 변화입니다. (　) 안에 들어갈 알맞은 말에 각각 ○표 해 봅시다.

> 비닐봉지가 부풀어 오르면서 비닐봉지의 길이가 ㉠ (줄어들고, 늘어나고) 납작한 빨대가 ㉡ (펴, 구부러)진다.

4 단원

공부한 날

월

일

공부한 내용을

자신 있게 설명할 수 있어요.

설명하기 조금 힘들어요.

어려워서 설명할 수 없어요.

2 소화 기관을 알아볼까요

1 소화 기관 알아보기 탐구

1 소화: 음식물을 몸에 흡수될 수 있는 형태로 잘게 쪼개는 과정

2 소화 기관: 소화에 관여하는 기관

① 입, 식도, 위, 작은창자, 큰창자, 항문은 음식물이 지나며 소화에 직접 관여하는 기관입니다.

② 간, 쓸개, 이자는 음식물이 지나가는 기관은 아니지만 소화를 돕는 액체를 분비해 소화를 돕는 기관입니다.

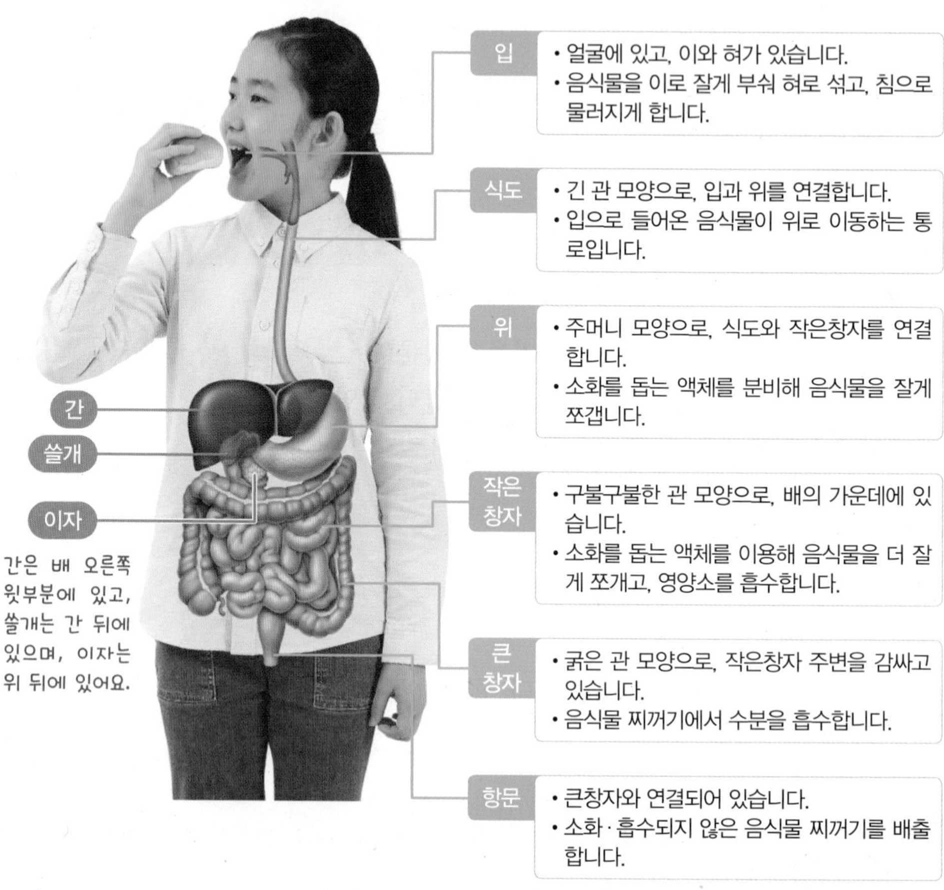

▲ 소화 기관의 생김새와 위치, 하는 일

2 음식물이 소화되는 과정

1 음식물이 소화되는 과정: 우리가 입으로 먹은 음식물은 식도, 위, 작은창자, 큰창자를 지나면서 점점 잘게 쪼개져 영양소와 수분은 몸속으로 흡수되고, 나머지는 항문을 통해 배출됩니다.

2 음식물이 소화되며 이동하는 과정

입 → 식도 → 위 → 작은창자 → 큰창자 → 항문

우리가 음식물을 먹어야 하는 까닭

음식물을 먹고 소화해 생명 활동에 필요한 영양소를 얻기 위해서입니다.

우리 몸 병풍책에서 소화 기관 완성하기

소화 기관은 ❸ 번 칸에 그려져 있으며, 음식물을 소화해 영양소를 흡수합니다.

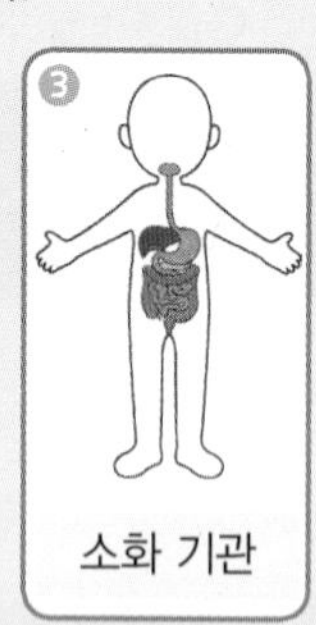

용어 사전

★ 기관 우리가 살아가는 데 필요한 일을 하는 몸속 부분

바른답·알찬풀이 29 쪽

스스로 확인해요 『과학』 81쪽

1 음식물을 몸에 흡수될 수 있는 형태로 잘게 쪼개는 과정을 (   )(이)라고 합니다.

2 (사고력) 음식물을 꼭꼭 씹어 먹어야 하는 까닭을 설명해 봅시다.

문제로 개념 탄탄

➔ 바른답·알찬풀이 29 쪽

1 다음 (　　) 안에 들어갈 알맞은 말을 써 봅시다.

> (　　　　)은/는 음식물을 몸에 흡수될 수 있는 형태로 잘게 쪼개고, 영양소와 수분을 몸속으로 흡수하며, 입, 위, 작은창자, 큰창자 등이 있다.

(　　　　　　　　)

[2~4] 오른쪽은 우리 몸의 소화 기관을 나타낸 것입니다. 물음에 답해 봅시다.

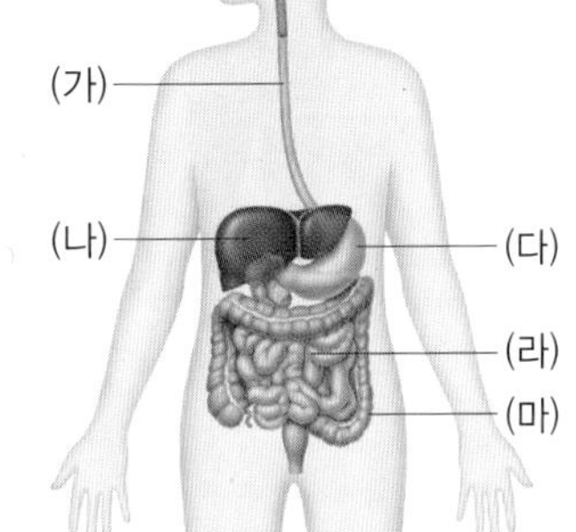

2 각 기관의 이름을 선으로 이어 봅시다.

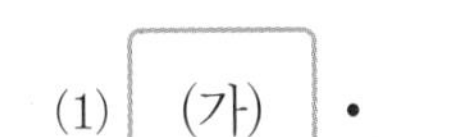

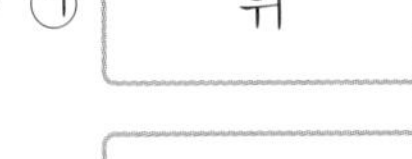

(1)	(가) •	• ㉠	위
(2)	(나) •	• ㉡	간
(3)	(다) •	• ㉢	식도
(4)	(라) •	• ㉣	큰창자
(5)	(마) •	• ㉤	작은창자

3 위 (가)~(마) 중 다음 설명에 해당하는 소화 기관을 골라 기호를 써 봅시다.

(1) 입으로 들어온 음식물이 위로 이동하는 통로이다. (　　)

(2) 굵은 관 모양으로, 음식물 찌꺼기에서 수분을 흡수한다. (　　)

(3) 구불구불한 관 모양으로, 음식물을 잘게 쪼개고 영양소를 흡수한다. (　　)

4 위 (가)~(마) 중 음식물이 직접 지나가지 않지만 소화를 돕는 액체를 분비해 소화를 돕는 기관을 골라 기호를 써 봅시다.

(　　　　　　　　)

4 단원

공부한 날　월　일

공부한 내용을

자신 있게 설명할 수 있어요.

설명하기 조금 힘들어요.

어려워서 설명할 수 없어요.

순환 기관을 알아볼까요

우리 몸 병풍책에서 순환 기관 완성하기

순환 기관은 ④ 번 칸에 그려져 있으며, 영양소, 산소, 이산화 탄소, 노폐물 등을 운반합니다.

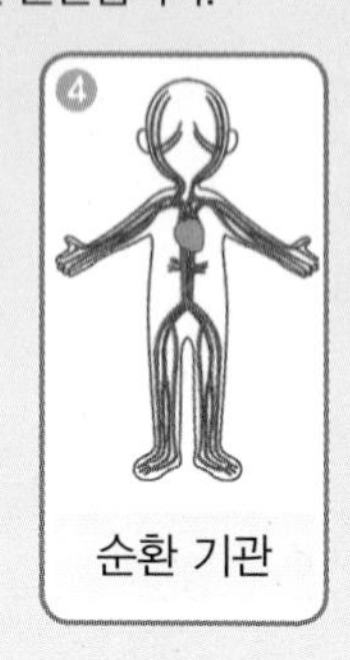

① 순환 기관 알아보기 탐구

1 순환: 혈액이 온몸을 도는 것 ―소화 기관에서 흡수한 영양소는 혈액을 통해 이동해요.

2 순환 기관: 순환에 관여하는 기관으로, 심장, 혈관이 있습니다.

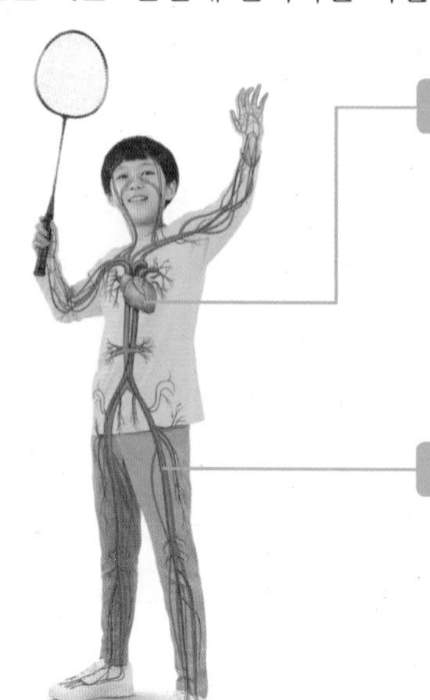

심장
- 크기가 주먹만 하고, 둥근 주머니 모양입니다.
- 몸 가운데에서 약간 왼쪽으로 치우쳐 있습니다.
- 펌프★ 작용으로 혈액을 온몸으로 순환시킵니다. ➡ 심장에서 나온 혈액은 혈관을 따라 온몸을 거쳐 다시 심장으로 돌아옵니다.

심장은 쉬지 않고 펌프 작용을 해 혈액을 내보내요.

혈관
- 긴 관 모양입니다.
- 온몸에 퍼져 있고, 복잡하게 얽혀 있습니다.
- 굵기가 굵은 것도 있고, 가는 것도 있습니다.
- 혈액이 이동하는 통로입니다. ➡ 혈액이 혈관을 따라 온몸을 순환하면서 우리 몸에 필요한 영양소와 산소를 운반합니다.

⬆ 순환 기관의 생김새와 위치, 하는 일

심장이 뛰는 빠르기에 따른 혈액의 이동 모습
- 심장이 빠르게 뛸 때: 혈액이 이동하는 빠르기가 빨라지고, 혈액의 이동량이 많아집니다.
- 심장이 느리게 뛸 때: 혈액이 이동하는 빠르기가 느려지고, 혈액의 이동량이 적어집니다.

② 주입기 실험으로 혈액의 순환 알아보기 탐구

실험 동영상

탐구 과정

❶ 수조에 물을 붓고, 붉은색 식용 색소를 넣어 녹입니다.
❷ 주입기로 붉은 색소 물을 한쪽 관으로 빨아들이고 다른 쪽 관으로 내보냅니다. ―주입기의 펌프를 누르고 떼는 동작을 반복해요.
❸ 주입기의 펌프를 빠르게 누르거나 느리게 누르면서 붉은 색소 물이 이동하는 모습을 관찰합니다.

탐구 결과

❶ 주입기의 펌프를 누르는 빠르기에 따른 붉은 색소 물의 이동 모습

주입기의 펌프	붉은 색소 물의 이동 빠르기	붉은 색소 물의 이동량
빠르게 누를 때	빨라짐.	많아짐.
느리게 누를 때	느려짐.	적어짐.

❷ 주입기의 펌프와 관, 붉은 색소 물이 나타내는 우리 몸의 부분

주입기 실험	주입기의 펌프	주입기의 관	붉은 색소 물
우리 몸	심장	혈관	혈액

★ **펌프** 압력을 통하여 액체, 기체를 빨아올리거나 이동시키는 기계

바른답·알찬풀이 29 쪽

스스로 확인해요 『과학』 83쪽

1 심장에서 나온 혈액은 혈관을 따라 온몸을 거쳐 다시 심장으로 돌아옵니다. (○, ×)

2 (사고력) 혈관이 온몸에 퍼져 있어 좋은 점을 설명해 봅시다.

문제로 개념 탄탄

바른답·알찬풀이 30 쪽

정답 확인

[1~2] 오른쪽은 우리 몸의 순환 기관을 나타낸 것입니다. 물음에 답해 봅시다.

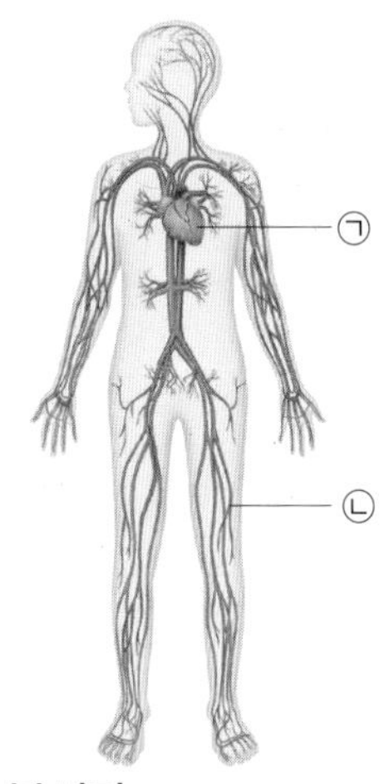

1 ㉠과 ㉡의 이름을 각각 써 봅시다.

㉠: (　　　　　　), ㉡: (　　　　　　)

2 ㉠과 ㉡ 중 다음 설명에 해당하는 순환 기관을 골라 기호를 써 봅시다.

- 크기가 주먹만 하다.
- 펌프 작용으로 혈액을 온몸으로 순환시킨다.

(　　　　　　)

[3~4] 오른쪽은 주입기를 이용하여 붉은 색소 물을 한쪽 관으로 빨아들이고 다른 쪽 관으로 내보내는 모습입니다. 물음에 답해 봅시다.

3 주입기의 펌프, 주입기의 관, 붉은 색소 물은 각각 우리 몸의 어떤 부분을 나타내는지 써 봅시다.

(1) 주입기의 펌프: (　　　　　　)
(2) 주입기의 관: (　　　　　　)
(3) 붉은 색소 물: (　　　　　　)

4 다음은 위 실험에서 주입기의 펌프를 빠르게 누를 때 붉은 색소 물이 이동하는 모습을 설명한 것입니다. (　) 안에 들어갈 알맞은 말에 각각 ○표 해 봅시다.

주입기의 펌프를 빠르게 누르면 붉은 색소 물이 이동하는 빠르기가 ㉠ (빨라, 느려)지고, 붉은 색소 물의 이동량이 ㉡ (많아, 적어)진다.

4 단원

공부한 날 월 일

공부한 내용을

자신 있게 설명할 수 있어요.

설명하기 조금 힘들어요.

어려워서 설명할 수 없어요.

01 다음 중 뼈와 근육에 대한 설명으로 옳은 것을 두 가지 골라 봅시다. (,)

① 뼈의 생김새는 모두 같다.
② 뼈는 몸의 형태를 만든다.
③ 근육의 길이는 변하지 않는다.
④ 뼈는 상황에 따라 스스로 움직인다.
⑤ 뼈와 근육은 몸을 움직일 수 있게 한다.

02 오른쪽은 우리 몸의 뼈를 나타낸 것입니다. 여러 개의 짧은뼈가 길게 연결되어 기둥을 이루는 뼈를 골라 기호와 이름을 써 봅시다.

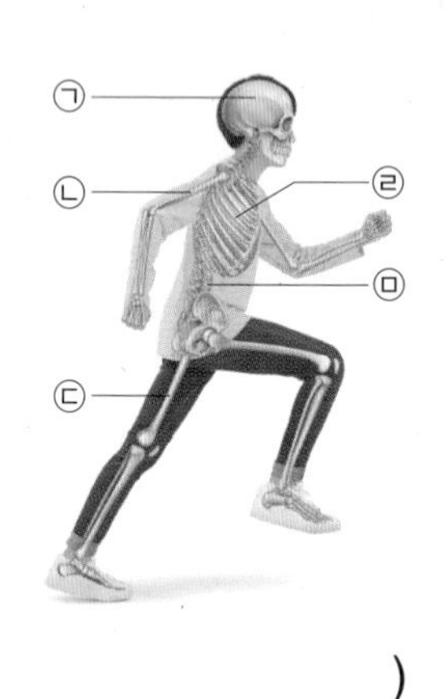

( )

중요

03 다음 뼈와 근육 모형에 대한 설명으로 옳은 것을 보기에서 골라 기호를 써 봅시다.

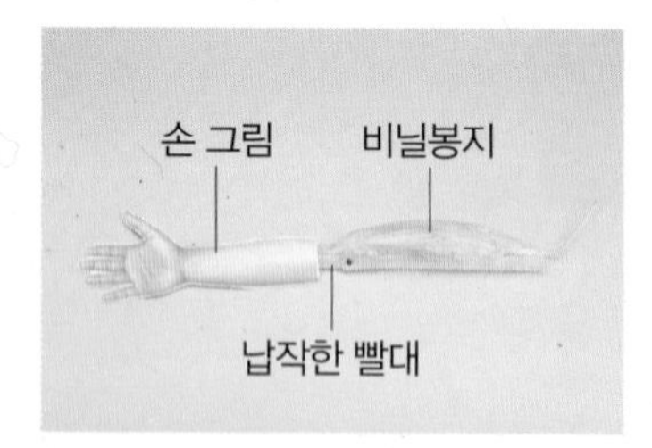

보기
㉠ 바람을 불어 넣으면 비닐봉지가 부풀어 오른다.
㉡ 바람을 불어 넣으면 비닐봉지의 길이가 길어진다.
㉢ 비닐봉지는 뼈를, 납작한 빨대는 근육을 나타낸다.

( )

서술형

04 다음과 같이 팔이 구부러지고 펴지는 원리를 근육과 뼈의 움직임과 관련지어 설명해 봅시다.

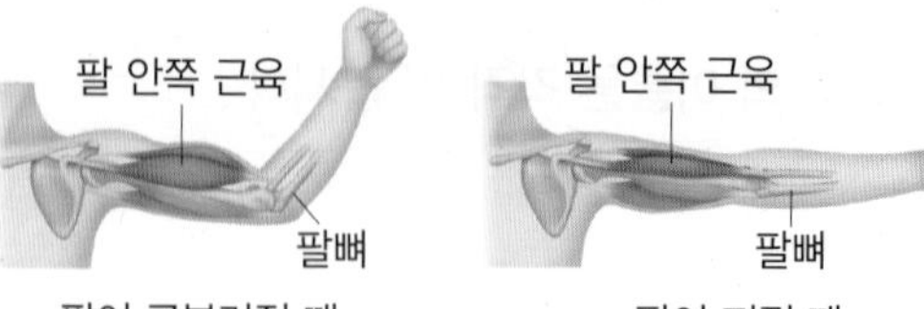

[05~06] 오른쪽은 우리 몸의 소화 기관을 나타낸 것입니다. 물음에 답해 봅시다.

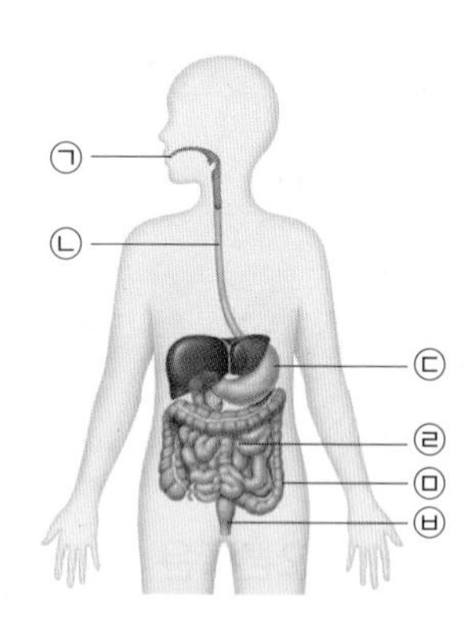

05 각 기관의 이름을 옳게 짝 지은 것은 어느 것입니까? ( )

① ㉠ - 식도
② ㉢ - 간
③ ㉣ - 큰창자
④ ㉤ - 작은창자
⑤ ㉥ - 항문

06 다음은 위 소화 기관의 생김새에 대한 학생 (가)~(다)의 대화입니다. 옳게 말한 학생은 누구인지 써 봅시다.

- (가): ㉡은 주머니 모양이야.
- (나): ㉢은 큰창자와 연결되어 있어.
- (다): ㉣은 구불구불한 관 모양이야.

( )

바른답·알찬풀이 30 쪽

중요
07 다음 중 소화 기관에 대한 설명으로 옳지 않은 것은 어느 것입니까? ( )

① 작은창자는 영양소를 흡수한다.
② 큰창자는 음식물 찌꺼기에서 수분을 흡수한다.
③ 입은 음식물을 이로 잘게 부수고 혀로 섞는다.
④ 항문은 소화·흡수되지 않은 음식물 찌꺼기를 배출한다.
⑤ 식도는 소화를 돕는 액체를 분비하여 음식물을 잘게 쪼갠다.

08 다음은 음식물이 소화되며 이동하는 과정입니다. ( ) 안에 들어갈 알맞은 말을 각각 써 봅시다.

> 입 → 식도 → (㉠) → 작은창자 → (㉡) → 항문

㉠: ( ), ㉡: ( )

09 오른쪽 순환 기관에 대한 설명으로 옳은 것은 어느 것입니까? ( )

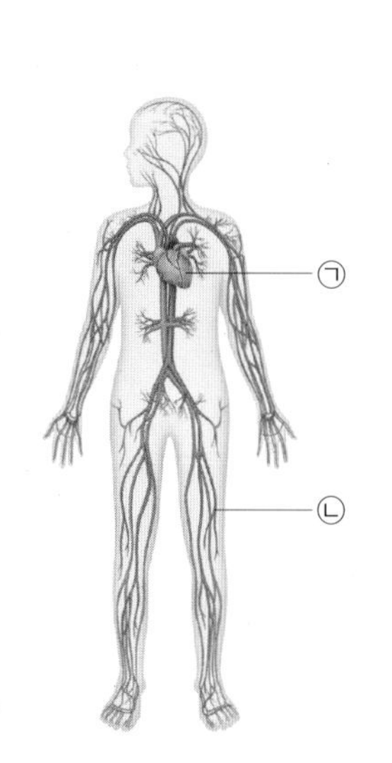

① ㉠은 혈관, ㉡은 심장이다.
② ㉠은 온몸에 퍼져 있다.
③ ㉠은 펌프 작용으로 혈액을 온몸으로 보낸다.
④ ㉡은 둥근 주머니 모양이다.
⑤ ㉡은 굵기가 모두 일정하다.

[10~12] 오른쪽은 주입기를 이용하여 붉은 색소 물을 한쪽 관으로 빨아들이고 다른 쪽 관으로 내보내는 모습입니다. 물음에 답해 봅시다.

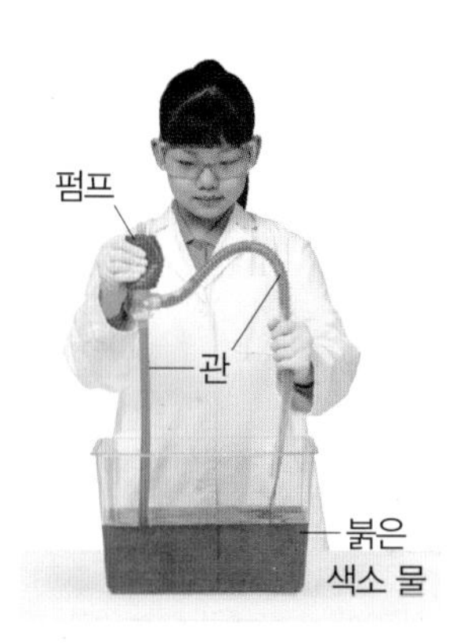

10 위 실험에 대한 설명으로 옳은 것을 보기에서 골라 기호를 써 봅시다.

> 보기
> ㉠ 붉은 색소 물은 혈관을 나타낸다.
> ㉡ 주입기의 펌프는 심장을 나타낸다.
> ㉢ 음식물이 소화되며 이동하는 과정을 알 수 있다.

( )

중요
11 위 실험에서 주입기의 펌프를 빠르게 누를 때 붉은 색소 물의 이동 모습으로 옳은 것을 두 가지 골라 봅시다. (,)

① 붉은 색소 물의 이동량이 많아진다.
② 붉은 색소 물의 이동량이 적어진다.
③ 붉은 색소 물의 이동량은 변하지 않는다.
④ 붉은 색소 물이 이동하는 빠르기가 빨라진다.
⑤ 붉은 색소 물이 이동하는 빠르기가 느려진다.

서술형
12 위 **11**번 답을 바탕으로 심장이 빠르게 뛰면 우리 몸에서 어떤 일이 일어날지 혈액의 이동과 관련지어 설명해 봅시다.

4 단원
공부한 날 월 일

호흡 기관을 알아볼까요
배설 기관을 알아볼까요

우리 몸 병풍책에서 호흡 기관과 배설 기관 완성하기

- 호흡 기관: ⑤ 번 칸에 그려져 있으며, 산소를 받아들이고 이산화 탄소를 몸 밖으로 내보냅니다.
- 배설 기관: ⑥ 번 칸에 그려져 있으며, 혈액에 있는 노폐물을 걸러 내어 몸 밖으로 내보냅니다.

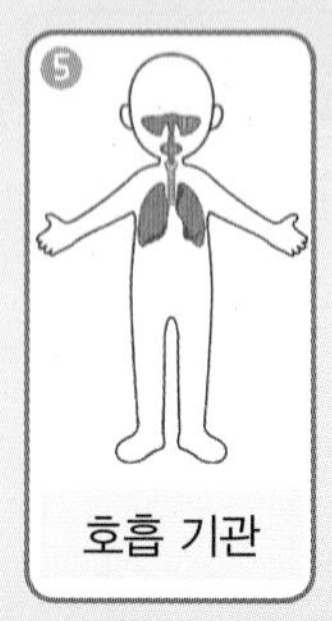

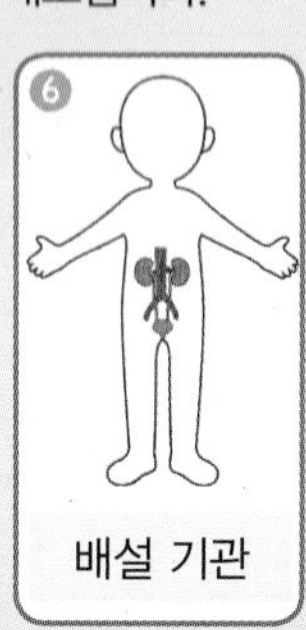

❶ 호흡 기관 알아보기 탐구

1 호흡: 숨을 들이마시고 내쉬는 활동 — 호흡을 통해 우리 몸에 필요한 산소를 받아들이고 몸 안에서 생긴 이산화 탄소를 내보내요.

2 호흡 기관: 호흡에 관여하는 기관으로, 코, 기관, 기관지, 폐가 있습니다.

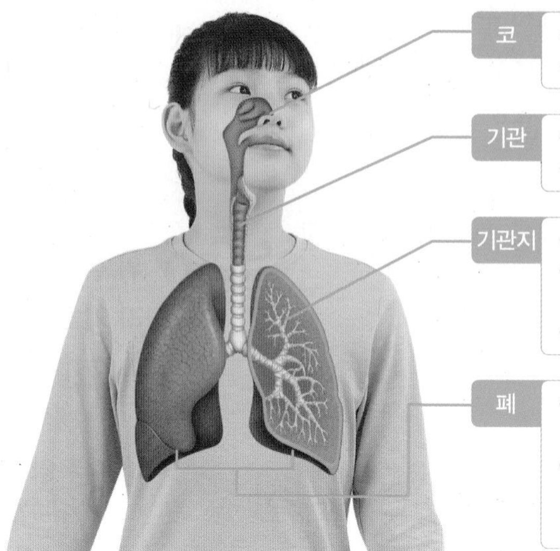

코
- 얼굴에 있고, 두 개의 콧구멍이 있습니다.
- 공기가 드나드는 곳입니다.

기관
- 굵은 관 모양이고, 코에 연결되어 있습니다.
- 공기가 이동하는 통로입니다.

기관지
- 나뭇가지 모양입니다.
- 기관 끝에서 여러 갈래로 갈라져 폐와 연결됩니다.
- 공기가 이동하는 통로입니다.

폐
- 부풀어 있는 모양이며, 가슴 쪽에 두 개가 있습니다.
- 몸 밖에서 들어온 산소를 받아들이고 몸 안에서 생긴 이산화 탄소를 몸 밖으로 내보냅니다.

▲ 호흡 기관의 생김새와 위치, 하는 일

3 호흡할 때 공기가 이동하는 과정

숨을 들이마실 때	코 → 기관 → 기관지 → 폐
숨을 내쉴 때	폐 → 기관지 → 기관 → 코

❷ 배설 기관 알아보기 탐구

1 배설: 혈액에 있는 노폐물을 몸 밖으로 내보내는 과정 — 노폐물이 몸속에 쌓이면 몸에 해롭기 때문에 노폐물을 배설해야 해요.

2 배설 기관: 배설에 관여하는 기관으로 콩팥, 오줌관, 방광 등이 있습니다.

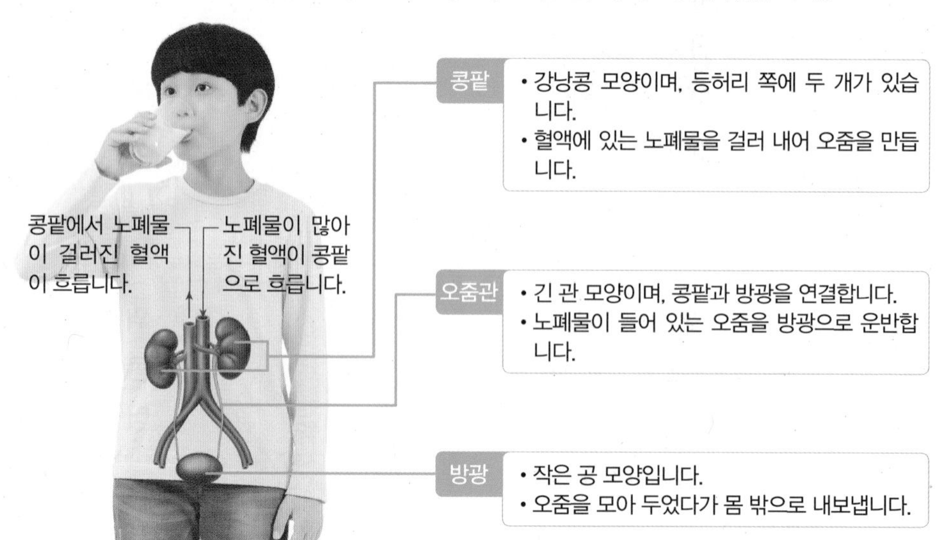

콩팥
- 강낭콩 모양이며, 등허리 쪽에 두 개가 있습니다.
- 혈액에 있는 노폐물을 걸러 내어 오줌을 만듭니다.

오줌관
- 긴 관 모양이며, 콩팥과 방광을 연결합니다.
- 노폐물이 들어 있는 오줌을 방광으로 운반합니다.

방광
- 작은 공 모양입니다.
- 오줌을 모아 두었다가 몸 밖으로 내보냅니다.

▲ 배설 기관의 생김새와 위치, 하는 일

용어 사전

★ 노폐물 우리 몸에서 영양소와 산소를 이용하여 에너지를 만드는 과정에서 생긴 필요 없거나 해가 되는 물질

바른답·알찬풀이 31 쪽

스스로 확인해요

『과학』 85 쪽

1 숨을 들이마시고 내쉬는 활동을 (   )(이)라고 합니다.

2 (사고력) 기관지가 여러 갈래로 갈라져서 호흡에 좋은 점을 설명해 봅시다.

『과학』 87 쪽

1 노폐물이 들어 있는 오줌은 (콩팥, 방광)에 저장되었다가 몸 밖으로 나갑니다.

2 (사고력) 콩팥이 일을 제대로 하지 못하면 우리 몸에 어떤 일이 생길지 설명해 봅시다.

바르답·알찬풀이 31 쪽

정답 확인

[1~2] 오른쪽은 우리 몸의 호흡 기관을 나타낸 것입니다. 물음에 답해 봅시다.

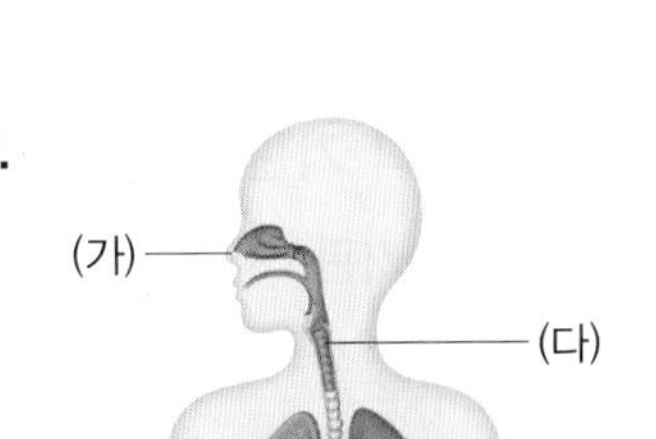

1 각 기관의 이름을 선으로 이어 봅시다.

(1) 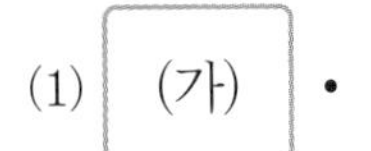 (가) •   • ㉠ 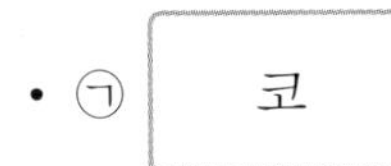 코

(2) 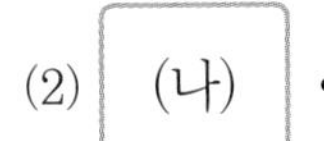 (나) •   • ㉡  폐

(3) 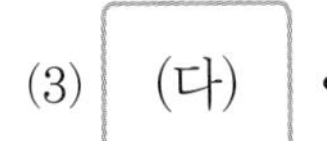 (다) •   • ㉢ 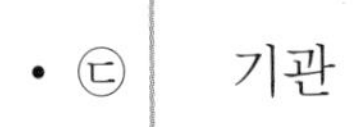 기관

(4) 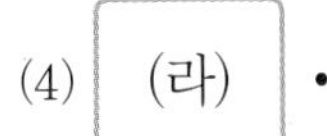 (라) •   • ㉣ 기관지

2 위 (가)~(라) 중 다음 설명에 해당하는 기관을 골라 기호를 써 봅시다.

> 가슴 쪽에 두 개가 있으며, 몸 밖에서 들어온 산소를 받아들이고 몸 안에서 생긴 이산화 탄소를 몸 밖으로 내보낸다.

( )

[3~4] 오른쪽은 우리 몸의 배설 기관을 나타낸 것입니다. 물음에 답해 봅시다.

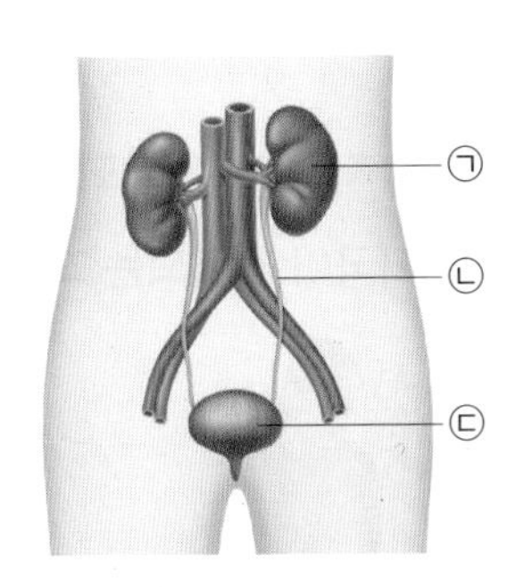

3 ㉠~㉢의 이름을 각각 써 봅시다.

㉠: ( ), ㉡: ( ),
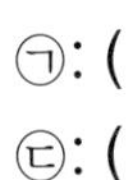
㉢: ( )

4 다음은 위 배설 기관에 대한 설명입니다. 옳은 것에 ○표, 옳지 <u>않은</u> 것에 ×표 해 봅시다.

(1) ㉠은 혈액에 있는 노폐물을 걸러 낸다. ( )

(2) ㉡에는 노폐물이 많은 혈액이 흐른다. ( )

(3) ㉢은 오줌을 모아 두었다가 몸 밖으로 내보낸다. ( )

4 단원

공부한 날 월 일

공부한 내용을

- 자신 있게 설명할 수 있어요.

- 설명하기 조금 힘들어요.

- 어려워서 설명할 수 없어요.

우리 몸에서 자극은 어떻게 전달될까요
운동할 때 우리 몸에서 어떤 변화가 나타날까요

신경계

- 온몸에 퍼져 있습니다.
- 자극을 전달하며, 자극에 대한 명령을 내리고, 명령을 전달합니다.

우리 몸 병풍책에서 감각 기관과 신경계 완성하기

- 감각 기관: ⑦ 번 칸에 그려져 있으며, 자극을 받아들입니다.
- 신경계: ⑧ 번 칸에 그려져 있습니다. 신경계는 자극을 전달하며, 자극에 대한 명령을 내리고, 명령을 전달합니다.

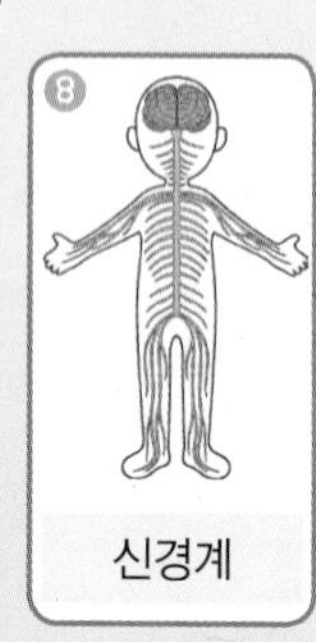

용어 사전

★ **자극** 빛, 소리, 냄새 등과 같이 생물의 몸에 작용해서 반응을 일으키는 것

★ **운동 기관** 동물이 이동하기 위해 사용하는 뼈, 근육 등과 같은 기관

❶ 감각 기관

1 감각 기관: 자극★을 받아들이는 기관으로, 눈, 귀, 코, 혀, 피부가 있습니다.

구분	눈	귀	코	혀	피부
생김새					
하는 일	사물을 봄.	소리를 들음.	냄새를 맡음.	맛을 느낌.	온도와 촉감 등을 느낌.

피부는 온몸을 싸고 있어요.

2 감각 기관 알아보기 탐구

탐구 과정

각 상황에서 어떤 감각 기관이 자극을 받아들이는지 이야기합니다.

'야옹'하고 우는 고양이를 쓰다듬으니 따뜻하고 부드러웠습니다.

노란색 귤을 까먹으니 상큼한 냄새가 나고 달콤한 맛이 났습니다.

갈색 코코아차가 담긴 컵을 잡고 있으니 손이 따뜻해졌습니다.

창문을 열고 밖을 보니 참새가 나뭇가지에 앉아 지저귀고 있었습니다.

탐구 결과 예시

(가)	(나)	(다)	(라)
눈, 귀, 피부	눈, 코, 혀	눈, 피부	눈, 귀

❷ 자극이 전달되는 과정

1 자극이 전달되는 과정(예 굴러오는 공을 볼 때)

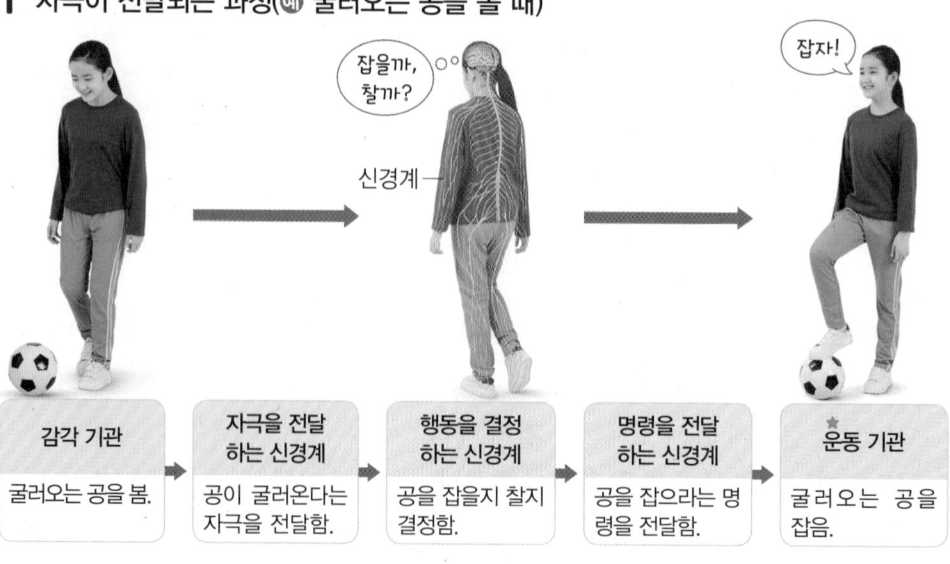

2 자극이 전달되는 과정 역할놀이 하기 

탐구 과정

❶ 감각 기관을 맡은 학생이 감각 기관이 자극을 받아들이는 상황 중 하나를 골라 그 상황의 자극을 붙임쪽지에 써서 휴지 심에 붙입니다.

❷ 줄에 휴지 심을 끼우고, 자극이 전달되는 순서대로 줄을 잡고 서서 순서대로 휴지 심을 전달합니다.

❸ 행동을 결정하는 신경계를 맡은 학생이 전달받은 붙임쪽지에 쓰인 자극을 읽고, 그 아래에 명령을 씁니다.

❹ 운동 기관을 맡은 학생이 전달받은 명령에 따라 행동합니다.

탐구 결과 사용하지 않는 화장실에 불이 켜져 있는 상황에서의 역할

감각 기관	사용하지 않는 화장실에 불이 켜져 있는 것을 눈으로 봄.
↓ 자극을 전달하는 신경계	화장실의 불이 켜져 있다는 자극을 전달함.
↓ 행동을 결정하는 신경계	손으로 화장실의 불을 끄겠다고 결정함.
↓ 명령을 전달하는 신경계	화장실의 불을 끄라는 명령을 운동 기관으로 전달함.
↓ 운동 기관	손으로 화장실의 불을 끔.

감각 기관이 자극을 받아들이는 상황의 예

- 사용하지 않는 화장실에 불이 켜져 있습니다.
- 나에게 공이 날아옵니다.
- 매운 음식을 먹었습니다.
- 뒤에서 친구가 부릅니다.
- 갑자기 비가 옵니다.
- 시끄러운 소리가 납니다.

4 단원

공부한 날 월 일

❸ 운동할 때 몸에서 나타나는 변화

1 운동할 때 몸에서 나타나는 변화 탐구

심장이 빠르게 뜁니다. / 호흡이 빨라집니다. / 체온이 올라갑니다. / 땀이 납니다.

2 운동할 때 우리 몸을 움직이기 위해 각 기관이 하는 일

운동할 때 우리 몸의 각 기관은 영향을 주고받으면서 각각의 일을 잘 수행해야 해요.

뼈와 근육	근육은 영양소와 산소를 이용해 뼈를 움직여 몸을 움직임.
소화 기관	음식물을 소화해 몸에 필요한 영양소를 흡수함.
순환 기관	영양소와 산소를 온몸으로 운반하고, 이산화 탄소와 노폐물을 각각 호흡 기관과 배설 기관으로 운반함.
호흡 기관	몸에 필요한 산소를 받아들이고, 이산화 탄소를 몸 밖으로 내보냄.
배설 기관	노폐물을 몸 밖으로 내보냄.
감각 기관	자극을 받아들임.

운동할 때 몸에서 변화가 나타나는 까닭

운동을 하면 평소보다 많은 양의 영양소와 산소가 필요하고, 노폐물과 이산화 탄소가 생기기 때문에 심장이 빠르게 뛰고 호흡이 빨라집니다.

바른답·알찬풀이 32 쪽

스스로 확인해요

『과학』 91 쪽

1 (   )이/가 받아들인 자극은 자극을 전달하는 신경계가 행동을 결정하는 신경계로 전달합니다.

2 (사고력) 책상에서 떨어지는 연필을 눈으로 보고 손으로 잡기까지의 자극이 전달되는 과정을 설명해 봅시다.

『과학』 93 쪽

1 운동을 하면 평소보다 많은 양의 (노폐물, 영양소)과/와 (산소, 이산화 탄소)가 필요합니다.

2 (탐구 능력) 운동한 뒤 휴식할 때 몸에서 나타나는 변화를 이야기해 봅시다.

문제로

개념 탄탄

1 다음 상황에서 자극을 받아들인 감각 기관을 **보기**에서 골라 기호를 써 봅시다.

보기

㉠ 귀 ㉡ 눈 ㉢ 코 ㉣ 혀 ㉤ 피부

(1) 창밖의 나무를 보았다. ( )

(2) 귤을 먹고 단맛을 느꼈다. ( )

(3) 참새가 지저귀는 소리를 들었다. ( )

(4) 옷이 꺼칠꺼칠하다는 것을 느꼈다. ( )

(5) 식당에서 맛있는 음식 냄새를 맡았다. ( )

[2~3] 다음은 굴러오는 공을 볼 때 우리 몸에서 자극이 전달되는 과정을 순서 없이 나타낸 것입니다. 물음에 답해 봅시다.

(가) 눈으로 굴러오는 공을 본다.
(나) 공을 잡으라는 명령을 전달한다.
(다) 공이 굴러온다는 자극을 전달한다.
(라) 다리를 움직여 굴러오는 공을 잡는다.
(마) 공을 잡겠다고 결정하고 명령을 내린다.

2 순서대로 기호를 써 봅시다.

( ) → ( ) → ( ) → ( ) → ( )

3 오른쪽은 위 (마) 과정에서 공을 잡겠다고 결정하는 모습입니다. 자극과 명령을 전달하고 행동을 결정하여 명령을 내리는 일을 하는 ㉠의 이름을 써 봅시다.

( )

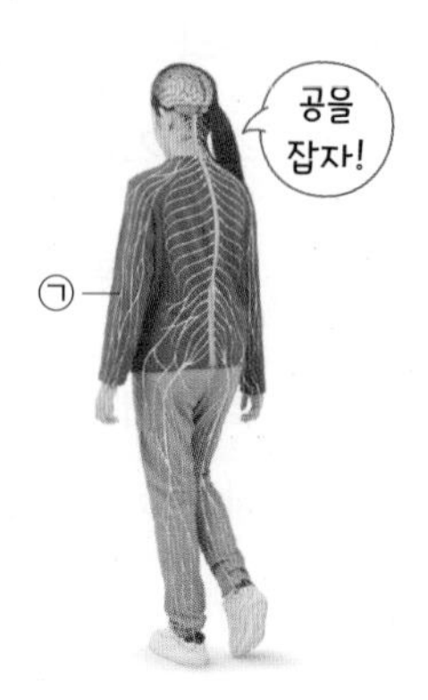

바른답·알찬풀이 32 쪽

정답 확인

4 다음은 '사용하지 않는 화장실에 불이 켜져 있다.'는 상황으로 자극이 전달되는 과정 역할놀이를 할 때 각 학생이 맡은 역할과 표현입니다. (　　) 안에 들어갈 알맞은 말을 보기에서 골라 써넣어 봅시다.

학생	역할	표현
(가)	(㉠)	사용하지 않는 화장실에 불이 켜져 있는 것을 봄.
(나)	자극을 전달하는 신경계	화장실의 불이 켜져 있다는 자극을 전달함.
(다)	(㉡)	손으로 화장실의 불을 끄겠다고 결정함.
(라)	(㉢)	화장실의 불을 끄라는 명령을 운동 기관으로 전달함.
(마)	운동 기관	손으로 화장실의 불을 끔.

보기

감각 기관, 명령을 전달하는 신경계, 행동을 결정하는 신경계

㉠: (　　　　　　), ㉡: (　　　　　　), ㉢: (　　　　　　)

5 다음은 운동할 때 우리 몸에서 나타나는 변화입니다. 옳은 것에 ○표, 옳지 않은 것에 ×표 해 봅시다.

(1) 호흡이 느려진다. (　　)

(2) 심장이 느리게 뛴다. (　　)

(3) 체온이 올라가고 땀이 난다. (　　)

6 운동할 때 우리 몸을 움직이기 위해 각 기관이 하는 일을 선으로 이어 봅시다.

(1) 소화 기관 •　　　　• ㉠ 영양소와 산소를 온몸으로 운반한다.

(2) 순환 기관 •　　　　• ㉡ 음식물을 소화해 영양소를 흡수한다.

(3) 호흡 기관 •　　　　• ㉢ 노폐물을 걸러 내어 몸 밖으로 내보낸다.

(4) 배설 기관 •　　　　• ㉣ 산소를 받아들이고 이산화 탄소를 내보낸다.

4 단원

공부한 날

월

일

공부한 내용을

자신 있게 설명할 수 있어요.

설명하기 조금 힘들어요.

어려워서 설명할 수 없어요.

[01~02] 오른쪽은 우리 몸의 호흡 기관을 나타낸 것입니다. 물음에 답해 봅시다.

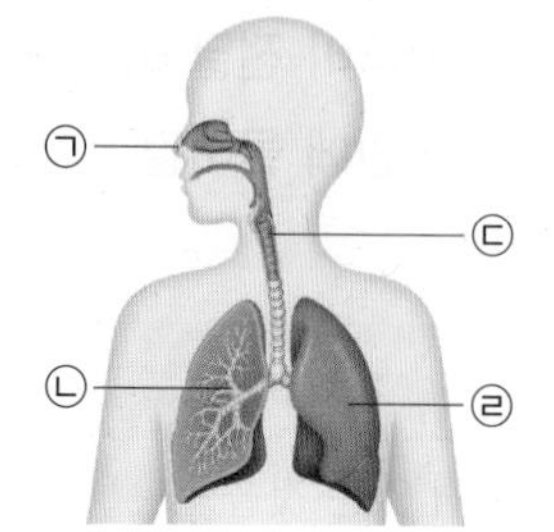

01 위 ㉠~㉣ 중 다음 설명에 해당하는 기관을 골라 기호와 이름을 써 봅시다.

> 여러 갈래로 갈라져 나뭇가지 모양이고, 공기가 이동하는 통로이다.

( )

중요
02 위 호흡 기관에 대한 설명으로 옳지 않은 것은 어느 것입니까? ( )

① ㉠을 통해 공기가 들어오고 나간다.
② ㉡은 ㉢과 연결되어 있다.
③ ㉢은 굵은 관 모양이다.
④ ㉣은 주먹만 한 크기로, 허리 부분에 위치한다.
⑤ ㉣은 몸 밖에서 들어온 산소를 받아들이고 이산화 탄소를 몸 밖으로 내보낸다.

03 다음은 숨을 들이마실 때 공기가 이동하는 과정을 나타낸 것입니다. ( ) 안에 들어갈 알맞은 말을 각각 써 봅시다.

> 코 → (㉠) → 기관지 → (㉡)

㉠: ( ), ㉡: ( )

[04~06] 오른쪽은 우리 몸의 배설 기관을 나타낸 것입니다. 물음에 답해 봅시다.

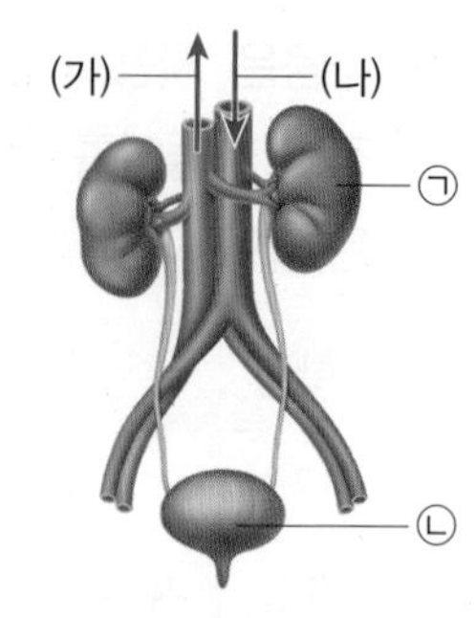

04 ㉠에 대한 설명으로 옳은 것은 어느 것입니까? ( )

① 방광이다.
② 가슴 쪽에 두 쌍이 있다.
③ 오줌이 이동하는 통로이다.
④ 혈액에 있는 노폐물을 걸러 낸다.
⑤ 음식물 찌꺼기에서 수분을 흡수한다.

05 위 ㉡이 하는 일에 대한 설명으로 옳은 것은 어느 것입니까? ( )

① 오줌을 만든다.
② 소화를 돕는 액체를 분비한다.
③ 몸에 필요한 영양소를 흡수한다.
④ 오줌을 모아 두었다가 몸 밖으로 내보낸다.
⑤ 펌프 작용으로 혈액을 온몸으로 순환시킨다.

서술형
06 위 (가)는 콩팥에서 나오는 혈액이고, (나)는 콩팥으로 들어가는 혈액입니다.

(1) 다음은 (가)와 (나) 두 혈액에 포함된 노폐물의 양을 비교한 것입니다. >, =, < 중 ( ) 안에 들어갈 알맞은 기호를 써넣어 봅시다.

> (가) ( ) (나)

(2) (1)과 같이 답한 까닭을 설명해 봅시다.

07 다음과 같은 상황에서 사용되지 않은 감각 기관은 어느 것입니까? (   )

'야옹'하고 우는 고양이를 무릎에 앉혀 쓰다듬었더니 고양이에게서 좋은 냄새가 났고, 고양이 털이 부드럽다고 느꼈습니다.

① 눈 ② 혀 ③ 귀
④ 코 ⑤ 피부

[08~10] 다음은 사용하지 않는 화장실에 불이 켜져 있는 상황에서 자극이 전달되는 과정을 나타낸 것입니다. 물음에 답해 봅시다.

감각 기관	㉠ 사용하지 않는 화장실에 불이 켜져 있는 것을 봄.
↓	
㉡	화장실의 불이 켜져 있다는 자극을 전달함.
↓	
행동을 결정하는 신경계	㉢
↓	
명령을 전달하는 신경계	화장실의 불을 끄라는 명령을 전달함.
↓	
운동 기관	손으로 화장실의 불을 끔.

08 위 ㉠에서 자극을 받아들인 감각 기관의 이름을 써 봅시다.

(   )

중요
09 앞의 ㉡에 들어갈 알맞은 말을 써 봅시다.

(   )

서술형
10 앞의 ㉢에 들어갈 알맞은 내용을 설명해 봅시다.

중요
11 운동할 때 몸에서 나타나는 변화로 옳은 것을 보기에서 골라 기호를 써 봅시다.

보기
㉠ 체온이 내려간다.
㉡ 호흡이 느려진다.
㉢ 심장이 빠르게 뛴다.
㉣ 땀이 나지 않게 된다.

(   )

12 다음 중 운동할 때 우리 몸을 움직이기 위해 각 기관이 하는 일로 옳지 않은 것은 어느 것입니까? (   )

① 감각 기관 – 주변의 자극을 받아들인다.
② 배설 기관 – 노폐물을 몸 밖으로 내보낸다.
③ 뼈와 근육 – 근육이 뼈를 움직여 몸을 움직인다.
④ 소화 기관 – 음식물을 소화해 영양소를 흡수한다.
⑤ 호흡 기관 – 영양소를 온몸으로 운반하고, 노폐물을 배설 기관으로 운반한다.

4 단원
공부한 날 월 일

건강을 지키기 위한 생활 습관 정하기

우리가 건강하고 정상적인 생명 활동을 하려면 몸의 여러 기관이 제대로 일해야 합니다. 각 기관에 문제가 생기면 근육통, 변비, 천식 등 다양한 질병에 걸릴 수 있습니다. 건강한 생활 습관을 기르면 이러한 질병을 예방해 건강을 지킬 수 있습니다.

우리 몸의 기관과 관련 있는 질병과 그 질병의 예방 방법을 조사해 보고, 건강을 지키기 위한 생활 습관을 정해 봅시다.

감기의 증상과 원인

감기는 바이러스에 의해 호흡 기관에 문제가 생겨 발생하는 질병입니다. 감기에 걸리면 보통 코막힘과 콧물, 목 부위의 통증, 기침과 같은 증상이 나타나며, 열이 나거나 머리가 아프기도 합니다. 감기 환자가 재채기나 기침을 할 때 코나 입에서 분비물이 나오는데, 이 분비물 속에 있는 감기 바이러스가 공기 중에 있다가 건강한 사람의 코나 입으로 들어가 감기 바이러스에 감염됩니다. 그 밖에도 우리가 손으로 어딘가에 묻어 있던 감기 바이러스를 만지고 나서 그 손으로 다시 코나 눈을 비볐을 때 감기 바이러스에 감염됩니다. 감기는 바이러스가 원인인 질병이기 때문에 특별한 치료법은 없으며, 증상을 완화하기 위한 치료를 합니다.

용어 사전

- ★ 천식 기관지에 경련이 일어나는 병으로, 호흡 곤란, 기침 등의 증상이 나타남.
- ★ 감염 세균이나 바이러스가 우리 몸속으로 들어가 그 수를 늘려가는 일
- ★ 완화 병의 증상이 줄어들거나 누그러짐.

❶ 모둠별로 우리 몸의 기관 중에서 하나를 정합니다.

- [ ] 뼈와 근육
- [ ] 소화 기관
- [ ] 순환 기관
- [x] 호흡 기관
- [ ] 배설 기관
- [ ] 감각 기관

❷ ❶에서 정한 기관과 관련 있는 질병과 그 질병을 예방할 수 있는 방법을 조사하여 발표해 봅시다.

- 질병: 예시 답안 감기
- 예방 방법: 예시 답안 손을 깨끗하게 씻는다. 규칙적으로 운동한다.

활동꿀팁

희귀한 질병보다는 일상생활에서 자주 접할 수 있는 질병과 그 질병을 예방할 수 있는 방법을 조사해요.

❸ 건강을 지키기 위해 집이나 학교에서 지켜야 할 생활 습관을 정해 봅시다.

예시 답안

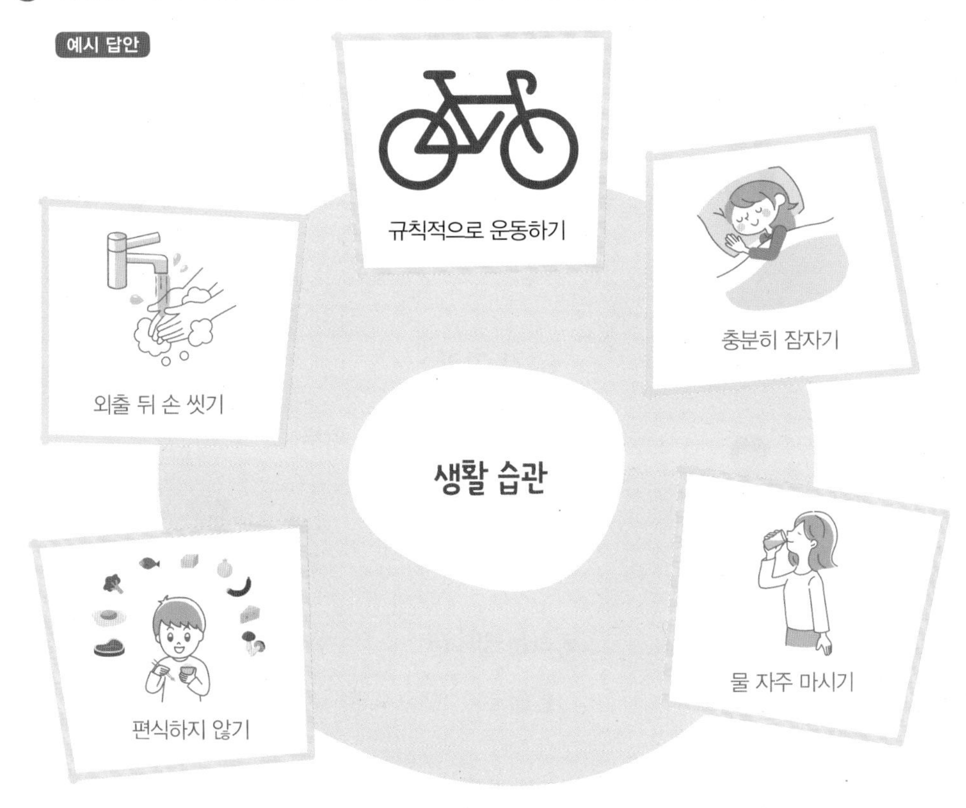

생활 습관은 일상생활에서 내가 지킬 수 있는 것으로 정하고, 간단한 그림과 글로 표현해요.

교과서 쏙쏙

이렇게 정리해요

빈칸에 알맞은 말을 넣고, 『과학』 127 쪽에서 알맞은 붙임딱지를 찾아 붙여 내용을 정리해 봅시다.

뼈와 근육

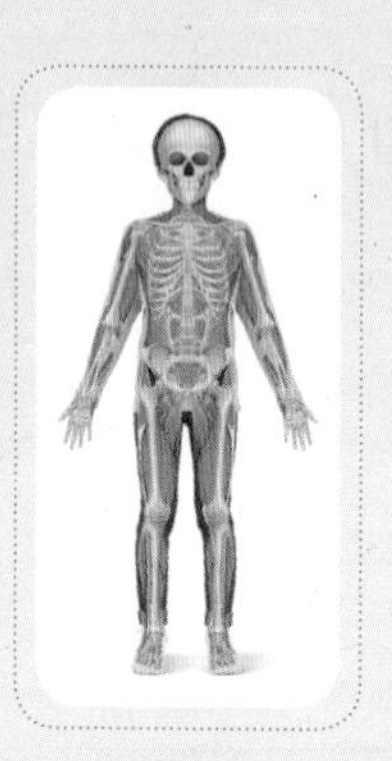

- ❶ 근육 의 길이가 줄어들거나 늘어나면서 뼈가 움직여 우리 몸이 움직임.

풀이 근육의 길이가 변하면서 뼈가 움직여 우리 몸이 움직입니다.

소화 기관

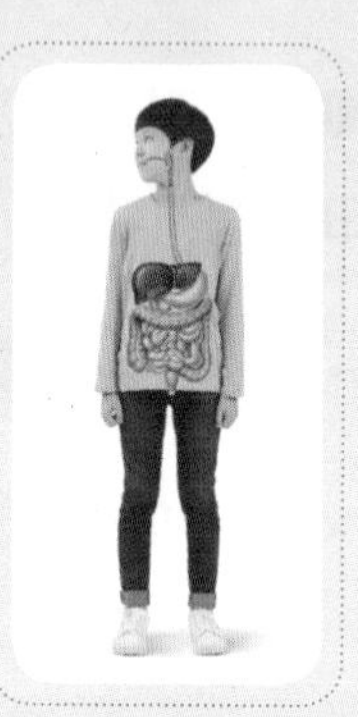

- 종류: 입, 식도, 위, 작은창자, 큰창자, 항문 등
- 하는 일: 음식물을 소화해 ❷ 영양소 을/를 흡수함.

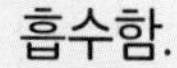

풀이 소화 기관은 음식물을 소화해 생명 활동에 필요한 영양소를 흡수합니다.

순환 기관

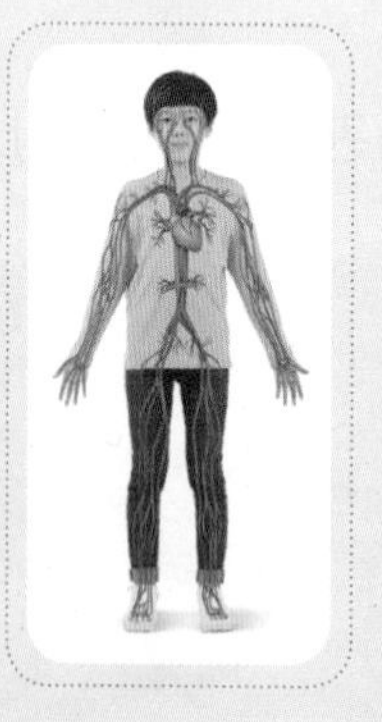

- 종류: ❸ 심장 , 혈관
- 하는 일: 영양소, 산소, 이산화 탄소, 노폐물 등을 운반함.

풀이 심장은 펌프 작용으로 혈액을 온몸으로 순환시킵니다.

호흡 기관

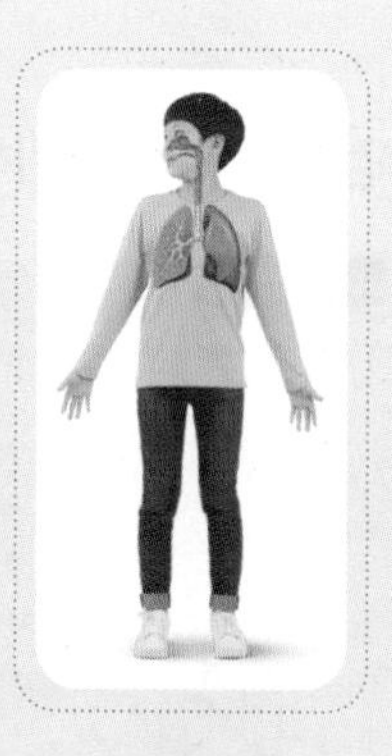

- 종류: 코, 기관, 기관지, 폐
- 하는 일: ❹ 산소 을/를 받아들이고, 이산화 탄소를 몸 밖으로 내보냄.

풀이 호흡 기관은 몸에 필요한 산소를 받아들이고, 이산화 탄소를 몸 밖으로 내보냅니다.

배설 기관

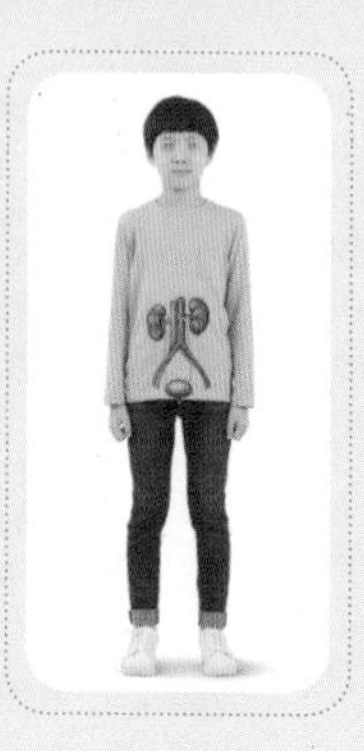

- 종류: 콩팥, 방광 등
- 하는 일: ❺ 노폐물 을/를 몸 밖으로 내보냄.

풀이 배설 기관은 혈액에 있는 노폐물을 걸러 내어 몸 밖으로 내보냅니다.

감각 기관

- 종류: 눈, 귀, 코, 혀, 피부

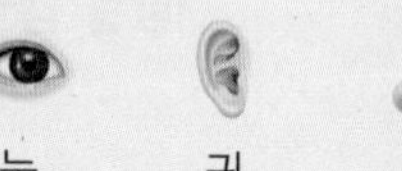
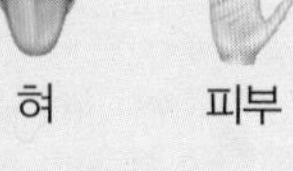

눈 귀 코 혀 피부

- 하는 일: ❻ 자극 을/를 받아들임.

풀이 감각 기관은 자극을 받아들입니다.

우리 몸의 구조와 기능

자극이 전달되는 과정

자극 → 감각 기관 → 자극을 전달하는 신경계

→ ⑦ 행동을 결정하는 신경계 → 명령을 전달하는 신경계 → 운동 기관

풀이 행동을 결정하는 신경계는 자극을 해석해 어떻게 행동할지 결정하고 명령을 내립니다.

운동할 때 우리 몸에서 나타나는 변화

- 심장이 빠르게 뛰고 호흡이 빨라짐.
- 몸의 각 기관은 서로 관련되어 있음.

4 단원

공부한 날 월 일

과학 이야기

『과학』 98 쪽

우리 몸의 기관을 대신하는 인공 기관

질병이나 사고 등으로 몸의 기관이 크게 손상돼 일을 제대로 하지 못하는 사람에게 인공 기관을 이식해 삶의 질을 높여 주기도 합니다. 인공 심장은 일을 제대로 하지 못하는 심장의 펌프 작용을 돕거나 대신해 혈액을 온몸으로 순환시킵니다. 사고 등으로 몸의 일부를 잃은 사람은 인공 손이나 인공 다리를 사용하기도 합니다. 요즘에는 첨단 기술이 발달하여 물체를 원하는 모양으로 만들 수 있는 3D프린터를 이용해 인공 손과 같은 인공 기관을 만드는 것이 가능해졌습니다.

인공 심장

3D프린터를 이용해 만든 인공 손

창의적으로 생각해요

3D프린터를 이용해 인공 기관을 원하는 모양으로 만들면 어떤 점이 좋을지 이야기해 봅시다.

예시 답안 환자의 신체에 정확하게 맞는 인공 기관을 만들 수 있다.

『실험 관찰』 44~45 쪽

1 다음 중 뼈와 근육에 대한 설명으로 옳지 않은 것은 어느 것입니까? (②)

① 근육은 뼈에 연결되어 있다.
② 뼈는 스스로 움직일 수 있다.
③ 뼈는 우리 몸의 형태를 만든다.
④ 우리 몸은 뼈와 근육에 의해 움직인다.
⑤ 우리 몸에는 다양한 생김새의 뼈가 있다.

풀이 뼈는 스스로 움직일 수 없으며, 근육의 길이가 줄어들거나 늘어나면서 뼈를 움직입니다.

2 다음은 우리 몸의 기관에 대한 학생들의 대화입니다. 잘못 말한 학생은 누구인지 써 봅시다.

(나라)

풀이 숨을 들이마실 때 코로 들어온 공기는 기관과 기관지를 거쳐 폐로 이동합니다.

3 다음 설명에 해당하는 기관을 **보기** 에서 골라 기호를 써 봅시다.

- 순환 기관에 해당한다.
- 크기가 주먹만 하다.
- 펌프 작용으로 혈액을 온몸으로 순환시킨다.

보기

㉠ 위 ㉡ 방광 ㉢ 심장 ㉣ 기관지

(㉢)

풀이 심장은 순환 기관에 해당하며, 크기가 주먹만 하고, 펌프 작용으로 혈액을 온몸으로 순환시킵니다.

4 다음은 자극이 전달되는 과정을 순서와 관계없이 나열한 것입니다. 순서대로 기호를 써 봅시다.

(가) 뒤를 돌아본다.
(나) 행동을 결정하는 신경계가 명령을 내린다.
(다) 명령을 전달하는 신경계가 명령을 전달한다.
(라) 자극을 전달하는 신경계가 자극을 전달한다.
(마) 나를 부르는 친구의 목소리가 뒤에서 들린다.

((마)) → ((라)) → ((나)) → ((다)) → ((가))

풀이 자극은 감각 기관 → 자극을 전달하는 신경계 → 행동을 결정하는 신경계 → 명령을 전달하는 신경계 → 운동 기관 순으로 전달됩니다.

5 다음은 운동할 때 우리 몸의 기관이 서로 어떻게 관련되어 있는지에 대한 설명입니다. (　　) 안에 들어갈 알맞은 말을 각각 써 봅시다.

근육이 뼈를 움직이는 데 필요한 영양소는 (㉠) 기관을 통해 얻으며, 산소는 (㉡) 기관을 통해 얻는다. 우리 몸에 들어온 영양소와 산소는 (㉢) 기관을 통해 온몸으로 운반된다. 또, 몸을 움직이며 생긴 노폐물은 (㉣) 기관으로 운반된 뒤 오줌이 되어 몸 밖으로 나간다.

㉠: (소화), ㉡: (호흡), ㉢: (순환), ㉣: (배설)

풀이 운동할 때 우리 몸의 기관은 영향을 주고받으면서 각각의 일을 수행합니다.

의사소통 능력 | 참여와 평생 학습 능력

6 다음은 신문 기사의 일부입니다. 신문 기사에 나오는 질병은 우리 몸의 어떤 기관과 관련 있는지 쓰고, 그 질병을 예방할 수 있는 방법을 설명해 봅시다.

요즘 소풍, 운동회 등 외부 활동이 많아지면서 결막염에 걸리는 학생이 늘어나고 있다. 결막염에 걸리면 눈이 붓고 충혈되거나 눈꺼풀이 가려울 수 있다.

예시 답안 감각 기관(눈)이다. 손으로 눈을 비비지 않는다. 손을 깨끗하게 씻는다.

풀이 결막염은 감각 기관 중 눈과 관련 있는 질병입니다. 결막염은 손으로 눈을 비비지 않고 손을 깨끗하게 씻어 예방할 수 있습니다.

4 단원

공부한 날 월 일

그림으로 단원 정리하기

● 그림을 보고, 빈칸에 알맞은 내용을 써 봅시다.

01 뼈와 근육

G 104 쪽

• 뼈와 근육의 생김새

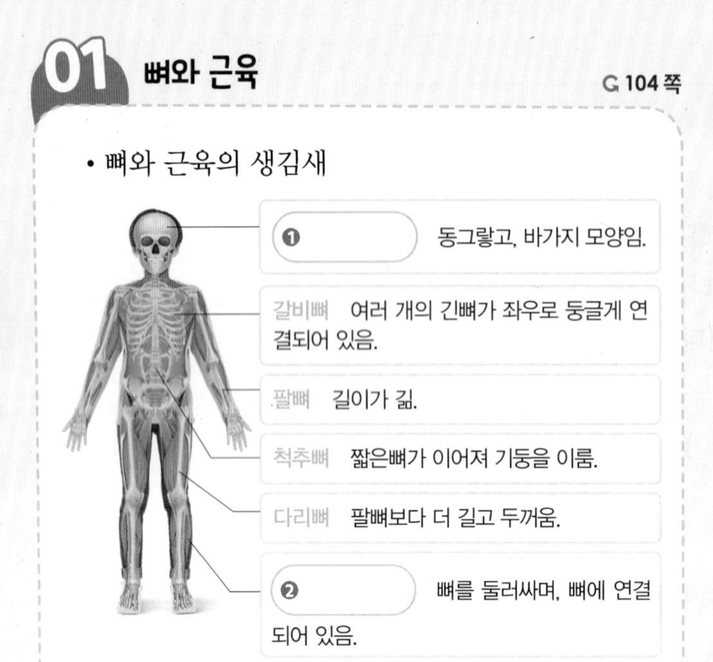

• 우리 몸이 움직이는 원리: 근육의 길이가 줄어들거나 늘어나면서 근육과 연결된 뼈를 움직여 우리 몸이 움직이게 합니다.

02 소화 기관

G 106 쪽

• 소화 기관의 생김새와 하는 일

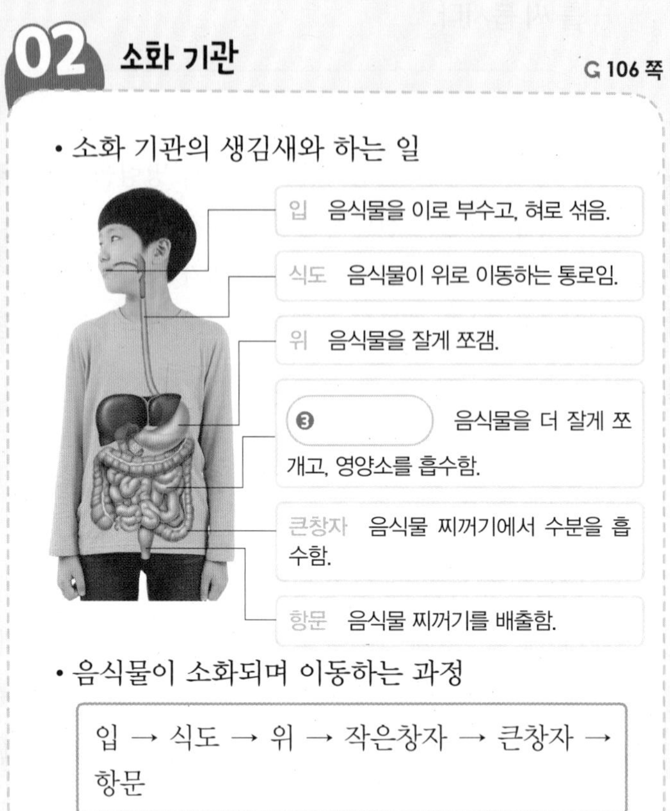

• 음식물이 소화되며 이동하는 과정

입 → 식도 → 위 → 작은창자 → 큰창자 → 항문

03 순환 기관

G 108 쪽

• 순환 기관의 생김새와 하는 일

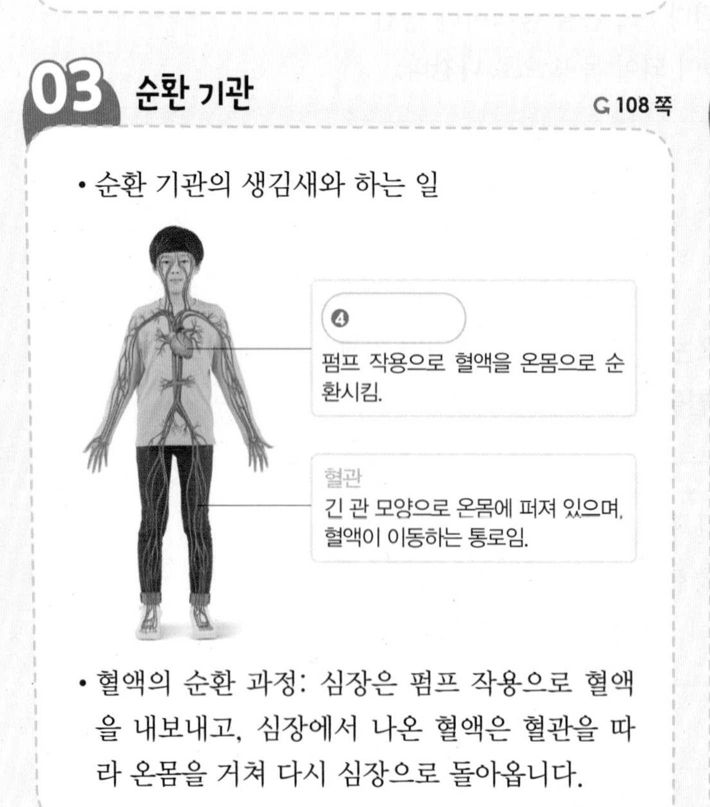

• 혈액의 순환 과정: 심장은 펌프 작용으로 혈액을 내보내고, 심장에서 나온 혈액은 혈관을 따라 온몸을 거쳐 다시 심장으로 돌아옵니다.

04 호흡 기관

G 112 쪽

• 호흡 기관의 생김새와 하는 일

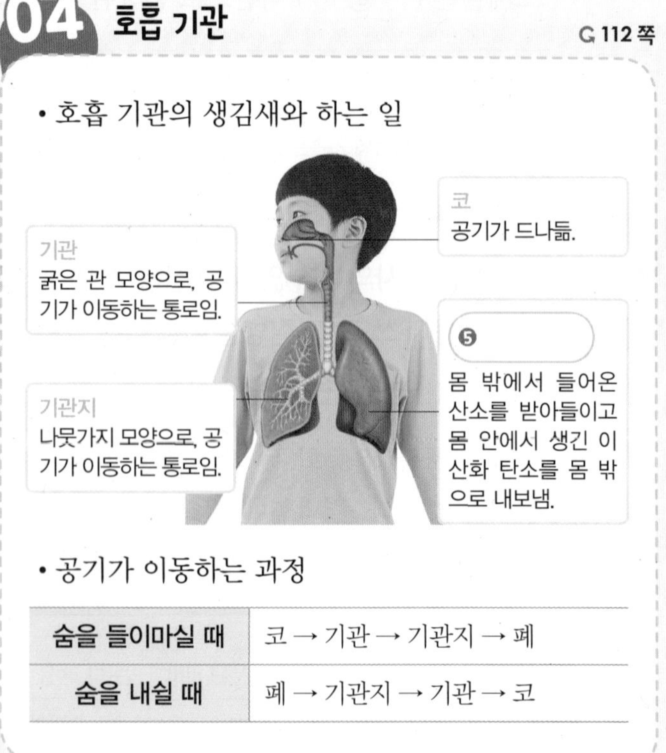

• 공기가 이동하는 과정

숨을 들이마실 때	코 → 기관 → 기관지 → 폐
숨을 내쉴 때	폐 → 기관지 → 기관 → 코

05 배설 기관

112 쪽

• 배설 기관의 생김새와 하는 일

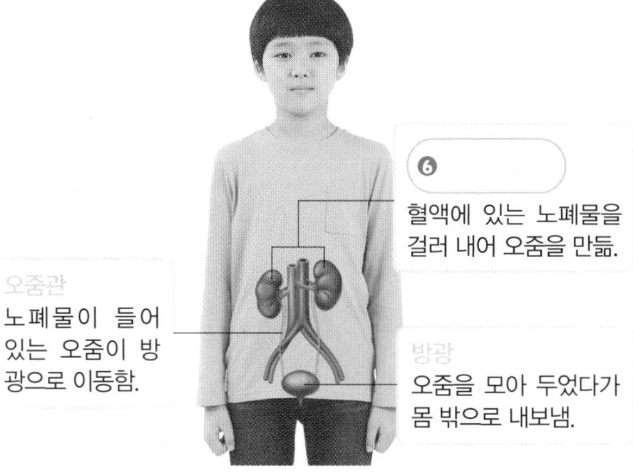

• 노폐물의 배설 과정: 콩팥에서 걸러진 노폐물은 오줌이 되어 방광에 저장되었다가 몸 밖으로 나갑니다.

06 자극이 전달되는 과정

114 쪽

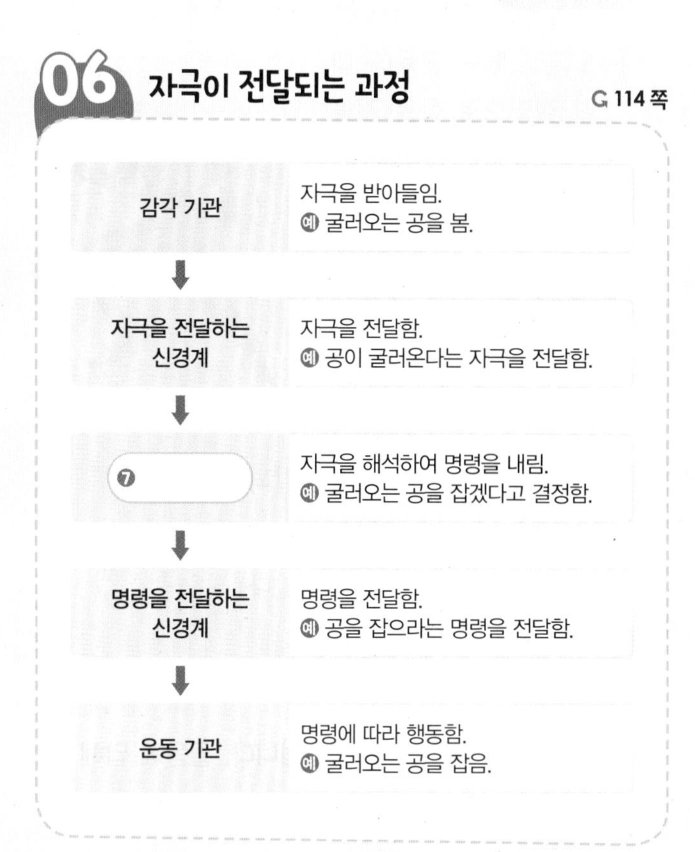

07 운동할 때 우리 몸을 움직이기 위해 각 기관이 하는 일

115 쪽

답 ❶ 머리뼈 ❷ 근육 ❸ 작은창자 ❹ 심장 ❺ 폐 ❻ 콩팥 ❼ 행동을 결정하는 신경계 ❽ 소화 기관 ❾ 배설 기관

4 단원
공부한 날 월 일

01 오른쪽 뼈와 근육에 대한 설명으로 옳은 것을 두 가지 골라 봅시다. (,)

① ㉠은 곧은 모양이다.
② ㉡은 ㉢보다 더 길고 두껍다.
③ ㉣은 여러 개의 긴 뼈가 좌우로 둥글게 연결되어 있다.
④ ㉤은 갈비뼈이다.
⑤ 근육은 뼈에 연결되어 있다.

[02~03] 다음은 뼈와 근육 모형입니다. 물음에 답해 봅시다.

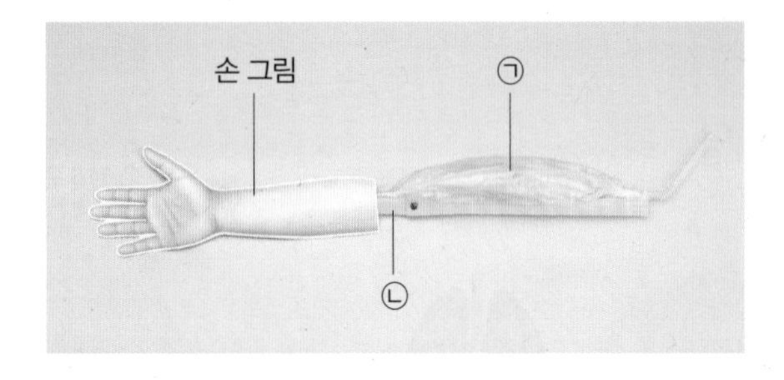

02 위 ㉠과 ㉡ 중 우리 몸에서 근육을 나타내는 것을 골라 기호를 써 봅시다.

( )

03 위 뼈와 근육 모형에 바람을 불어 넣었을 때의 변화에 대한 설명으로 옳은 것을 두 가지 골라 봅시다. (,)

① ㉠이 오그라든다.
② ㉠의 길이가 줄어든다.
③ ㉡이 구부러진다.
④ ㉡의 길이가 늘어난다.
⑤ 손 그림이 아래로 내려간다.

04 오른쪽은 우리 몸의 소화 기관을 나타낸 것입니다. 소화를 돕는 액체를 이용해 음식물을 잘게 쪼개고 영양소를 흡수하는 기관의 기호와 이름을 써 봅시다.

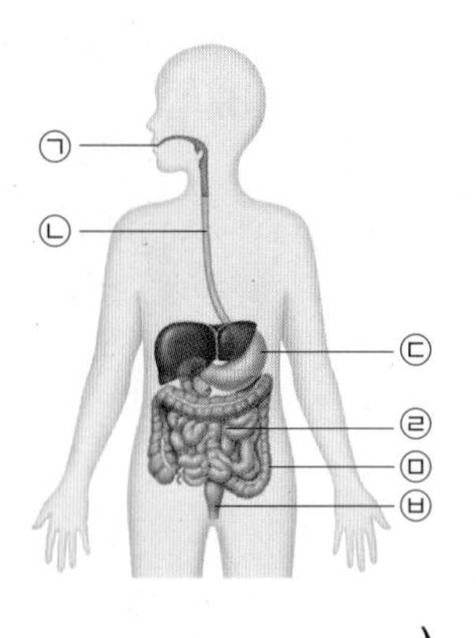

( )

05 오른쪽은 우리 몸의 순환 기관을 나타낸 것입니다. ㉠에 대한 설명으로 옳지 않은 것은 어느 것입니까?

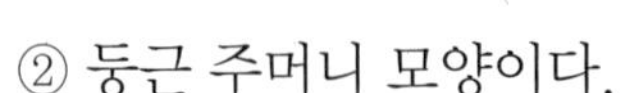

( )

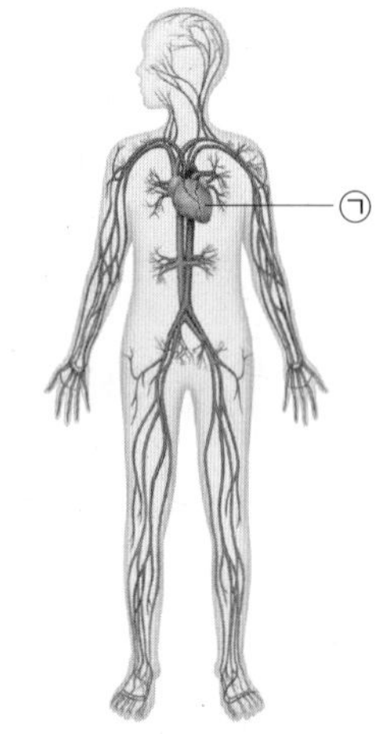

① 심장이다.
② 둥근 주머니 모양이다.
③ 크기가 자신의 주먹만 하다.
④ 펌프 작용으로 혈액을 온몸으로 보낸다.
⑤ ㉠이 빠르게 뛰면 혈액의 이동량이 적어진다.

06 다음 설명에 해당하는 우리 몸속 기관의 이름을 써 봅시다.

- 긴 관 모양으로, 온몸에 퍼져 있다.
- 혈액이 이동하는 통로 역할을 한다.

( )

07 호흡 기관에 대한 설명으로 옳은 것을 **보기**에서 골라 기호를 써 봅시다.

보기

㉠ 코, 식도, 기관, 기관지, 폐 등이 있다.
㉡ 폐는 부풀어 있는 모양으로, 가슴 쪽에 두 개가 있다.
㉢ 기관은 몸 밖에 있으며, 공기가 드나드는 곳이다.

(　　　　　　　　　　)

08 오른쪽은 우리 몸의 호흡 기관을 나타낸 것입니다. ㉠~㉣을 숨을 내쉴 때 공기가 이동하는 과정에 맞게 순서대로 기호를 써 봅시다.

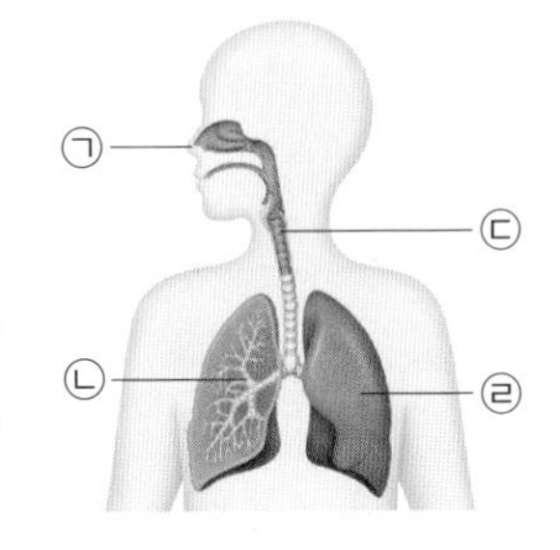

(　　) → (　　) → (　　) → (　　)

09 오른쪽 배설 기관에 대한 설명으로 옳지 않은 것은 어느 것입니까? (　　　)

① ㉠은 콩팥, ㉡은 방광이다.
② ㉠은 등허리 쪽에 두 개가 있다.
③ ㉠은 강낭콩 모양으로, 오줌관과 연결되어 있다.
④ ㉡은 혈액에 있는 노폐물을 걸러 낸다.
⑤ ㉡은 오줌을 모아 두었다가 몸 밖으로 내보낸다.

10 다음 상황에서 사용된 감각 기관으로 옳은 것은 어느 것입니까? (　　　)

나에게 야구공이 날아오는 것을 보았다.

① 눈　② 귀　③ 코
④ 혀　⑤ 피부

11 다음은 우리 몸에서 자극이 전달되는 과정입니다. (　　) 안에 공통으로 들어갈 알맞은 말을 써 봅시다.

자극 → 감각 기관 → 자극을 전달하는 (　　　) → 행동을 결정하는 (　　　) → 명령을 전달하는 (　　　) → 운동 기관

(　　　　　　　　　　)

12 운동할 때 우리 몸을 움직이기 위해 다음과 같은 일을 하는 기관으로 옳은 것은 어느 것입니까? (　　　)

몸에 필요한 산소를 받아들이고, 이산화 탄소를 몸 밖으로 내보낸다.

① 소화 기관　② 순환 기관
③ 호흡 기관　④ 배설 기관
⑤ 감각 기관

4 단원

공부한 날 월 일

서술형 문제

13 우리 몸은 뼈와 근육으로 이루어져 있습니다. 뼈와 근육이 우리 몸을 어떻게 움직이게 하는지 설명해 봅시다.

14 음식물이 소화되며 이동하는 과정을 다음 단어를 모두 포함하여 설명해 봅시다.

> 입, 위, 식도, 수분, 영양소, 항문, 작은창자, 큰창자

15 오른쪽과 같이 숨을 들이마실 때 코를 통해 들어온 공기를 폐 구석구석으로 전달하기 위한 기관지의 생김새를 설명해 봅시다.

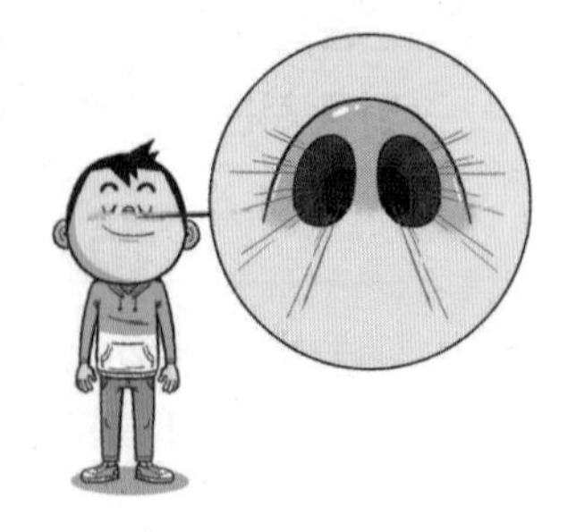

16 다음은 우리 몸의 기관에 대한 학생 (가)~(다)의 대화입니다.

> • (가): 몸을 움직이는 데 필요한 영양소와 산소는 모두 소화 기관을 통해 얻어.
> • (나): 심장에서 나온 혈액은 온몸을 거쳐 다시 심장으로 돌아와.
> • (다): 몸 안에서 생긴 노폐물을 몸 밖으로 내보내는 데 관여하는 콩팥, 방광 등을 배설 기관이라고 해.

(1) 잘못 말한 학생은 누구인지 써 봅시다.

( )

(2) (1)에서 답한 학생의 말을 옳게 고쳐 설명해 봅시다.

17 뒤에서 친구가 부르는 소리를 듣고 뒤를 돌아볼 때 자극이 전달되는 과정을 설명해 봅시다.

18 오른쪽과 같이 1 분 동안 줄넘기를 하면 심장이 빠르게 뛰고 호흡이 빨라집니다. 그 까닭을 설명해 봅시다.

바른답·알찬풀이 36 쪽

정답 확인

01 오른쪽은 주입기를 이용하여 붉은 색소 물을 한쪽 관으로 빨아들이고 다른 쪽 관으로 내보내는 모습입니다.

펌프
관
붉은 색소 물

(1) 주입기의 펌프, 주입기의 관, 붉은 색소 물 중 우리 몸의 심장을 나타내는 부분을 골라 써 봅시다.

( )

(2) 위 실험에서 주입기의 펌프를 빠르게 누를 때 나타나는 붉은 색소 물의 이동 빠르기와 이동량의 변화를 설명해 봅시다.

성취 기준

소화, 순환, 호흡, 배설 기관의 종류, 위치, 생김새, 기능을 설명할 수 있다.

출제 의도

주입기 실험과 순환 기관을 비교하여 혈액의 순환 과정을 알고 있는지 확인하는 문제예요.

관련 개념

주입기 실험으로 혈액의 순환 알아보기 G 108 쪽

공부한 날 월 일

02 다음은 공이 굴러오는 상황에서 자극이 전달되는 과정을 역할놀이로 표현한 것입니다.

감각 기관	"굴러오는 공을 보았다."라고 붙임쪽지에 써서 휴지 심에 붙임.
⬇	
자극을 전달하는 신경계	붙임쪽지가 붙어 있는 휴지 심을 행동을 결정하는 신경계로 전달함.
⬇	
행동을 결정하는 신경계	붙임쪽지에 쓰여 있는 자극을 읽고 "공을 잡는다." 라고 붙임쪽지에 씀.
⬇	
명령을 전달하는 신경계	㉠
⬇	
운동 기관	붙임쪽지에 쓰여 있는 명령을 읽고 다리를 들어 공을 잡음.

(1) 위 상황에서 자극은 무엇인지 써 봅시다.

( )

(2) ㉠에 들어갈 알맞은 내용을 설명해 봅시다.

성취 기준

감각 기관의 종류, 위치, 생김새, 기능을 알고 자극이 전달되는 과정을 설명할 수 있다.

출제 의도

자극이 전달되는 과정 역할놀이를 통해 감각 기관이 받아들인 자극이 전달되는 과정을 알고 있는지 묻는 문제예요.

관련 개념

자극이 전달되는 과정 G 114 쪽

01 다음 중 우리 몸속 뼈와 근육에 대한 설명으로 옳지 않은 것은 어느 것입니까? (　　　)

① 뼈의 생김새는 다양하다.
② 근육은 뼈 주변을 둘러싸고 있다.
③ 다리뼈는 팔뼈보다 더 길고 두껍다.
④ 척추뼈는 짧은뼈가 연결되어 기둥을 이룬다.
⑤ 뼈가 스스로 움직여 우리 몸을 움직이게 한다.

02 오른쪽은 우리 몸의 뼈를 나타낸 것입니다. 휘어져 있고, 여러 개의 긴뼈가 좌우로 둥글게 연결되어 공간을 만드는 것을 골라 기호를 써 봅시다.

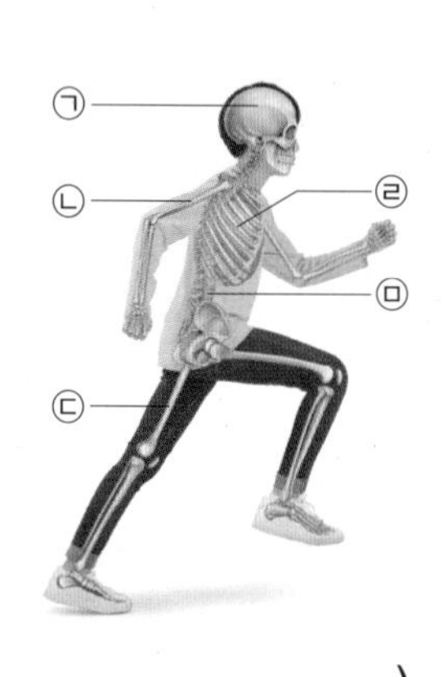

(　　　　　　　　　)

03 다음은 음식물이 소화되며 이동하는 과정입니다. (　　) 안에 들어갈 소화 기관을 옳게 짝 지은 것은 어느 것입니까? (　　　)

> 우리가 입으로 먹은 음식물은 (　㉠　), 위, (　㉡　), (　㉢　) 순서로 이동하면서 소화되어 영양소와 수분은 몸속으로 흡수되고, 남은 찌꺼기는 항문을 통해 배출된다.

	㉠	㉡	㉢
①	간	식도	큰창자
②	식도	간	작은창자
③	식도	작은창자	큰창자
④	쓸개	작은창자	큰창자
⑤	큰창자	간	작은창자

[04~05] 오른쪽은 주입기로 붉은 색소 물을 한쪽 관으로 빨아들이고 다른 쪽 관으로 내보내는 실험입니다. 물음에 답해 봅시다.

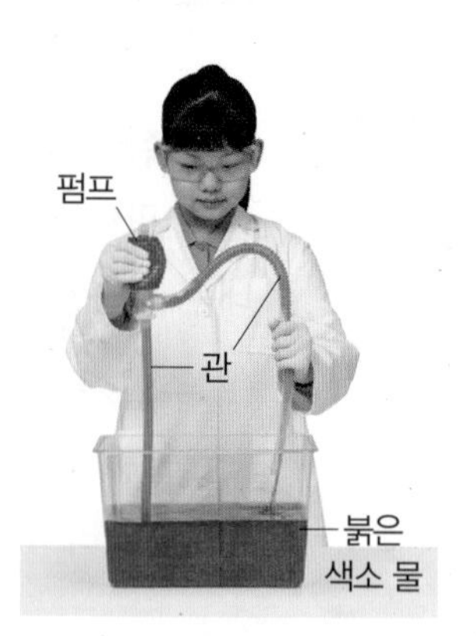

04 위 실험에서 주입기의 펌프, 관, 붉은 색소 물이 나타내는 우리 몸의 부분을 옳게 짝 지은 것은 어느 것입니까? (　　　)

① 관 – 혈액　② 관 – 심장
③ 펌프 – 혈관　④ 펌프 – 폐
⑤ 붉은 색소 물 – 혈액

05 위 실험에서 주입기의 펌프를 느리게 누를 때의 변화에 대한 설명으로 옳은 것을 보기에서 골라 기호를 써 봅시다.

> **보기**
> ㉠ 붉은 색소 물이 이동하지 않는다.
> ㉡ 붉은 색소 물의 이동량이 많아진다.
> ㉢ 붉은 색소 물이 이동하는 빠르기가 느려진다.

(　　　　　　　　　)

06 다음은 우리 몸에서 일어나는 혈액의 순환에 대한 설명입니다. (　　) 안에 들어갈 알맞은 말을 각각 써 봅시다.

> (　㉠　)은/는 쉬지 않고 펌프 작용을 해 혈액을 내보냅니다. (　㉠　)에서 나온 혈액은 (　㉡　)을/를 따라 온몸을 거쳐 다시 (　㉠　)(으)로 돌아옵니다.

㉠: (　　　　　　), ㉡: (　　　　　　)

07 우리 몸의 호흡 기관 중 다음 설명에 해당하는 기관을 옳게 짝 지은 것은 어느 것입니까? ( )

> (가) 숨을 들이마시고 내쉴 때 공기가 들어오고 나가는 곳이다.
> (나) 굵은 관 모양이며, 공기가 이동하는 통로이다.

	(가)	(나)		(가)	(나)
①	코	폐	②	코	기관
③	폐	기관	④	폐	기관지
⑤	기관	기관지			

08 우리 몸속의 배설 기관에 대한 설명으로 옳은 것을 보기에서 골라 기호를 써 봅시다.

> **보기**
> ㉠ 콩팥, 혈관, 방광 등이 있다.
> ㉡ 몸 안에서 생긴 이산화 탄소를 몸 밖으로 내보낸다.
> ㉢ 몸 안에서 생긴 노폐물을 걸러 내어 몸 밖으로 내보낸다.

( )

09 다음은 콩팥이 일을 제대로 하지 못할 때 우리 몸에 어떤 일이 생길지에 대한 학생 (가)~(다)의 대화입니다. 옳게 말한 학생은 누구인지 써 봅시다.

(가)

(나)

(다)

( )

10 다음 중 우리 몸의 감각 기관을 사용한 경험에 대한 설명으로 옳지 않은 것은 어느 것입니까? ( )

① 귀로 노래를 들었다.
② 눈으로 창밖을 보았다.
③ 코로 빵 냄새를 맡았다.
④ 피부로 귤의 색깔을 느꼈다.
⑤ 혀로 사탕의 달콤한 맛을 느꼈다.

11 책상에서 떨어지는 연필을 보고 손으로 잡는 상황으로 자극의 전달 과정 역할놀이를 할 때, 다음과 같은 표현을 해야 하는 역할로 옳은 것은 어느 것입니까? ( )

> 손으로 연필을 잡으라는 명령을 내린다.

① 감각 기관
② 운동 기관
③ 행동을 결정하는 신경계
④ 자극을 전달하는 신경계
⑤ 명령을 전달하는 신경계

12 다음은 운동할 때 우리 몸에서 나타나는 변화입니다. 밑줄 친 부분 중 옳지 않은 것을 골라 기호를 써 봅시다.

> 1 분 동안 제자리 달리기를 했더니 ㉠ 호흡이 느려지고, ㉡ 체온이 올라가 더워졌다. 또, ㉢ 땀이 나고 갈증이 났다.

( )

서술형 문제

13 오른쪽은 우리 몸의 소화 기관을 나타낸 것입니다.

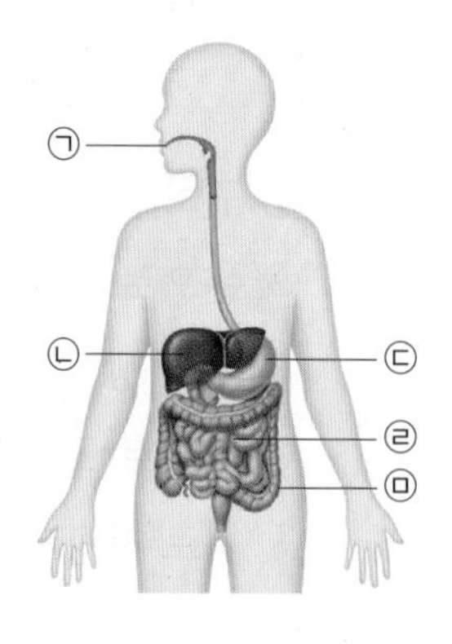

(1) ㉠~㉤ 중 주머니 모양이며, 식도에서 넘어온 음식물을 잘게 쪼개는 기관을 골라 기호를 써 봅시다.

(　　　　　　　　　)

(2) 위 ㉣이 하는 일을 설명해 봅시다.

14 오른쪽은 우리 몸속 순환 기관의 모습입니다. ㉠의 이름을 쓰고, 운동할 때 나타나는 ㉠의 변화를 설명해 봅시다.

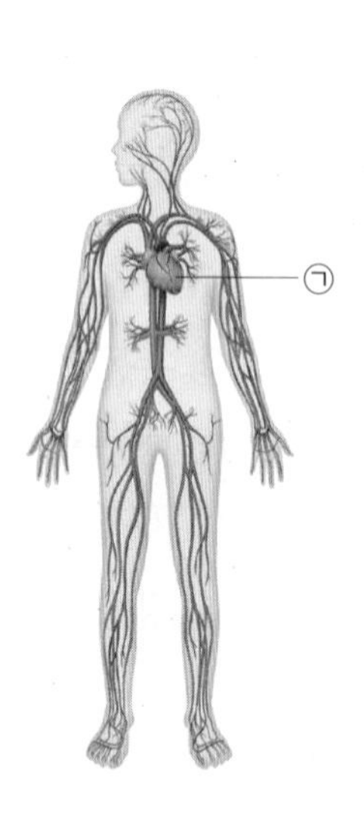

15 우리는 끊임없이 숨을 쉽니다. 우리가 숨을 쉬어야 하는 까닭을 설명해 봅시다.

16 오른쪽은 우리 몸의 배설 기관을 나타낸 것입니다. ㉠과 ㉡ 중 방광의 기호를 쓰고, 방광이 하는 일을 설명해 봅시다.

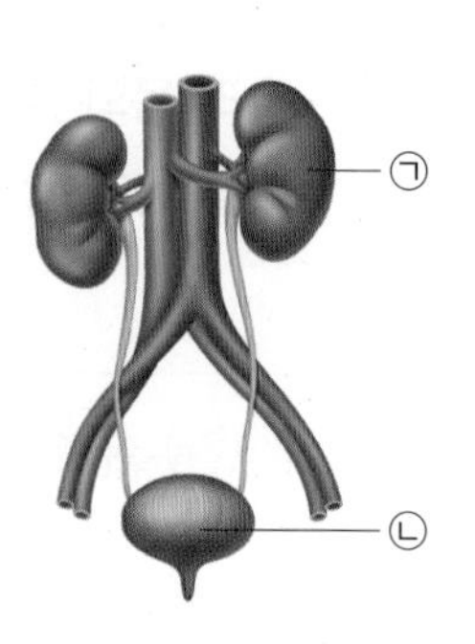

17 자극의 전달 과정에서 신경계가 하는 일을 세 가지 설명해 봅시다.

18 다음은 감기의 원인과 증상입니다. 감기를 예방하여 건강을 지키기 위한 생활 습관을 두 가지 설명해 봅시다.

> 감기는 감기 바이러스에 의해 호흡 기관에 문제가 생겨 발생하는 질병으로, 감기에 걸리면 기침이 나거나 콧물, 코막힘, 두통, 발열 등의 증상이 나타난다.

→ 바른답·알찬풀이 38 쪽

01 다음은 뼈와 근육 모형에 바람을 불어 넣고 있는 모습입니다.

(1) 뼈와 근육 모형에서 우리 몸의 뼈와 같은 역할을 하는 것은 무엇인지 써 봅시다.

( )

(2) 위 뼈와 근육 모형에 바람을 불어 넣었을 때의 변화를 바탕으로 팔이 어떻게 구부러지는지 설명해 봅시다.

성취 기준

뼈와 근육의 생김새와 기능을 이해하여 몸이 움직이는 원리를 설명할 수 있다.

출제 의도

뼈와 근육 모형에 바람을 불어 넣었을 때의 변화를 통해 근육의 길이 변화에 따른 뼈의 움직임을 알고 있는지 묻는 문제예요.

관련 개념

뼈와 근육 모형 만들기

G 104 쪽

02 다음은 운동할 때 우리 몸을 움직이기 위해 각 기관이 하는 일입니다.

- 뼈와 근육: 근육은 영양소와 산소를 이용해 뼈를 움직인다.
- (㉠): 몸을 움직이는 데 필요한 영양소를 흡수한다.
- 호흡 기관: 산소를 받아들이고 이산화 탄소를 내보낸다.
- 순환 기관: (㉡)
- 배설 기관: 몸을 움직이면서 생긴 노폐물을 몸 밖으로 내보낸다.

(1) 위 ㉠에 들어갈 알맞은 말을 써 봅시다.

( )

(2) 위 ㉡에 들어갈 알맞은 내용을 설명해 봅시다.

성취 기준

운동할 때 우리 몸에서 나타나는 변화를 관찰하여 우리 몸의 여러 기관이 서로 관련되어 있음을 설명할 수 있다.

출제 의도

운동할 때 몸을 움직이기 위해 각 기관이 하는 일을 알고 있는지 묻는 문제예요.

관련 개념

운동할 때 몸에서 나타나는 변화

G 115 쪽

에너지와 생활

이 단원에서 무엇을 공부할지 알아보아요.

공부할 내용	쪽수	교과서 쪽수
1 에너지가 필요한 까닭은 무엇일까요 **2** 우리 주변에는 어떤 에너지가 있을까요	138～139 쪽	『과학』 102～105 쪽 『실험 관찰』 46～48 쪽
3 에너지 형태가 바뀌는 예를 알아볼까요	140～141 쪽	『과학』 106～107 쪽 『실험 관찰』 49 쪽
4 생물이 이용하는 에너지는 무엇으로부터 전환된 것일까요	144～145 쪽	『과학』 108～109 쪽 『실험 관찰』 50 쪽
5 에너지를 효율적으로 이용하는 예를 알아볼까요 **6** 효율적인 에너지 활용 방법을 제안해 볼까요	146～147 쪽	『과학』 110～113 쪽 『실험 관찰』 51～53 쪽

「과학」 100~101 쪽

무인도에서 살아남기

멋진 여행을 꿈꾸며 바다로 떠난 모험가는 어느 날 세찬 비바람을 만나 배를 잃고 무인도에 살게 되었습니다. 모험가가 쓴 일기를 보고 무인도에서 어떻게 살아남았는지 알아봅시다.

어느 모험가의 일기

8 월 31 일

배가 세찬 바람을 따라 움직이다 바위에 부딪혀 부서졌다.

바람 은/는 배를 움직일 수 있습니다.

9 월 2 일

눈을 떠 보니 무인도였다. 배가 고파 먹을 것을 찾아 나섰다.

사람은 음식 을/를 먹어야 살아갈 수 있습니다.

9 월 4 일

나뭇가지를 모아 태우니 따뜻해졌다. 모닥불이 주변을 환하게 비추어 주니 무섭지 않았다.

나뭇가지 이/가 타면 주변이 따뜻해지고 밝아집니다.

이듬해 3 월 17 일

햇빛이 잘 드는 곳에 새싹이 돋아나 있어 살펴보니 밀이었다. 앞으로 밀을 길러 먹을거리를 마련해야겠다.

식물은 햇빛 을/를 받아 만든 양분으로 자랍니다.

배를 움직이는 바람, 사람이 먹는 음식물, 모닥불을 피울 때 사용하는 나뭇가지, 식물이 자랄 때 필요한 햇빛 등은 모두 에너지를 가집니다.

- 모험가가 무인도에서 살아남기 위해 필요한 에너지를 무엇에서 얻었는지 이야기해 봅시다.

예시 답안 음식물을 먹어 에너지를 얻었다. 나뭇가지를 태워 에너지를 얻었다. 식물이 햇빛으로부터 에너지를 얻어 만든 양분을 이용했다. 등

에너지가 필요한 까닭은 무엇일까요
우리 주변에는 어떤 에너지가 있을까요

실험 관찰

광합성

식물이 빛과 이산화 탄소, 물을 이용해 스스로 양분을 만드는 것을 광합성이라고 합니다.

1 식물과 동물이 에너지를 얻는 방법과 에너지의 필요성 알아보기 탐구

1 식물, 동물, 기계가 에너지를 얻는 방법과 에너지가 필요한 까닭

구분	잔디	사과나무	여우	토끼	헬리콥터	전동 킥보드
에너지를 얻는 방법	햇빛을 이용해 만든 양분에서 에너지를 얻음.		다른 동물을 먹어 얻은 양분에서 에너지를 얻음.	식물을 먹어 얻은 양분에서 에너지를 얻음.	기름에서 에너지를 얻음.	전기로 전지를 충전해 에너지를 얻음.
에너지가 필요한 까닭	자라고 열매를 맺는 데 필요함.		살아가는 데 필요함.		움직이는 데 필요함.	

2 에너지를 이용하는 생물과 기계

식물은 햇빛을 이용해 광합성을 해요.

① 식물은 햇빛을 이용해 스스로 만든 양분에서 에너지를 얻습니다.

② 동물은 다른 생물을 먹어 얻은 양분에서 에너지를 얻습니다.

③ 식물과 동물은 모두 양분에서 에너지를 얻으며, 에너지가 없으면 생물이 살아가거나 기계를 움직이지 못하기 때문에 에너지가 필요합니다.

2 우리 주변의 에너지 형태

1 에너지 형태 조사하기 탐구

사람이 먹는 음식, 식물이 햇빛을 이용해 만들어 낸 양분 등에는 화학 에너지가 저장되어 있어요.

에너지 형태	특징
열에너지	물체의 온도를 높임.
빛에너지	주변을 밝게 비춤.
전기 에너지	전기 기구를 작동함.
화학 에너지	생물이 생명 활동을 하는 데 필요함.
위치 에너지	높은 곳에 있는 물체가 가진 에너지
운동 에너지	움직이는 물체가 가진 에너지

전기 에너지 / 운동 에너지 / 빛에너지 / 위치 에너지 / 열에너지 / 화학 에너지

2 학교에서 이용하는 다양한 에너지 형태 조사하기 탐구

장소	운동장			교실		
에너지가 포함된 상황이나 물체	미끄럼틀 위에 앉아 있는 사람	바람에 날리는 태극기	미세 먼지 전광판	온풍기의 바람	햇빛	도시락 안의 밥
포함된 에너지 형태	위치 에너지	운동 에너지	빛에너지, 전기 에너지	열에너지	빛에너지	화학 에너지

3 우리 주변의 에너지 형태: 열에너지, 빛에너지, 전기 에너지, 화학 에너지, 위치 에너지, 운동 에너지 등이 있습니다.

용어 사전

★ 에너지 일을 할 수 있는 능력

★ 양분 영양이 되는 성분

바른답·알찬풀이 39 쪽

스스로 확인해요

『과학』 103 쪽

1 생물이 살아가거나 기계를 움직이는 데에는 (   )이/가 필요합니다.

2 (의사소통 능력) 휴대 전화는 필요한 에너지를 어떻게 얻는지 이야기해 봅시다.

『과학』 105 쪽

1 생물이 생명 활동을 하는 데 필요한 에너지는 (   )이고, 전기 기구가 작동하는 데 필요한 에너지는 (   )입니다.

2 (사고력) 6학년 2학기 『과학』에서 학습한 내용을 떠올려 각 단원의 내용과 관련한 에너지 형태를 써 봅시다.

문제로
개념 탄탄

바른답·알찬풀이 39 쪽

정답 확인

1 다음은 에너지에 대한 설명입니다. 옳은 것에 ○표, 옳지 않은 것에 ×표 해 봅시다.

(1) 생물이 살아가는 데 에너지가 필요하다. (　　)
(2) 기계는 전기나 기름으로부터 에너지를 얻는다. (　　)
(3) 식물은 다른 생물을 먹어 얻은 양분에서 에너지를 얻는다. (　　)
(4) 동물은 햇빛을 이용해 스스로 만든 양분에서 에너지를 얻는다. (　　)

2 다음은 식물과 동물이 에너지를 얻는 방법과 에너지의 필요성에 대한 설명입니다. (　　) 안에 들어갈 알맞은 말을 각각 써 봅시다.

> 식물과 동물은 모두 (㉠)에서 에너지를 얻으며, (㉡)이/가 없으면 생물이 살아가지 못하기 때문에 필요하다.

㉠: (　　　　), ㉡: (　　　　)

3 다음은 에너지 형태에 대한 설명입니다. 옳은 것에 ○표, 옳지 않은 것에 ×표 해 봅시다.

(1) 빛에너지는 주위를 밝게 비추는 에너지이다. (　　)
(2) 열에너지는 물체의 온도를 높이는 에너지이다. (　　)
(3) 위치 에너지는 움직이는 물체가 가진 에너지이다. (　　)
(4) 운동 에너지는 높은 곳에 있는 물체가 가진 에너지이다. (　　)

4 다음과 같은 특징을 갖는 에너지 형태를 써 봅시다.

> 생물의 생명 활동에 필요한 에너지이다.

(　　　　)

5 다음은 에너지가 필요한 까닭에 대한 설명입니다. (　　) 안에 들어갈 알맞은 말에 각각 ○표 해 봅시다.

> ㉠ (전기 에너지, 빛에너지)를 얻을 수 없으면 전기 기구를 작동할 수 없으므로 ㉡ (전등을 켤 수 없다, 열매를 맺을 수 없다).

5 단원

공부한 날 월 일

공부한 내용을

자신 있게 설명할 수 있어요.

설명하기 조금 힘들어요.

어려워서 설명할 수 없어요.

에너지 형태가 바뀌는 예를 알아볼까요

우리 주변에서 볼 수 있는 에너지의 형태

- 전기로 작동하는 전기 기구나 조명 기기들은 전기 에너지와 관련이 있습니다.
- 자동차 등 움직이는 물체는 운동 에너지와 관련이 있습니다.
- 나무 위에 앉은 새 등 높은 곳에 있는 물체들은 위치 에너지를 가집니다.
- 전지나 자동차에 넣는 연료는 화학 에너지를 가지고 있습니다.

1 우리 주변에서 에너지 형태가 바뀌는 예 조사하기 탐구

1 놀이공원에서 에너지 형태가 바뀌는 과정 알아보기

탐구 과정

다음은 놀이공원에서 일어나는 여러 가지 상황입니다. 각 상황에서 에너지 형태가 바뀌는 과정을 이야기해 봅시다.

탐구 결과

아래로 내려가는 롤러코스터는 위치 에너지가 운동 에너지로 바뀌어요.

에너지 형태가 바뀌는 예	에너지 형태가 바뀌는 과정	에너지 형태가 바뀌는 예	에너지 형태가 바뀌는 과정
높은 곳에서 아래로 흐르는 물	위치 에너지 → 운동 에너지	움직이는 회전목마	전기 에너지 → 운동 에너지
전기를 만드는 태양 전지	빛에너지 → 전기 에너지	불이 켜진 전구	전기 에너지 → 빛에너지
햇빛을 받아 광합성을 하는 나무	빛에너지 → 화학 에너지	위로 올라가는 롤러코스터	운동 에너지 → 위치 에너지

2 우리 주변에서 에너지 형태가 바뀌는 예 조사하기

에너지 형태가 바뀌는 예	에너지 형태가 바뀌는 과정
폭포에서 떨어지는 물	위치 에너지가 운동 에너지로 바뀜.
주변을 밝게 비추는 촛불	화학 에너지가 빛에너지로 바뀜.
전기를 충전해 움직이는 전기 자동차	전기 에너지가 운동 에너지로 바뀜.

2 에너지 형태의 전환*

1 우리 주변에는 다양한 형태의 에너지가 있고, 다른 형태로 바뀔 수 있습니다.

2 에너지 형태가 바뀌는 것을 에너지 전환이라고 합니다.

3 에너지를 필요한 형태로 전환하면 일상생활에 편리하게 이용할 수 있습니다.

* 전환 다른 방향이나 다른 상태로 바꿈.

바른답·알찬풀이 39 쪽

스스로 확인해요 『과학』 107 쪽

1 에너지 형태가 바뀌는 것을 (　　　)(이)라고 합니다.

2 (사고력) 반딧불이는 먹이에서 얻은 양분을 이용해 배 부분에서 빛을 냅니다. 반딧불이가 배 부분에서 빛을 낼 때 에너지가 전환되는 과정을 설명해 봅시다.

문제로 개념 탄탄

➜ 바른답·알찬풀이 39 쪽

정답 확인

1 다음 각 상황과 그 상황에서 에너지 형태가 바뀌는 과정으로 옳은 것끼리 선으로 이어 봅시다.

(1)	위로 올라가는 롤러코스터	㉠	전기 에너지가 열에너지로 바뀜.
(2)	광합성으로 양분을 만드는 식물	㉡	빛에너지가 화학 에너지로 바뀜.
(3)	온풍기의 따듯한 바람	㉢	운동 에너지가 위치 에너지로 바뀜.

2 다음 ( ) 안에 들어갈 알맞은 말을 각각 써 봅시다.

> 달리는 자동차, 걸어가는 원숭이, 자전거를 타는 사람은 모두 (㉠) 에너지를 (㉡) 에너지로 형태를 바꾸어 이용한 예이다.

㉠: (   ), ㉡: (   )

3 다음은 에너지 전환에 대한 설명입니다. ( ) 안에 들어갈 알맞은 말에 ○표 해 봅시다.

(1) 에너지는 한 형태에서 다른 형태로 바뀔 수 (있다, 없다).

(2) 태양 전지는 (빛, 열)에너지를 (화학, 전기) 에너지로 전환한다.

(3) 움직이는 범퍼카는 (전기, 위치) 에너지를 (운동, 화학) 에너지로 전환한다.

(4) 광합성을 하는 사과나무는 (빛, 전기) 에너지를 (열, 화학) 에너지로 전환한다.

(5) 폭포에서 떨어지는 물은 (위치, 운동) 에너지를 (위치, 운동) 에너지로 전환한다.

4 다음은 가로등이 켜진 모습입니다. 가로등의 에너지 전환 과정을 써 봅시다.

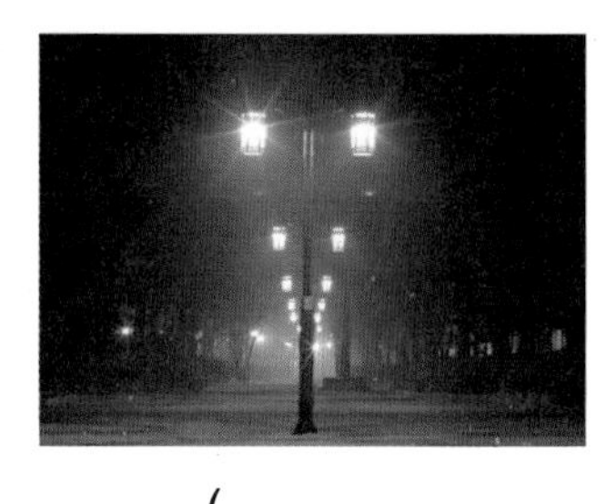

(   ) → (   )

5 단원

공부한 날 월 일

공부한 내용을
- 자신 있게 설명할 수 있어요.
- 설명하기 조금 힘들어요.
- 어려워서 설명할 수 없어요.

중요
01 다음 중 에너지에 대한 설명으로 옳지 않은 것은 어느 것입니까? ( )

① 생물이 살아가는 데 필요하다.
② 기계를 움직이는 데 필요하다.
③ 식물과 동물은 모두 양분에서 에너지를 얻는다.
④ 동물은 다른 생물을 먹어 얻은 양분에서 에너지를 얻는다.
⑤ 식물은 햇빛 없이 스스로 양분을 만들어 에너지를 얻는다.

02 동물이 에너지를 얻는 방법에 대한 설명으로 옳은 것을 보기에서 골라 기호를 써 봅시다.

보기
㉠ 말은 풀을 먹어서 에너지를 얻는다.
㉡ 물고기는 물을 이용해 스스로 에너지를 얻는다.
㉢ 타조는 햇빛을 이용해 스스로 에너지를 얻는다.

( )

03 다음 중 에너지를 얻는 방법이 나머지와 다른 하나는 어느 것입니까? ( )

① 
소

② 
반딧불이

③ 
호랑이

④ 
사과나무

서술형
04 다음은 도로를 달리는 자동차의 모습입니다. 자동차가 필요한 에너지를 얻는 방법과 만약 에너지를 얻지 못했을 때 생활에서 어떤 어려움이 있을지 설명해 봅시다.

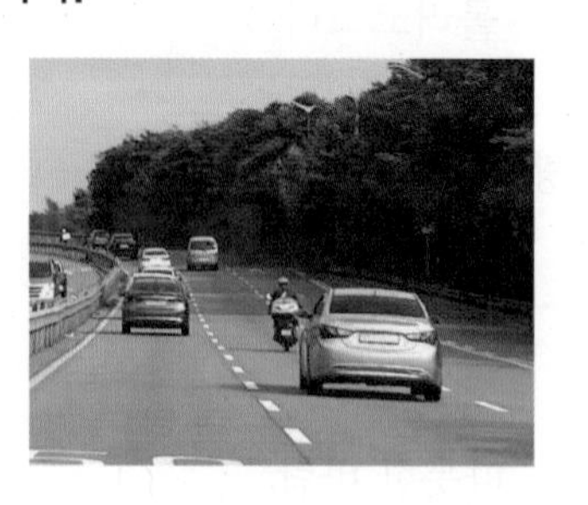

05 다음 중 생물이 생명 활동을 하는 데 필요한 에너지로 옳은 것은 어느 것입니까? ( )

① 열에너지
② 빛에너지
③ 화학 에너지
④ 운동 에너지
⑤ 전기 에너지

중요
06 다음 중 에너지의 형태에 대한 설명으로 옳지 않은 것은 어느 것입니까? ( )

① 빛에너지는 주위를 밝게 비추는 에너지이다.
② 열에너지는 물체의 온도를 높이는 에너지이다.
③ 운동 에너지는 움직이는 물체가 가진 에너지이다.
④ 위치 에너지는 높은 곳에 있는 물체가 가진 에너지이다.
⑤ 전기 에너지는 동물을 움직일 수 있게 해 주는 에너지이다.

중요

07 다음은 우리 주변의 상황이나 물체에 포함된 에너지 형태에 대한 학생 (가)~(다)의 대화입니다. 옳게 말한 학생은 누구인지 써 봅시다.

미끄럼틀 위에 앉아 있는 사람은 운동 에너지를 가지고 있어.

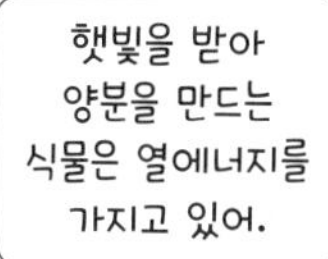

불이 켜진 촛불은 빛에너지를 가지고 있어.

(가)

(나)

(다)

( )

08 다음 중 열에너지로 형태를 바꾸어 이용하는 예로 옳지 않은 것은 어느 것입니까? ( )

① 
모닥불

②  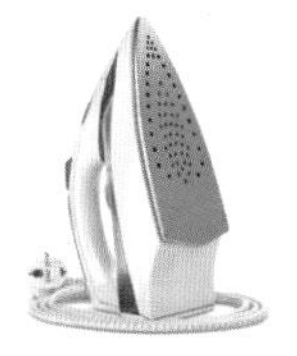
전기다리미

③ 
가스레인지 불

④ 
회전하는 선풍기

09 다음 ( ) 안에 들어갈 알맞은 말을 써 봅시다.

> 포도나무가 햇빛을 받아 양분을 만드는 과정에서 ( )이/가 화학 에너지로 바뀐다.

( )

10 오른쪽과 같이 양손의 손바닥을 서로 비빈 다음, 얼굴에 대었더니 따듯함을 느낄 수 있었습니다. 이때 에너지의 전환 과정으로 옳은 것은 어느 것입니까? ( )

① 운동 에너지 → 열에너지
② 위치 에너지 → 빛에너지
③ 열에너지 → 전기 에너지
④ 전기 에너지 → 화학 에너지
⑤ 화학 에너지 → 위치 에너지

중요

11 우리 주변의 에너지 형태가 바뀌는 과정에 대한 설명으로 옳은 것을 보기에서 골라 기호를 써 봅시다.

> **보기**
> ㉠ 태양 전지는 열에너지를 전기 에너지로 바꾼다.
> ㉡ 불이 켜진 전구는 전기 에너지를 빛에너지로 바꾼다.
> ㉢ 높은 곳에서 아래로 흐르는 물은 운동 에너지를 위치 에너지로 바꾼다.

( )

서술형

12 오른쪽은 어린이가 그네를 타고 있는 모습입니다. 그네가 아래에서 위로 올라갈 때와 위에서 아래로 내려올 때의 에너지 전환 과정을 설명해 봅시다.

....

....

5 단원

공부한 날 월 일

4 생물이 이용하는 에너지는 무엇으로부터 전환된 것일까요

1 태양광 로봇의 에너지 전환 과정 알아보기 탐구

실험 동영상

탐구 과정

❶ 태양 전지*의 집게를 전동기*에 연결합니다.

❷ 태양광 로봇을 조립하고, 태양 전지와 전동기를 로봇에 붙입니다.

❸ 태양이 태양 전지를 비출 때와 비추지 않을 때 태양광 로봇의 움직임을 관찰합니다.

탐구 결과

❶ 태양이 태양 전지를 비출 때와 비추지 않을 때 태양광 로봇의 움직임

태양이 태양 전지를 비출 때 로봇의 움직임	태양이 태양 전지를 비추지 않을 때 로봇의 움직임
태양광 로봇이 움직임.	태양광 로봇이 움직이지 않음.

❷ 태양광 로봇이 움직일 때의 에너지 전환 과정

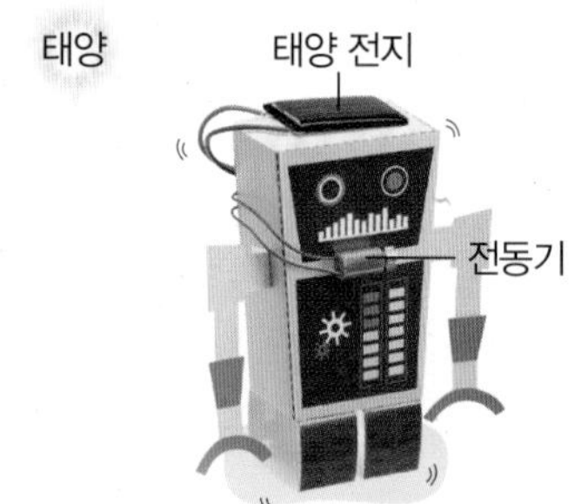

태양의 빛에너지
↓ 태양 전지
전기 에너지
↓ 전동기
태양광 로봇의 운동 에너지

2 태양으로부터 온 에너지의 전환 과정

1 식물이 태양의 빛에너지로 광합성을 하여 만든 양분은 화학 에너지를 가집니다.

2 나뭇가지가 타면 화학 에너지가 열에너지와 빛에너지로 전환됩니다.

3 태양의 열에너지로 물이 증발해 구름이 만들어집니다.

4 구름에서 비가 내려 댐에 물이 차면 물이 위치 에너지를 가집니다.

5 우리 주변의 에너지는 대부분 태양으로부터 온 에너지가 전환된 것입니다.

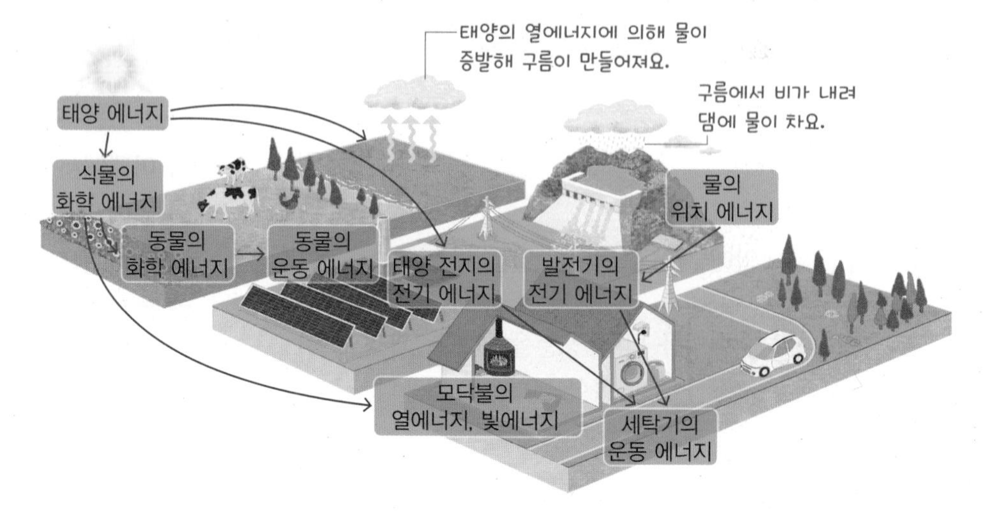

실험 관찰

에너지의 근원인 태양

식물이 광합성을 하여 화학 에너지를 가지는 양분을 만들고, 이를 다른 생물이 먹으면 화학 에너지가 체온을 유지하는 열에너지, 몸을 움직이는 운동 에너지로 전환됩니다. 또, 태양의 열에너지는 물과 대기를 순환시켜 물과 대기가 운동 에너지나 위치 에너지를 가지게 합니다.

용어 사전

* **태양 전지** 태양으로부터 오는 빛에너지를 직접 전기 에너지로 바꾸는 장치
* **전동기** 전기 에너지를 회전하는 운동 에너지로 바꾸는 장치

바른답·알찬풀이 41 쪽

스스로 확인해요 『과학』 109 쪽

1 생물이 이용하는 에너지는 대부분 (   )(으)로부터 온 에너지가 전환된 것입니다.

2 (의사소통 능력) 다음과 같이 태양 전지가 붙어 있는 가방을 메면 맑은 날 이동하면서 스마트 기기를 충전할 수 있습니다. 이때 에너지 형태가 어떻게 전환되는지 이야기해 봅시다.

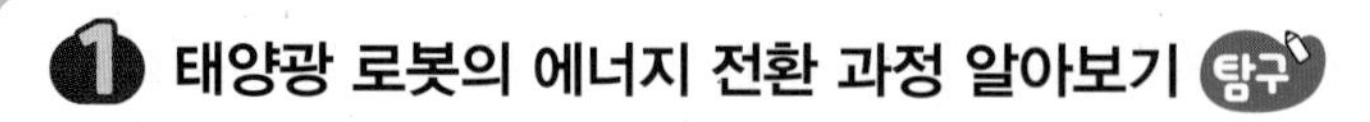

문제로 개념 탄탄

바른답·알찬풀이 41 쪽

정답 확인

1 오른쪽은 태양 전지와 전동기를 연결하여 만든 태양광 로봇입니다. 이에 대한 설명으로 옳은 것에 ○표, 옳지 않은 것에 ×표 해 봅시다.

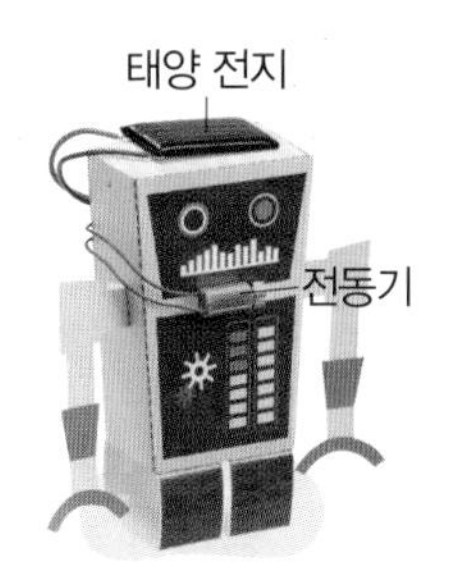

(1) 태양이 태양 전지를 비추면 태양광 로봇이 움직인다. (　　)

(2) 추운 곳에서 태양이 태양 전지를 비추면 태양광 로봇이 움직이지 않는다. (　　)

(3) 태양광 로봇은 태양의 열에너지를 이용해 움직인다. (　　)

2 다음은 태양광 로봇이 움직일 때 일어나는 에너지 전환 과정을 나타낸 것입니다. (　　) 안에 들어갈 알맞은 말을 각각 써 봅시다.

- 태양 전지: 태양의 (㉠) → 전기 에너지
- 전동기: 전기 에너지 → 태양광 로봇의 (㉡)

㉠: (　　　　　), ㉡: (　　　　　)

3 다음은 태양으로부터 온 에너지가 전환되는 과정에 대한 설명입니다. (　　) 안에 들어갈 알맞은 말에 ○표 해 봅시다.

(1) 태양의 (빛, 열)에너지에 의해 물이 증발해 구름이 만들어진다.

(2) 구름에서 비가 내려 댐에 물이 차면 물이 (위치, 운동) 에너지를 가진다.

(3) 나뭇가지가 타면 화학 에너지가 열에너지와 (빛, 전기) 에너지로 전환된다.

(4) 식물이 태양의 빛에너지로 광합성을 하여 만든 양분은 (화학, 위치) 에너지를 가진다.

4 다음 (　　) 안에 들어갈 알맞은 말을 써 봅시다.

생물이 살아가는 데 필요한 에너지나 우리가 생활에서 이용하는 에너지는 대부분 (　　　　)(으)로부터 온 에너지가 전환된 것이다.

(　　　　　)

5 단원

공부한 날 　월 　일

공부한 내용을

 자신 있게 설명할 수 있어요.

 설명하기 조금 힘들어요.

 어려워서 설명할 수 없어요.

에너지를 효율적으로 이용하는 예를 알아볼까요
효율적인 에너지 활용 방법을 제안해 볼까요

고효율기자재 표시

고효율 기준을 만족한 제품에 주는 고효율 에너지 기자재 인증 표시입니다.

고효율기자재

용어 사전

★ 효율 들인 힘과 노력에 대하여 실제로 얻은 효과를 나타낸 비율

★ 등급 높고 낮음이나 좋고 나쁨 등의 차이를 여러 층으로 구분한 것

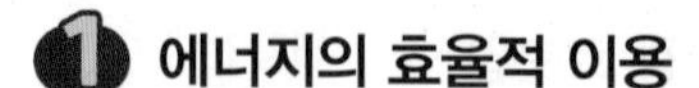

1 에너지의 효율적 이용

1 에너지를 효율적으로 이용하는 예 조사하기 탐구

예	에너지를 효율적으로 이용하는 방법
에너지 소비 효율★ 등급★이 높은 전기 기구	에너지 소비 효율 등급은 전기 기구가 전기 에너지를 기구를 작동하는 데 사용하는 비율이나 에너지 사용량에 따라 1 등급~5 등급으로 나타낸 것으로, 에너지 소비 효율 등급이 1 등급에 가까울수록 전기 기구의 에너지 효율이 높음.
'에너지 절약' 표시가 있는 전기 기구	대기 전력 기준을 만족한 전기 기구에는 '에너지 절약' 표시가 붙어 있으며, 이것은 전기 기구를 사용하지 않을 때 소비되는 대기 전력을 최소화하기 위한 것임.
동물의 겨울잠	곰, 개구리와 같은 동물은 먹이를 구하기 어려운 겨울 동안 겨울잠을 자면서 생명 활동에 필요한 최소한의 에너지만 사용함.

2 이외의 에너지를 효율적으로 이용하는 예

발광 다이오드[LED]등은 불을 켰을 때 형광등보다 전기 에너지가 열에너지로 전환되는 양이 적고 빛에너지로 전환되는 양이 많아요.

움직임 감지 가로등	발광 다이오드[LED] 등	이중창	식물의 겨울눈
사람이 지나갈 때에만 불이 켜지는 가로등을 공원에 설치해 낭비되는 에너지를 줄임.	발광 다이오드[LED]등은 형광등보다 전기 에너지를 빛에너지로 전환하는 비율이 높아 에너지 효율이 높음.	건축물에 이중창을 설치해 적정한 실내 온도를 오랫동안 유지함.	겨울눈은 이듬해에 돋아날 잎이나 꽃이 열에너지를 뺏기지 않도록 보호함.

1 전기 기구가 전기 에너지를 기구를 작동하는 데 사용하는 비율이나 에너지 사용량에 따라 1 등급~5 등급으로 나타낸 것을 무엇이라고 하는지 써 봅시다.

( )

2 다음은 에너지를 효율적으로 이용하는 예에 대한 설명입니다. ( ) 안에 들어갈 알맞은 말에 ○표 해 봅시다.

(1) 발광 다이오드[LED]등은 형광등보다 전기 에너지를 빛에너지로 전환하는 비율이 (높다, 낮다).

(2) 건축물에 이중창을 설치하면 겨울에 건축물 안의 열에너지가 빠져나가는 양이 (줄어, 늘어) 난방에 사용하는 에너지를 줄일 수 있다.

(3) 곰, 개구리와 같은 동물은 먹이를 구하기 어려운 겨울 동안 겨울잠을 자면서 생명 활동에 필요한 (최대한, 최소한)의 에너지만 사용한다.

3 에너지를 효율적으로 이용했을 때의 좋은 점

① 한정된 에너지 자원★과 물질을 아낄 수 있습니다.
② 필요하지 않은 형태로 전환되는 에너지를 줄여 에너지 낭비를 막을 수 있습니다.
③ 전기 에너지를 만드는 과정에서 일어나는 환경 오염을 줄일 수 있습니다.

2 효율적인 에너지 활용 방법 제안하기 탐구

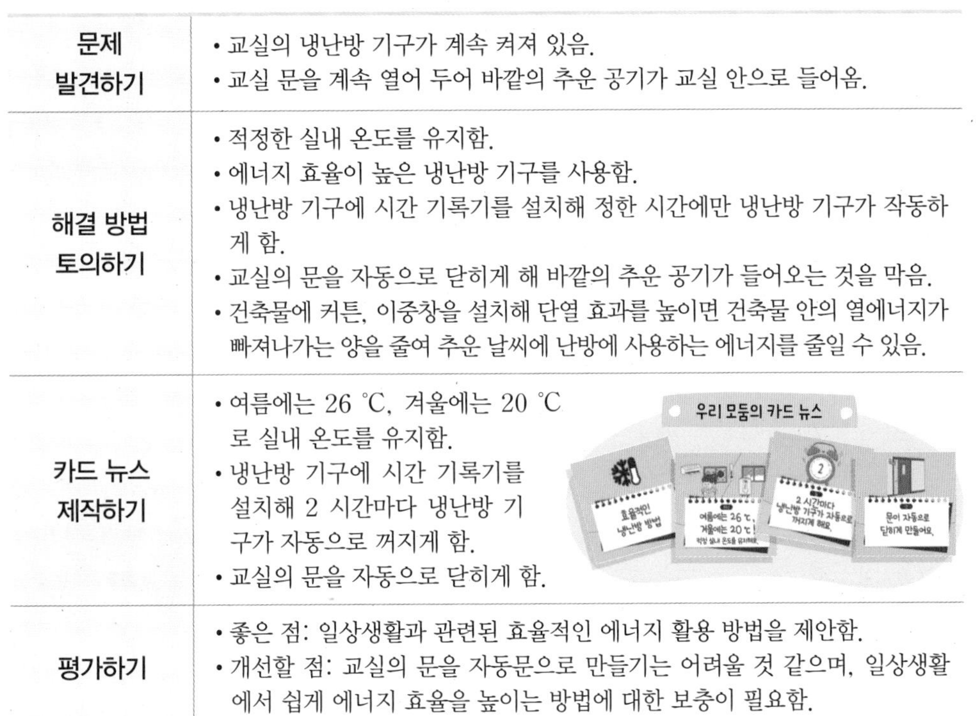

문제 발견하기	• 교실의 냉난방 기구가 계속 켜져 있음. • 교실 문을 계속 열어 두어 바깥의 추운 공기가 교실 안으로 들어옴.
해결 방법 토의하기	• 적정한 실내 온도를 유지함. • 에너지 효율이 높은 냉난방 기구를 사용함. • 냉난방 기구에 시간 기록기를 설치해 정한 시간에만 냉난방 기구가 작동하게 함. • 교실의 문을 자동으로 닫히게 해 바깥의 추운 공기가 들어오는 것을 막음. • 건축물에 커튼, 이중창을 설치해 단열 효과를 높이면 건축물 안의 열에너지가 빠져나가는 양을 줄여 추운 날씨에 난방에 사용하는 에너지를 줄일 수 있음.
카드 뉴스 제작하기	• 여름에는 26 ℃, 겨울에는 20 ℃로 실내 온도를 유지함. • 냉난방 기구에 시간 기록기를 설치해 2 시간마다 냉난방 기구가 자동으로 꺼지게 함. • 교실의 문을 자동으로 닫히게 함. (우리 모둠의 카드 뉴스: 효율적인 냉난방 방법 / 여름에는 26 ℃, 겨울에는 20 ℃! / 2 시간마다 냉난방 기구가 자동으로 꺼지게 해요. / 문이 자동으로 닫히게 만들어요.)
평가하기	• 좋은 점: 일상생활과 관련된 효율적인 에너지 활용 방법을 제안함. • 개선할 점: 교실의 문을 자동문으로 만들기는 어려울 것 같으며, 일상생활에서 쉽게 에너지 효율을 높이는 방법에 대한 보충이 필요함.

용어 사전

★ **자원** 우리 생활에 이용되는 원료로서의 광물, 산림, 수산물 등

바른답·알찬풀이 41 쪽

『과학』 111 쪽

1 전기 기구의 에너지 소비 효율 등급이 (1 등급, 5 등급)에 가까울수록 에너지를 효율적으로 이용할 수 있습니다.

2 (사고력) 다음과 같이 조상들은 온돌을 사용해 난방을 했습니다. 온돌을 사용하면 에너지를 어떻게 효율적으로 이용할 수 있는지 설명해 봅시다.

5 단원

공부한 날 월 일

바른답·알찬풀이 41 쪽

3 다음 (   ) 안에 들어갈 알맞은 말을 써 봅시다.

> 식물의 (   )은/는 이듬해에 돋아날 잎이나 꽃이 열에너지를 뺏기지 않도록 보호한다.

(   )

4 효율적인 에너지 활용 방법으로 옳은 것에 ○표, 옳지 않은 것에 ×표 해 봅시다.

(1) 커튼, 이중창 등을 사용해 단열 효과를 높였다. (   )
(2) 사람이 지나갈 때에만 불이 켜지는 조명을 설치하였다. (   )
(3) 냉난방을 할 때 문을 열어 두어 내부의 공기와 외부의 공기 사이에서 열이 잘 교환되게 하였다. (   )

공부한 내용을

- 자신 있게 설명할 수 있어요.
- 설명하기 조금 힘들어요.
- 어려워서 설명할 수 없어요.

[01~03] 오른쪽은 태양 전지와 전동기를 연결하여 만든 태양광 로봇입니다. 물음에 답해 봅시다.

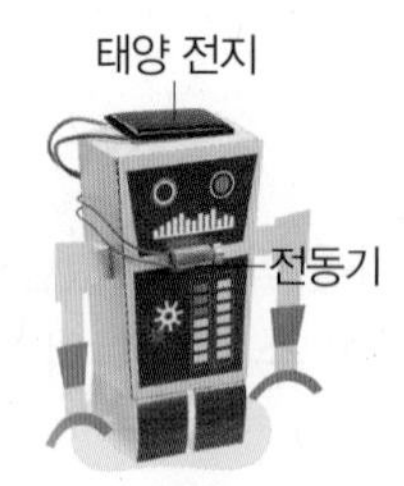

01 위 실험에서 태양이 태양 전지를 비추는 동안 태양광 로봇의 모습으로 옳은 것을 보기에서 골라 기호를 써 봅시다.

보기
㉠ 태양광 로봇이 움직인다.
㉡ 태양광 로봇이 움직이지 않는다.
㉢ 태양광 로봇이 움직이다가 정지한다.

( )

중요
02 다음은 위 태양광 로봇이 움직일 때 일어나는 에너지 전환 과정을 나타낸 것입니다. ( ) 안에 들어갈 알맞은 말을 각각 써 봅시다.

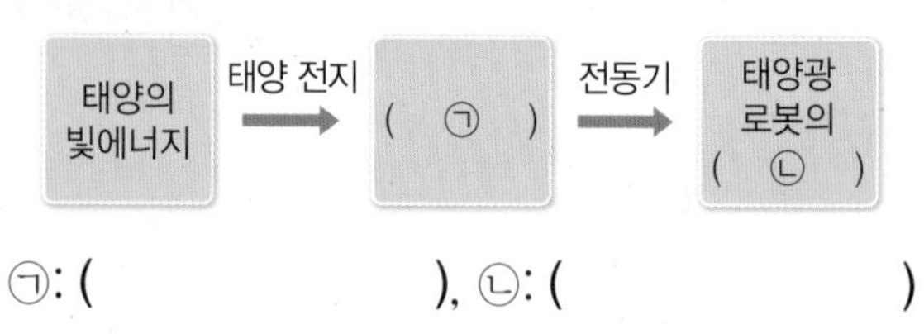

㉠: ( ), ㉡: ( )

서술형
03 위 실험에서 태양광 로봇을 움직이는 에너지가 어디로부터 온 것인지 설명해 봅시다.

중요
04 태양으로부터 온 에너지의 전환 과정에 대한 설명으로 옳은 것을 보기에서 골라 기호를 써 봅시다.

보기
㉠ 나뭇가지가 타면 열에너지로만 전환된다.
㉡ 태양의 빛에너지에 의해 물이 증발해 구름이 만들어진다.
㉢ 우리 주변의 에너지는 대부분 태양으로부터 온 에너지가 전환된 것이다.

( )

05 오른쪽은 동물이 움직일 수 있도록 에너지가 전환되는 과정을 나타낸 것입니다. ( ) 안에 들어갈 알맞은 에너지 형태를 옳게 짝 지은 것은 어느 것입니까? ( )

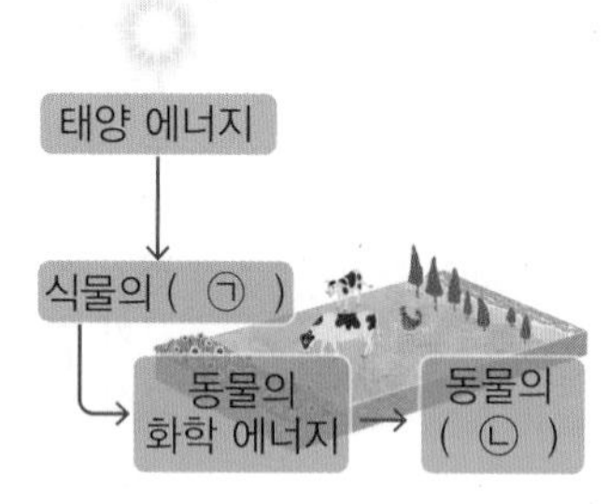

	㉠	㉡
①	열에너지	화학 에너지
②	빛에너지	열에너지
③	화학 에너지	운동 에너지
④	위치 에너지	전기 에너지
⑤	운동 에너지	운동 에너지

06 다음은 에너지를 효율적으로 이용하는 방법의 예입니다. ( ) 안에 들어갈 알맞은 말을 써 봅시다.

건축물에 이중창을 설치하면 적정한 실내 ( )을/를 오랫동안 유지할 수 있다.

( )

07 다음 중 에너지를 효율적으로 이용하는 예로 옳지 않은 것은 어느 것입니까? (　　　)

① 
이중창 사용

② 
식물의 겨울눈

③ 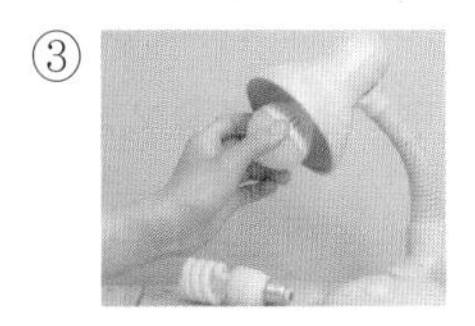
발광다이오드 [LED]등 사용

④ 
문을 열고 냉방기 사용

중요

08 다음은 에너지를 효율적으로 이용하는 예에 대한 학생 (가)~(다)의 대화입니다. 옳게 말한 학생은 누구인지 써 봅시다.

에너지 소비 효율 등급이 5 등급인 전기 기구를 사용해.

(가)

'에너지 절약' 표시가 있는 전기 기구를 사용해.

(나)

온풍기를 사용할 때에는 환기를 위해 창문을 계속 열고 있어야 돼.

(다)

(　　　　　　　　　　)

서술형

09 형광등 대신 발광 다이오드[LED]등을 사용해야 하는 까닭을 설명해 봅시다.

....

....

10 다음과 같은 표시들을 만든 까닭으로 옳은 것은 어느 것입니까? (　　　)

에너지 소비 효율 등급　　에너지 절약 표시

① 에너지 소비를 장려하기 위해서이다.
② 전기 기구를 아껴서 사용할 것을 알려 주기 위해서이다.
③ 전기 기구의 가격이 저렴한 것을 알려 주기 위해서이다.
④ 정해진 시간 동안만 사용할 것을 알려 주기 위해서이다.
⑤ 에너지를 효율적으로 이용하는 전기 기구임을 알려 주기 위해서이다.

서술형

11 에너지를 효율적으로 이용했을 때의 좋은 점을 두 가지 설명해 봅시다.

....

....

중요

12 학교의 교실에서 에너지를 효율적으로 활용하기 위한 방법에 대한 제안으로 옳은 것을 보기 에서 두 가지 골라 기호를 써 봅시다.

보기

㉠ 빈 교실에 전등이 켜져 있으면 꺼야 한다.
㉡ 커튼, 이중창을 사용하여 단열 효과를 높인다.
㉢ 냉방을 할 때는 가장 낮은 온도로 설정하여 사용한다.

(　　　　,　　　　)

5 단원

공부한 날　월　일

에너지를 효율적으로 이용하는 나만의 집 설계하기

옥상에 정원이나 텃밭을 가꾸고, 집의 벽, 바닥, 천장 등에 단열재를 설치하면 집 안의 온도를 알맞게 유지해 냉난방 기구에서 이용하는 에너지를 줄일 수 있습니다. 또, 사람이 사용할 때에만 전등, 전기 기구가 켜지게 하면 낭비되는 에너지를 줄일 수 있습니다. 날씨에 따라 창문 가림막이 자동으로 조절되면 어떨까요? 집 안에서 에너지 효율을 높일 수 있는 방법을 생각해 보고, 에너지를 효율적으로 이용하는 나만의 집을 설계해 봅시다.

에너지를 효율적으로 이용하는 예

- 발광 다이오드[LED]등은 불을 켰을 때 형광등보다 전기 에너지가 열에너지로 전환되는 양이 적고 빛에너지로 전환되는 양이 많아 에너지 효율이 높습니다. 따라서 형광등 대신 발광 다이오드[LED]등을 사용합니다.
- 옥상에 태양광 발전기를 설치하면 빈 공간을 활용할 수 있고, 친환경 에너지를 이용할 수 있습니다.
- 사용하지 않는 전기 기구의 전원을 끄면 에너지 소비를 줄일 수 있으므로 움직임을 감지하는 장치를 설치해 사람이 있을 때에만 전기 기구가 켜지게 합니다.
- 건축물에 이중창을 설치하면 건축물 안의 열에너지가 빠져나가는 양을 줄여 추운 날씨에 난방에 사용하는 에너지를 줄일 수 있어 에너지를 효율적으로 이용할 수 있습니다.

용어 사전

- ★ **옥상** 현대식 건물에서 마당처럼 평면으로 만든 지붕의 위
- ★ **정원** 집 안의 뜰이나 꽃밭
- ★ **설계** 건축물 등에서 구조물을 만드는 데 필요한 계획을 세우고 구체적으로 도면을 그려 제시하는 일

❶ 집 안에서 에너지를 효율적으로 이용하려면 어떻게 해야 할지 써 봅시다.

에너지 효율을 높이는 방법을 찾아보고 집에 어떻게 적용할지 고민해요.

예 사람이 텔레비전을 보지 않으면 텔레비전이 자동으로 꺼지게 한다.

예시 답안 사람이 집을 주로 비우는 시간에는 전등, 냉난방 기구를 끄고, 전기 기구를 절전 상태로 바꾼다. 햇빛이 비추는 방향에 따라 창문의 차양을 조절하고, 날씨에 따라 창문 가림막을 조절한다.

❷ 에너지를 효율적으로 이용하는 나만의 집을 설계해 글과 그림으로 나타내 봅시다.

집을 설계할 때 그림으로 나타내기 어려운 부분은 글로 설명해 표현해요.

예시 답안 사람이 주로 집에 머무는 시간에 전등이 켜져 있다. 집에 사람이 없으면 전등이 꺼지고 냉난방 기구와 같은 전기 기구가 절전 상태로 바뀐다. 햇빛이 비추는 방향에 따라 창문의 차양이 조절된다.

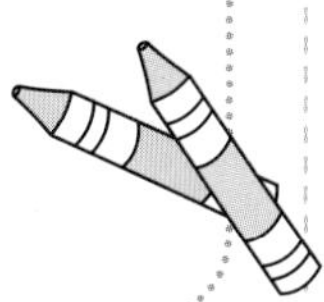

나만의 집 설계하기 도움말

- 창의적으로 자유롭게 아이디어를 떠올려요.
- 아이디어가 잘 드러나도록 글과 그림으로 나타내요.

5 단원

공부한 날 월 일

『과학』 116~117 쪽

이렇게 정리해요

빈칸에 알맞은 말을 넣고, 『과학』 127 쪽에서 알맞은 붙임딱지를 찾아 붙여 내용을 정리해 봅시다.

에너지

- 생물이 살아가거나 기계를 움직이는 데에는 ❶ [에너지] 이/가 필요함.
- 에너지를 얻는 방법

식물은 ❷ [햇빛] 을/를 받아 스스로 만든 양분에서 에너지를 얻음.

동물은 다른 생물을 먹어 얻은 양분에서 에너지를 얻음.

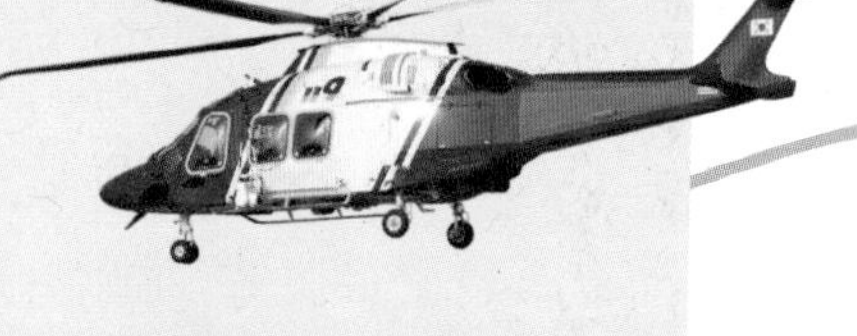

기계는 ❸ [기름], 전기 등에서 에너지를 얻음.

풀이 식물은 빛에너지를 이용해 스스로 만든 양분에서 에너지를 얻습니다. 동물은 먹이를 먹어 얻은 양분에서 에너지를 얻고, 기계는 전기나 기름 등에서 에너지를 얻습니다.

에너지 형태

물체의 온도를 높이는 ❹ [열] 에너지	주변을 밝게 비추는 ❺ [빛] 에너지	전기 기구를 작동하는 전기 에너지
생물이 생명 활동을 하는 데 필요한 화학 에너지	움직이는 물체가 가진 ❻ [운동] 에너지	높은 곳에 있는 물체가 가진 위치 에너지

풀이 열에너지로 음식을 익히거나 난방을 할 수 있고, 빛에너지로 주변을 밝게 비출 수 있습니다. 움직이는 물체는 운동 에너지를 가집니다.

에너지 전환

- 에너지 형태가 바뀌는 것을 ❼ 에너지 전환 (이)라고 함.
- 에너지 형태가 전환되는 예

높은 곳에서 아래로 흐르는 물: 위치 에너지 → 운동 에너지

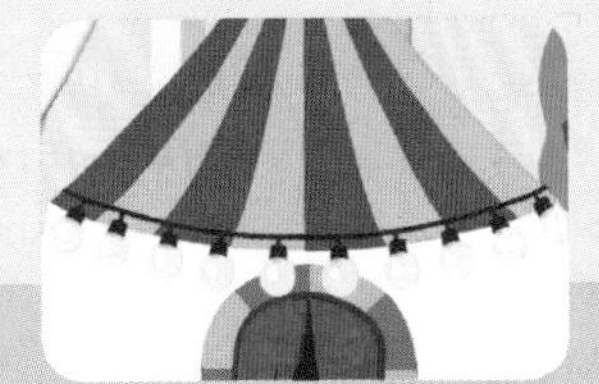

불이 켜진 전구: 전기 에너지 → ❽ 빛에너지

광합성을 하는 나무: ❾ 빛에너지 → 화학 에너지

- 자연이나 일상생활에 존재하는 에너지는 대부분 ❿ 태양 (으)로부터 온 에너지가 전환된 것임.

풀이 에너지 형태가 한 형태에서 다른 형태로 바뀌는 것을 에너지 전환이라고 합니다.

에너지와 생활

에너지의 효율적 이용

에너지 소비 효율 등급이 높은 전기 기구

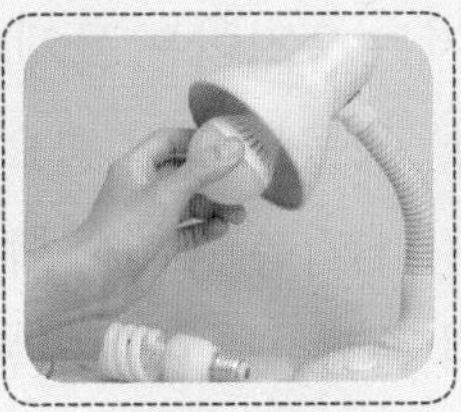

발광 다이오드 [LED]등

건축물에 이중창 설치

식물의 겨울눈

풀이 발광 다이오드[LED]등은 전기 에너지를 빛에너지로 전환하는 비율이 형광등보다 높습니다.

다양한 형태로 에너지를 만드는 생물

『과학』 118 쪽

전기뱀장어는 몸의 옆쪽에 있는 발전 기관에서 전기 에너지를 만듭니다. 이때 전기뱀장어가 만든 전기 에너지는 발광 다이오드[LED]등 수십 개를 켤 수 있습니다. 빛에너지를 만드는 생물도 있습니다. 초롱아귀는 빛이 들어오지 않을 정도로 아주 깊은 바닷속에 사는 물고기입니다. 암컷 초롱아귀는 머리 앞쪽에 있는 긴 돌기에서 빛을 내고, 이 빛으로 수컷이나 먹이를 꾀어냅니다. 바다에 사는 원생생물인 야광충은 파도가 치면 빛을 내는데, 밤에 파도의 꼭대기가 푸른빛으로 빛나는 것은 야광충 때문입니다.

창의적으로 생각해요

다양한 형태로 에너지를 전환하는 생물의 예를 조사하고, 에너지를 전환하는 것이 생물이 살아가는 데 미치는 긍정적인 영향을 이야기해 봅시다.

예시 답안
- 전기뱀장어: 전기를 이용해 주위에 먹이가 있는지 탐지하고 전기 충격으로 먹잇감을 기절시켜 잡을 수 있다.
- 반딧불이: 배 부분에서 루시페린이 산소와 반응해 빛을 내고, 이 빛으로 짝을 찾아 짝짓기를 한다.
- 야광나무: 밤이 되어도 꽃에서 빛이 나므로 꽃가루받이를 하는 데 유리할 것이다.

5 단원 공부한 날 월 일

교과서 쏙쏙

1 다음은 식물과 동물이 에너지를 얻는 방법을 비교한 학생들의 대화입니다. 잘못 말한 학생은 누구인지 써 봅시다.

(우리)

풀이 동물은 스스로 양분을 만들지 못하고, 다른 생물을 먹어 얻은 양분에서 에너지를 얻습니다.

2 다음 중 에너지에 대한 설명으로 옳지 않은 것은 어느 것입니까? (②)

① 생물이 살아가려면 에너지가 필요하다.
② 위치 에너지는 움직이는 물체가 가진 에너지이다.
③ 동물은 다른 생물을 먹어 필요한 에너지를 얻는다.
④ 기계는 전기나 기름 등에서 에너지를 얻어 움직인다.
⑤ 일상생활에 존재하는 에너지는 대부분 태양에서 온 에너지가 전환된 것이다.

풀이 위치 에너지는 높은 곳에 있는 물체가 가진 에너지이고, 운동 에너지는 움직이는 물체가 가진 에너지입니다.

3 다음 중 빛에너지와 가장 관련 있는 것으로 옳은 것은 어느 것입니까? (②)

① 떠오르는 풍선 ② 불이 켜진 가로등 ③ 폭포의 물

④ 회전하는 선풍기 ⑤ 움직이는 롤러코스터

풀이 떠오르는 풍선, 폭포의 물, 움직이는 롤러코스터는 운동 에너지, 위치 에너지와 관련이 있습니다. 회전하는 선풍기는 전기 에너지, 운동 에너지와 관련이 있습니다.

4 각 상황에서 일어나는 에너지 전환 과정을 선으로 연결해 봅시다.

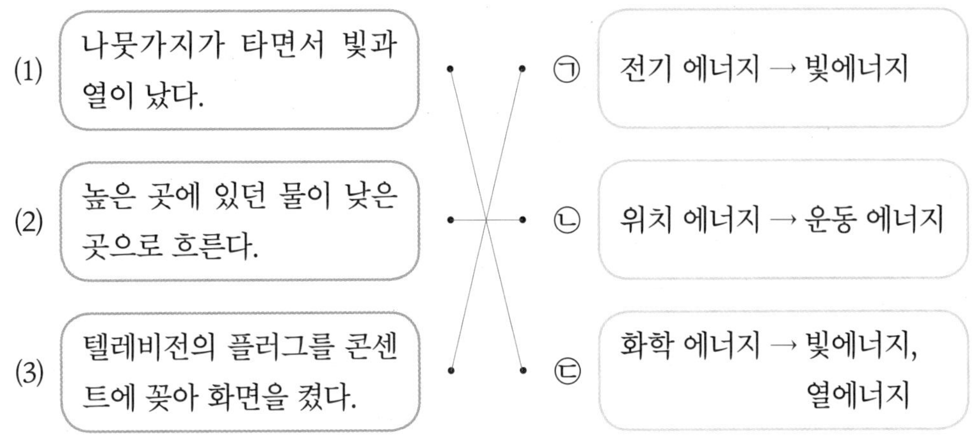

풀이 모닥불이 탈 때 나뭇가지의 화학 에너지가 빛에너지와 열에너지로 전환됩니다. 높은 곳에 있던 물이 낮은 곳으로 흐를 때 위치 에너지가 운동 에너지로 전환됩니다. 텔레비전에서 전기 에너지가 빛에너지로 전환되어 화면에서 빛이 납니다.

5 에너지를 효율적으로 이용하는 예에 대한 설명으로 옳은 것을 보기에서 골라 기호를 써 봅시다.

보기

㉠ 발광 다이오드[LED]등 대신 형광등을 사용한다.
㉡ 전기 기구는 에너지 소비 효율 등급이 5 등급인 것을 사용한다.
㉢ 건축물에 이중창을 설치해 적정한 실내 온도를 오랫동안 유지한다.

(㉢)

풀이 형광등 대신 에너지 효율이 높은 발광 다이오드[LED]등을 사용하고, 에너지 소비 효율 등급이 1 등급에 가까운 전기 기구를 사용하면 에너지를 효율적으로 이용할 수 있습니다.

탐구 능력 | 문제 해결력

6 오른쪽과 같이 종이로 해파리를 만들어 태양 전지를 전동기와 연결해 태양 쪽으로 두면 해파리가 돌아갑니다. 이 태양광 해파리는 태양 에너지를 이용해 움직입니다. 태양광 해파리가 움직일 때 에너지가 전환되는 과정을 설명해 봅시다.

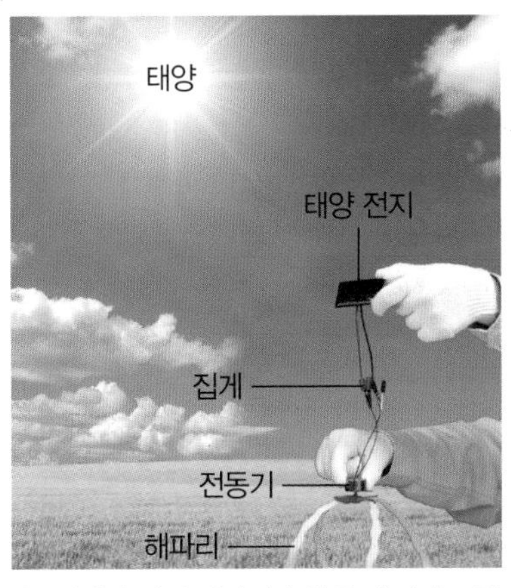

예시 답안 태양 전지에서 태양의 빛에너지가 전기 에너지로 전환되면 전동기에서 전기 에너지가 운동 에너지로 전환되어 해파리가 움직인다.

풀이 태양 전지에서 태양의 빛에너지가 전기 에너지로 전환됩니다. 전동기에서 전기 에너지가 운동 에너지로 전환되어 해파리를 움직일 수 있습니다.

5 단원

공부한 날 월 일

그림으로 단원 정리하기

● 그림을 보고, 빈칸에 알맞은 내용을 써 봅시다.

01 에너지를 이용하는 생물과 기계
138 쪽

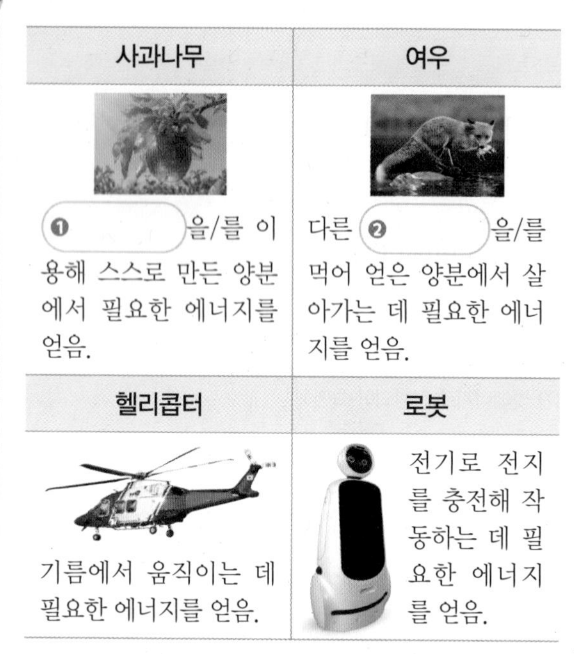

사과나무	여우
❶ ( )을/를 이용해 스스로 만든 양분에서 필요한 에너지를 얻음.	다른 ❷ ( )을/를 먹어 얻은 양분에서 살아가는 데 필요한 에너지를 얻음.
헬리콥터	**로봇**
기름에서 움직이는 데 필요한 에너지를 얻음.	전기로 전지를 충전해 작동하는 데 필요한 에너지를 얻음.

식물은 햇빛을 이용해 스스로 만든 양분에서 에너지를 얻고, 동물은 다른 생물을 먹어 얻은 양분에서 에너지를 얻습니다.

02 우리 주변의 에너지 형태
138 쪽

우리가 이용하는 에너지 형태는 열에너지, 빛에너지, 전기 에너지, 화학 에너지, 위치 에너지, 운동 에너지 등이 있습니다.

03 에너지 형태가 바뀌는 예
140 쪽

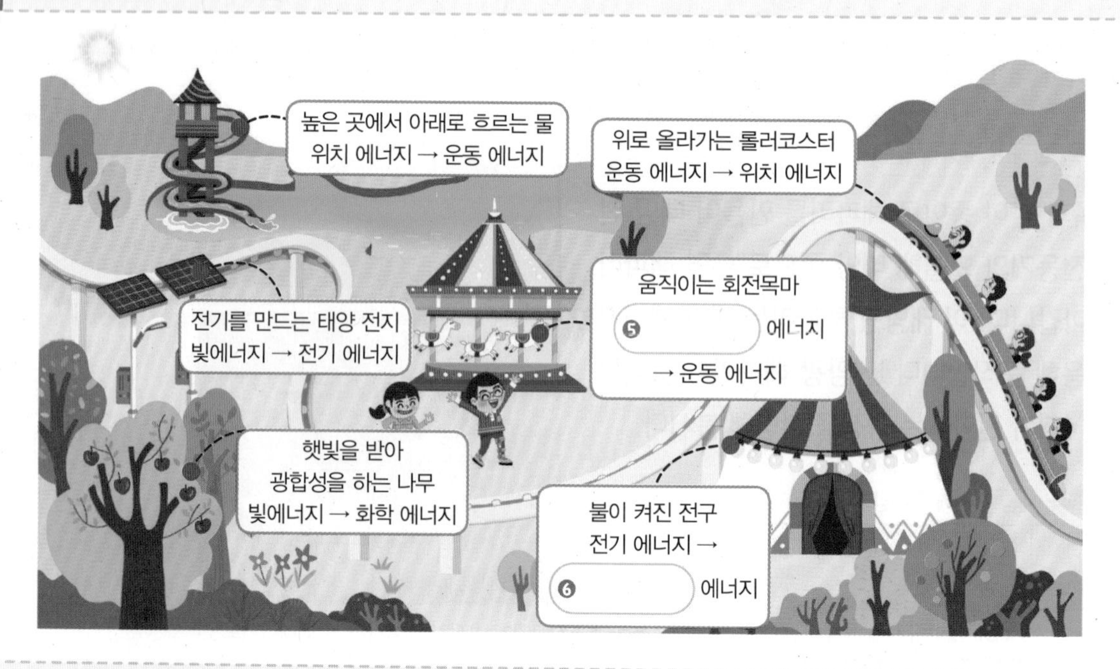

04 태양광 로봇의 에너지 전환 과정

G 144 쪽

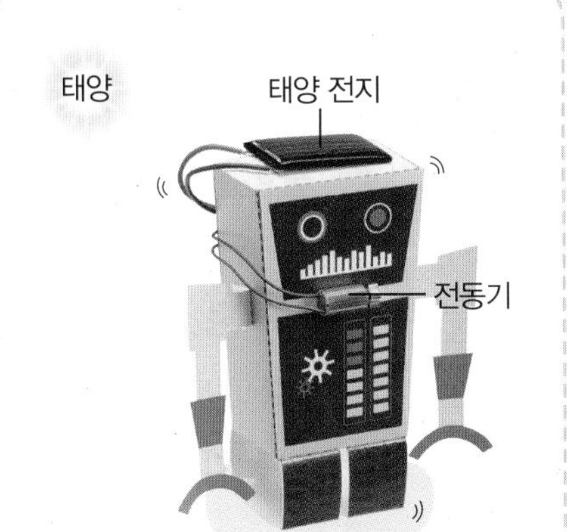

태양의 빛에너지

↓ 태양 전지

❼ (　　　) 에너지

↓ 전동기

태양광 로봇의 운동 에너지

05 태양으로부터 온 에너지의 전환 과정

G 144 쪽

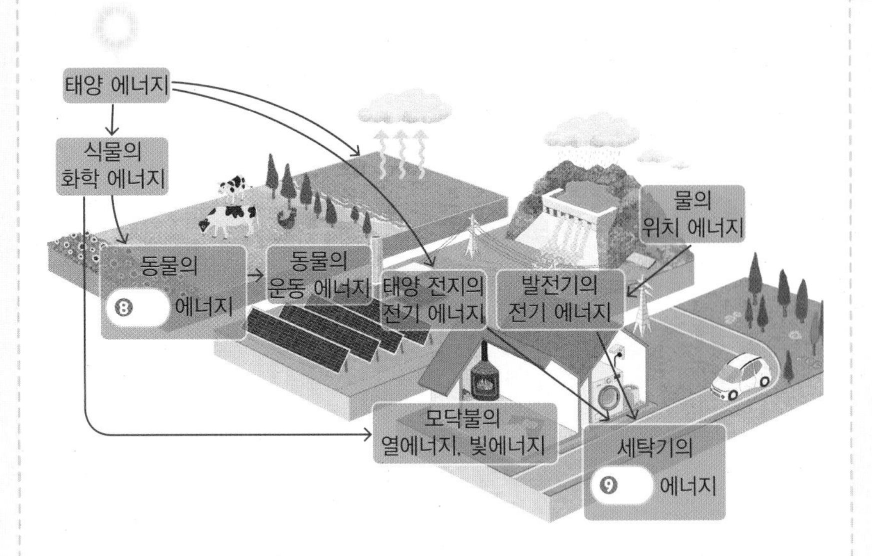

우리 주변의 에너지는 대부분 ❿ (　　　)(으)로부터 온 에너지가 전환된 것입니다.

06 에너지를 효율적으로 이용하는 예

G 146 쪽

에너지 소비 효율 등급	발광 다이오드[LED]등	이중창	식물의 겨울눈
에너지 소비 효율 등급이 ⓫ (　　　)에 가까울수록 전기 기구의 에너지 효율이 높음.	발광 다이오드[LED]등은 형광등보다 전기 에너지를 ⓬ (　　　)(으)로 전환하는 비율이 높음.	건축물에 이중창을 설치해 적정한 실내 온도를 오랫동안 유지함.	겨울눈은 이듬해에 돋아날 잎이나 꽃이 ⓭ (　　　)을/를 빼앗기지 않도록 보호함.

답 ❶ 햇빛 ❷ 생물 ❸ 빛 ❹ 화학 ❺ 전기 ❻ 빛 ❼ 전기 ❽ 화학 ❾ 운동 ❿ 태양 ⓫ 1 등급 ⓬ 빛에너지 ⓭ 열에너지

5 단원
공부한 날 월 일

01 다음은 식물, 동물, 기계가 에너지를 얻는 방법과 에너지의 필요성에 대한 학생 (가)~(다)의 대화입니다. 옳게 말한 학생은 누구인지 써 봅시다.

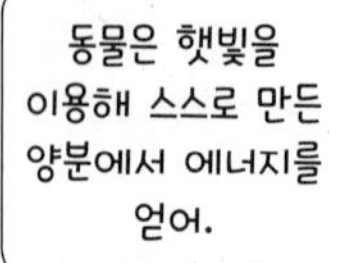

식물은 다른 생물을 먹어 얻은 양분에서 에너지를 얻어.

자동차는 기름이나 전기를 이용해 움직이는 데 필요한 에너지를 얻어.

(가) (나) (다)

(　　　　　　　　)

02 다음 중 귤나무가 에너지를 얻는 방법에 대한 설명으로 옳은 것은 어느 것입니까? (　　　)

① 전기에서 에너지를 얻는다.
② 물만 있으면 에너지를 얻을 수 있다.
③ 에너지를 얻지 않아도 살아갈 수 있다.
④ 햇빛을 이용해 스스로 에너지를 만들 수 있다.
⑤ 곤충을 먹어 얻은 양분에서 에너지를 얻는다.

03 다음은 우리 주변에 있는 에너지의 형태에 대한 설명입니다. (　　) 안에 공통으로 들어갈 알맞은 말을 써 봅시다.

- (　　　　) 에너지는 생물이 생명 활동을 하는 데 필요한 에너지이다.
- 사람은 음식을 먹어 움직이는 데 필요한 (　　　　) 에너지를 얻는다.
- 나무는 햇빛을 받아서 만든 양분을 열매에 (　　　　) 에너지의 형태로 저장한다.

(　　　　　　　　)

04 다음 중 여러 가지 에너지의 형태와 그 에너지가 포함된 예를 짝 지은 것으로 옳지 않은 것은 어느 것입니까? (　　　)

	에너지의 형태	에너지가 포함된 예
①	빛에너지	불이 켜진 전구
②	위치 에너지	나무 위에 앉은 새
③	운동 에너지	정지하고 있는 차
④	화학 에너지	사과나무의 사과
⑤	전기 에너지	충전 중인 휴대 전화

05 오른쪽과 같은 다람쥐가 살아가는 데 필요한 에너지에 대한 설명으로 옳은 것을 보기에서 골라 기호를 써 봅시다.

보기
㉠ 다람쥐는 스스로 에너지를 만들 수 있다.
㉡ 다람쥐가 움직이기 위해서는 빛에너지가 필요하다.
㉢ 나무 위에서 달리는 다람쥐는 운동 에너지와 위치 에너지를 갖는다.

(　　　　　　　　)

06 오른쪽과 같이 전기난로의 플러그를 콘센트에 꽂고 전원을 켰습니다. (　　) 안에 들어갈 에너지의 전환 과정으로 알맞은 말을 각각 써 봅시다.

- 전기난로를 켜면 주변이 따뜻해지므로 전기 에너지가 (　㉠　)(으)로 바뀌었다.
- 전기난로를 켜면 주변이 밝아지므로 전기 에너지가 (　㉡　)(으)로 바뀌었다.

㉠: (　　　　　　), ㉡: (　　　　　　)

07 다음 중 놀이공원에서 일어나는 여러 가지 상황에서 에너지의 형태가 바뀌는 예로 옳은 것은 어느 것입니까? ( )

① 반짝이는 전광판: 열에너지 → 빛에너지
② 움직이는 회전목마: 빛에너지 → 운동 에너지
③ 광합성을 하는 나무: 빛에너지 → 열에너지
④ 내려오는 롤러코스터: 위치 에너지 → 운동 에너지
⑤ 밥을 먹고 자전거를 타는 아이: 화학 에너지 → 위치 에너지

[08~09] 오른쪽은 나뭇가지에 불을 붙여 모닥불을 피우는 모습입니다. 물음에 답해 봅시다.

08 다음은 위 모닥불에 대한 학생 (가)~(다)의 대화입니다. 옳게 말한 학생은 누구인지 써 봅시다.

( )

09 다음은 위 모닥불을 피우기까지 에너지 전환 과정을 나타낸 것입니다. ( ) 안에 들어갈 알맞은 말을 각각 써 봅시다.

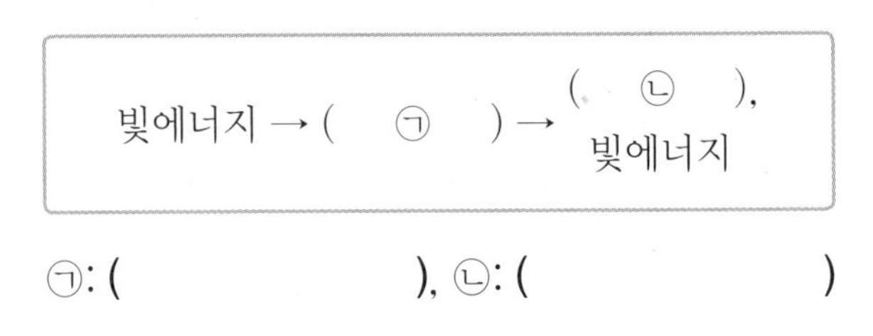

빛에너지 → (㉠) → (㉡), 빛에너지

㉠: ( ), ㉡: ( )

10 오른쪽과 같이 태양 전지와 전동기를 연결해 만든 태양광 로봇이 움직일 때의 에너지 전환 과정을 나타낸 것으로 옳은 것은 어느 것입니까? ( )

① 빛에너지 → 운동 에너지 → 화학 에너지
② 빛에너지 → 전기 에너지 → 운동 에너지
③ 열에너지 → 위치 에너지 → 전기 에너지
④ 열에너지 → 운동 에너지 → 전기 에너지
⑤ 전기 에너지 → 운동 에너지 → 위치 에너지

11 오른쪽 겨울눈은 식물이 환경에 적응해 에너지를 효율적으로 이용하는 모습을 나타낸 것입니다. ( ) 안에 들어갈 알맞은 말을 써 봅시다.

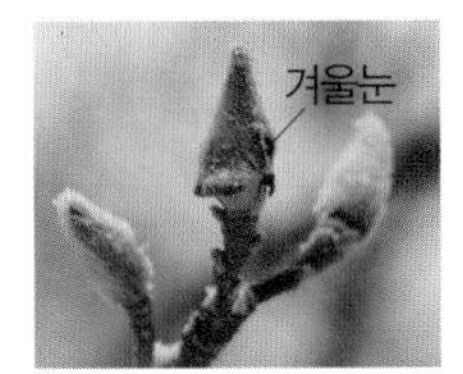

식물의 겨울눈은 이듬해 돋아날 잎이나 꽃이 ( )을/를 뺏기지 않도록 보호한다.

( )

12 다음 중 에너지를 효율적으로 활용하는 방법으로 옳지 않은 것은 어느 것입니까? ( )

① 적정한 실내 온도를 유지한다.
② 빈 교실에 냉난방 기구를 계속 켜 놓는다.
③ 건축물에 커튼, 이중창 등을 설치해 단열 효과를 높인다.
④ 에너지 소비 효율 등급이 1 등급인 전기 기구를 사용한다.
⑤ 교실 문을 자동으로 닫히게 해 바깥의 추운 공기가 들어오는 것을 막는다.

서술형 문제

13 다음은 헬리콥터와 휴대 전화의 모습입니다. 헬리콥터와 휴대 전화가 작동하기 위해 에너지를 얻는 방법에 대해 설명해 봅시다.

헬리콥터 휴대 전화

14 다음은 식물을 재배하면서 쓴 글의 일부입니다. ㉠, ㉡에서 일어나는 에너지 전환 과정을 설명해 봅시다.

> 집 앞 마당의 텃밭에 상추씨를 심어 물을 주었더니 새싹이 나와 햇빛을 받게 했더니 ㉠ 상추 이파리가 자라났다. 크게 자란 ㉡ 상추를 염소에게 먹이니 염소가 힘차게 깡충깡충 뛰어다녔다. 직접 키운 상추를 염소가 맛있게 먹고 활발하게 움직이니 기분이 좋았다.

15 오른쪽은 놀이공원의 롤러코스터가 점점 위로 올라가는 모습입니다. 롤러코스터가 위로 올라가는 동안 에너지 형태가 바뀌는 과정을 설명해 봅시다.

16 오른쪽은 태양 전지의 집게를 발광 다이오드에 연결한 모습입니다. 태양 전지를 태양을 향해 놓으니 발광 다이오드에 불이 켜졌습니다. 이때 에너지 전환 과정을 설명해 봅시다.

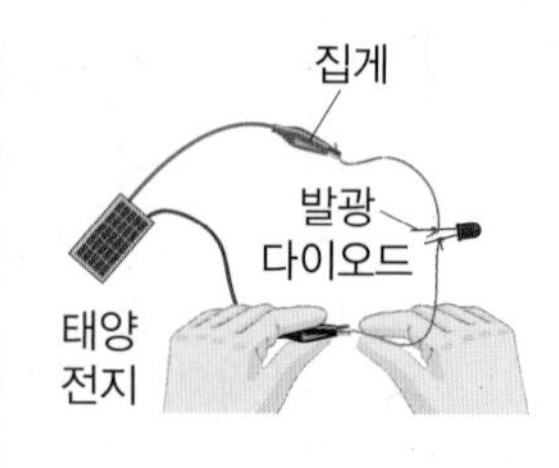

17 다음은 우리 주변의 에너지 전환 과정을 대략적으로 나타낸 모습입니다. 이러한 자연이나 일상생활에서 존재하는 에너지는 대부분 무엇으로부터 온 에너지가 전환된 것인지 설명해 봅시다.

18 오른쪽은 형광등과 발광 다이오드[LED]등의 에너지 전환 모습을 나타낸 것입니다. 두 전등 중 에너지 효율이 더 높은 전등을 골라 쓰고, 그 까닭을 설명해 봅시다.

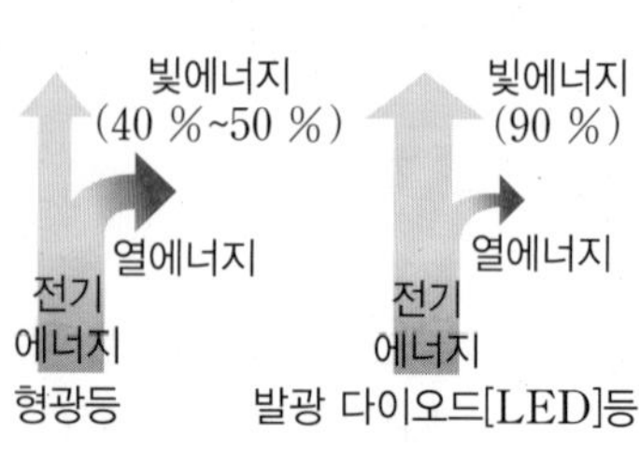

➔ 바른답·알찬풀이 45 쪽

01 다음은 햇빛이 비치는 곳에서 자라나는 토끼풀과 토끼풀을 먹고 있는 토끼의 모습입니다.

토끼풀

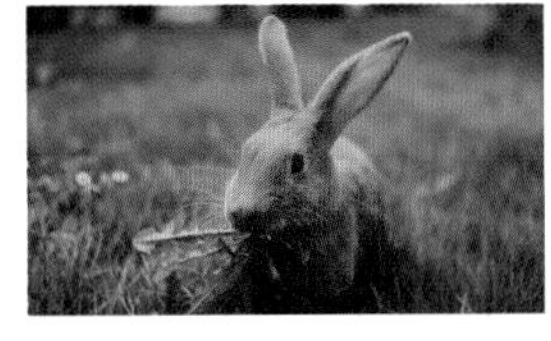
토끼

(1) 다음 (　　) 안에 공통으로 들어갈 알맞은 말을 써 봅시다.

토끼풀은 햇빛을 받아 스스로 만든 (　　　　)에서 에너지를 얻고, 토끼는 토끼풀을 먹어 얻은 (　　　　)에서 에너지를 얻는다.

(　　　　　　　　　　)

(2) 식물과 동물이 에너지를 얻는 방법의 차이점과 에너지가 필요한 까닭을 설명해 봅시다.

성취 기준
생물이 살아가거나 기계를 움직이는 데 에너지가 필요함을 알고, 이때 이용하는 에너지의 형태를 조사할 수 있다.

출제 의도
식물과 동물이 에너지를 얻는 방법과 에너지의 필요성을 설명하는 문제예요.

관련 개념
식물과 동물이 에너지를 얻는 방법과 에너지의 필요성 알아보기 G 138 쪽

02 다음은 태양 전지를 전동기에 연결해 태양광 로봇을 만들고, 태양광 로봇의 움직임을 관찰하는 실험입니다.

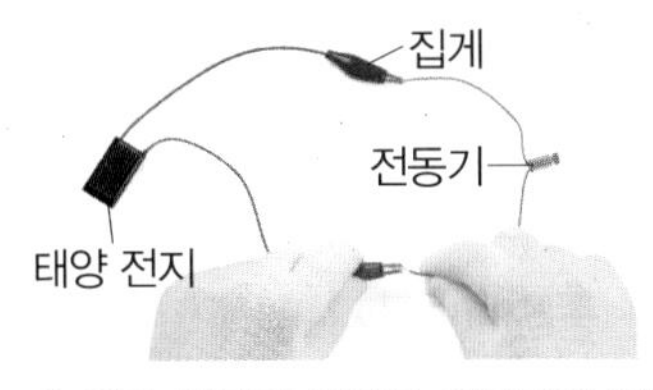

① 태양 전지의 집게를 전동기에 연결한다.

② 태양광 로봇을 조립하고, 태양 전지와 전동기를 로봇에 붙인다.

(1) 완성된 태양광 로봇을 ㉠ 햇빛이 비치는 운동장과 ㉡ 나무 그늘에 놓았을 때 로봇이 움직이는 곳은 어디인지 골라 기호를 써 봅시다.

(　　　　　　　　　　)

(2) 다음 용어를 사용해 로봇의 에너지 전환 과정을 설명해 봅시다.

태양	빛에너지	태양 전지	전동기	운동 에너지

성취 기준
자연 현상이나 일상생활의 예를 통해 에너지의 형태가 전환됨을 알고, 에너지를 효율적으로 사용하는 방법을 토의할 수 있다.

출제 의도
태양의 빛에너지가 다른 에너지로 전환되는 과정을 설명하는 문제예요.

관련 개념
태양광 로봇의 에너지 전환 과정 알아보기 G 144 쪽

01 다음 중 식물과 동물이 에너지를 얻는 방법에 대한 설명으로 옳은 것을 두 가지 골라 써 봅시다.

(,)

① 동물은 빛에서 에너지를 얻는다.
② 식물은 기름에서 에너지를 얻는다.
③ 식물은 에너지가 없어도 생명 활동을 할 수 있다.
④ 식물은 스스로 만든 양분에서 에너지를 얻는다.
⑤ 동물은 다른 생물을 먹어 얻은 양분에서 에너지를 얻는다.

02 다음 중 생물이 생명 활동을 하는 데 필요한 에너지를 얻는 방법이 나머지와 다른 하나는 어느 것입니까? ( )

① 사람이 밥을 먹는다.
② 토끼가 풀을 먹는다.
③ 개구리가 곤충을 먹는다.
④ 고양이가 생선을 먹는다.
⑤ 사과나무가 햇빛을 이용해 양분을 만든다.

03 다음은 오른쪽과 같은 포도나무에 매달린 포도에 대한 설명입니다. ( ) 안에 들어갈 알맞은 말을 각각 써 봅시다.

- 포도나무는 햇빛을 받아 스스로 양분을 만들어 (㉠) 에너지 형태로 포도에 저장한다.
- 높은 곳에 위치한 포도는 (㉡) 에너지를 갖는다.

㉠: ( ), ㉡: ( )

04 다음은 에너지 전환 과정에 대한 학생 (가)~(다)의 대화입니다. 옳게 말한 학생은 누구인지 써 봅시다.

- (가): 태양의 빛에너지는 태양 전지에서 열에너지로 전환돼.
- (나): 전기난로로 주변을 따뜻하게 할 때 전기 에너지가 열에너지로 전환돼.
- (다): 반딧불이가 먹이를 먹고 주위를 밝힐 때 전기 에너지가 빛에너지로 전환돼.

( )

05 다음 중 우리 주변의 상황과 이때 갖고 있는 에너지 형태를 짝 지은 것으로 옳지 않은 어느 것입니까? ( )

	주변의 상황	에너지 형태
①	음식물	화학 에너지
②	달리고 있는 토끼	운동 에너지
③	높이 떠 있는 풍선	위치 에너지
④	화면이 켜진 모니터	빛에너지
⑤	바람에 휘날리는 태극기	열에너지

06 오른쪽은 운동장에서 축구를 하고 있는 모습입니다. 축구를 하는 동안 에너지 형태의 변화에 대한 설명으로 옳은 것을 보기에서 골라 기호를 써 봅시다.

보기
㉠ 학생들이 달릴 때 운동 에너지가 화학 에너지로 바뀐다.
㉡ 발로 찬 축구공이 공중에 높이 떠 있을 때 열에너지가 위치 에너지로 바뀐다.
㉢ 공중에 떠 있던 축구공이 바닥에 떨어져서 굴러갈 때 위치 에너지가 운동 에너지로 바뀐다.

( )

07 놀이공원에서 일어나는 에너지 전환 과정에 대한 설명으로 옳지 않은 것을 보기에서 골라 기호를 써 봅시다.

보기
㉠ 회전목마가 움직일 때 전기 에너지가 운동 에너지로 전환된다.
㉡ 미끄럼틀을 타고 내려올 때 위치 에너지가 운동 에너지로 전환된다.
㉢ 롤러코스터가 아래에서 위로 올라갈 때 위치 에너지가 운동 에너지로 전환된다.

( )

[08~09] 오른쪽은 태양 전지와 전동기를 연결하여 만든 태양광 로봇입니다. 물음에 답해 봅시다.

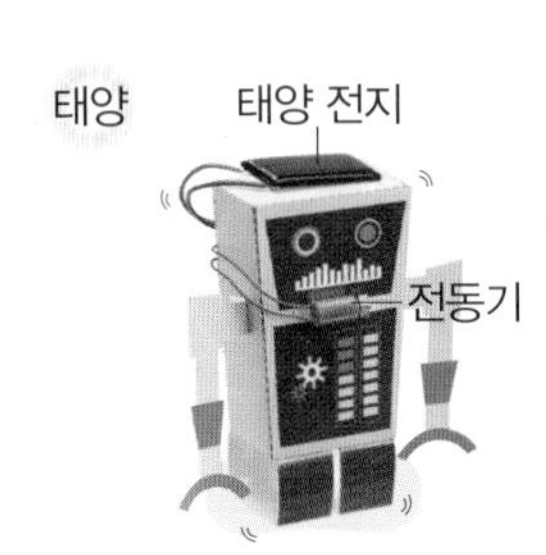

08 위 태양광 로봇에 대한 설명으로 옳은 것을 보기에서 골라 써 봅시다.

보기
㉠ 태양광 로봇은 비를 맞으면 움직인다.
㉡ 로봇이 움직이면 위치 에너지를 갖는다.
㉢ 태양광 로봇은 태양이 있는 맑은 날에 잘 움직인다.

( )

09 위 태양광 로봇의 에너지 전환 과정 중 전동기에서 전기 에너지는 어떤 에너지로 전환되는지 써 봅시다.

( )

10 다음은 태양 에너지가 전환되는 과정에 대한 설명입니다. ( ) 안에 들어갈 알맞은 말을 각각 써 봅시다.

태양의 (㉠)에너지에 의해 물이 증발해 구름이 만들어지고, 비가 내려 댐에 물이 차면 물이 (㉡) 에너지를 갖는다. 이 물이 아래로 흐르면서 발전기를 돌리면 전기 에너지로 바뀐다.

㉠: ( ), ㉡: ( )

11 효율적인 에너지의 사용에 대한 설명으로 옳은 것을 보기에서 골라 기호를 써 봅시다.

보기
㉠ 이중창은 외부 온도의 영향을 줄여 준다.
㉡ 식물의 겨울눈은 식물의 열에너지를 외부로 내보낸다.
㉢ 에너지 소비 효율 등급이 1 등급에 가까울수록 전기 기구의 에너지 효율이 낮다.

( )

12 다음은 에너지를 효율적으로 활용하는 방법에 대한 학생 (가)~(다)의 대화입니다. 잘못 말한 학생은 누구인지 써 봅시다.

( )

5 단원
공부한 날 월 일

서술형 문제

13 식물과 동물이 에너지를 얻는 방법의 공통점과 차이점을 설명해 봅시다.

14 다음은 에너지 형태에 대한 학생 (가)~(다)의 대화입니다. 잘못 말한 학생을 골라 쓰고, 그 까닭을 설명해 봅시다.

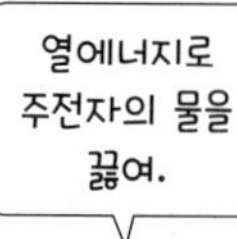

(가)

(나)

(다)

15 다음은 반딧불이와 가로등이 빛을 내는 모습입니다. 반딧불이와 가로등이 빛을 내기 위한 에너지 전환 과정을 각각 설명해 봅시다.

반딧불이

가로등

[16~17] 다음은 태양 전지와 전동기를 연결해 만든 장난감 자동차로, 태양을 향해 두었을 때 장난감 자동차가 움직입니다. 물음에 답해 봅시다.

16 위에서 장난감 자동차가 움직일 때의 에너지 전환 과정을 다음 용어를 모두 사용하여 설명해 봅시다.

운동 에너지	빛에너지	전기 에너지

17 장난감 자동차를 움직이게 하는 에너지는 무엇으로부터 온 것인지 설명해 봅시다.

18 에너지를 효율적으로 이용하는 예를 세 가지 설명해 봅시다.

➔ 바른답·알찬풀이 48 쪽

정답 확인

01 오른쪽은 일상생활에서 에너지를 이용하는 모습입니다.

(1) 그림의 ㉠ 돌고 있는 풍력 발전기의 날개와 ㉡ 미끄럼틀 위에 앉아 있는 학생의 에너지 형태를 각각 써 봅시다.

㉠: (　　　　　), ㉡: (　　　　　)

(2) 위 ㉢~㉤의 에너지 형태를 써 봅시다.

㉢: (　　　　　), ㉣: (　　　　　), ㉤: (　　　　　)

(3) 계단으로 미끄럼틀을 올라가고 있는 학생이 가지고 있는 에너지의 형태 두 가지를 설명해 봅시다.

성취 기준

생물이 살아가거나 기계를 움직이는 데 에너지가 필요함을 알고, 이때 이용하는 에너지의 형태를 조사할 수 있다.

출제 의도

일상생활에서 이용하는 에너지 형태를 설명하는 문제예요.

관련 개념

에너지 형태 조사하기 G 138 쪽

02 오른쪽은 같은 양의 전기 에너지를 공급하였을 때 형광등과 발광 다이오드[LED]등에서 에너지가 전환되는 과정을 나타낸 것입니다.

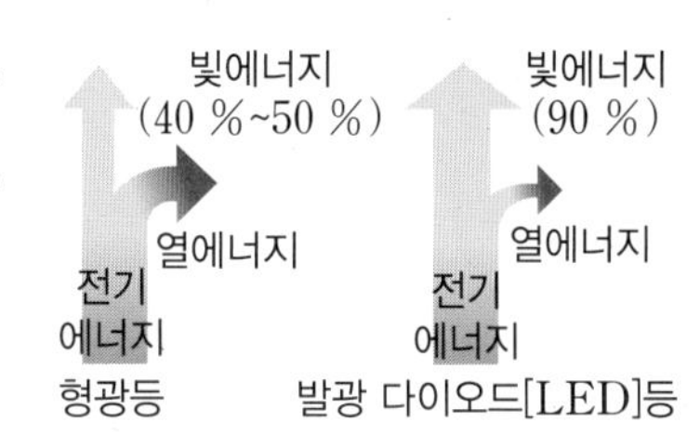

(1) 형광등과 발광 다이오드[LED]등 중 빛에너지로 전환되는 양이 적은 것은 어느 것인지 골라 써 봅시다.

(　　　　　)

(2) 형광등과 발광 다이오드[LED]등 중 에너지를 더 효율적으로 이용하는 것은 어느 것인지 골라 써 봅시다.

(　　　　　)

(3) (2)와 같이 쓴 까닭을 설명해 봅시다.

성취 기준

자연 현상이나 일상생활의 예를 통해 에너지의 형태가 전환됨을 알고, 에너지를 효율적으로 사용하는 방법을 토의할 수 있다.

출제 의도

우리 주변에서 에너지를 효율적으로 사용하는 방법을 설명하는 문제예요.

관련 개념

에너지를 효율적으로 이용하는 예 조사하기 G 146 쪽

5 단원

공부한 날 　월 　일

여러 가지 실험 기구

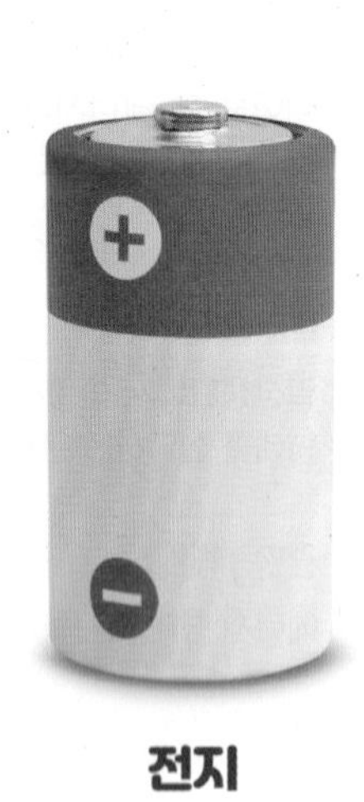

전지

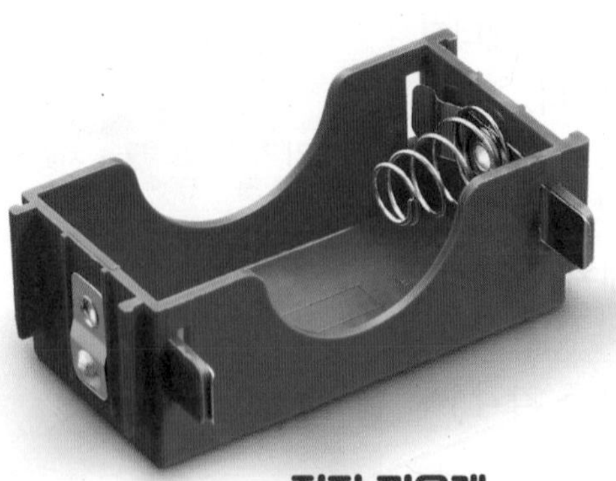
전지 끼우개

전구

전구 끼우개

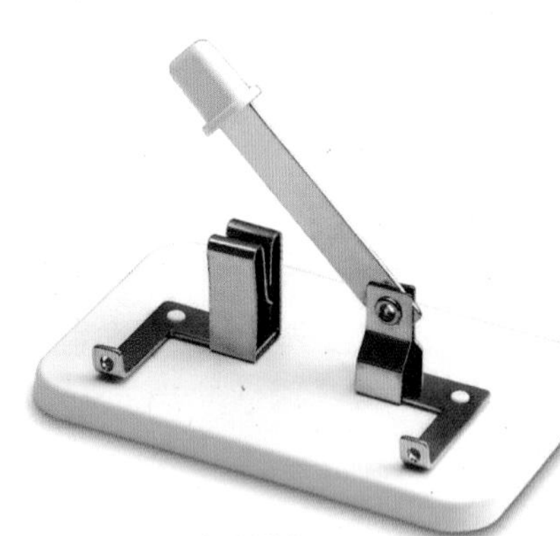
스위치

집게 달린 전선

에나멜선

손전등

집게 달린 태양 전지판
태양 고도 측정기
알코올램프
삼발이
투명한 아크릴 통
도가니
철판
주입기
도가니 집게

Memo

바른답·알찬풀이

과학 6·2

바른답 · 알찬풀이

1 전기의 이용

1 전지, 전선, 전구를 어떻게 연결하면 전구에 불을 켤 수 있을까요

스스로 확인해요 8 쪽

1 전기 회로 2 예시 답안 집게 달린 전선으로 전지의 (−)극과 전구 끼우개의 남은 한쪽을 연결한다.

1 전지, 전선, 전구와 같은 전기 부품을 연결해 전기가 흐르게 만든 것을 전기 회로라고 합니다.

2 전구가 전지의 (+)극에만 연결되어 회로의 중간이 끊겨 있기 때문에 전구에 불이 켜지지 않습니다. 따라서 집게 달린 전선으로 전지의 (−)극과 전구 끼우개의 남은 한쪽을 연결하면 전구에 불이 켜집니다.

문제로 개념 탄탄 9 쪽

1 ㉠ 2 (+)극 3 전기 회로
4 (1) ○ (2) × 5 ㉡

1 전구를 전지의 (+)극과 (−)극에 중간에 끊긴 곳이 없게 연결한 ㉠에서 전구에 불이 켜집니다. ㉡에서는 전구가 전지의 (−)극에만 연결되어 있기 때문에 전구에 불이 켜지지 않습니다.

2 전기 회로에서 전구에 불이 켜지기 위해서는 전구와 전선을 전지의 (+)극과 (−)극에 중간에 끊긴 곳이 없게 연결해야 합니다.

3 전기 회로는 전기 부품을 연결해 전기가 흐르게 만든 것입니다.

4 (1) 전기 회로에서 전구에 불이 켜지기 위해서는 전기 부품의 전기가 잘 통하는 부분끼리 연결해야 합니다.
(2) 전기 회로에서 전구에 불을 켜기 위해서는 전구와 전선을 전지의 (+)극과 (−)극에 중간에 끊긴 곳이 없게 연결해야 합니다.

5 집게 달린 전선에서 집게 부분은 전기가 잘 통하는 금속으로 만들고, 손으로 잡는 부분은 전기가 잘 통하지 않는 고무나 비닐로 만듭니다.

2 전구를 연결하는 방법에 따라 전구의 밝기는 어떻게 달라질까요

스스로 확인해요 10 쪽

1 병렬연결, 직렬연결 2 예시 답안 두 전구를 직렬연결한다.

2 같은 전지와 전구를 사용하더라도 두 전구를 직렬연결한 전기 회로의 전구가 병렬연결한 전기 회로의 전구보다 더 어둡습니다.

문제로 개념 탄탄 11 쪽

1 ㉡ 2 (1) ㉠ (2) ㉡
3 (1) ㉡ (2) ㉠ 4 (1) × (2) ○ (3) ○

1

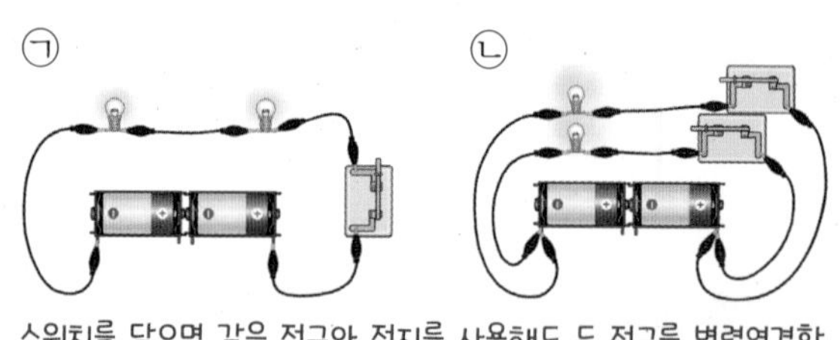

스위치를 닫으면 같은 전구와 전지를 사용해도 두 전구를 병렬연결한 ㉡의 전구가 직렬연결한 ㉠의 전구보다 더 밝아요.

두 전구를 두 줄에 한 개씩 연결한 ㉡에서 전구가 더 밝습니다.

2 (1) ㉠은 두 전구를 한 줄로 연결했습니다.
(2) ㉡은 두 전구를 두 줄에 한 개씩 연결했습니다.

3 (가)는 두 전구가 두 줄에 한 개씩 연결되어 있으므로 병렬연결이고, (나)는 두 전구가 한 줄로 연결되어 있으므로 직렬연결입니다.

4 (1) 두 전구를 병렬연결한 (가)는 한 전구가 꺼져도 나머지 전구의 불은 꺼지지 않습니다.
(2) 두 전구를 직렬연결한 (나)는 한 전구가 꺼지면 나머지 전구의 불도 꺼집니다.
(3) 두 전구를 병렬연결한 (가)의 전지가 두 전구를 직렬연결한 (나)의 전지보다 더 빨리 닳습니다.

3 전기를 안전하게 사용하고 절약하는 방법에는 무엇이 있을까요

문제로 개념 탄탄

13 쪽

1 (1) ○ (2) × 2 (1) × (2) ○ (3) ×
3 (1) ㉡ (2) ㉠ 4 (나)

1 (1) 전기를 사용할 때에는 화재의 위험이 있으므로 안전하게 사용해야 합니다.
(2) 전기를 만들 때 환경을 오염하는 물질이 나오기 때문에 전기를 절약해야 합니다.

2 (1) 전기를 안전하게 사용하기 위해서 전기 기구를 만질 때에는 손에 물기를 깨끗이 닦고 나서 만져야 합니다.
(2) 전선을 당기지 않고 플러그를 잡고 뽑아야 합니다.
(3) 한 콘센트에 여러 개의 플러그를 한꺼번에 꽂아서 사용하지 않습니다.

3 냉방기를 사용할 때에는 창문과 문을 모두 닫고 사용하고, 전기 기구를 사용하지 않을 때에는 전원을 꺼 두도록 합니다.

4 (가) 전기를 안전하게 사용하기 위해서 전선이 아닌 플러그를 잡고 뽑아야 합니다.
(나) 전기 기구를 만질 때는 손에 물기를 제거하고 만져야 합니다.
(다) 냉장고는 사용한 직후 냉장고 문을 닫아야 전기를 절약할 수 있습니다.

문제로 실력 쑥쑥

14~15 쪽

01 ㉡ 02 (다)
03 전기 회로 04 예시 답안 전구와 전선을 전지의 (−)극에만 연결했기 때문이다.
05 (1) ㉡, ㉢ (2) ㉠, ㉣ 06 ③
07 ㉠ 병렬연결, ㉡ 직렬연결
08 예시 답안 ㉠, 두 전구를 병렬연결한 전기 회로의 전지가 두 전구를 직렬연결한 전기 회로의 전지보다 더 빨리 닳기 때문이다. 09 (나) 10 ④
11 ㉠ 12 예시 답안 • 잘못된 점: 젖은 손으로 전기 기구를 만진다. • 안전하게 사용하는 방법: 손에 물기를 깨끗이 닦고 전기 기구를 만진다.

01 ㉡ 전구와 전선을 전지의 (+)극과 (−)극에 중간에 끊긴 곳이 없게 연결한 전기 회로에서 전구에 불이 켜집니다.

왜 틀린 답일까?
㉠, ㉢ 전구와 전선을 전지의 (−)극 또는 (+)극에만 연결했기 때문에 전구에 불이 켜지지 않습니다.
㉣ 전기 회로의 중간이 끊어져 있기 때문에 전구에 불이 켜지지 않습니다.

02 전구에 불이 켜진 ㉡은 전구와 전선을 전지의 (+)극과 (−)극에 중간에 끊긴 곳이 없게 연결했습니다.

03 전기 회로는 전지, 전선, 전구와 같은 전기 부품을 연결해 전기가 흐르게 만든 것입니다.

04 전구가 전지의 (−)극에만 연결되어 있기 때문에 전구에 불이 켜지지 않습니다.

	채점 기준
상	전구가 전지의 (−)극에만 연결되어 있기 때문이라고 설명한 경우
중	전구가 전지의 한쪽에만 연결되어 있기 때문이라고 설명한 경우
하	전기 회로가 끊어져 있기 때문이라고 설명한 경우

05 전구의 밝기는 두 전구가 두 줄에 한 개씩 연결된 ㉡, ㉢에서 더 밝습니다.

06
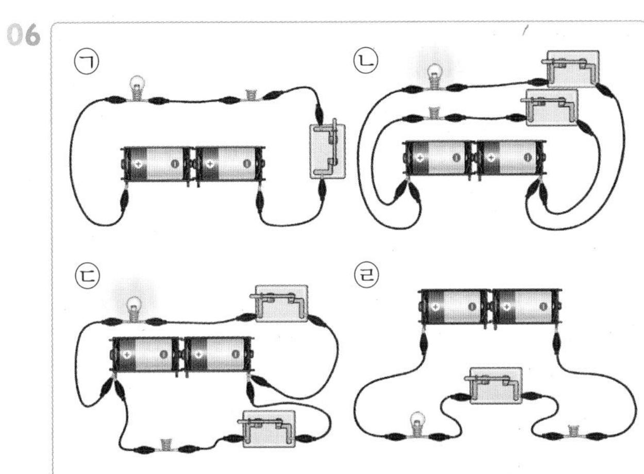

• 한 개의 전구를 빼도 두 전구를 병렬연결한 ㉡, ㉢의 나머지 전구는 불이 꺼지지 않아요.
• 한 개의 전구를 빼면 두 전구를 직렬연결한 ㉠, ㉣의 나머지 전구는 불이 꺼져요.

두 전구 중 한 개만 뺀 뒤 스위치를 모두 닫을 때 전구가 한 줄로 연결된 전기 회로 ㉠, ㉣에서는 나머지 전구의 불이 꺼지고, 두 전구가 두 줄에 한 개씩 연결된 전기 회로 ㉡, ㉢에서는 나머지 전구의 불이 꺼지지 않습니다.

07 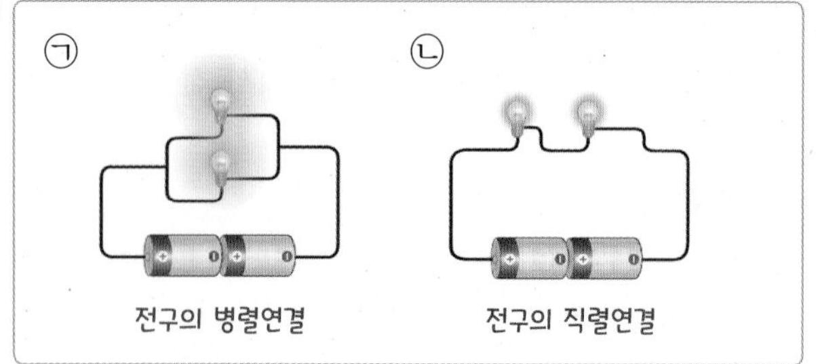

두 전구를 두 줄에 한 개씩 연결한 ㉠은 병렬연결, 두 전구를 한 줄로 연결한 ㉡은 직렬연결입니다.

08 같은 전구와 전지를 사용한 두 전기 회로에서 두 전구를 병렬연결한 전기 회로의 전지가 두 전구를 직렬연결한 전기 회로의 전지보다 더 빨리 닳습니다.

채점 기준	
상	㉠을 고르고, 두 전구를 병렬연결한 전기 회로의 전지가 두 전구를 직렬연결한 전기 회로의 전지보다 더 빨리 닳는다고 설명한 경우
중	㉠만 고른 경우

09 전기는 화재나 감전 사고의 위험이 있으므로 안전하게 사용해야 합니다. 또한, 전기를 만들 때에는 환경을 오염하는 물질이 나오기 때문에 절약해야 합니다.

10 ④ 전선을 당기지 않고, 플러그를 잡고 뽑아야 전기를 안전하게 사용할 수 있습니다.

왜 틀린 답일까?

①, ③ 전기를 절약하기 위해서는 냉장고 문을 사용한 직후 닫고, 창문을 닫은 채 냉방기를 사용해야 합니다.
② 전기를 안전하게 사용하기 위해서는 한 콘센트에 여러 개의 플러그를 동시에 연결하지 않도록 합니다.

11 ㉡ 난방기를 사용할 때에는 창문을 닫아야 전기를 절약할 수 있습니다.
㉢ 컴퓨터를 사용하지 않을 때에는 전원을 꺼 둡니다.

왜 틀린 답일까?

㉠ 사용하지 않는 전기난로는 전원을 끕니다. 또, 전기난로를 오랫동안 켜 두면 화재가 날 수 있습니다.

12 전기 기구를 만질 때에는 손에 물기를 깨끗이 닦고 나서 만져야 합니다.

채점 기준	
상	전기를 사용할 때 잘못된 점과 안전하게 사용하는 방법을 모두 옳게 설명한 경우
중	잘못된 점과 안전하게 사용하는 방법 중 한 가지만 옳게 설명한 경우

4 전자석을 만들어 볼까요

스스로 확인해요 16 쪽

1 전자석 **2** 예시 답안 전자석은 막대자석처럼 양 끝에 극이 있다.

2 전자석의 끝부분에 클립이 붙은 모습을 통해 막대자석처럼 양쪽 끝에 극이 있다는 것을 알 수 있다.

문제로 개념 탄탄 17 쪽

1 전자석 **2** (1) ○ (2) × **3** 전기
4 ㉠

1 막대자석은 항상 자석의 성질을 띠지만, 전자석은 전기가 흐를 때에만 자석의 성질을 띕니다.

2 (1) 전자석을 만들 때에는 종이 테이프로 둥근머리 볼트를 감싸고, 종이 테이프를 감싼 부분에 에나멜선을 한쪽 방향으로 100 회 이상 촘촘히 감습니다.
(2) 전자석에 전기가 흐를 수 있도록 에나멜선 양쪽 끝부분을 사포로 문질러 벗깁니다.

3 전기 회로의 스위치를 닫으면 전자석에 전기가 흐릅니다.

4 전자석은 전기가 흐를 때에만 자석의 성질을 띕니다. ㉠에서는 스위치를 닫아 전자석이 자석의 성질을 띠어 전자석 끝부분에 클립이 붙습니다.

5~6 전자석은 어떤 성질이 있을까요 / 전자석을 이용하는 예에는 무엇이 있을까요

스스로 확인해요 19 쪽

1 극 **2** 예시 답안 막대자석의 N극과 전자석이 서로 밀어 낸다.

2 나침반 바늘의 S극이 전자석을 향하고 있으므로, 전자석의 나침반 쪽 끝부분은 N극을 띱니다. 따라서 나침반이 놓인 자리에 막대자석의 N극을 가까이 하면 막대자석과 전자석은 서로 밀어 냅니다.

스스로 확인해요 19 쪽

1 전자석 **2** 예시 답안 머리 말리개로 머리를 빠르게 말릴 수 없다. 스피커가 없어서 영화를 재미있게 즐길 수 없다. 세탁기가 없어서 항상 손으로 빨래를 해야 한다. 등

2 전자석은 머리 말리개, 스피커, 세탁기 등 일상생활에서 곳곳에 쓰입니다.

문제로 개념 탄탄 20~21 쪽

1 < **2** 세진다 **3** (1) ○ (2) ×
4 (1) × (2) ○ (3) × **5** ㉢
6 ㉡ **7** (1) × (2) ○ **8** 극

1 전자석에 연결한 전지의 수가 많을수록 전자석의 세기가 세지므로, ㉠보다 ㉡에 더 많은 클립이 붙습니다.

2 전자석에 연결한 전지의 개수가 많을수록 전자석의 세기가 세집니다.

3 나침반 바늘의 S극이 전자석을 향하고 있으므로 전자석의 ㉠은 N극입니다. 전지의 두 극을 반대로 연결하면 전자석의 두 극의 위치가 바뀌므로 ㉠은 S극이 됩니다.

4 전자석은 전기가 흐를 때에만 자석의 성질을 띠며, 전자석에 연결한 전지의 개수에 따라 전자석의 세기가 달라집니다. 또, 전지의 연결 방향에 따라 두 극의 위치가 달라집니다.

5 막대자석은 항상 자석의 성질을 띠며 자석의 세기와 두 극이 변하지 않습니다. 전자석은 전기가 흐를 때에만 자석의 성질을 띠며, 연결한 전지의 개수에 따라 자석의 세기가 달라지고, 두 극을 연결한 방향에 따라 극의 위치가 달라집니다.

6 스피커는 전자석의 세기나 극을 바꿀 수 있는 성질을 이용해 소리를 냅니다.

7 전자석 기중기는 전자석에 전기가 흐를 때에만 자석의 성질을 띠는 것을 이용해 철판을 들어 옮깁니다.

8 선풍기는 전자석의 세기나 극을 바꿀 수 있는 성질을 이용해 전동기로 날개를 돌려 바람을 일으킵니다.

문제로 실력 쑥쑥 22~23 쪽

01 전기 **02** (다) **03** ㉡
04 ③ **05** ㉡
06 예시 답안 전자석에 연결한 전지의 개수가 많을수록 전자석의 세기가 세지므로 전자석에 더 많은 전지를 연결한다. **07** S **08** ②
09 예시 답안 전지의 두 극을 반대로 연결하면 전자석의 두 극의 위치가 달라지기 때문에 나침반 바늘이 가리키는 방향이 바뀐다. **10** ⑤ **11** 세기
12 ②

01 스위치를 닫으면 전자석에 전기가 흐릅니다.

02 전자석은 스위치를 닫아 전자석에 전기가 흐를 때에만 자석의 성질을 띠어 철과 같은 물체를 끌어당깁니다.

03

㉠ 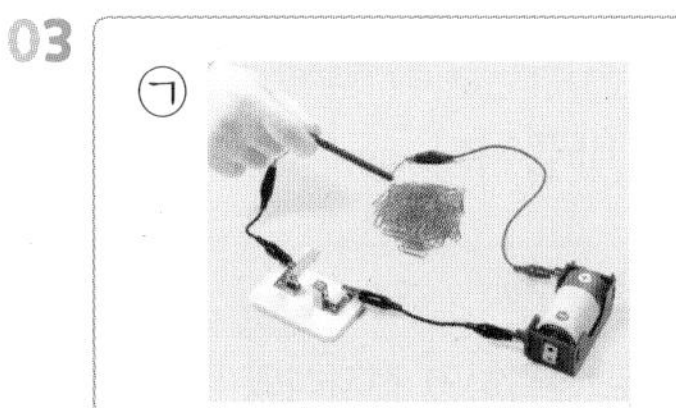

㉡ 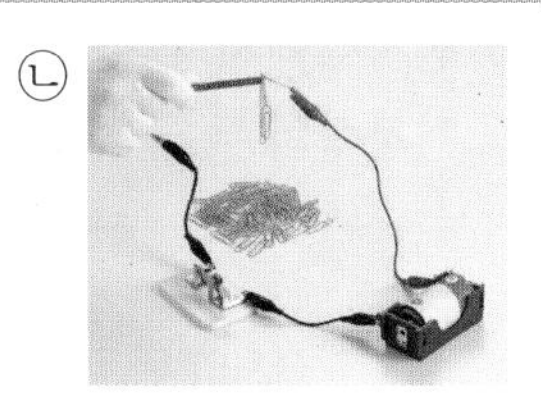

스위치가 닫힌 ㉡만 자석의 성질을 띠어 클립이 붙어요.

전자석에 전기가 흐를 때에만 전자석의 끝부분에 클립이 붙으므로 스위치가 닫혀 있는 것은 ㉡입니다.

04 전자석을 만들기 위해서는 종이테이프로 둥근머리 볼트를 감싸고, 종이테이프를 감싼 부분에 에나멜선의 양쪽 끝부분을 5 cm 정도 남긴 채 한쪽 방향으로 100 회 이상 감습니다. 이후 에나멜선 양쪽 끝부분을 전지, 전선, 스위치와 연결하면 전자석이 완성됩니다.

왜 틀린 답일까?
③ 에나멜선의 양쪽 끝부분은 겉면을 벗겨 내야 합니다.

05 전자석의 세기가 셀수록 전자석 끝부분에 클립이 많이 붙으므로 전자석의 세기는 ㉡이 ㉠보다 세기가 더 셉니다.

06 전자석의 세기가 세질수록 전자석의 양끝에 더 많은 클립이 붙습니다.

채점 기준	
상	전자석에 연결한 전지의 개수가 많을수록 전자석의 세기가 세진다고 설명하고, 전자석에 더 많은 전지를 연결한다고 설명한 경우
중	전자석에 더 많은 전지를 연결한다고만 설명한 경우

07

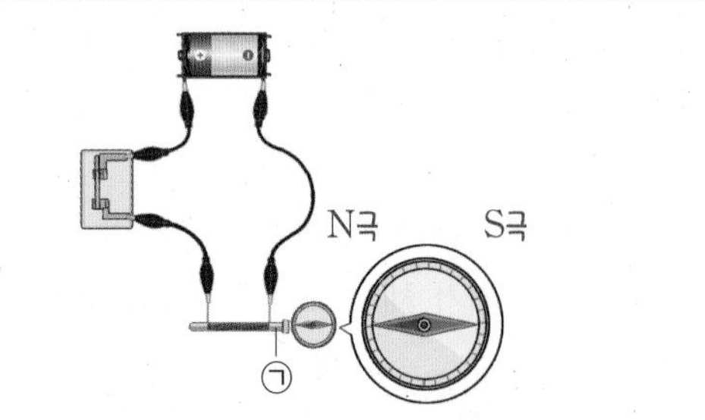

• 나침반 바늘의 N극이 전자석 ㉠을 향하고 있어요.
• 나침반 바늘도 자석이므로 전자석의 ㉠과 서로 끌어당겨요.
➡ 나침반 바늘의 N극이 향하고 있는 ㉠은 S극이에요.

나침반 바늘의 N극이 ㉠을 향해 있으므로 전자석의 ㉠은 S극입니다.

08 전자석에 연결한 전지의 방향을 바꾸면 전자석의 두 극의 위치가 달라지므로 ㉠은 N극으로 변합니다. 따라서 나침반 바늘의 S극이 ㉠을 향합니다.

09 전자석에서 연결한 전지의 두 극을 반대로 연결하면 전자석의 두 극의 위치도 바뀝니다.

채점 기준	
상	전지의 두 극을 반대로 연결하면 전자석의 두 극의 위치가 달라지기 때문에 나침반 바늘이 가리키는 방향이 반대로 바뀐다고 설명한 경우
중	전자석에 연결한 전지의 두 극의 방향에 따라 전자석의 두 극의 위치가 달라진다고만 설명한 경우

10 막대자석은 항상 자석의 성질을 띠며 자석의 세기가 일정하지만 전자석은 연결한 전지의 개수가 많을수록 전자석의 세기가 세집니다. 또한, 막대자석의 두 극은 변하지 않지만 전자석은 전지의 두 극을 연결한 방향에 따라 극의 위치가 달라집니다.

11 세탁기와 스피커는 전자석의 세기나 극을 바꿀 수 있는 성질을 이용한 예입니다.

12 ① 헤드폰은 전자석의 세기나 극을 바꿀 수 있는 성질을 이용해 떨림을 만들어 소리를 냅니다.
③ 머리 말리개는 전동기 속 전자석을 이용해 날개를 돌려 바람을 일으킵니다.
④ 전기 자동차는 전동기 속 전자석을 이용해 바퀴를 돌려 자동차를 움직입니다.
⑤ 전자석 잠금 장치는 전자석을 이용해 문을 잠그거나 엽니다.

왜 틀린 답일까?

② 나침반의 바늘은 영구 자석을 이용한 물체입니다.

단원 평가 1회

32~34 쪽

01 ③	02 ㉢	03 전기
04 (1) ㉡ (2) ㉠	05 ③	06 ③, ⑤
07 ㉡	08 ㉢	09 (나)
10 ㉢	11 ②	12 전자석

서술형 문제

13 예시 답안 전구와 전선을 전지의 (+)극에만 연결했기 때문이다.

14 예시 답안 ㉠ 나머지 전구의 불이 켜지지 않는다. ㉡ 나머지 전구의 불이 켜진다.

15 예시 답안 • 잘못된 점: 전선을 당기면서 플러그를 뽑았다.
• 안전하게 사용하는 방법: 전선을 당기지 않고 플러그를 잡고 뽑는다.

16 예시 답안 ㉡, 전자석은 전기가 흐를 때에만 자석의 성질을 띠므로 스위치를 닫아 전기가 흐르는 ㉡의 전자석이 자석의 성질을 띠어 전자석의 끝부분에 클립이 붙는다.

17 예시 답안 전지의 두 극을 반대로 연결하면 전자석의 두 극의 위치가 변하기 때문에 나침반 ㉠의 바늘의 S극이 전자석을 향한다.

18 예시 답안 • 쓰임새: 무거운 철판을 들어 옮긴다.
• 성질: 전자석은 전기가 흐를 때에만 자석의 성질을 띤다.

01 ㉠은 전구에 불이 켜지지만 ㉡은 전구를 전지의 (−)극에만 연결했기 때문에 불이 켜지지 않습니다.

02 전구와 전선을 전지의 (+)극과 (−)극에 중간에 끊긴 곳이 없이 연결하면 전구에 불이 켜집니다.

03 집게 달린 전선의 집게 부분은 전기가 잘 통하는 금속으로 만듭니다.

04 ㉠은 두 전구가 두 줄에 한 개씩 연결되어 있으므로 병렬연결이고, ㉡은 두 전구가 한 줄로 연결되어 있으므로 직렬연결입니다.

05 ㉠은 한 전구를 빼도 나머지 전구의 불이 꺼지지 않지만, ㉡은 한 전구를 빼면 나머지 전구의 불도 꺼집니다.

06 ③ 전기를 안전하게 사용하기 위해서 플러그를 뽑을 때에는 전선을 당기지 않고 플러그를 잡고 뽑습니다.
⑤ 전기를 안전하게 사용하기 위해서 한 콘센트에 여러 개의 플러그를 한꺼번에 꽂지 않습니다.

왜 틀린 답일까?

젖은 손이나 젖은 수건은 전기 기구에 가까이 하지 않습니다. 또한, 난방기구는 중간에 끈 뒤에 다시 사용해야 안전합니다.

07 ㉡ 냉장고 문은 사용한 뒤에 곧바로 닫아야 합니다.

왜 틀린 답일까?

㉠ 전기 기구를 만질 때에는 손의 물기를 깨끗이 닦습니다.
㉢ 전기를 절약하려면 문을 닫고 냉방기를 사용합니다.

08 ㉢ 스위치를 닫으면 전자석에 전기가 흘러 자석의 성질을 띠므로 전자석의 양 끝은 철로 된 물체를 끌어당깁니다.

왜 틀린 답일까?

㉠ 스위치를 닫으면 전자석에 전기가 흐릅니다.
㉡ 전자석은 전기가 흐를 때에만 자석의 성질을 띱니다.

09 (나) 전자석에 붙은 클립의 개수를 늘리기 위해서 전자석에 더 많은 전지를 연결합니다.

왜 틀린 답일까?

(가) 스위치를 열면 전자석에 전기가 흐르지 않아 자석의 성질을 띠지 못하므로 전자석에 클립이 붙지 않습니다.
(다) 전지의 두 극을 반대로 연결하면 전자석의 두 극의 위치가 바뀌지만, 전자석의 세기는 변하지 않습니다.

10

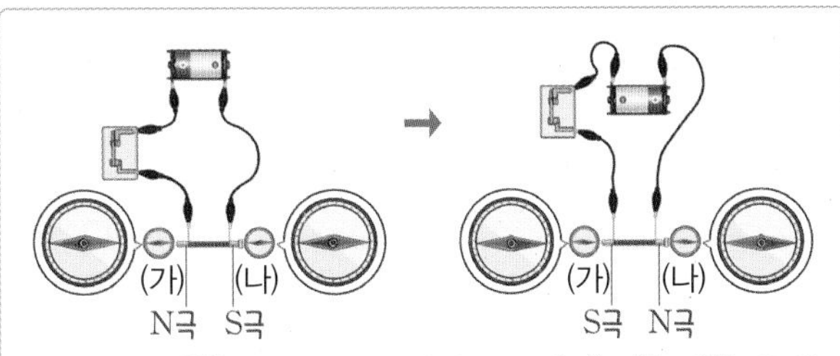

• 전지의 두 극을 반대로 연결하면 전자석의 (가) 부분이 S극으로 변해요. ➡ 나침반의 바늘도 반대로 움직여요.

㉠ (가)는 N극, (나)는 S극입니다.
㉡ 전지의 두 극을 반대로 연결하면 전자석의 극의 위치가 달라져 나침반의 바늘이 반대로 움직입니다.

왜 틀린 답일까?

㉢ 전지의 개수를 늘려도 전자석의 극은 변하지 않습니다.

11 ② 전기 자동차는 전자석의 세기나 극을 바꿀 수 있는 성질을 이용해 바퀴를 돌려 자동차를 움직입니다.

왜 틀린 답일까?

① 나침반은 영구 자석을 이용한 물체입니다.
③ 자기 부상 열차는 전자석의 성질을 이용한 물체이므로 전기가 흐를 때 열차를 공중에 띄울 수 있습니다.
④ 선풍기는 전자석의 세기나 극을 바꿀 수 있는 성질을 이용해 바람을 일으킵니다.
⑤ 전자석 기중기는 전자석에 전기가 흐를 때 자석의 성질을 띠는 것을 이용해 철판을 들어 옮깁니다.

12 스피커는 전자석의 세기나 극을 바꿀 수 있는 성질을 이용해 떨림을 만들어 소리를 냅니다.

13 전구와 전선을 전지의 (+)극과 (−)극에 중간에 끊긴 곳이 없게 연결하면 전구에 불이 켜집니다.

채점 기준	
상	전구가 전지의 (+)극에만 연결되어 있기 때문이라고 설명한 경우
중	전기 회로가 끊어졌기 때문이라고만 설명한 경우

14 두 전구를 직렬연결한 ㉠은 나머지 전구의 불이 켜지지 않고, 병렬연결한 ㉡은 나머지 전구의 불이 켜집니다.

채점 기준	
상	㉠, ㉡에서 나머지 전구의 변화를 모두 옳게 설명한 경우
중	㉠, ㉡ 중 나머지 전구의 변화를 하나만 옳게 설명한 경우

15 전기 기구의 플러그를 뽑을 때에는 전선을 당기지 않고, 플러그를 잡고 뽑아야 합니다.

채점 기준	
상	플러그를 뽑을 때 잘못된 점과 안전하게 사용하는 방법을 모두 옳게 설명한 경우
중	안전하게 사용하는 방법만 옳게 설명한 경우

16 스위치를 닫은 ㉡에서 전기가 흘러 전자석이 자석의 성질을 띠므로 ㉡의 끝부분에 클립이 붙습니다.

채점 기준	
상	㉡을 쓰고, 전자석은 전기가 흐를 때에만 자석의 성질을 띤다고 설명한 경우
중	㉡은 쓰지 못했지만, 까닭은 옳게 설명한 경우

17 전지의 두 극을 반대로 연결하면 전자석의 두 극의 위치가 변하므로 나침반 ㉠의 바늘은 반대로 움직입니다.

채점 기준	
상	나침반 바늘의 변화를 전자석의 성질과 관련지어 옳게 설명한 경우
중	나침반 바늘의 S극이 전자석을 향한다고만 설명한 경우

18 전자석 기중기는 전자석의 성질을 이용한 예입니다.

채점 기준	
상	전자석 기중기의 쓰임새와 이용한 전자석의 성질을 모두 옳게 설명한 경우
중	전자석 기중기의 쓰임새와 이용한 전자석의 성질 중 한 가지만 옳게 설명한 경우

바른답·알찬풀이

수행 평가 1회

35 쪽

01 (1) • 전구의 밝기가 밝은 전기 회로: ㉠, ㉣ • 전구의 밝기가 어두운 전기 회로: ㉡, ㉢ (2) 예시 답안 전구의 밝기가 밝은 전기 회로는 두 전구가 두 줄에 한 개씩 병렬연결되어 있고, 전구의 밝기가 어두운 전기 회로는 두 전구가 한 줄로 직렬연결되어 있다.
02 (1) ㉡ (2) 예시 답안 전자석에 연결한 전지의 개수가 많을수록 전자석의 세기가 세진다.

01

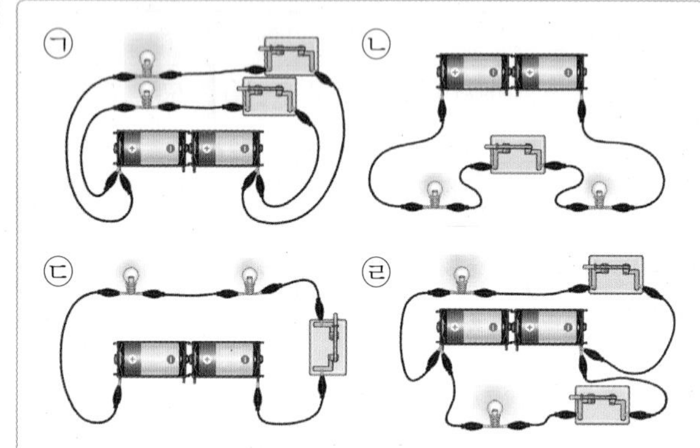

• 전구의 밝기가 밝은 전기 회로: ㉠, ㉣은 두 전구가 두 줄에 한 개씩 연결되어 있어요.
• 전구의 밝기가 어두운 전기 회로: ㉡, ㉢은 두 전구가 한 줄로 연결되어 있어요.
• 같은 전구와 전지를 사용해도 두 전구를 병렬연결한 ㉠, ㉣의 전구가 두 전구를 직렬연결한 ㉡, ㉢의 전구보다 더 밝아요.

(1) 두 전구를 두 줄에 한 개씩 연결한 ㉠, ㉣의 전구는 두 전구를 한 줄로 연결한 ㉡, ㉢의 전구보다 밝습니다.

만점 꿀팁 두 전구가 연결된 전기 회로를 관찰하여 연결 방법을 확인하고, 밝기가 비슷한 전기 회로끼리 분류해 보아요.

(2) 같은 전구와 전지를 사용할 때 전구의 연결 방법에 따라 전구의 밝기가 다릅니다. 두 전구를 병렬연결한 전기 회로가 직렬연결한 전기 회로보다 더 밝습니다.

만점 꿀팁 전구의 밝기가 비슷한 전기 회로에서 전구가 어떻게 연결되어 있는지 살펴 보아요.

채점 기준	
상	전구가 밝은 전기 회로에서 연결 방법과 전구가 어두운 전기 회로에서 연결 방법을 각각 옳게 설명한 경우
중	전구의 밝기가 밝은 전기 회로에서만 전구의 연결 방법을 옳게 설명한 경우
하	전구의 밝기가 밝은 전기 회로는 병렬연결, 밝기가 어두운 전기 회로는 직렬연결되어 있다고만 설명한 경우

02 (1) 전자석에 연결한 전지의 개수가 많을수록 전자석의 세기가 세지므로 ㉡에 더 많은 클립이 붙습니다.

만점 꿀팁 전기 회로에 연결된 전지의 개수를 비교하면 두 전자석의 세기를 비교할 수 있어요.

(2) 전자석은 연결한 전지의 개수에 따라 세기가 달라집니다.

만점 꿀팁 전자석은 연결한 전지의 개수를 다르게 하여 전자석의 세기를 조절할 수 있어요.

채점 기준	
상	전자석에 연결한 전지의 개수가 많을수록 전자석의 세기가 세진다고 옳게 설명한 경우
중	전자석에 연결한 전지의 개수에 따라 전자석의 세기가 달라진다고 설명한 경우

단원 평가 2회

36~38 쪽

01 ㉠ 02 ④, ⑤ 03 ㉡
04 ㉡, ㉣ 05 ㉠, ㉢ 06 ㉢
07 (다) → (나) → (라) → (가) 08 ㉠
09 ㉡ 10 전지 11 (다)
12 ③

서술형 문제

13 예시 답안 전지의 (−)극에 연결된 전선 중 하나를 (+)극으로 옮긴다.
14 예시 답안 ㉠, 두 전구를 직렬연결한 전기 회로의 전지가 두 전구를 병렬연결한 전기 회로의 전지보다 천천히 닳기 때문이다.
15 예시 답안 • ㉠: 젖은 손으로 전기 기구를 만지고 있다. • ㉡: 한 콘센트에 여러 개의 플러그를 동시에 꽂아 사용하고 있다.
16 예시 답안 스위치를 닫으면 전자석에 전기가 흘러 자석의 성질을 띠기 때문이다.
17 예시 답안 ㉡, 전자석에 연결한 전지의 개수가 많을수록 전자석의 세기가 세지기 때문이다.
18 예시 답안 선풍기는 전기가 흐를 때에만 자석의 성질이 나타나는 전자석을 이용하고, 나침반은 전기가 흐르지 않아도 자석의 성질이 나타나는 영구 자석을 이용한다.

01 ㉠은 전구가 전지의 (+)극에만 연결되어 불이 켜지지 않습니다.

02 전구에 불을 켜기 위해서는 전구와 전선을 전지의 (+)극과 (−)극에 중간에 끊긴 곳이 없게 연결합니다.

03 (가)는 손으로 잡는 부분으로 전기가 잘 통하지 않도록 고무나 비닐로 만들고, (나)는 집게 부분으로 전기가 잘 통하도록 금속으로 만듭니다.

04 두 전구를 직렬연결한 ㉡, ㉣의 전구가 병렬연결한 ㉠, ㉢의 전구보다 더 어둡습니다.

05 두 전구를 두 줄에 한 개씩 연결한 ㉠, ㉢은 전구 한 개를 빼도 나머지 전구의 불이 꺼지지 않습니다.

06 ㉢ 콘센트를 사용할 때에는 너무 많은 플러그를 한꺼번에 꽂아서 사용하지 않습니다.

왜 틀린 답일까?

㉠ 젖은 손으로 전기 기구를 만지면 감전의 위험이 있습니다.
㉡ 냉방기를 사용할 때에는 문과 창문을 모두 닫아야 전기를 절약할 수 있습니다.

07 (다) 둥근머리 볼트를 종이테이프로 감쌉니다. → (나) 에나멜선을 한쪽 방향으로 감습니다. → (라) 에나멜선 양쪽을 사포로 문지릅니다. → (가) 에나멜선 양쪽에 전지, 전선, 스위치를 연결합니다.

08 전자석의 세기가 셀수록 더 많은 클립이 붙습니다. 따라서 전자석의 세기는 ㉠이 더 셉니다.

09 ㉡ 전지의 두 극을 반대로 연결하면 전자석의 두 극의 위치가 변하므로 S극이었던 (가)는 N극으로 바뀝니다.

왜 틀린 답일까?

㉠, ㉢ 전지의 두 극을 반대로 연결하면 나침반 바늘의 방향도 변합니다. 하지만, 전자석의 세기는 변하지 않습니다.

10 전자석은 연결한 전지의 개수에 따라 자석의 세기가 달라지며, 연결한 전지의 방향에 따라 두 극의 위치가 달라집니다.

11 전동기 내부의 전자석에 전기가 흐르면 물체를 회전시킬 수 있으므로, 전동기를 이용하여 선풍기의 날개나 세탁기의 통을 돌립니다.

12 ① 머리 말리개는 전동기 속 전자석을 이용해 날개를 돌려 바람을 일으킵니다.
② 스피커는 전자석의 세기나 극을 바꿀 수 있는 성질을 이용해 떨림을 만들어 소리를 냅니다.
④ 전자석 기중기는 전자석이 전기가 흐를 때에만 자석의 성질을 띠는 것을 이용해 철판을 들어 옮깁니다.

왜 틀린 답일까?

③ 자석 다트는 영구 자석의 성질을 이용한 예입니다.

13 전구가 전지의 (−)극에만 연결되어 있기 때문에 전구에 불이 켜지지 않습니다.

채점 기준	
상	전지의 (−)극에 연결된 전선 중 하나를 (+)극으로 옮긴다고 옳게 설명한 경우
중	전구를 전지의 (+)극과 (−)극 모두에 연결한다고 설명한 경우

14 두 전구를 직렬연결한 전기 회로의 전지가 두 전구를 병렬연결한 전기 회로의 전지보다 더 천천히 닳습니다.

채점 기준	
상	㉠을 쓰고, 두 전구를 직렬연결한 전기 회로의 전지가 병렬연결한 전기 회로의 전지보다 천천히 닳는다고 설명한 경우
중	㉠만 쓴 경우

15 전기 기구를 만질 때에는 손에 물기를 제거하고, 한 콘센트에 여러 개의 플러그를 꽂지 않습니다.

채점 기준	
상	㉠, ㉡에서 전기를 사용할 때 잘못된 점을 모두 옳게 설명한 경우
중	㉠, ㉡ 중 잘못된 점을 한 가지만 옳게 설명한 경우

16 전자석은 전기가 흐를 때에만 자석의 성질을 띠므로 스위치를 닫을 때 전자석의 끝부분에 클립이 붙습니다.

채점 기준	
상	스위치를 닫을 때 전자석에 전기가 흘러 자석의 성질을 띠기 때문이라고 옳게 설명한 경우
중	전자석이 자석의 성질을 띠기 때문이라고만 설명한 경우

17 전자석은 연결한 전지의 개수가 많을수록 전자석의 세기가 세집니다.

채점 기준	
상	㉡을 쓰고, 전자석에 연결한 전지의 개수가 많을수록 전자석의 세기가 세지기 때문이라고 설명한 경우
중	㉡만 쓴 경우

18 선풍기는 전자석을 이용하고, 나침반은 영구 자석을 이용합니다.

구분	막대자석	전자석
자석의 성질	전기가 흐르지 않아도 항상 자석의 성질이 나타남.	전기가 흐를 때에만 자석의 성질이 나타남.
자석의 세기	세기가 일정함.	전지의 개수에 따라 세기가 달라짐.
두 극의 변화	극이 변하지 않음.	전지의 두 극을 연결한 방향에 따라 극의 위치가 달라짐.

채점 기준	
상	선풍기와 나침반의 차이점을 자석의 성질과 관련지어 옳게 설명한 경우
중	선풍기와 나침반에 이용한 자석의 종류만 설명한 경우

수행 평가 2회

39 쪽

01 (1) ㉠ (2) 예시 답안 전구를 전지의 (+)극에만 연결했기 때문에 전구에 불이 켜지지 않는다.
02 (1) N (2) 해설 참조 (3) 예시 답안 전지의 두 극을 연결한 방향이 바뀌면 전자석의 두 극의 위치가 변한다.

01 (1) ㉠은 전구를 전지의 (+)극에만 연결했으므로 불이 켜지지 않습니다.

만점 꿀팁 전기 부품이 연결된 모습을 보고 전구에 불이 켜지는 전기 회로를 예상할 수 있어요.

(2) 전기 회로에서 전구에 불을 켜기 위해서는 전구와 전선을 전지의 (+)극과 (−)극에 연결해야 합니다.

만점 꿀팁 전지의 (+)극에 연결된 두 전선 중 하나를 전지의 (−)극으로 옮기면 전구에 불이 켜져요.

채점 기준	
상	전구가 전지의 (+)극에만 연결되었기 때문이라고 설명한 경우
중	전구가 전지의 두 극에 연결되어 있지 않기 때문이라고 설명한 경우
하	전구가 전지의 한쪽에만 연결되었기 때문이라고 설명한 경우

02 (1)

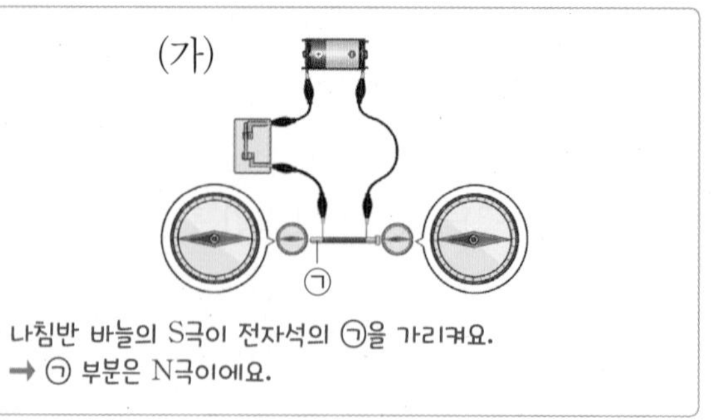

나침반 바늘의 S극이 전자석의 ㉠을 가리키고 있으므로, 전자석의 ㉠은 N극입니다.

만점 꿀팁 나침반 바늘도 자석이기 때문에 서로 다른 극끼리 끌어당기는 성질이 있어요.

(2)

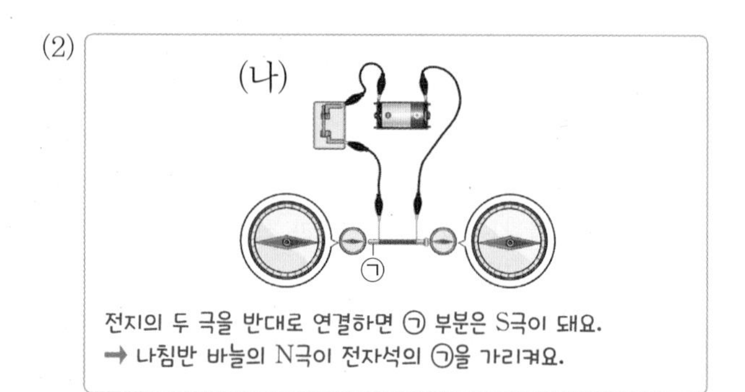

(나)에서 전지를 반대로 연결하면 전자석의 두 극의 위치도 바뀌기 때문에 나침반 바늘이 반대로 움직입니다.

답

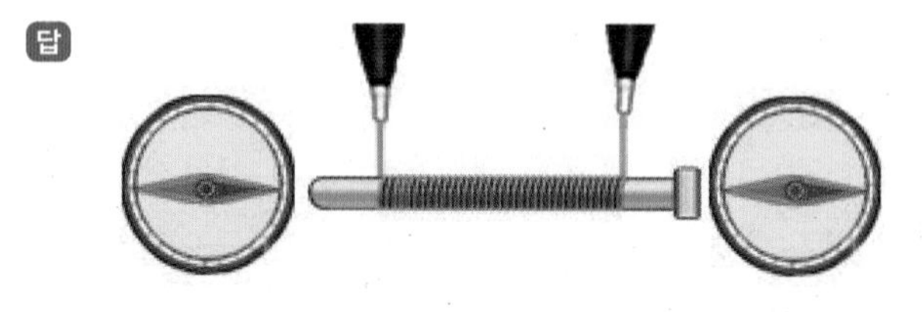

만점 꿀팁 전지를 반대로 연결하면 ㉠은 S극이 되어 나침반의 N극이 ㉠을 가리키게 돼요.

(3) 전자석의 두 극은 전지의 연결 방향에 따라 달라집니다.

만점 꿀팁 막대자석의 두 극은 변하지 않지만, 전자석의 두 극은 전지의 연결 방향에 따라 달라져요.

채점 기준	
상	전지의 두 극을 연결한 방향이 바뀌면 전자석의 두 극의 위치가 바뀐다고 설명한 경우
중	전지의 연결 방향에 따라 전자석의 극의 위치를 바꿀 수 있다고 설명한 경우

2 계절의 변화

1 하루 동안 태양 고도, 그림자 길이, 기온은 어떤 관계가 있을까요

스스로 확인해요 43 쪽

1 짧아지고, 높아집니다 2 예시 답안 태양 고도와 기온 모두 높아진다.

2 그림자의 길이가 짧아질수록 태양 고도가 높아지고 태양 고도가 높아지면 대체로 기온이 높아지므로 태양 고도와 기온 모두 높아집니다.

문제로 개념 탄탄 44~45 쪽

1 태양 고도	2 12 시 30 분
3 14 시 30 분	4 (1) ○ (2) × (3) ○
5 남중	6 ㉡
7 (1) × (2) ×	8 높아진다

1 태양 고도는 태양이 지표면과 이루는 각입니다.

2 하루 중 태양 고도가 가장 높은 때는 12 시 30 분입니다.

3 하루 중 기온이 가장 높은 때는 태양 고도가 가장 높은 때보다 2 시간 뒤인 14 시 30 분입니다.

4 (1) 태양 고도가 높아지면 그림자 길이는 짧아집니다.
(2) 태양 고도가 가장 높은 때인 12 시 30 분은 그림자 길이가 가장 짧은 때입니다.
(3) 그림자 길이 그래프는 태양 고도 그래프와 모양이 반대이고, 기온 그래프는 태양 고도 그래프와 모양이 비슷합니다.

5 태양이 정확히 남쪽에 위치할 때 태양이 남중했다고 하며, 태양 고도는 태양이 남중했을 때 가장 높습니다.

6 태양이 정확히 남쪽에 위치하고 있는 ㉡이 태양이 남중했을 때 태양의 위치입니다.

7 (1) 태양 고도가 가장 높은 때는 12 시 30 분이고 기온이 가장 높은 때는 14 시 30 분입니다.
(2) 12 시 30 분 이후에도 기온은 14 시 30 분까지 높아지고, 12 시 30 분 이후에 태양 고도는 낮아집니다.

8 하루 중 태양 고도가 높아지면 대체로 기온은 높아집니다.

2 계절에 따라 태양의 남중 고도, 낮과 밤의 길이, 기온은 어떻게 변할까요

스스로 확인해요 46 쪽

1 높고, 길며, 높습니다 2 예시 답안 오늘은 8 월 15 일이므로 3 개월 뒤에는 겨울이 되어 오늘보다 태양의 남중 고도가 낮아지고, 낮의 길이가 짧아지며, 기온이 낮아진다.

1 겨울은 여름보다 태양이 낮게 뜹니다. 겨울은 여름보다 태양의 남중 고도가 낮아 낮의 길이가 더 짧고, 기온도 더 낮습니다.

문제로 개념 탄탄 47 쪽

1 여름	2 (1) ○ (2) × (3) ○
3 ㉡	4 ㉠ 짧고, ㉡ 낮다

1 여름에 태양의 남중 고도는 가장 높고, 낮의 길이는 가장 길며, 밤의 길이는 가장 짧습니다.

2 (1) 낮의 길이가 가장 긴 계절은 여름이고, 가장 짧은 계절은 겨울입니다.
(2) 태양의 남중 고도가 가장 높은 계절은 여름이고, 가장 낮은 계절은 겨울입니다.
(3) 태양의 남중 고도가 높아지면 낮의 길이는 길어집니다.

3 태양의 남중 고도가 높아지면 기온도 대체로 높아집니다. 기온이 가장 높은 7 월~8 월은 여름입니다.

4 겨울에는 여름보다 태양의 남중 고도가 낮아 낮의 길이가 짧고 기온이 낮습니다.

문제로 실력 쑥쑥

48~49 쪽

01 ㉠ 02 기온 03 ⑤
04 ㉠ 남중, ㉡ 남중 고도
05 ㉠ 12 시 30 분, ㉡ 12 시 30 분
06 예시 답안 태양 고도가 높아지면 그림자 길이는 짧아진다. 07 ㉡ 08 ④
09 예시 답안 태양의 남중 고도는 여름에 가장 높고, 점점 낮아져 겨울에 가장 낮다. 10 ③
11 ⑤

01 태양이 지표면과 이루는 각을 태양 고도라고 합니다.

02 태양 고도 그래프와 모양이 비슷한 그래프는 기온 그래프입니다.

03 ⑤ 태양 고도가 높아지면 그림자 길이는 짧아집니다.

왜 틀린 답일까?

① 기온은 14 시 30 분에 가장 높습니다.
② 오전에 태양 고도는 점점 높아집니다.
③ 그림자 길이는 12 시 30 분에 가장 짧습니다.
④ 태양 고도가 높아지면 대체로 기온은 높아집니다.

04 하루 중 태양이 정확히 남쪽에 위치할 때 태양이 남중했다고 하며, 이때의 태양 고도를 태양의 남중 고도라고 합니다.

05 하루 중 태양 고도가 가장 높은 때는 12 시 30 분이고, 그림자 길이가 가장 짧은 때는 12 시 30 분입니다.

06 태양 고도가 높아지면 그림자 길이는 짧아지고, 태양 고도가 낮아지면 그림자 길이는 길어집니다.

채점 기준	
상	태양 고도가 높아지면 그림자 길이는 짧아진다고 옳게 설명한 경우
중	태양 고도에 따라 그림자 길이가 달라진다고만 설명한 경우

07 ㉡ 태양 고도는 12 시 30 분에 가장 높습니다.

왜 틀린 답일까?

㉠ 기온은 14 시 30 분에 가장 높습니다.
㉢ 태양 고도가 가장 높은 때는 기온이 가장 높은 때보다 2 시간 정도 이릅니다.

08 태양 고도가 가장 높고 낮의 길이가 가장 긴 ㉠은 여름이고, 태양 고도가 가장 낮고 낮의 길이가 가장 짧은 ㉡은 겨울입니다.

09 태양의 남중 고도는 여름에 가장 높고 점점 낮아져 겨울에 가장 낮습니다.

채점 기준	
상	태양의 남중 고도가 여름에 가장 높고, 겨울에 가장 낮다고 옳게 설명한 경우
중	여름과 겨울 중 한 계절의 태양의 남중 고도만 설명한 경우
하	태양의 남중 고도가 높아졌다가 낮아진다고만 설명한 경우

10

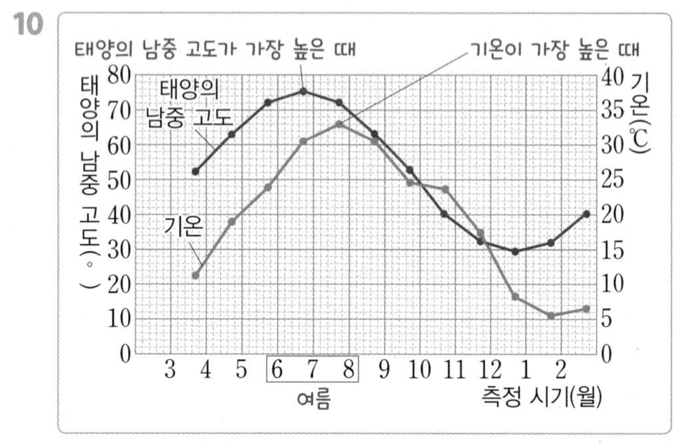

태양의 남중 고도가 가장 높은 때는 6 월~7 월이고 이때는 여름입니다.

11 ⑤ 태양의 남중 고도가 높아지면 대체로 기온이 높아집니다.

왜 틀린 답일까?

① 기온이 가장 낮은 계절은 겨울입니다.
② 8 월 이후부터 기온은 점점 낮아집니다.
③ 기온이 가장 높은 때는 7 월~8 월입니다.
④ 기온은 여름에 가장 높고 점점 낮아져 겨울에 가장 낮습니다.

3 계절에 따라 기온이 변하는 까닭은 무엇일까요

스스로 확인해요

50 쪽

1 많아져, 높아집니다 2 예시 답안 하지에는 기온이 높고, 동지에는 기온이 낮다.

2 하지는 동지보다 낮의 길이가 깁니다. 낮의 길이가 더 긴 하지에 기온이 더 높고, 낮의 길이가 더 짧은 동지에 기온이 더 낮습니다.

문제로 개념 탄탄 51 쪽

1 ㉠ 2 많이
3 남중 고도 4 (1) (나), ㉡ (2) (가), ㉠

1 손전등이 태양 전지판을 수직으로 비출 때 손전등이 태양 전지판을 비추는 각이 더 큽니다.

2 손전등이 태양 전지판을 비추는 각이 클수록 소리의 크기가 커지고 같은 면적의 태양 전지판에 도달하는 빛의 양이 많아집니다.

3 태양의 남중 고도가 높아질수록 같은 면적의 지표면에 도달하는 태양 에너지양이 많아집니다. 태양 에너지는 지표를 데우고, 데워진 지표는 공기를 데우므로 태양의 남중 고도가 높아지면 기온도 높아집니다.

4 (1) 여름에는 태양의 남중 고도가 높아 같은 면적의 지표면에 도달하는 태양 에너지양이 많아 기온이 높습니다.
(2) 겨울에는 태양의 남중 고도가 낮아 같은 면적의 지표면에 도달하는 태양 에너지양이 적어 기온이 낮습니다.

4 계절이 변하는 원인은 무엇일까요

스스로 확인해요 52 쪽

1 기울어진 **2** 예시 답안 남반구에 있는 나라는 북반구에 있는 우리나라와 계절이 반대이다. 예를 들어 우리나라가 겨울일 때 남반구에 있는 나라는 여름이 된다.

2 북반구에서 태양의 남중 고도가 높을 때 남반구에서는 태양의 남중 고도가 낮고, 북반구에서 태양의 남중 고도가 낮을 때 남반구에서는 태양의 남중 고도가 높습니다. 그러므로 남반구는 북반구와 계절이 반대로 나타나게 됩니다.

문제로 개념 탄탄 53 쪽

1 (1) × (2) ○ (3) × 2 태양의 남중 고도
3 ㉠ 여름, ㉡ 겨울 4 ㉠ 자전축, ㉡ 공전

1 (1) ㉠~㉣ 중 막대의 그림자와 실이 이루는 각은 ㉡의 위치에서 가장 큽니다.
(2) ㉠~㉣ 중 막대의 그림자와 실이 이루는 각은 ㉣의 위치에서 가장 작습니다.
(3) 지구본의 자전축이 기울어져 있으므로 ㉡과 ㉣의 위치에서 측정한 막대의 그림자와 실이 이루는 각은 서로 다릅니다.

2 이 실험에서 지구본은 지구, 전등은 태양을 나타낼 때, 막대의 그림자와 실이 이루는 각은 태양의 남중 고도를 나타냅니다.

3 북반구에서는 여름에 태양의 남중 고도가 높고, 겨울에 태양의 남중 고도가 낮습니다.

4 지구가 자전축이 기울어진 채 태양 주위를 공전하기 때문에 계절이 변합니다.

문제로 실력 쑥쑥 54~55 쪽

01 ㉠ 02 예시 답안 손전등이 태양 전지판을 비추는 각이 클수록 같은 면적의 태양 전지판에 도달하는 빛의 양이 많아진다. 03 ㉠
04 ㉢ 05 ㉢ 06 ①, ⑤
07 ③ 08 ㉢
09 예시 답안 지구가 자전축이 기울어진 채 태양 주위를 공전하기 때문에 지구의 위치에 따라 태양의 남중 고도가 달라진다. 10 ㉠ 여름, ㉡ 겨울 11 ②
12 예시 답안 지구가 자전축이 기울어진 채 태양 주위를 공전하기 때문이다.

01 소리 발생 장치는 같은 면적의 태양 전지판에 닿는 빛의 양이 많을수록 소리의 크기가 커집니다. 손전등이 태양 전지판을 비추는 각이 클수록 태양 전지판에 빛이 많이 도달하므로 ㉠일 때 소리의 크기가 가장 큽니다.

02 손전등이 태양 전지판을 비추는 각이 클수록 소리 발생 장치에서 나는 소리가 커지므로 같은 면적의 태양 전지판에 도달하는 빛의 양이 많아집니다.

채점 기준	
상	손전등이 태양 전지판을 비추는 각이 클수록 같은 면적의 태양 전지판에 도달하는 빛의 양이 많아진다고 옳게 설명한 경우
중	손전등이 태양 전지판을 비추는 각이 클수록 손전등 빛이 닿는 면적이 좁다고 설명한 경우
하	손전등이 태양 전지판을 비추는 각이 클수록 소리 발생 장치에서 나는 소리의 크기가 크다고 설명한 경우

03 손전등이 바닥을 비추는 각이 클수록 빛이 닿는 면적이 좁아져 같은 면적에 도달하는 빛의 양이 많아집니다. 손전등이 바닥을 비추는 각이 수직인 ㉠일 때 같은 면적에 도달하는 빛의 양이 더 많습니다.

04 계절에 따라 태양의 남중 고도가 달라지면 같은 면적의 지표면에 도달하는 태양 에너지양이 달라져 기온이 변합니다.

05 태양의 남중 고도가 높아지면 같은 면적의 지표면에 도달하는 태양 에너지양이 많아지고 기온이 높아집니다. ㉢은 태양의 남중 고도가 가장 높으므로 기온이 가장 높은 여름에 해당합니다.

06 ① ㉠은 겨울입니다.
⑤ ㉠은 겨울로 태양의 남중 고도가 낮아 같은 면적의 지표면에 도달하는 태양 에너지양이 적습니다.

왜 틀린 답일까?
② ㉠은 겨울로 기온이 낮습니다.
③ ㉠은 겨울로 낮의 길이가 짧습니다.
④ ㉠은 겨울로 태양의 남중 고도가 낮습니다.

07 이 실험에서 전등의 높이, 지구본의 크기, 막대를 붙인 위치, 지구본과 전등 사이의 거리는 같게 하고, 지구본의 기울기는 다르게 합니다.

08 ㉢ 지구는 시계 반대 방향으로 공전하기 때문에 (가)와 (나) 모두 지구본을 시계 반대 방향으로 이동시킵니다.

왜 틀린 답일까?
㉠ (가)는 지구본의 위치에 따라 막대의 그림자와 실이 이루는 각이 모두 같습니다.
㉡ (나)는 지구본의 자전축이 기울어져 있으므로 지구본의 위치에 따라 막대의 그림자와 실이 이루는 각이 다릅니다.

09 이 실험에서 지구본의 자전축이 수직일 때는 지구본의 위치에 따라 막대의 그림자와 실이 이루는 각이 달라지지 않고, 지구본의 자전축이 기울어져 있을 때는 지구본의 위치에 따라 막대의 그림자와 실이 이루는 각이 달라집니다. 전등은 태양, 막대의 그림자와 실이 이루는 각은 태양의 남중 고도에 해당합니다. 따라서 실험을 통해 지구가 자전축이 기울어진 채 태양 주위를 공전하기 때문에 지구의 위치에 따라 태양의 남중 고도가 달라지는 것을 알 수 있습니다.

채점 기준	
상	지구가 자전축이 기울어진 채 태양 주위를 공전하기 때문에 지구의 위치에 따라 태양의 남중 고도가 달라진다고 옳게 설명한 경우
중	지구의 자전축이 기울어져 있기 때문에 태양의 남중 고도가 달라진다고만 설명한 경우

10 지구가 ㉠의 위치에 있을 때 북반구인 우리나라는 태양의 남중 고도가 높으므로 여름이 되고, 지구가 ㉡의 위치에 있을 때는 태양의 남중 고도가 낮으므로 겨울이 됩니다.

11 ② 지구의 위치가 ㉠일 때 우리나라는 여름이므로 낮의 길이가 깁니다.

왜 틀린 답일까?
① 지구의 위치가 ㉠일 때 우리나라는 여름이므로 기온이 높습니다.
③ 지구의 위치가 ㉠일 때 우리나라는 여름이므로 밤의 길이가 짧습니다.
④ 지구의 위치가 ㉠일 때 우리나라는 여름이므로 태양의 남중 고도가 높습니다.
⑤ 지구의 위치가 ㉠일 때 우리나라는 여름이므로 같은 면적의 지표면에 도달하는 태양 에너지양이 많습니다.

12 지구가 자전축이 기울어진 채 태양 주위를 공전하기 때문에 지구의 위치에 따라 태양의 남중 고도가 달라집니다. 태양의 남중 고도가 달라지면 같은 면적의 지표면에 도달하는 태양 에너지양이 달라지고 낮의 길이도 달라집니다. 이에 따라 기온이 달라지고 계절이 변합니다.

채점 기준	
상	지구가 자전축이 기울어진 채 태양 주위를 공전하기 때문에 계절이 변한다고 옳게 설명한 경우
중	지구의 자전축이 기울어져 있기 때문에 계절이 변한다고 설명한 경우

단원 평가 1회

64~66 쪽

01 ㉠ 기온, ㉡ 태양 고도
02 ②
03 태양의 남중 고도
04 ⑤
05 ㉡
06 ㉠ 높음, ㉡ 낮음
07 ㉢
08 ㉡
09 ②, ⑤
10 ㉡
11 ②
12 ㉡

서술형 문제

13 예시 답안 태양 고도, ㉠의 크기가 커질수록 막대의 그림자 길이는 짧아진다.
14 예시 답안 여름, 태양의 남중 고도가 높아지면 대체로 기온이 높아진다.
15 예시 답안 겨울에는 태양의 남중 고도가 낮아 같은 면적의 지표면에 도달하는 태양 에너지양이 적어져 기온이 낮다.
16 예시 답안 하지에는 태양의 남중 고도와 기온이 높고, 동지에는 태양의 남중 고도와 기온이 낮다.
17 예시 답안 ㉠에서 막대의 그림자와 실이 이루는 각은 지구본의 위치마다 모두 같고, ㉡에서 막대의 그림자와 실이 이루는 각은 지구본의 위치에 따라 달라진다.
18 예시 답안 겨울, ㉠의 위치에 있을 때 우리나라는 태양의 남중 고도가 낮기 때문에 겨울이 된다.

01 하루 중 태양 고도는 12 시 30 분에 가장 높고 기온은 14 시 30 분에 가장 높으므로 기온이 가장 높은 때는 태양 고도가 가장 높은 때보다 더 늦습니다.

02 그림자 길이는 태양 고도 그래프와 모양이 반대로 나타납니다. 오전에는 짧아지다가 12 시 30 분 이후부터 길어지는 그래프가 하루 동안 그림자 길이를 측정하여 나타낸 그래프입니다.

03 태양의 남중 고도는 하루 중 태양이 정확하게 남쪽에 위치할 때의 태양 고도입니다.

04 그래프에서 낮의 길이가 가장 긴 때는 6 월~7 월이고, 가장 짧은 때는 12 월~1 월입니다.

05 ㉠ 태양의 남중 고도가 높아지면 낮의 길이는 길어집니다.
㉢ 태양의 남중 고도가 가장 낮고, 낮의 길이가 가장 짧은 계절은 모두 겨울입니다.

왜 틀린 답일까?

㉡ 태양의 남중 고도가 가장 높은 계절인 여름에는 낮의 길이도 가장 깁니다.

06 여름에는 태양의 남중 고도가 높고 밤의 길이가 짧으며 기온이 높습니다. 겨울에는 태양의 남중 고도가 낮고 밤의 길이가 길며 기온이 낮습니다.

07 계절에 따라 태양의 남중 고도가 달라지기 때문에 기온도 변합니다.

08

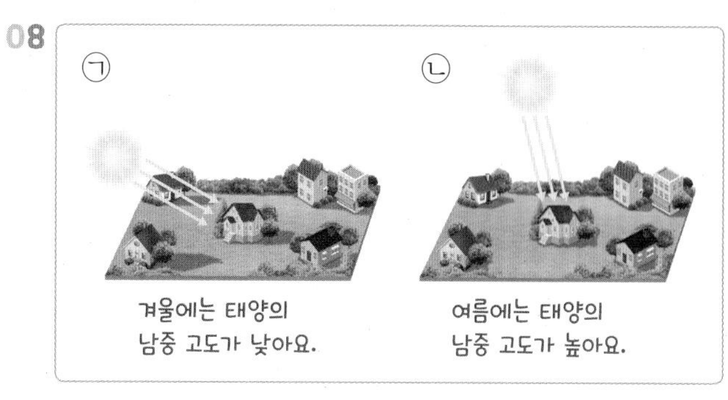

㉡은 ㉠보다 태양이 지표면과 이루는 각이 크므로 ㉡이 ㉠보다 태양의 남중 고도가 높습니다.

09 ② 겨울(㉠)은 여름(㉡)보다 낮의 길이가 짧습니다.
⑤ 태양의 남중 고도가 높은 여름(㉡)에는 같은 면적의 지표면에 도달하는 태양 에너지양이 많습니다.

왜 틀린 답일까?

① ㉠은 겨울입니다.
③ ㉡은 여름입니다.
④ 여름(㉡)은 겨울(㉠)보다 기온이 높습니다.

10 지구본의 자전축을 기울인 채 막대의 그림자와 실이 이루는 각을 측정하면 지구본의 위치에 따라 각이 모두 달라집니다. 자전축의 윗부분이 전등을 향하는 방향으로 기울어져 있는 ㉡의 위치에 지구본이 있을 때 막대의 그림자와 실이 이루는 각이 가장 큽니다.

11 지구가 자전축이 기울어진 채 태양 주위를 공전하기 때문에 지구의 위치에 따라 태양의 남중 고도가 달라져 계절의 변화가 나타납니다. 태양의 남중 고도가 달라지면 같은 면적의 지표면에 도달하는 태양 에너지양이 달라지고 낮의 길이가 달라져 계절에 따라 기온이 달라집니다.

12 지구의 위치가 ㉡일 때 우리나라는 태양의 남중 고도가 가장 높은 여름이 됩니다. 우리나라는 지구의 위치가 ㉠일 때는 봄, ㉢일 때는 가을, ㉣일 때는 겨울이 됩니다.

13 태양이 지표면과 이루는 각인 ㉠은 태양 고도를 나타냅니다. 태양 고도가 높아지면 막대의 그림자 길이는 짧아집니다.

채점 기준	
상	태양 고도를 쓰고, 막대의 그림자 길이가 짧아진다고 옳게 설명한 경우
중	태양 고도는 쓰지 못했지만, 막대의 그림자 길이가 짧아진다고 옳게 설명한 경우
하	태양 고도만 옳게 쓴 경우

14 태양의 남중 고도가 가장 높은 6 월~7 월은 여름입니다. 태양의 남중 고도가 높아지면 대체로 기온은 높아집니다.

채점 기준	
상	여름을 쓰고, 태양의 남중 고도와 기온의 관계를 옳게 설명한 경우
중	여름은 쓰지 못했지만, 태양의 남중 고도와 기온의 관계는 옳게 설명한 경우
하	여름만 옳게 쓴 경우

15 겨울에는 태양의 남중 고도가 낮아 같은 면적의 지표면에 도달하는 태양 에너지양이 적고 낮의 길이가 짧아 기온이 낮습니다.

채점 기준	
상	주어진 단어를 모두 사용하여 겨울에 기온이 낮은 까닭을 옳게 설명한 경우
중	주어진 단어를 두 개만 사용하여 겨울에 기온이 낮은 까닭을 설명한 경우
하	주어진 단어를 한 개만 사용하여 겨울에 기온이 낮은 까닭을 설명한 경우

16 태양의 남중 고도가 높으면 낮의 길이가 길어집니다. 하지는 1 년 중 낮의 길이가 가장 긴 때이므로 태양의 남중 고도가 가장 높고, 기온도 높습니다. 1 년 중 밤의 길이가 가장 긴 동지는 낮의 길이가 가장 짧은 때이므로 태양의 남중 고도가 가장 낮고, 기온이 낮습니다.

채점 기준	
상	하지와 동지의 태양의 남중 고도와 기온을 비교하여 옳게 설명한 경우
중	하지와 동지 중 한 절기의 태양의 남중 고도와 기온만 옳게 설명한 경우

17 지구본의 자전축이 수직일 때 막대의 그림자와 실이 이루는 각은 지구본의 위치에 상관없이 모두 같습니다. 지구본의 자전축이 기울어져 있을 때 막대의 그림자와 실이 이루는 각은 지구본의 위치에 따라 달라집니다.

채점 기준	
상	㉠과 ㉡에서 막대의 그림자와 실이 이루는 각의 변화를 모두 옳게 설명한 경우
중	막대의 그림자와 실이 이루는 각의 변화를 ㉠과 ㉡ 중 한 가지만 옳게 설명한 경우

18

지구가 ㉠의 위치에 있을 때 북반구인 우리나라는 태양의 남중 고도가 낮은 겨울이 됩니다.

채점 기준	
상	겨울을 옳게 쓰고, 그 까닭을 옳게 설명한 경우
중	겨울은 쓰지 못했지만, 그 까닭은 옳게 설명한 경우
하	겨울만 옳게 쓴 경우

수행 평가 1회

67 쪽

01 (1) ㉠ 그림자 길이, ㉡ 기온 (2) 예시 답안 14 시 30 분 이후에 태양 고도는 낮아지고, 그림자 길이는 길어지며, 기온은 낮아진다.
02 (1) ㉠ (2) 예시 답안 태양 고도가 높을수록 같은 면적에 도달하는 태양 에너지양이 많다.

01 (1) 하루 동안 태양 고도, 그림자 길이, 기온을 측정하여 그래프로 나타내면 기온은 14 시 30 분까지 점차 높아집니다. 그림자 길이는 태양 고도와 반대로 오전에는 짧아지다가 12 시 30 분 이후에는 점차 길어집니다.

> 만점 꿀팁 태양 고도와 그림자 길이, 기온의 그래프 모양을 비교하면 어떤 그래프인지 알 수 있어요.

(2) 하루 동안 태양 고도는 12 시 30 분까지 높아지다가 12 시 30 분에 가장 높고 이후 점점 낮아집니다. 그림자 길이는 태양 고도와 반대로 12 시 30 분까지 짧아지다가 12 시 30 분에 가장 짧고 이후 점점 길어집니다. 기온은 14 시 30 분까지 점점 높아지다가 다시 낮아집니다.

만점 꿀팁 가로축에서 14 시 30 분을 찾은 뒤 태양 고도, 그림자 길이, 기온의 꺾은선이 14 시 30 분 이후에 어떻게 달라지고 있는지 살펴보아요.

채점 기준	
상	14 시 30 분 이후 태양 고도, 그림자 길이, 기온의 변화를 모두 옳게 설명한 경우
중	14 시 30 분 이후 태양 고도, 그림자 길이, 기온의 변화 중 두 가지만 옳게 설명한 경우
하	14 시 30 분 이후 태양 고도, 그림자 길이, 기온의 변화 중 한 가지만 옳게 설명한 경우

02 (1) 손전등이 태양 전지판을 비추는 각이 클수록 같은 면적의 태양 전지판에 도달하는 빛의 양이 많아집니다.

만점 꿀팁 손전등이 태양 전지판을 비추는 각이 클수록 소리 발생 장치에서 나는 소리가 커지는 것을 떠올리면 태양 전지판에 도달하는 빛의 양을 비교할 수 있어요.

(2) 이 실험에서 손전등이 태양 전지판을 비추는 각이 클수록 소리 발생 장치에서 나는 소리가 더 크게 납니다. 이를 통해 손전등이 태양 전지판을 비추는 각이 클수록 같은 면적의 태양 전지판에 도달하는 빛의 양이 더 많은 것을 알 수 있습니다. 손전등이 태양 전지판을 비추는 각은 태양 고도, 손전등 빛은 태양 에너지, 태양 전지판에 도달하는 빛의 양은 태양 에너지양을 나타내므로, 태양 고도가 높을수록 같은 면적에 도달하는 태양 에너지양이 많다는 것을 알 수 있습니다.

만점 꿀팁 손전등이 태양 전지판을 비추는 각과 태양 전지판에 도달하는 빛의 양의 관계를 떠올리며 실제 자연과 연결 지어 생각해 봐요.

채점 기준	
상	태양 고도가 높을수록 같은 면적에 도달하는 태양 에너지양이 많다고 옳게 설명한 경우
중	태양 고도에 따라 같은 면적에 도달하는 태양 에너지양이 달라진다고 설명한 경우

단원 평가 2회

68~70 쪽

01 ㉠ **02** 그림자 길이
03 ㉠ 그림자 길이, ㉡ 기온 **04** ③
05 (가) 여름, (나) 겨울 **06** ㉡
07 ㉠ 태양 고도, ㉡ 태양 에너지 **08** (다)
09 ㉢ **10** ②
11 ㉠ **12** 여름: ㉡, 겨울: ㉣

서술형 문제

13 예시 답안 그림자 길이는 짧아지고, 기온은 높아진다.
14 예시 답안 지표면이 데워져 공기의 온도가 높아지는 데에는 시간이 걸리기 때문이다.
15 예시 답안 여름은 겨울보다 태양의 남중 고도가 높아 낮의 길이가 길고, 겨울은 여름보다 태양의 남중 고도가 낮아 낮의 길이가 짧다.
16 예시 답안 ㉠, 태양의 남중 고도가 낮을수록 같은 면적의 지표면에 도달하는 태양 에너지양이 적어지므로 기온이 낮아진다.
17 예시 답안 지구가 ㉠의 위치에 있을 때는 ㉡의 위치에 있을 때보다 우리나라의 태양의 남중 고도와 기온이 높다.
18 예시 답안 여름, 남반구에 있는 나라는 북반구에 있는 우리나라와 계절이 반대이기 때문이다.

01 ㉡ 태양 고도를 측정할 때는 막대의 그림자를 태양 고도 측정기의 눈금과 평행하게 맞춘 뒤 막대의 그림자 길이를 측정합니다.
㉢ 태양 고도를 측정할 때는 막대의 그림자 끝에 중심이 오도록 각도기를 두고, 실을 당겨 막대의 그림자와 실의 각도를 측정합니다.

왜 틀린 답일까?
㉠ 태양 고도를 측정할 때는 햇빛이 잘 들고 편평한 곳에 태양 고도 측정기를 놓아야 합니다.

02 태양 고도 그래프와 모양이 반대인 그래프는 그림자 길이 그래프입니다.

03 태양 고도가 높아지면 그림자 길이는 짧아지고, 대체로 기온은 높아집니다. 태양 고도가 낮아지면 그림자 길이는 길어지고, 대체로 기온은 낮아집니다.

04 여름일 때 태양의 남중 고도는 가장 높고, 낮의 길이도 가장 깁니다. 여름에서 가을로 계절이 변하면 태양의 남중 고도는 점점 낮아지고, 낮의 길이는 점점 짧아집니다. 시간이 더 지나면 태양의 남중 고도가 가장 낮고 낮의 길이가 가장 짧은 겨울이 됩니다.

05

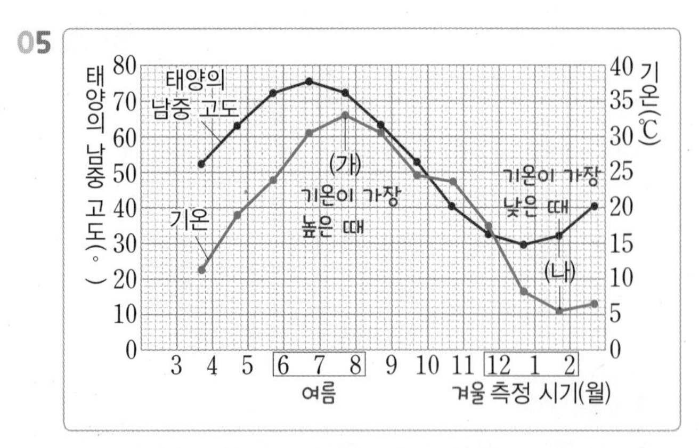

기온이 가장 높은 7 월~8 월은 여름이고, 기온이 가장 낮은 1 월~2 월은 겨울입니다.

06 ㉡ 태양의 남중 고도가 가장 높은 달은 6 월~7 월로 여름입니다.

왜 틀린 답일까?

㉠ 3 월~5 월의 기온은 6 월~8 월의 기온보다 낮으므로 봄은 여름보다 기온이 낮습니다.
㉢ 가을에서 겨울이 되면 태양의 남중 고도와 기온은 점차 낮아집니다.

07 손전등이 태양 전지판을 비추는 각은 자연에서 태양 고도를, 손전등 빛은 태양 에너지를 나타냅니다.

08 (다): 손전등이 태양 전지판을 비추는 각이 클수록 소리 발생 장치에서 나는 소리의 크기가 더 커집니다. 따라서 손전등이 태양 전지판을 비추는 각이 클수록 같은 면적의 태양 전지판에 빛이 많이 도달합니다.

왜 틀린 답일까?

(가): 손전등이 태양 전지판을 비추는 각이 작을수록 빛이 닿는 면적은 넓어지고 같은 면적에 도달하는 빛의 양이 적어집니다.
(나): 손전등이 태양 전지판을 수직으로 비출 때는 손전등이 태양 전지판을 비추는 각이 크므로 소리 발생 장치에서 나는 소리가 큽니다.

09 여름에는 태양의 남중 고도가 높아 같은 면적의 지표면에 도달하는 빛의 양이 많아지고, 낮의 길이가 길어져 기온이 높습니다.

10 지구본의 자전축을 수직으로 하고 우리나라에 붙인 막대의 그림자와 실이 이루는 각을 측정하면 막대의 그림자와 실이 이루는 각은 지구본의 위치에 관계없이 모두 같습니다.

11 지구가 자전축이 기울어진 채 태양 주위를 공전하기 때문에 태양의 남중 고도가 달라져 계절에 따라 낮의 길이, 밤의 길이, 기온 등이 달라지고 계절의 변화가 나타납니다.

12 지구가 ㉡의 위치에 있을 때 북반구인 우리나라는 태양의 남중 고도가 높으므로 여름이 되고, 지구가 ㉣의 위치에 있을 때는 태양의 남중 고도가 낮으므로 겨울이 됩니다. 지구의 위치가 ㉠일 때는 봄, ㉢일 때는 가을이 됩니다.

13 태양이 ㉠에서 ㉡으로 이동하면 태양 고도가 높아지므로 그림자 길이는 짧아지고 기온은 높아집니다.

채점 기준	
상	태양의 위치 변화에 따라 그림자 길이와 기온의 변화를 모두 옳게 설명한 경우
중	태양의 위치 변화에 따라 그림자 길이와 기온의 변화 중 한 가지만 옳게 설명한 경우

14 지표면이 데워져 공기의 온도가 높아지는 데에는 시간이 걸리기 때문에 기온이 가장 높은 때는 태양 고도가 가장 높은 때보다 약 두 시간 정도 뒤입니다.

채점 기준	
상	지표면이 데워져 공기의 온도가 높아지는 데에는 시간이 걸린다고 옳게 설명한 경우
중	공기의 온도가 높아지는 데에는 시간이 걸린다고만 설명한 경우

15 여름은 겨울보다 태양의 남중 고도가 높아 낮의 길이가 길고, 겨울은 여름보다 태양의 남중 고도가 낮아 낮의 길이가 짧습니다. 여름은 낮의 길이가 길어 겨울보다 태양이 더 늦게 집니다.

채점 기준	
상	여름과 겨울의 낮의 길이가 다른 까닭을 태양의 남중 고도와 관련지어 옳게 설명한 경우
중	여름은 태양의 남중 고도가 높다거나 겨울은 태양의 남중 고도가 낮다고만 설명한 경우
하	여름과 겨울의 태양의 남중 고도가 다르기 때문이라고만 설명한 경우

16 태양의 남중 고도가 낮을수록 같은 면적의 지표면에 도달하는 태양 에너지양이 적고 낮의 길이가 짧아 기온이 낮아집니다.

채점 기준	
상	㉠을 옳게 쓰고, 그 까닭을 옳게 설명한 경우
중	㉠은 쓰지 못했지만, 그 까닭은 옳게 설명한 경우
하	㉠만 옳게 쓴 경우

17 지구가 ㉠의 위치에 있을 때 우리나라는 태양의 남중 고도가 높아 기온이 높습니다. 지구가 ㉡의 위치에 있을 때 우리나라는 태양의 남중 고도가 낮아 기온이 낮습니다.

채점 기준	
상	㉠과 ㉡의 위치에서 우리나라의 태양의 남중 고도와 기온을 모두 옳게 비교하여 설명한 경우
중	㉠과 ㉡의 위치에서 우리나라의 태양의 남중 고도나 기온 중 한 가지만 옳게 비교한 경우

18 남반구는 지구의 자전축이 기울어진 방향이 북반구와 반대 방향이므로 북반구와 계절이 반대로 나타납니다.

채점 기준	
상	여름을 옳게 쓰고, 남반구와 북반구의 계절이 반대로 나타난다고 옳게 설명한 경우
중	여름은 쓰지 못했지만, 남반구와 북반구의 계절이 반대로 나타난다고 설명한 경우
하	여름만 옳게 쓴 경우

수행 평가 2회

71 쪽

01 (1) ㉠ 여름, ㉡ 겨울 (2) 예시 답안 3 개월 뒤인 12 월 15 일에 태양의 남중 고도는 낮아지고, 낮의 길이는 짧아지며, 기온은 낮아질 것이다.
02 (1) 지구본의 기울기 (2) 예시 답안 지구가 자전축이 기울어진 채 태양 주위를 공전하면 지구의 위치에 따라 태양의 남중 고도가 달라져 계절이 변한다.

01 (1) 태양의 남중 고도가 가장 높은 ㉠은 여름이고, 가장 낮은 ㉡은 겨울입니다.

만점 꿀팁 여름에는 태양의 남중 고도가 가장 높고, 겨울에는 태양의 남중 고도가 가장 낮다는 것을 떠올리며 그래프를 해석해요.

(2) 9 월 15 일은 가을이고 3 개월 뒤인 12 월 15 일은 겨울입니다. 가을에서 겨울로 계절이 변하면 태양의 남중 고도가 낮아지고, 낮의 길이가 짧아지며, 기온이 낮아집니다.

만점 꿀팁 각 그래프의 가로축에서 9 월 15 일과 12 월 15 일을 찾은 뒤 태양의 남중 고도, 낮의 길이, 기온이 3 개월 동안 어떻게 달라지는지 비교해 봐요.

채점 기준	
상	3 개월 뒤 태양의 남중 고도, 낮의 길이, 기온의 변화를 모두 옳게 설명한 경우
중	3 개월 뒤 태양의 남중 고도, 낮의 길이, 기온의 변화 중 두 가지만 옳게 설명한 경우
하	3 개월 뒤 태양의 남중 고도, 낮의 길이, 기온의 변화 중 한 가지만 옳게 설명한 경우

02 (1) 이 실험에서 전등의 높이, 지구본의 크기, 막대를 붙인 위치, 지구본과 전등 사이의 거리는 같게 하고, 지구본의 기울기는 다르게 합니다.

만점 꿀팁 이 실험이 지구 자전축의 기울기에 따른 계절별 태양의 남중 고도를 비교하는 모형실험임을 생각하면 무엇을 다르게 해야 하는지 찾을 수 있어요.

(2) 지구본의 자전축이 기울어져 있을 때는 막대의 그림자와 실이 이루는 각이 지구본의 위치에 따라 달라집니다. 전등은 태양, 막대의 그림자와 실이 이루는 각은 태양의 남중 고도를 나타내므로 지구가 자전축이 기울어진 채 태양 주위를 공전하면 지구의 위치에 따라 태양의 남중 고도가 달라지는 것을 알 수 있습니다. 태양의 남중 고도가 달라지면 계절이 변합니다.

만점 꿀팁 실험에서 전등과 막대의 그림자와 실이 이루는 각이 실제 자연에서 무엇을 나타내는지 떠올려 실험 결과와 관련지어 보면 계절이 변하는 원인을 알 수 있어요.

채점 기준	
상	지구가 자전축이 기울어진 채 태양 주위를 공전해 태양의 남중 고도가 달라져 계절이 변한다고 옳게 설명한 경우
중	지구의 자전축이 기울어져 있으므로 태양의 남중 고도가 달라져 계절이 변한다고 설명한 경우
하	지구의 자전축이 기울어져 있어 계절이 변한다고만 설명한 경우

3 연소와 소화

1 물질이 탈 때 어떤 현상이 나타날까요

스스로 확인해요 74 쪽

1 빛, 열(열, 빛) 2 예시 답안 나무를 태우는 것, 기름을 태우는 것, 숯을 태우는 것 등이 있다.

2 나무, 기름, 숯과 같은 물질이 탈 때 빛이 발생하여 주변이 밝아지고, 열이 발생하여 주변이 따뜻해집니다.

문제로 개념 탄탄 75 쪽

1 (1) × (2) ○ (3) ○ (4) × 2 ㉠ 밝아, ㉡ 따뜻해
3 ㉢ 4 탈 물질

1 (1) 초가 탈 때 불꽃이 바람에 흔들립니다.
(2) 초가 탈 때 시간이 지나면 초가 녹아 촛농이 생깁니다.
(3) 알코올이 탈 때 불꽃의 모양은 위아래로 길쭉합니다.
(4) 초가 탈 때 불꽃 끝부분에서 흰 연기가 생깁니다.

2 초와 알코올이 탈 때 불꽃의 주변이 밝아지고, 손을 가까이 하면 손이 점점 따뜻해집니다.

3 물질이 탈 때에는 공통적으로 빛과 열이 발생합니다.

4 초, 알코올처럼 빛과 열을 발생하며 타는 물질을 탈 물질이라고 합니다.

2 물질이 타려면 무엇이 필요할까요

스스로 확인해요 76 쪽

1 연소 2 예시 답안 기름에 불을 직접 붙이지 않았지만 기름이 뜨거워져 기름의 온도가 발화점 이상이 되었기 때문이다.

2 프라이팬에 기름을 두르고 요리를 할 때 탈 물질인 기름이 있고, 공기 중에서 산소가 공급됩니다. 따라서 프라이팬을 가열해 기름의 발화점 이상으로 온도가 높아지면 기름에 불이 붙습니다.

문제로 개념 탄탄 77 쪽

1 ㉡ 2 산소
3 성냥의 머리 부분 4 (1) × (2) ○ (3) ○

1 크기가 큰 초와 작은 초에 불을 동시에 붙이면 크기가 작은 초의 촛불이 먼저 꺼집니다.

2 초에 불을 붙이고 아크릴 통으로 덮으면 초가 타는 데 필요한 산소가 공급되지 않습니다. 따라서 촛불이 점점 작아지다가 꺼집니다.

3 알코올램프로 철판의 가운데를 가열하면 성냥의 머리 부분과 나무 부분 중 성냥의 머리 부분이 먼저 탑니다.

4 (1) 물질에 불을 직접 붙이지 않아도 주변의 온도가 높아지면 물질은 연소할 수 있습니다. 물질이 불에 직접 닿지 않아도 타기 시작하는 온도를 발화점이라고 합니다.
(2) 물질이 산소와 빠르게 반응하면서 빛과 열을 내는 현상을 연소라고 합니다.
(3) 연소가 일어나려면 탈 물질과 산소가 있어야 하고, 발화점 이상의 온도가 되어야 합니다.

문제로 실력 쑥쑥 78~79 쪽

01 ② 02 예시 답안 손을 가까이 하면 손이 점점 따뜻해진다. 03 (가) 04 ㉢
05 크기 06 ㉡ 07 ③
08 예시 답안 성냥의 머리 부분이 탈 것이다. 물질에 불을 직접 붙이지 않아도 주변의 온도가 높아지면 물질이 타기 때문이다. 09 ㉠ 10 ④
11 산소

01 ① 초가 탈 때 불꽃의 주변이 밝아집니다.
③ 초가 탈 때 불꽃의 모양은 위아래로 길쭉합니다.
④ 초가 탈 때 불꽃 끝부분에서 흰 연기가 생깁니다.
⑤ 초가 탈 때 시간이 지나면 초가 녹아 촛농이 생깁니다.

왜 틀린 답일까?

② 초가 탈 때 불꽃의 색깔은 노란색, 붉은색입니다. 알코올이 탈 때 불꽃의 색깔은 아랫부분이 푸른색, 윗부분이 붉은색입니다.

02 알코올이 탈 때 손을 가까이 하면 손이 점점 따뜻해집니다.

채점 기준	
상	손이 점점 따뜻해진다고 설명한 경우
중	손이 따뜻하다고 설명한 경우

03 (가): 초와 알코올이 탈 때 공통적으로 불꽃의 주변이 밝아지고, 손을 가까이 하면 손이 점점 따뜻해집니다. 따라서 초와 알코올이 탈 때 공통적으로 빛과 열이 발생하는 것을 알 수 있습니다.

왜 틀린 답일까?

(나): 알코올이 탈 때 불꽃의 색깔은 아랫부분이 푸른색, 윗부분이 붉은색입니다.
(다): 초와 알코올이 탈 때 불꽃의 주변이 밝아집니다.

04 물질이 탈 때 공통적으로 발생하는 빛과 열은 우리 주변의 어두운 곳을 밝히거나 주변을 따뜻하게 합니다.

05

크기가 다른 두 초에 불을 동시에 붙여 관찰하는 실험에서 다르게 한 조건은 초의 크기입니다.

06 ㉡ 크기가 다른 두 초에 불을 동시에 붙이면 크기가 작은 초의 촛불이 먼저 꺼지는 것은 크기가 작은 초가 모두 타서 탈 물질이 없어졌기 때문입니다. 따라서 초가 타는 데 탈 물질이 필요한 것을 알 수 있습니다.

왜 틀린 답일까?

㉠ 제시된 실험에서 초가 타는 데 산소가 필요한 것은 알 수 없습니다.
㉢ 초가 모두 타서 탈 물질이 없어지면 촛불이 꺼집니다.

07

㉠ ㉡
아크릴 통
산소가 발생해요.
물, 이산화 망가니즈, 묽은 과산화 수소수

아크릴 통을 덮으면 산소가 공급되지 않아요.
➡ ㉡에서는 산소가 발생하므로 ㉠의 촛불이 먼저 꺼져요.

산소가 공급되지 않는 ㉠의 촛불이 먼저 꺼집니다.

08 물질에 불을 직접 붙이지 않아도 주변의 온도가 높아지면 물질이 탑니다.

채점 기준	
상	성냥의 머리 부분이 탈 것이라고 쓰고, 그 까닭을 물질에 불을 직접 붙이지 않아도 주변의 온도가 높아지면 물질이 타기 때문이라고 설명한 경우
중	성냥의 머리 부분이 탈 것이라고 쓰고, 그 까닭을 물질에 불을 직접 붙이지 않아도 탄다고만 설명한 경우
하	성냥의 머리 부분이 탈 것이라고만 쓴 경우

09

성냥의 머리 부분 성냥의 나무 부분

성냥의 머리 부분이 나무 부분보다 먼저 타요.
➡ 물질이 타기 시작하는 온도는 성냥의 나무 부분이 머리 부분보다 높아요.

물질이 타기 시작하는 온도는 물질마다 다르므로 성냥의 머리 부분과 나무 부분 중 머리 부분이 먼저 탑니다.

10 ①, ③ 연소는 물질이 산소와 빠르게 반응하면서 빛과 열을 내는 현상입니다.
②, ⑤ 연소가 일어나려면 탈 물질과 산소가 있고, 발화점 이상의 온도여야 하는 세 가지 조건이 필요합니다. 따라서 탈 물질이 남아 있어도 산소가 공급되지 않으면 연소가 일어나지 않습니다.

왜 틀린 답일까?

④ 물질이 불에 직접 닿지 않아도 타기 시작하는 온도를 그 물질의 발화점이라고 합니다.

11 연소가 일어나려면 탈 물질과 산소가 있어야 하고, 발화점 이상의 온도가 되어야 합니다.

3 물질이 연소한 후 무엇이 생성될까요

스스로 확인해요 80 쪽

1 물, 이산화 탄소(이산화 탄소, 물) 2 예시 답안 푸른색 염화 코발트 종이는 물에 닿으면 붉은색으로 변하고, 석회수는 이산화 탄소와 만나면 뿌옇게 흐려지므로 푸른색 염화 코발트 종이와 석회수로 확인한다.

2 물이 생성되는 것은 푸른색 염화 코발트 종이가 붉은색으로 변하는 것으로 확인할 수 있습니다. 또, 이산화 탄소가 생성되는 것은 석회수가 뿌옇게 흐려지는 것으로 확인할 수 있습니다.

문제로 개념 탄탄 81 쪽

1 (1) ㉡ (2) ㉠ 2 ㉡
3 (1) 석회수 (2) 물 (3) 푸른색 염화 코발트 종이, 이산화 탄소 4 다른

1 (1) 석회수는 이산화 탄소와 만나면 뿌옇게 흐려집니다. 이 성질을 이용하여 이산화 탄소를 확인할 수 있습니다.
(2) 푸른색 염화 코발트 종이는 물에 닿으면 붉은색으로 변합니다. 이 성질을 이용하여 물을 확인할 수 있습니다.

2 초가 연소한 후 이산화 탄소가 생성되는 것은 석회수로 확인할 수 있습니다. 초가 연소한 후 생성된 기체를 집기병에 모아 석회수를 부어 살짝 흔들면 석회수가 뿌옇게 흐려집니다.

3 (1) 이산화 탄소는 석회수를 뿌옇게 흐리게 합니다.
(2) 푸른색 염화 코발트 종이는 물에 닿으면 붉은색으로 변합니다.
(3) 초가 연소한 후에 물이 생성되는 것은 푸른색 염화 코발트 종이가 붉은색으로 변하는 것으로 확인할 수 있고, 이산화 탄소가 생성되는 것은 석회수가 뿌옇게 흐려지는 것으로 확인할 수 있습니다.

4 물질이 연소하면 연소 전의 물질과 다른 새로운 물질이 생성됩니다.

4~5 불을 끄려면 어떻게 해야 할까요 / 화재 안전 대책을 알아볼까요

스스로 확인해요 82 쪽

1 소화 2 예시 답안 산불이 나면 소방 헬기로 물을 뿌려 소화할 수 있다. 물을 뿌리면 발화점 미만으로 온도가 낮아져 연소가 일어나지 않기 때문이다.

2 산에서 발생한 화재는 물을 뿌려서 발화점 미만으로 온도를 낮춰 소화합니다.

스스로 확인해요 82 쪽

1 ○ 2 예시 답안 젖은 수건으로 코와 입을 가리고 낮은 자세로 이동한다. 승강기 대신 계단을 이용해 질서 있게 대피한다. 등

2 화재가 발생했을 때 젖은 수건으로 코와 입을 가리고 낮은 자세로 이동하며, 승강기 대신 계단을 이용해 대피합니다.

문제로 개념 탄탄 83 쪽

1 (1) ㉠ (2) ㉢ (3) ㉡ 2 (1) × (2) × (3) ○
3 ㉠

1 (1) 촛불을 입으로 불면 탈 물질이 날아가기 때문에 불이 꺼집니다.
(2) 촛불에 분무기로 물을 뿌리면 발화점 미만으로 온도가 낮아지기 때문에 불이 꺼집니다.
(3) 알코올램프의 뚜껑을 덮으면 산소가 공급되지 않기 때문에 불이 꺼집니다.

2 (1) 연소의 세 가지 조건 중에서 하나라도 없다면 연소가 일어나지 않습니다.
(2) 소화 방법은 탈 물질에 따라 다릅니다.
(3) 연소의 조건 중에서 한 가지 이상의 조건을 없애 불을 끄는 것을 소화라고 합니다.

3 화재가 발생했을 때는 승강기 대신 계단을 이용하여 이동합니다.

문제로 실력 쑥쑥

84~85 쪽

01 ⑤　　02 ㉡

03 예시 답안 초가 연소한 후 물이 생성된다.

04 ③　　05 이산화 탄소　　06 ①, ⑤

07 (나)　　08 예시 답안 촛불을 입으로 불면 탈 물질이 날아가기(없어지기) 때문이다.　　09 ㉢

10 ㉠ 발화점, ㉡ 소화　　11 ④

12 ㉠

01

아크릴 통

㉠

푸른색 염화 코발트 종이

촛불이 꺼지면 푸른색 염화 코발트 종이가 붉은색으로 변해요.
➡ 초가 연소한 후 물이 생성되는 것을 알 수 있어요.

아크릴 통의 안쪽 벽면에 붙인 ㉠은 푸른색 염화 코발트 종이입니다. 촛불이 꺼지면 푸른색 염화 코발트 종이의 색깔 변화를 관찰하여 초가 연소한 후 생성되는 물질을 확인할 수 있습니다.

02 촛불이 꺼지면 푸른색 염화 코발트 종이가 붉은색으로 변합니다.

03 푸른색 염화 코발트 종이가 붉은색으로 변하는 것으로 보아 초가 연소한 후 물이 생성됩니다.

채점 기준	
상	초가 연소한 후 물이 생성된다고 설명한 경우
중	초가 연소한 후 다른 물질이 생성된다고만 설명한 경우
하	물이라고만 쓴 경우

04

석회수가 뿌옇게 흐려져요.
➡ 초가 연소한 후 이산화 탄소가 생성되는 것을 알 수 있어요.

초에 불을 붙여 집기병으로 덮고, 촛불이 꺼진 뒤 유리판으로 집기병의 입구를 막아 뒤집으면 초가 연소한 후 생성된 기체를 집기병에 모을 수 있습니다. 이 집기병에 석회수를 부어 살짝 흔들면 석회수가 뿌옇게 흐려집니다.

05 석회수가 뿌옇게 흐려지는 것으로 초가 연소한 후 이산화 탄소가 생성되는 것을 확인할 수 있습니다.

06 푸른색 염화 코발트 종이로 연소 후 물이 생성되는 것을 확인할 수 있고, 석회수로 연소 후 이산화 탄소가 생성되는 것을 확인할 수 있습니다.

푸른색 염화 코발트 종이	석회수
푸른색 염화 코발트 종이가 붉은색으로 변함. ➡ 물질이 연소한 후 물이 생성됨.	석회수가 뿌옇게 흐려짐. ➡ 물질이 연소한 후 이산화 탄소가 생성됨.

07 (가): 초가 연소한 후 물과 이산화 탄소가 생성됩니다. (다): 푸른색 염화 코발트 종이는 물에 닿으면 붉은색으로 변하고, 석회수는 이산화 탄소와 만나면 뿌옇게 흐려집니다. 이 성질을 이용해 알코올이 연소한 후 물과 이산화 탄소가 생성되는 것을 확인할 수 있습니다.

왜 틀린 답일까?

(나): 석회수가 뿌옇게 흐려지는 것으로 보아 초가 연소한 후 이산화 탄소가 생성되는 것을 알 수 있습니다.

08 촛불을 입으로 불어서 끄는 것은 탈 물질과 관련이 있습니다. 촛불을 입으로 불면 탈 물질이 날아가 없어지기 때문에 촛불이 꺼집니다.

채점 기준	
상	탈 물질이 날아가기 때문이라고 설명하거나 탈 물질이 없어지기 때문이라고 설명한 경우
중	탈 물질이라고만 쓴 경우

09 촛불을 모래나 집기병으로 덮으면 산소가 공급되지 않아서 촛불이 꺼집니다. 타고 있는 초의 심지를 모두 자르면 탈 물질이 없어져서 촛불이 꺼집니다.

10 촛불에 분무기로 물을 뿌리면 발화점 이상이었던 온도가 발화점 미만으로 낮아지므로 촛불이 꺼집니다. 이처럼 연소의 조건 중에서 한 가지 이상의 조건을 없애 불을 끄는 것을 소화라고 합니다.

11 문손잡이가 뜨거워 보이거나 문틈으로 연기가 새어 들어올 때에는 문을 열지 않아야 합니다.

12 ㉠ 부엌에서 조리할 때에는 자리를 비우지 않고, 조리가 끝나면 연료 조절 밸브를 잠급니다.

왜 틀린 답일까?

㉡ 하나의 콘센트에 여러 개의 전기 기구를 연결하지 않습니다.
㉢ 외출할 때 사용하지 않는 전기 기구의 전원을 끄고 플러그를 뽑습니다.

단원 평가 1회

94~96 쪽

01 ㉠	02 ①, ⑤	03 탈 물질
04 >	05 (다)	06 발화점
07 ㉢	08 ④	09 ②
10 ㉠, ㉣	11 ㉢	12 (가)

서술형 문제

13 예시 답안 알코올이 탈 때 불꽃의 모양은 위아래로 길쭉하고, 불꽃의 색깔은 아랫부분이 푸른색, 윗부분이 붉은색이다. 또, 불꽃의 주변이 밝아진다.

14 예시 답안 알코올램프의 뚜껑을 옆에서부터 살짝 덮어 불을 끄고, 뚜껑을 다시 열어 불이 꺼졌는지 확인한다.

15 예시 답안 ㉡, 크기가 작은 초가 모두 타서 탈 물질이 없어졌기 때문이다.

16 예시 답안 발화점은 성냥의 나무 부분이 머리 부분보다 높다. 성냥의 머리 부분이 나무 부분보다 먼저 타기 때문이다.

17 예시 답안 연료 조절 밸브를 잠그면 탈 물질이 없어지기 때문이다.

18 예시 답안 (나), 젖은 수건으로 코와 입을 가리고 낮은 자세로 이동해.

01

초와 알코올이 탈 때 불꽃의 모양은 위아래로 길쭉해요.

㉠ 초가 타는 모습
불꽃의 색깔은 노란색, 붉은색이에요.

㉡ 알코올이 타는 모습
불꽃의 색깔은 아랫부분이 푸른색, 윗부분이 붉은색이에요.

초가 탈 때 불꽃의 모양은 위아래로 길쭉하고, 불꽃의 색깔은 노란색, 붉은색입니다. 또, 불꽃 끝부분에서 흰 연기가 생깁니다.

02 ①, ⑤ 초와 알코올이 탈 때 공통적으로 불꽃의 주변이 밝아지고, 손을 가까이 하면 손이 점점 따뜻해지며, 빛과 열이 발생합니다.

왜 틀린 답일까?

② 초와 알코올이 탈 때 불꽃의 주변이 밝아집니다.
③ 초가 탈 때 시간이 지나면 초가 녹아 촛농이 생깁니다.
④ 알코올이 탈 때 불꽃의 색깔은 아랫부분이 푸른색, 윗부분이 붉은색입니다.

03 모닥불 속 나무와 같이 빛과 열을 발생하며 타는 물질을 탈 물질이라고 합니다.

04 크기가 다른 두 초에 불을 동시에 붙이면 크기가 작은 초가 모두 타서 탈 물질이 없어지므로 크기가 작은 초의 촛불이 먼저 꺼집니다. 따라서 불을 붙이기 전 초의 크기는 ㉠이 ㉡보다 큽니다.

05

성냥의 머리 부분에 불을 직접 붙이지 않아도 성냥의 머리 부분이 타요.
→ 물질에 불을 직접 붙이지 않아도 주변의 온도가 높아지면 물질이 타요.

(다): 물질에 불을 직접 붙이지 않아도 주변의 온도가 높아지면 물질이 타므로 성냥의 머리 부분이 탑니다.

왜 틀린 답일까?

(가): 연소가 일어나려면 발화점 이상의 온도가 되어야 하므로 물질의 연소는 온도와 관련이 있습니다.
(나): 물질에 불을 직접 붙이지 않아도 주변의 온도가 높아지면 연소합니다.

06 성냥의 머리 부분에 불을 직접 붙이지 않아도 철판을 가열하면 주변의 온도가 높아져서 성냥의 머리 부분이 탑니다. 따라서 이 실험으로 연소가 일어나려면 발화점 이상의 온도가 되어야 하는 것을 알 수 있습니다.

07 ㉠, ㉡ 연소가 일어나려면 산소와 탈 물질이 있어야 합니다.
㉣ 연소가 일어나려면 발화점 이상의 온도가 되어야 합니다.

왜 틀린 답일까?

㉢ 이산화 탄소는 초가 연소한 후 생성되는 물질입니다.

08 푸른색 염화 코발트 종이는 물에 닿으면 붉은색으로 변합니다. 따라서 촛불이 꺼지면 푸른색 염화 코발트 종이가 붉은색으로 변하는 것으로 초가 연소한 후 물이 생성되는 것을 확인할 수 있습니다.

09 초가 연소한 후 생성된 기체를 모아 석회수를 부어 흔들면 뿌옇게 흐려지는 것으로 이산화 탄소가 생성되는 것을 확인할 수 있습니다. 따라서 집기병에 부은 액체는 석회수입니다.

10

연소의 조건 중에서 한 가지 이상을 없애면 불을 끌 수 있어요.

㉠	촛불을 입으로 불기 ➡ 탈 물질과 관련이 있음.
㉡	촛불을 집기병으로 덮기 ➡ 산소와 관련이 있음.
㉢	촛불에 분무기로 물 뿌리기 ➡ 발화점 이상의 온도와 관련이 있음.
㉣	타고 있는 초의 심지를 핀셋으로 집기 ➡ 탈 물질과 관련이 있음.

촛불을 입으로 부는 것과 타고 있는 초의 심지를 핀셋으로 집는 것은 모두 탈 물질을 없애서 촛불을 끄는 방법입니다.

11 소방 헬기로 물을 뿌리면 발화점 미만으로 온도가 낮아져 산불을 끌 수 있습니다. 촛불에 분무기로 물을 뿌리는 것은 발화점 미만으로 온도를 낮춰 촛불을 끄는 방법입니다.

12 소화 방법은 탈 물질에 따라 다릅니다.
(나): 나무에서 발생한 화재는 물을 뿌려 소화합니다.
(다): 기름에서 발생한 화재는 물을 뿌리면 불이 더 크게 번질 수 있으므로 모래를 덮거나 유류 화재용 소화기로 소화합니다.

왜 틀린 답일까?
(가): 전기로 발생한 화재에 물을 뿌리면 감전의 위험이 있으므로 전기 화재용 소화기로 소화합니다.

13 알코올이 탈 때 불꽃의 모양은 위아래로 길쭉하고, 불꽃의 색깔은 아랫부분이 푸른색, 윗부분이 붉은색입니다. 또, 알코올이 탈 때 불꽃의 주변이 밝아집니다.

채점 기준	
상	알코올이 탈 때 불꽃의 모양, 색깔, 밝기를 모두 설명한 경우
중	세 가지 중 두 가지만 설명한 경우
하	세 가지 중 한 가지만 설명한 경우

14 알코올램프를 사용한 뒤 알코올램프의 불을 끌 때에는 알코올램프의 뚜껑을 옆에서부터 살짝 덮어 불을 끄고, 뚜껑을 다시 열어 불이 꺼졌는지 확인합니다.

채점 기준	
상	알코올램프의 뚜껑을 덮어 불을 끄고, 뚜껑을 다시 열어 불이 꺼졌는지 확인하는 것을 모두 설명한 경우
중	뚜껑을 덮어 불을 끄는 것만 설명한 경우

15 크기가 다른 두 초에 불을 동시에 붙였을 때 크기가 작은 초의 촛불이 먼저 꺼지는 것은 초가 모두 타서 탈 물질이 없어졌기 때문입니다.

채점 기준	
상	㉡을 옳게 고르고, 그 까닭을 탈 물질과 관련지어 설명한 경우
중	㉡을 옳게 고르고, 그 까닭을 탈 물질에 대한 언급 없이 초가 모두 탄다고만 설명한 경우
하	㉡만 옳게 고른 경우

16

같은 온도에서 성냥의 머리 부분은 타고, 나무 부분은 타지 않아요.
➡ 성냥의 나무 부분은 머리 부분보다 높은 온도에서 타기 시작해요.

발화점은 물질이 불에 직접 닿지 않아도 타기 시작하는 온도로, 물질마다 다릅니다.

채점 기준	
상	발화점은 성냥의 나무 부분이 머리 부분보다 높다고 쓰고, 그 까닭을 성냥의 머리 부분이 나무 부분보다 먼저 타기 때문이라고 설명한 경우
중	성냥의 머리 부분과 나무 부분의 발화점만 옳게 비교한 경우
하	성냥의 머리 부분과 나무 부분의 발화점이 다르다고만 설명한 경우

17 가스레인지의 연료 조절 밸브를 잠그면 탈 물질인 가스가 없어지기 때문에 불이 꺼집니다.

채점 기준	
상	탈 물질이 없어지기 때문이라고 설명한 경우
중	탈 물질만 쓴 경우

18 화재가 발생하면 유독 가스를 마시지 않도록 젖은 수건으로 코와 입을 가리고 낮은 자세로 이동합니다.

	채점 기준
상	(나)를 옳게 고르고, 젖은 수건으로 코와 입을 가리고 낮은 자세로 이동한다고 설명한 경우
중	(나)를 옳게 고르고, 젖은 수건으로 코와 입을 가리는 것과 낮은 자세로 이동하는 것 중 한 가지만 설명한 경우
하	(나)만 옳게 고른 경우

수행 평가 1회

97 쪽

01 (1) 산소 (2) 예시 답안 초에 불을 붙여 아크릴 통으로 덮으면 산소가 공급되지 않으므로 ㉠에서 촛불이 먼저 꺼진다. 따라서 초가 타는 데 산소가 필요하다.
02 (1) 붉은색 (2) 예시 답안 (가)에서 푸른색 염화 코발트 종이가 붉은색으로 변하는 것으로 보아 초가 연소한 후 물이 생성된다. (나)에서 석회수가 뿌옇게 흐려지는 것으로 보아 초가 연소한 후 이산화 탄소가 생성된다.

01 (1) 이산화 망가니즈와 묽은 과산화 수소수가 만나면 산소가 발생합니다.

> 만점 꿀팁 기체 발생 장치에서 물을 넣은 가지 달린 삼각 플라스크에 이산화 망가니즈를 넣고, 깔때기에 묽은 과산화 수소수를 넣어 반응시키면 산소가 발생해요.

(2) ㉠의 촛불은 산소가 공급되지 않으므로 탈 물질이 남아 있지만 더 이상 타지 않고 촛불이 꺼집니다. ㉡의 촛불은 비커에서 산소가 공급되므로 꺼지지 않고 계속 탑니다.

> 만점 꿀팁 ㉠과 ㉡에서 다르게 한 조건은 산소의 공급 여부임을 알아야 해요. 산소가 공급되지 않은 ㉠에서 촛불이 점점 작아지다가 먼저 꺼졌으므로 초가 타는 데 필요한 조건은 산소임을 설명할 수 있어요.

	채점 기준
상	산소가 공급되지 않아 ㉠에서 촛불이 먼저 꺼졌으므로 초가 타는 데 산소가 필요하다고 설명한 경우
중	초가 타는 데 산소가 필요하다는 것만 설명한 경우
하	산소만 쓴 경우

02 (1) 촛불이 꺼지면 푸른색 염화 코발트 종이가 붉은색으로 변합니다.

> 만점 꿀팁 푸른색 염화 코발트 종이는 물에 닿으면 붉은색으로 변해요.

(2) 푸른색 염화 코발트 종이가 붉은색으로 변하는 것으로 보아 초가 연소한 후 물이 생성됩니다. 또, 석회수가 뿌옇게 흐려지는 것으로 보아 초가 연소한 후 이산화 탄소가 생성됩니다.

> 만점 꿀팁 푸른색 염화 코발트 종이와 석회수의 변화를 통해 초가 연소한 후 생성되는 물질을 확인할 수 있어요.

	채점 기준
상	물과 이산화 탄소가 생성되는 것을 모두 설명한 경우
중	물과 이산화 탄소 중 한 가지만 설명한 경우

단원 평가 2회

98~100 쪽

01 ④ **02** (다)
03 ㉠ 탈 물질, ㉡ (나) **04** (가)
05 ㉡ **06** (가) **07** ㉢
08 ㉠ 푸른색 염화 코발트 종이, ㉡ 석회수
09 ② **10** ④ **11** ㉡
12 ③

서술형 문제

13 예시 답안 불꽃의 주변이 밝아진다. 손을 가까이 하면 손이 점점 따뜻해진다. 빛과 열이 발생한다. 중 두 가지
14 예시 답안 모닥불을 피울 때 부채질을 하면 공기 중의 산소가 더 많이 공급되므로 불이 잘 붙는다.
15 예시 답안 성냥의 머리 부분을 성냥갑에 마찰하면 온도가 높아지면서 발화점 이상의 온도가 되므로 성냥의 머리 부분이 탄다.
16 (1) 물 (2) 예시 답안 초가 연소한 후 생성된 기체를 집기병에 모은 뒤, 석회수를 부어 살짝 흔들면 석회수가 뿌옇게 흐려진다.
17 예시 답안 탈 물질이 없어졌기 때문이다.
18 예시 답안 불을 발견하면 "불이야!"라고 큰 소리로 외치고 비상벨을 눌러 주변에 알린다. 젖은 수건으로 코와 입을 가리고 낮은 자세로 이동한다. 이동할 때에는 승강기 대신 계단을 이용한다. 등

01 ① 알코올이 탈 때 불꽃의 주변이 밝아집니다.
②, ③ 초가 탈 때 시간이 지나면 초가 녹아 촛농이 생기고, 불꽃의 색깔은 노란색, 붉은색입니다.
⑤ 초와 알코올이 탈 때 공통적으로 불꽃의 주변이 밝아지고, 손을 가까이 하면 손이 점점 따뜻해지며, 빛과 열이 발생합니다.

왜 틀린 답일까?

④ 초가 탈 때 불꽃 끝부분에서 흰 연기가 생깁니다.

02

나무, 가스가 탈 때 공통적으로 빛과 열이 발생해요.

(가) 모닥불 (나) 가스레인지 (다) 전기 조명

전기가 흘러 발생한 빛은 연소할 때 나타나는 현상이 아니에요.

나무나 가스와 같은 물질이 탈 때 공통적으로 빛과 열이 발생하여 우리 주변의 어두운 곳을 밝히거나 주변을 따뜻하게 합니다.

03 빛과 열을 발생하며 타는 물질을 탈 물질이라고 합니다. 가스레인지에서는 가스가 타면서 빛과 열이 발생하므로 탈 물질이 가스인 것은 (나)입니다.

04 (가)에서는 산소가 공급되지 않고, (나)에서는 초 옆에 놓인 비커로부터 산소가 계속해서 공급되므로 (가)에서 촛불이 먼저 꺼집니다.

05 ㉠ 물을 조금 넣은 비커에 이산화 망가니즈, 묽은 과산화 수소수를 넣으면 산소가 발생합니다.
㉢ 초에 불을 붙여 아크릴 통으로 덮으면 (가)에서는 산소가 공급되지 않고, (나)에서는 초 옆에 놓인 비커로부터 산소가 계속해서 공급됩니다. 따라서 실험에서 다르게 한 조건은 산소의 공급 여부입니다.

왜 틀린 답일까?

㉡ (가)에서는 산소가 공급되지 않기 때문에 탈 물질인 초가 남아 있더라도 더 이상 타지 않고, 초가 모두 타기 전에 촛불이 꺼집니다.

06 (가): 알코올램프로 성냥의 머리 부분을 올려놓은 철판의 가운데를 가열하면 주변의 온도가 높아져 발화점 이상이 되므로 성냥의 머리 부분이 탑니다.

왜 틀린 답일까?

(나): 불을 직접 붙이지 않아도 성냥의 머리 부분이 탑니다.
(다): 성냥의 머리 부분 주변의 온도가 높아집니다.

07 ㉢ 물질이 산소와 빠르게 반응하면서 빛과 열을 내는 현상을 연소라고 합니다.

왜 틀린 답일까?

㉠ 성냥의 머리 부분을 철판 위에 올려놓고 가열하면 불이 붙습니다. 이처럼 물질은 불에 직접 닿지 않아도 주변의 온도가 발화점 이상이 되면 연소합니다.
㉡ 연소가 일어나려면 탈 물질과 산소가 있어야 하고, 발화점 이상의 온도가 되어야 합니다.

08

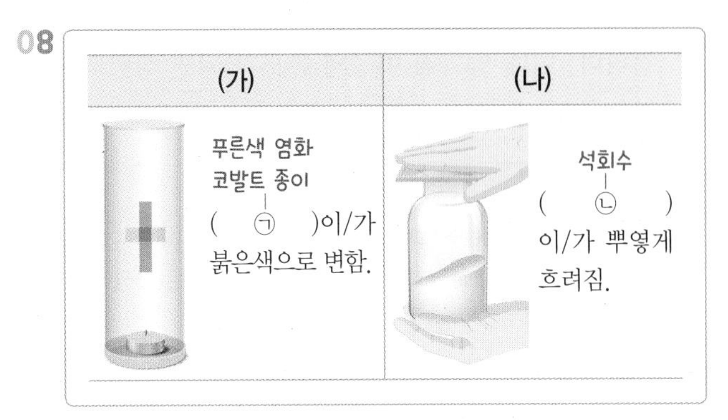

초가 연소한 후 푸른색 염화 코발트 종이가 붉은색으로 변하고, 석회수가 뿌옇게 흐려집니다. 따라서 ㉠은 푸른색 염화 코발트 종이, ㉡은 석회수입니다.

09 (가)에서 푸른색 염화 코발트 종이가 붉은색으로 변한 것으로 물이 생성되는 것을 확인할 수 있습니다. 또, (나)에서 석회수가 뿌옇게 흐려진 것으로 이산화 탄소가 생성되는 것을 확인할 수 있습니다.

10 연소의 조건인 탈 물질, 산소, 발화점 이상의 온도 중에서 한 가지 이상의 조건을 없애 불을 끄는 것을 소화라고 합니다.

11 ㉠과 ㉢은 산소의 공급을 막아 소화하는 방법이고, ㉡은 발화점 미만으로 온도를 낮춰 소화하는 방법입니다.

12 화재가 발생하면 재빨리 안전한 장소로 피한 뒤 119에 신고합니다. 승강기 대신 계단을 이용하고, 젖은 수건으로 코와 입을 가리고 이동합니다. 또, 문손잡이가 뜨거워 보이거나 문틈으로 연기가 새어 들어오면 문을 열지 않습니다.

13 초와 알코올이 탈 때 공통적으로 불꽃의 주변이 밝아지고, 손을 가까이 하면 손이 점점 따뜻해지며, 빛과 열이 발생합니다.

채점 기준	
상	불꽃의 밝기, 손을 가까이 했을 때의 느낌, 빛과 열이 발생하는 것 중 두 가지를 설명한 경우
중	한 가지만 설명한 경우

14 모닥불을 피울 때 부채질을 하면 공기 중의 산소가 더 많이 공급되므로 불이 잘 붙습니다.

채점 기준	
상	부채질을 하면 산소가 더 많이 공급되기 때문이라고 설명한 경우
중	산소만 쓴 경우

15 성냥의 머리 부분을 성냥갑에 마찰하면 온도가 높아집니다. 이때 발화점 이상의 온도가 되면 성냥의 머리 부분이 탑니다.

채점 기준	
상	성냥의 머리 부분을 성냥갑에 마찰하면 온도가 높아지면서 발화점 이상의 온도가 되기 때문이라고 설명한 경우
중	발화점 이상의 온도만 쓴 경우

16 (1) 푸른색 염화 코발트 종이가 붉은색으로 변한 것으로 보아 초가 연소한 후 물이 생성됩니다.
(2) 석회수가 뿌옇게 흐려지는 것으로 초가 연소한 후 이산화 탄소가 생성되는 것을 확인할 수 있습니다.

채점 기준	
상	석회수로 초가 연소한 후 이산화 탄소가 생성되는 것을 확인하는 방법을 옳게 설명한 경우
중	석회수를 부어 흔드는 것과 석회수가 뿌옇게 흐려지는 것 중 한 가지만 설명한 경우
하	석회수만 쓴 경우

17 촛불을 입으로 부는 것, 타고 있는 초의 심지를 모두 자르거나 핀셋으로 집는 것은 탈 물질을 없애 촛불을 끄는 방법입니다.

채점 기준	
상	탈 물질이 없어졌기 때문이라고 설명한 경우
중	탈 물질만 쓴 경우

18 화재가 발생했을 때 불을 발견하면 "불이야!"라고 큰 소리로 외치고 비상벨을 눌러 주변에 알립니다. 또, 젖은 수건으로 코와 입을 가리고 낮은 자세로 이동하고, 승강기 대신 계단을 이용합니다.

채점 기준	
상	화재 대처 방법을 두 가지 설명한 경우
중	화재 대처 방법을 한 가지만 설명한 경우

수행 평가 2회

101 쪽

01 (1) 예시 답안 성냥의 머리 부분에 불을 직접 붙이지 않아도 주변의 온도가 발화점 이상으로 높아졌기 때문이다.
(2) 예시 답안 발화점은 성냥의 나무 부분이 머리 부분보다 높다. 이처럼 발화점은 물질마다 다르다.
02 (1) (가) (2) 예시 답안 촛불을 물수건으로 덮으면 산소가 공급되지 않고, 발화점 미만으로 온도가 낮아지기 때문에 촛불이 꺼진다.

01 (1) 철판을 가열하면 성냥의 머리 부분 주변의 온도가 발화점 이상으로 높아집니다.

만점 꿀팁 물질이 불에 직접 닿지 않아도 타기 시작하는 온도를 발화점이라고 해요.

채점 기준	
상	온도가 발화점 이상으로 높아졌다고 설명한 경우
중	발화점 이상의 온도만 쓴 경우

(2) 성냥의 머리 부분과 나무 부분은 발화점이 다릅니다. 이처럼 발화점은 물질마다 다릅니다.

만점 꿀팁 성냥의 머리 부분이 먼저 타는 것으로 보아 발화점은 성냥의 나무 부분이 머리 부분보다 높아요.

채점 기준	
상	성냥의 머리 부분과 나무 부분의 발화점을 옳게 비교하고, 발화점은 물질마다 다르다고 설명한 경우
중	두 가지 중 한 가지만 설명한 경우

02 (1) 알코올램프의 뚜껑을 덮어서 불을 끄는 것은 산소와 관련이 있습니다.

만점 꿀팁 알코올램프의 뚜껑을 덮으면 산소의 공급을 막을 수 있어요.

(2) 촛불을 물수건으로 덮으면 촛불이 꺼지는 것은 산소, 발화점 이상의 온도와 관련이 있습니다.

만점 꿀팁 촛불을 물수건으로 덮으면 산소가 공급되지 않고, 발화점 미만으로 온도가 낮아져요.

채점 기준	
상	두 가지 까닭을 모두 설명한 설명한 경우
중	두 가지 까닭 중 한 가지만 설명한 경우

4 우리 몸의 구조와 기능

1 우리 몸은 어떻게 움직일까요

스스로 확인해요 104 쪽

1 × **2** 예시 답안 물건을 들어 올릴 수 있다. 춤출 수 있다. 서거나 뛸 수 있다. 등

1 우리 몸에는 곧은 모양, 동그란 모양, 휘어진 모양 등 다양한 생김새의 뼈가 있습니다.

2 우리 몸은 뼈와 근육이 있어서 서거나 뛰는 등 다양하게 움직일 수 있습니다.

문제로 개념 탄탄 105 쪽

1 (1) ○ (2) × (3) ○ **2** (1) ㉡ (2) ㉢ (3) ㉣ (4) ㉠
3 (1) 근육 (2) 뼈
4 ㉠ 줄어들고, ㉡ 구부러

1 (1) 근육은 뼈를 둘러싸며, 뼈에 연결되어 있어 몸을 움직일 수 있게 합니다.
(2) 근육의 길이가 줄어들거나 늘어나면서 근육과 연결된 뼈가 움직여 우리 몸이 움직입니다.
(3) 우리 몸을 구성하는 뼈는 종류와 생김새가 다양합니다. 뼈는 단단하여 우리 몸의 형태를 만들고 몸을 지지합니다.

2 (1) 머리뼈는 동그랗고, 바가지 모양입니다.
(2) 척추뼈는 여러 개의 짧은뼈가 이어져 기둥을 이룹니다.
(3) 갈비뼈는 휘어져 있고, 여러 개의 긴뼈가 좌우로 둥글게 연결되어 있습니다.
(4) 팔뼈는 길이가 길고, 아래쪽 뼈는 긴뼈 두 개로 이루어져 있습니다.

3 비닐봉지는 근육을 나타내고, 납작한 빨대는 뼈를 나타냅니다.

4 뼈와 근육 모형에 입으로 바람을 불어 넣으면 비닐봉지가 부풀어 오르면서 비닐봉지의 길이가 줄어들어 납작한 빨대가 구부러지고 손 그림이 올라옵니다.

2 소화 기관을 알아볼까요

스스로 확인해요 106 쪽

1 소화 **2** 예시 답안 소화가 잘되도록 하기 위해서이다.

2 음식물을 꼭꼭 씹어 먹으면 음식물이 더 잘게 쪼개져 소화가 잘됩니다.

문제로 개념 탄탄 107 쪽

1 소화 기관 **2** (1) ㉢ (2) ㉡ (3) ㉠ (4) ㉤ (5) ㉣
3 (1) (가) (2) (마) (3) (라) **4** (나)

1 음식물을 몸에 흡수될 수 있는 형태로 잘게 쪼개는 과정을 소화라고 하며, 소화에 관여하는 입, 식도, 위, 작은창자, 큰창자, 항문 등을 소화 기관이라고 합니다.

2 (가)는 긴 관 모양으로 입과 위를 연결하는 식도이고, (나)는 간입니다. (다)는 주머니 모양으로 식도와 작은창자를 연결하는 위, (라)는 구불구불한 관 모양의 작은창자, (마)는 굵은 관 모양의 큰창자입니다.

3 (1) 입으로 들어온 음식물이 위로 이동하는 통로는 식도(가)입니다.
(2) 큰창자(마)는 굵은 관 모양으로, 음식물 찌꺼기에서 수분을 흡수합니다.
(3) 구불구불한 관 모양의 작은창자(라)에서 음식물이 더 잘게 쪼개지고 영양소가 흡수됩니다.

4 간(나), 쓸개, 이자는 음식물이 지나가는 기관은 아니지만 소화를 돕는 액체를 분비하여 소화를 돕습니다.

3 순환 기관을 알아볼까요

스스로 확인해요 108 쪽

1 ○ **2** 예시 답안 영양소와 산소를 온몸으로 운반할 수 있다.

2 혈액은 온몸을 순환하면서 우리 몸에 필요한 영양소와 산소를 운반합니다.

문제로 개념 탄탄

109 쪽

1 ㉠ 심장, ㉡ 혈관　2 ㉠
3 (1) 심장 (2) 혈관 (3) 혈액　4 ㉠ 빨라, ㉡ 많아

1 혈액이 온몸을 도는 것을 순환이라고 하며, 순환에 관여하는 기관을 순환 기관이라고 합니다. 순환 기관에는 심장, 혈관이 있습니다. 둥근 주머니 모양인 ㉠은 심장이고, 긴 관이 복잡하게 얽혀 온몸에 퍼져 있는 ㉡은 혈관입니다.

2 심장(㉠)은 크기가 주먹만 하고, 펌프 작용으로 혈액을 온몸으로 순환시킵니다. 심장에서 나온 혈액은 혈관을 따라 온몸을 거쳐 다시 심장으로 돌아옵니다.

3 주입기의 펌프는 심장, 주입기의 관은 혈관, 붉은 색소 물은 혈액을 나타냅니다.

4 주입기의 펌프를 빠르게 누르면 붉은 색소 물의 이동 빠르기는 빨라지고, 붉은 색소 물의 이동량은 많아집니다.

문제로 실력 쑥쑥

110~111 쪽

01 ②, ⑤　02 ㉤, 척추뼈　03 ㉠
04 예시 답안 팔 안쪽 근육의 길이가 줄어들면 팔뼈가 따라 올라와 팔이 구부러지고, 팔 안쪽 근육의 길이가 늘어나면 팔뼈가 따라 내려가 팔이 펴진다.　05 ⑤
06 (다)　07 ⑤
08 ㉠ 위, ㉡ 큰창자　09 ③
10 ㉡　11 ①, ④
12 예시 답안 심장이 빠르게 뛰면 혈액이 이동하는 빠르기가 빨라지고, 혈액의 이동량이 많아진다.

01 ② 뼈는 단단하여 우리 몸을 지지하고, 우리 몸의 형태를 만듭니다.
⑤ 우리 몸은 뼈와 근육이 있어서 움직일 수 있습니다.

왜 틀린 답일까?
① 우리 몸을 구성하는 뼈의 생김새는 다양합니다.
③, ④ 뼈는 스스로 움직일 수 없습니다. 근육의 길이가 줄어들거나 늘어나면서 뼈를 움직여 우리 몸이 움직입니다.

02
- 머리뼈(㉠): 동그랗고, 바가지 모양이에요.
- 팔뼈(㉡): 길이가 길고, 아래쪽 뼈는 긴뼈 두 개로 이루어져 있어요.
- 다리뼈(㉢): 팔뼈보다 더 길고 두꺼우며, 아래쪽 뼈는 긴뼈 두 개로 이루어져 있어요.
- 갈비뼈(㉣): 길고 휘어져 있는 여러 개의 뼈가 좌우로 둥글게 연결되어 있어요.
- 척추뼈(㉤): 여러 개의 짧은뼈가 이어져 기둥을 이뤄요.

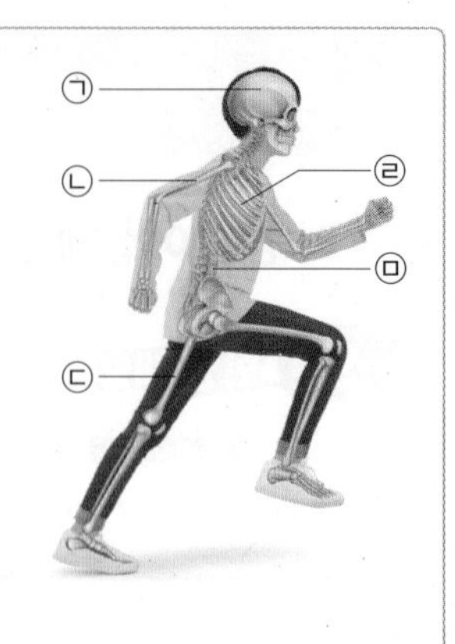

㉠은 머리뼈, ㉡은 팔뼈, ㉢은 다리뼈, ㉣은 갈비뼈, ㉤은 척추뼈입니다. 척추뼈는 여러 개의 짧은뼈가 길게 이어져 기둥을 이룹니다.

03 뼈와 근육 모형에서 비닐봉지는 근육, 납작한 빨대는 뼈를 나타냅니다. 뼈와 근육 모형에 입으로 바람을 불어 넣으면 비닐봉지가 부풀어 오르면서 비닐봉지의 길이가 줄어들어 납작한 빨대가 구부러지고 손 그림이 올라옵니다.

04 근육의 길이가 줄어들거나 늘어나면서 근육과 연결된 뼈가 움직입니다.

채점 기준	
상	팔이 구부러지고 펴지는 원리를 근육의 길이 변화 및 팔뼈의 움직임과 관련지어 옳게 설명한 경우
중	팔이 구부러지거나 펴지는 원리 중 한 가지만 근육의 길이 변화 및 팔뼈의 움직임과 관련지어 옳게 설명한 경우
하	팔이 구부러지고 펴지는 원리를 팔뼈의 움직임으로만 설명한 경우

05
- 입(㉠): 얼굴에 있고, 이와 혀가 있어요.
- 식도(㉡): 긴 관 모양으로, 입과 위를 연결해요.
- 위(㉢): 주머니 모양으로, 식도와 작은창자를 연결해요.
- 작은창자(㉣): 구불구불한 관 모양으로, 배의 가운데에 있어요.
- 큰창자(㉤): 굵은 관 모양이에요.
- 항문(㉥): 큰창자와 연결되어 있어요.

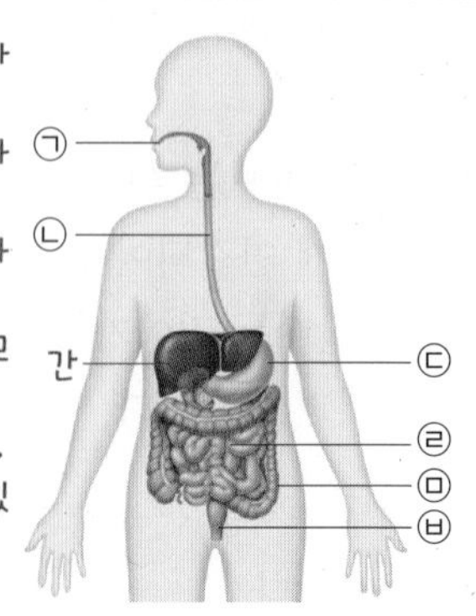

㉠은 입, ㉡은 식도, ㉢은 위, ㉣은 작은창자, ㉤은 큰창자, ㉥은 항문입니다. 간은 배 오른쪽 윗부분에 있습니다.

06 식도(㉡)는 긴 관 모양이고, 위(㉢)는 주머니 모양으로 작은창자와 연결되어 있습니다. 작은창자(㉣)는 구불구불한 관 모양으로, 음식물을 잘게 쪼개고 영양소를 흡수합니다.

07 ① 작은창자는 소화를 돕는 액체를 이용해 음식물을 잘게 쪼개고, 영양소를 흡수합니다.
②, ④ 큰창자에서 수분이 흡수되고 남은 음식물 찌꺼기는 항문을 통해 배출됩니다.
③ 입은 음식물을 이로 잘게 부숴 혀로 섞고, 침으로 물러지게 합니다.

왜 틀린 답일까?

⑤ 식도는 소화를 돕는 액체를 분비하지 않습니다. 식도는 입에서 삼킨 음식물이 위로 이동하는 통로입니다.

08 우리가 입으로 먹은 음식물은 식도와 위를 지나 작은창자를 거쳐 큰창자로 이동합니다. 이 과정에서 음식물이 소화되어 영양소와 수분은 몸속으로 흡수되고, 나머지는 항문을 통해 배출됩니다.

09 ③ ㉠은 심장, ㉡은 혈관입니다. 심장(㉠)은 펌프 작용으로 혈액을 온몸으로 순환시킵니다.

왜 틀린 답일까?

②, ④ 심장(㉠)은 주머니 모양입니다. 혈관(㉡)은 긴 관 모양으로, 온몸에 퍼져 있습니다.
⑤ 혈관(㉡)은 굵기가 굵은 것도 있고 굵기가 가는 것도 있습니다.

10 주입기의 펌프는 심장, 주입기의 관은 혈관, 붉은 색소 물은 혈액을 나타냅니다. 주입기 실험을 통해 순환 기관에서 혈액이 어떻게 이동하는지 알 수 있습니다.

11 주입기의 펌프를 빠르게 누를 때 붉은 색소 물이 이동하는 빠르기가 빨라지고, 붉은 색소 물의 이동량이 많아집니다.

12 주입기 실험에서 펌프를 빠르게 누를 때 붉은 색소 물이 이동하는 빠르기가 빨라지고, 붉은 색소 물의 이동량이 많아진 것과 같이 심장이 빠르게 뛰면 혈액이 이동하는 빠르기가 빨라지고 혈액의 이동량이 많아집니다.

채점 기준	
상	혈액이 이동하는 빠르기가 빨라지고, 혈액의 이동량이 많아진다고 설명한 경우
중	혈액의 이동 빠르기와 혈액의 이동량 중 한 가지만 옳게 설명한 경우

4~5 호흡 기관을 알아볼까요 / 배설 기관을 알아볼까요

스스로 확인해요 112 쪽

1 호흡 2 예시 답안 코로 들어온 공기를 폐로 잘 전달할 수 있다.

2 기관지는 폐와 연결되어 있으므로 기관지가 여러 갈래로 갈라져 있으면 폐 구석구석으로 공기를 전달하는 데 효과적입니다.

스스로 확인해요 112 쪽

1 방광 2 예시 답안 혈액에 있는 노폐물을 걸러 내지 못해 몸에 노폐물이 쌓여 질병에 걸릴 것이다.

2 우리가 생명 활동을 할 때 노폐물이 생기는데, 노폐물은 몸에 쌓이면 해롭기 때문에 몸 밖으로 내보내야 합니다. 만약 콩팥에 문제가 생겨 혈액에 있는 노폐물을 걸러 내지 못하면 몸에 노폐물이 쌓여 질병에 걸릴 것입니다.

문제로 개념 탄탄 113 쪽

1 (1) ㉠ (2) ㉣ (3) ㉢ (4) ㉡ 2 (라)
3 ㉠ 콩팥, ㉡ 오줌관, ㉢ 방광 4 (1) ○ (2) × (3) ○

1

코는 얼굴에 있으며, 공기가 들어오고 나가는 곳이에요. —(가)

기관은 굵은 관 모양으로, 공기가 이동하는 통로예요. —(다)

(나)— 기관지는 나뭇가지 모양으로, 공기가 이동하는 통로예요. 기관 끝에서 여러 갈래로 갈라져 폐와 연결돼요.

(라)— 폐는 부풀어 있는 모양으로 가슴 쪽에 두 개가 있으며, 몸 밖에서 들어온 산소를 받아들이고 몸 안에서 생긴 이산화 탄소를 몸 밖으로 내보내요.

얼굴에 있는 (가)는 코, 굵은 관 모양이며 코에 연결되어 있는 (다)는 기관, 기관 끝에서 여러 갈래로 갈라져 나뭇가지 모양인 (나)는 기관지입니다. 가슴 쪽에 두 개가 있고 부풀어 있는 모양인 (라)는 폐입니다.

2 폐(라)는 부풀어 있는 모양으로 가슴 쪽에 두 개가 있으며, 몸 밖에서 들어온 산소를 받아들이고 몸 안에서 생긴 이산화 탄소를 몸 밖으로 내보냅니다.

3 강낭콩 모양으로 등허리 쪽에 두 개가 있는 ㉠은 콩팥입니다. 긴 관 모양으로, 콩팥과 방광을 연결하는 ㉡은 오줌관입니다. 작은 공 모양의 ㉢은 방광입니다.

4 (1) 콩팥(㉠)은 혈액에 있는 노폐물을 걸러 내어 오줌을 만듭니다.
(2) 오줌관(㉡)은 콩팥에서 만들어진 오줌이 방광으로 이동하는 통로입니다.
(3) 오줌은 방광(㉢)에 저장되었다가 몸 밖으로 나갑니다.

6~7 우리 몸에서 자극은 어떻게 전달될까요 / 운동할 때 우리 몸에서 어떤 변화가 나타날까요

스스로 확인해요 115 쪽

1 감각 기관 2 예시 답안 책상에서 떨어지는 연필을 눈으로 보면 자극을 전달하는 신경계가 이를 행동을 결정하는 신경계로 전달한다. 행동을 결정하는 신경계가 연필을 잡으라는 명령을 내리면 명령을 전달하는 신경계가 이를 운동 기관으로 전달해 손으로 연필을 잡는다.

2 자극이 전달되는 과정은 감각 기관 → 자극을 전달하는 신경계 → 행동을 결정하는 신경계 → 명령을 전달하는 신경계 → 운동 기관 순입니다.

스스로 확인해요 115 쪽

1 영양소, 산소 2 예시 답안 빠르게 뛰었던 심장이 운동하기 전과 비슷해지고, 빨라졌던 호흡이 운동하기 전과 비슷해진다.

2 운동한 뒤 휴식할 때에는 영양소와 산소가 많이 필요하지 않게 되고 노폐물과 이산화 탄소도 많이 생기지 않으므로 빠르게 뛰었던 심장과 빨라졌던 호흡이 다시 평소와 같아집니다.

문제로 개념 탄탄 116~117 쪽

1 (1) ㉡ (2) ㉣ (3) ㉠ (4) ㉤ (5) ㉢
2 (가) → (다) → (마) → (나) → (라) 3 신경계
4 ㉠ 감각 기관, ㉡ 행동을 결정하는 신경계, ㉢ 명령을 전달하는 신경계 5 (1) × (2) × (3) ○
6 (1) ㉡ (2) ㉠ (3) ㉣ (4) ㉢

1 눈으로 사물을 보고, 혀로 맛을 느낍니다. 귀로 소리를 듣고, 피부로 온도와 촉감 등을 느끼며, 코로 냄새를 맡습니다.

2 감각 기관(눈)이 굴러오는 공을 보면 자극을 전달하는 신경계가 자극을 행동을 결정하는 신경계로 전달합니다. 행동을 결정하는 신경계가 굴러오는 공을 잡으라는 명령을 내리면 명령을 전달하는 신경계가 명령을 운동 기관(다리)으로 전달해 운동 기관(다리)이 굴러오는 공을 잡습니다.

3 신경계는 감각 기관에서 받아들인 자극을 전달하며, 자극에 대한 명령을 내리고 명령을 전달합니다.

4 감각 기관(눈)은 화장실에 불이 켜져 있다는 자극을 받아들입니다. 행동을 결정하는 신경계는 자극에 대한 명령을 내리고, 명령을 전달하는 신경계가 운동 기관으로 명령을 전달합니다.

5 운동을 하면 평소보다 많은 양의 영양소와 산소가 필요하고 노폐물과 이산화 탄소가 생기므로 심장이 빠르게 뛰고 호흡이 빨라집니다. 또, 체온이 올라가고 땀이 납니다.

6 운동할 때 순환 기관은 소화 기관에서 흡수한 영양소와 호흡 기관에서 받아들인 산소를 온몸으로 운반하고, 이산화 탄소와 노폐물을 각각 호흡 기관과 배설 기관으로 운반합니다. 배설 기관은 혈액에 있는 노폐물을 걸러 내어 몸 밖으로 내보냅니다.

문제로 실력 쑥쑥

118~119 쪽

01 ㉡, 기관지　02 ④
03 ㉠ 기관, ㉡ 폐　04 ④　05 ④
06 (1) < (2) 예시 답안 (가)는 콩팥에서 노폐물이 걸러진 혈액이므로, (가)보다 (나)에 포함된 노폐물의 양이 더 많다.　07 ②　08 눈
09 자극을 전달하는 신경계
10 예시 답안 손으로 화장실의 불을 끄겠다고 결정한다.
11 ㉢　12 ⑤

01 ㉠은 코, ㉡은 기관지, ㉢은 기관, ㉣은 폐입니다. 기관지는 기관 끝에서 여러 갈래로 갈라져 나뭇가지처럼 생겼고, 공기가 이동하는 통로입니다.

02 ① 코(㉠)를 통해 공기가 들어오고 나갑니다.
② 기관지(㉡)는 기관(㉢) 끝에서 여러 갈래로 갈라져 폐(㉣)와 연결됩니다.
③ 기관(㉢)은 굵은 관 모양이고, 코에 연결되어 있습니다.
⑤ 폐(㉣)는 몸 밖에서 들어온 산소를 받아들이고 몸 안에서 생긴 이산화 탄소를 몸 밖으로 내보냅니다.

왜 틀린 답일까?
④ 폐(㉣)는 가슴 쪽에 두 개가 있고, 부풀어 있는 모양입니다. 폐는 주먹보다 크기가 훨씬 큽니다.

03 숨을 들이마실 때 코를 통해 들어온 공기는 기관 → 기관지 → 폐 순으로 이동합니다.

04

콩팥에서 노폐물이 걸러진 혈액이 흘러요. (가)
(나) 노폐물이 많아진 혈액이 콩팥으로 흘러요.
㉠ 콩팥은 강낭콩 모양으로, 등허리 쪽에 두 개가 있으며, 혈액에 있는 노폐물을 걸러 내요.
오줌관은 긴 관 모양으로, 콩팥에서 만들어진 오줌이 방광으로 이동하는 통로예요.
㉡ 방광은 작은 공 모양으로, 오줌을 모아 두었다가 몸 밖으로 내보내요.

④ ㉠은 콩팥, ㉡은 방광입니다. 콩팥은 혈액에 있는 노폐물을 걸러 내어 오줌을 만듭니다.

왜 틀린 답일까?
② 콩팥은 등허리 쪽에 두 개가 있습니다.
③ 콩팥에서 만들어진 오줌은 오줌관을 통해 이동합니다.
⑤ 음식물 찌꺼기에서 수분을 흡수하는 기관은 소화 기관인 큰창자입니다.

05 ④ 방광(㉡)은 노폐물이 들어 있는 오줌을 모아 두었다가 몸 밖으로 내보냅니다.

왜 틀린 답일까?
① 오줌은 콩팥(㉠)에서 만들어집니다.
② 소화를 돕는 액체는 소화 기관에서 분비됩니다.
③ 영양소를 흡수하는 기관은 작은창자입니다.
⑤ 펌프 작용으로 혈액을 온몸으로 순환시키는 기관은 심장입니다.

06 (1) (가)는 콩팥에서 노폐물이 걸러진 혈액, (나)는 온몸을 돌아 노폐물이 많아진 혈액입니다.
(2) 온몸을 돌아 노폐물이 많아진 혈액(나)이 콩팥으로 운반되면, 콩팥에서 혈액에 있는 노폐물을 걸러 냅니다. 콩팥에서 노폐물이 걸러진 혈액(가)은 혈관을 통해 다시 나옵니다.

채점 기준	
상	콩팥에서 노폐물이 걸러지기 때문이라는 내용을 포함하여 옳게 설명한 경우
중	(가)는 콩팥을 지나온 혈액이고, (나)는 콩팥을 지나기 전 혈액이기 때문이라고만 설명한 경우

07 눈으로 고양이를 보았고, 귀로 고양이가 우는 소리를 들었습니다. 또, 코로 고양이의 냄새를 맡았고, 피부로 고양이 털이 부드럽다고 느꼈습니다.

08 눈으로 사용하지 않는 화장실에 불이 켜져 있는 것을 보았습니다.

09 감각 기관에서 받아들인 자극은 자극을 전달하는 신경계를 통해 행동을 결정하는 신경계로 전달됩니다.

10 행동을 결정하는 신경계는 전달된 자극을 해석하여 적절한 명령을 내립니다. 명령을 전달하는 신경계가 화장실의 불을 끄라는 명령을 전달했으므로, 행동을 결정하는 신경계는 사용하지 않는 화장실의 불을 끄겠다고 결정했을 것입니다.

채점 기준	
상	손으로 화장실의 불을 끄겠다고 결정한다는 내용을 설명한 경우
중	행동을 결정하여 명령을 내린다고 설명한 경우

11 ㉢ 운동을 하면 평소보다 많은 양의 영양소와 산소가 필요하고, 노폐물과 이산화 탄소가 생기기 때문에 심장이 빠르게 뜁니다.

왜 틀린 답일까?
㉠ 운동을 하면 체온이 올라갑니다.
㉡ 운동을 하면 호흡이 빨라집니다.
㉣ 운동을 하면 땀이 납니다.

12 호흡 기관은 몸에 필요한 산소를 받아들이고, 이산화 탄소를 몸 밖으로 내보냅니다. 영양소와 산소를 온몸으로 운반하고, 이산화 탄소와 노폐물을 각각 호흡 기관과 배설 기관으로 운반하는 것은 순환 기관이 하는 일입니다.

단원 평가 1회

128~130 쪽

01 ③, ⑤	**02** ㉠	**03** ②, ③
04 ㉣, 작은창자	**05** ⑤	**06** 혈관
07 ㉡	**08** ㉣ → ㉡ → ㉢ → ㉠	
09 ④	**10** ①	**11** 신경계
12 ③		

서술형 문제

13 예시 답안 근육이 뼈에 연결되어 있기 때문에 근육의 길이가 줄어들거나 늘어나면서 뼈를 움직여 우리 몸이 움직이게 한다.
14 예시 답안 입으로 먹은 음식물은 식도와 위를 지나 작은창자를 거쳐 큰창자로 이동한다. 이 과정에서 음식물이 소화되어 영양소와 수분은 몸속으로 흡수되고 나머지는 항문을 통해 배출된다.
15 예시 답안 기관 끝에서 여러 갈래로 갈라져 나뭇가지처럼 생겼다.
16 (1) (가) (2) 예시 답안 몸을 움직이는 데 필요한 영양소는 소화 기관을 통해 얻고, 산소는 호흡 기관을 통해 얻어.
17 예시 답안 감각 기관(귀)이 친구가 부르는 소리를 들으면 자극을 전달하는 신경계가 이를 행동을 결정하는 신경계로 전달한다. 행동을 결정하는 신경계가 뒤를 돌아보라는 명령을 내리면 명령을 전달하는 신경계가 이를 운동 기관으로 전달해 뒤를 돌아본다.
18 예시 답안 운동을 하면 평소보다 많은 양의 영양소와 산소가 필요하고 노폐물과 이산화 탄소가 생기기 때문이다.

01 ③ ㉠은 머리뼈, ㉡은 팔뼈, ㉢은 다리뼈, ㉣은 갈비뼈, ㉤은 척추뼈입니다. 갈비뼈(㉣)는 휘어져 있고, 여러 개의 긴뼈가 좌우로 둥글게 연결되어 있습니다.
⑤ 근육은 뼈를 둘러싸며, 뼈에 연결되어 있습니다.

왜 틀린 답일까?
① 머리뼈(㉠)는 동그랗고, 바가지 모양입니다.
② 다리뼈(㉢)가 팔뼈(㉡)보다 더 길고 두껍습니다.
④ 척추뼈(㉤)는 짧은뼈가 이어져 기둥을 이룹니다.

02 뼈와 근육 모형에서 비닐봉지(㉠)는 근육을 나타내고, 납작한 빨대(㉡)는 뼈를 나타냅니다.

03 뼈와 근육 모형에 바람을 불어 넣으면 비닐봉지(㉠)가 부풀어 오르면서 길이가 줄어들어 납작한 빨대(㉡)가 구부러지고 손 그림이 위로 올라옵니다.

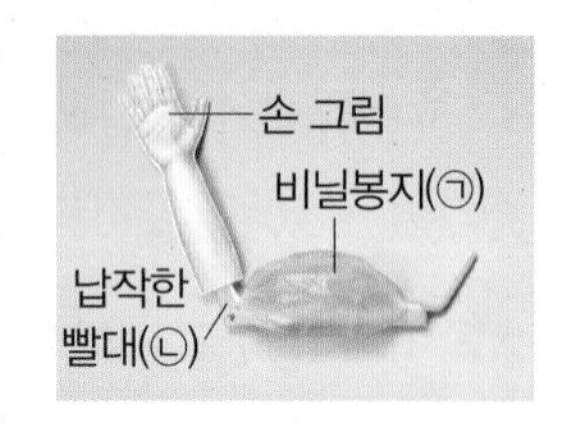

04 ㉠은 입, ㉡은 식도, ㉢은 위, ㉣은 작은창자, ㉤은 큰창자, ㉥은 항문입니다. 작은창자는 구불구불한 관 모양으로, 위에서 넘어온 음식물을 소화를 돕는 액체를 이용해 더 잘게 쪼개고 영양소를 흡수합니다.

05 ㉠은 심장입니다. 심장은 주먹만 한 크기의 둥근 주머니 모양이며, 펌프 작용으로 혈액을 온몸으로 보냅니다. 심장이 빠르게 뛰면 혈액이 이동하는 빠르기가 빨라지고, 혈액의 이동량이 많아집니다.

06 혈관은 긴 관이 복잡하게 얽혀 있는 모양으로 온몸에 퍼져 있으며, 혈액이 이동하는 통로입니다.

07 ㉡ 폐는 가슴 쪽에 두 개가 있으며 부풀어 있는 모양입니다. 폐는 몸 밖에서 들어온 산소를 받아들이고 몸 안에서 생긴 이산화 탄소를 몸 밖으로 내보냅니다.

왜 틀린 답일까?
㉠ 호흡 기관은 숨을 들이마시고 내쉬는 활동에 관여하는 기관으로, 코, 기관, 기관지, 폐가 있습니다. 식도는 소화 기관입니다.
㉢ 숨을 들이마시고 내쉴 때 공기가 드나드는 곳은 코입니다. 기관은 코로 들어온 공기가 이동하는 통로이며, 몸속에 있습니다.

08 ㉠은 코, ㉡은 기관지, ㉢은 기관, ㉣은 폐입니다. 숨을 들이마실 때 코로 들어온 공기는 기관, 기관지, 폐를 거쳐 이동하고, 숨을 내쉴 때 몸속의 공기는 폐, 기관지, 기관, 코를 거쳐 몸 밖으로 나갑니다.

09 ㉠은 콩팥, ㉡은 방광입니다. 콩팥은 혈액에 있는 노폐물을 걸러 내어 오줌을 만듭니다. 오줌은 오줌관을 통해 방광으로 운반되고, 방광은 오줌을 모아 두었다가 몸 밖으로 내보냅니다.

10 눈으로 날아오는 공을 보았습니다. 귀는 소리를 듣고, 코는 냄새를 맡습니다. 혀는 맛을 느끼고, 피부는 온도와 촉감 등을 느낍니다.

11 감각 기관에서 받아들인 자극은 자극을 전달하는 신경계를 통해 행동을 결정하는 신경계로 전달되고, 행동을 결정하는 신경계가 내린 명령은 명령을 전달하는 신경계를 통해 운동 기관으로 전달됩니다.

12 ③ 운동할 때 우리 몸을 움직이기 위해 호흡 기관에서 몸에 필요한 산소를 받아들이고, 몸 안에서 생긴 이산화 탄소를 몸 밖으로 내보냅니다.

왜 틀린 답일까?

① 소화 기관은 음식물을 소화해 몸에 필요한 영양소를 흡수합니다.
② 순환 기관은 영양소와 산소를 온몸으로 운반하고, 이산화 탄소와 노폐물을 각각 호흡 기관과 배설 기관으로 운반합니다.
④ 배설 기관은 혈액에 있는 노폐물을 걸러 내어 몸 밖으로 내보냅니다.
⑤ 감각 기관은 자극을 받아들입니다.

13 뼈는 스스로 움직일 수 없기 때문에 뼈에 연결되어 있는 근육의 길이가 변해 뼈가 움직입니다.

채점 기준	
상	근육이 뼈에 연결되어 있고, 근육의 길이가 변하면서 뼈를 움직인다는 내용을 포함하여 옳게 설명한 경우
중	근육의 길이가 줄어들거나 늘어나면서 뼈를 움직인다고 설명한 경우
하	근육이 뼈를 움직이게 한다고만 설명한 경우

14 우리가 입으로 먹은 음식물은 식도, 위, 작은창자, 큰창자 순으로 이동합니다. 이 과정에서 음식물이 소화되어 영양소와 수분은 몸속으로 흡수되고, 나머지는 항문을 통해 배출됩니다.

채점 기준	
상	음식물이 소화되며 이동하는 과정을 제시된 단어를 모두 포함하여 옳게 설명한 경우
중	음식물이 소화되며 이동하는 과정을 옳게 설명했으나 제시된 단어 중 한두 개를 포함하지 않은 경우

15 기관지는 기관과 폐를 연결하며, 기관 끝에서 여러 갈래로 갈라져 나뭇가지처럼 생겼습니다. 기관지가 여러 갈래로 갈라져 있으면 폐 구석구석으로 공기를 전달하는 데 효과적입니다.

채점 기준	
상	기관 끝에서 여러 갈래로 갈라져 나뭇가지처럼 생겼다고 설명한 경우
중	나뭇가지 모양이라고만 설명한 경우

16 (1) 소화 기관은 음식물을 소화하여 몸에 필요한 영양소를 흡수합니다. 호흡 기관은 몸에 필요한 산소를 받아들이고, 몸 안에서 생긴 이산화 탄소를 몸 밖으로 내보냅니다.
(2) 몸을 움직이는 데 필요한 영양소는 소화 기관에서 흡수됩니다. 몸을 움직이는 데 필요한 산소는 호흡 기관에서 받아들입니다.

채점 기준	
상	영양소는 소화 기관을 통해 얻고, 산소는 호흡 기관을 통해 얻는다는 내용을 포함하여 옳게 설명한 경우
중	영양소만 소화 기관을 통해 얻는다고 설명한 경우

17 뒤에서 친구가 부르는 소리를 듣고 뒤를 돌아볼 때 자극이 전달되는 과정은 감각 기관(귀) → 자극을 전달하는 신경계 → 행동을 결정하는 신경계 → 명령을 전달하는 신경계 → 운동 기관 순입니다.

채점 기준	
상	자극이 전달되는 과정을 순서대로 옳게 설명한 경우
중	자극이 전달되는 과정을 용어만 나열하여 설명한 경우

18 운동을 할 때에는 심장이 빠르게 뛰어서 영양소와 산소를 온몸에 빠르게 공급하고, 이산화 탄소와 노폐물을 각각 호흡 기관과 배설 기관으로 빠르게 운반해야 합니다. 또, 호흡이 빨라져 몸 밖에서 산소를 빠르게 받아들이고, 이산화 탄소를 몸 밖으로 빠르게 내보내야 합니다.

채점 기준	
상	평소보다 많은 양의 영양소와 산소가 필요하고, 노폐물과 이산화 탄소가 생기기 때문이라고 설명한 경우
중	평소보다 많은 양의 영양소와 산소가 필요한 것과 노폐물과 이산화 탄소가 생기는 것 중 한 가지만 설명한 경우

수행 평가 1회

131 쪽

01 (1) 주입기의 펌프 (2) 예시 답안 주입기의 펌프를 빠르게 누르면 붉은 색소 물이 이동하는 빠르기가 빨라지고, 붉은 색소 물의 이동량이 많아진다.
02 (1) 굴러오는 공(공) (2) 예시 답안 명령이 쓰여 있는 붙임쪽지가 붙어 있는 휴지 심을 운동 기관으로 전달한다.

01

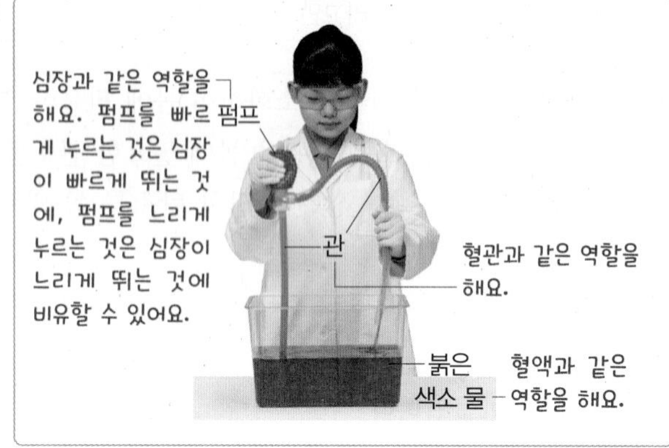

(1) 주입기의 펌프는 심장, 주입기의 관은 혈관, 붉은 색소 물은 혈액을 나타냅니다.

> 만점 꿀팁 심장은 펌프 작용을 하기 때문에 주입기의 펌프는 심장을 나타낸다고 기억하세요. 또, 혈관의 '관'과 주입기의 '관'을 연관 지어 기억하고, 혈액은 붉은색이므로 붉은 색소 물은 혈액을 나타낸다고 기억하세요.

(2) 주입기 실험에서 주입기의 펌프를 빠르게 누르면 붉은 색소 물이 이동하는 빠르기가 빨라지고, 붉은 색소 물의 이동량이 많아집니다. 반대로 주입기의 펌프를 느리게 누르면 붉은 색소 물이 이동하는 빠르기는 느려지고, 붉은 색소 물의 이동량이 적어집니다.

> 만점 꿀팁 주입기의 펌프를 빠르게 눌렀다 떼는 동작을 반복하면 붉은 색소 물이 한쪽 관으로 빠르게 빨아들여지고 다른 쪽 관으로 빠르게 내보내지므로, 붉은 색소 물이 이동하는 빠르기는 빨라지고, 붉은 색소 물의 이동량은 많아져요.

채점 기준	
상	붉은 색소 물의 이동 빠르기와 붉은 색소 물의 이동량 변화를 모두 옳게 설명한 경우
중	붉은 색소 물의 이동 빠르기와 붉은 색소 물의 이동량 변화 중 한 가지만 옳게 설명한 경우

02 (1) 감각 기관(눈)에서 받아들인 '굴러오는 공'이 자극입니다.

> 만점 꿀팁 감각 기관에서 자극을 받아들이기 때문에 제시된 상황에서 감각 기관이 무엇을 받아들였는지 찾아 써요.

(2) 명령을 전달하는 신경계는 행동을 결정하는 신경계가 내린 명령을 운동 기관으로 전달합니다.

> 만점 꿀팁 명령을 전달하는 신경계는 명령을 운동 기관으로 전달함을 알고, 이를 역할놀이에 맞게 표현해요.

채점 기준	
상	명령이 쓰여 있는 붙임쪽지가 붙어 있는 휴지 심을 운동 기관으로 전달한다고 설명한 경우
중	휴지 심을 전달한다고만 설명한 경우

단원 평가 2회

132~134 쪽

01 ⑤ **02** ㉣ **03** ③
04 ⑤ **05** ㉢
06 ㉠ 심장, ㉡ 혈관 **07** ②
08 ㉢ **09** (가) **10** ④
11 ③ **12** ㉠

서술형 문제

13 (1) ㉢ (2) 예시 답안 소화를 돕는 액체를 이용해 음식물을 잘게 쪼개고, 영양소를 흡수한다.
14 예시 답안 심장, 평소보다 빠르게 뛴다.
15 예시 답안 몸에 필요한 산소를 받아들이고, 몸 안에서 생긴 이산화 탄소를 몸 밖으로 내보내야 하기 때문이다.
16 예시 답안 ㉡, 노폐물이 들어 있는 오줌을 모아 두었다가 몸 밖으로 내보낸다.
17 예시 답안 자극을 전달한다. 전달된 자극을 해석하여 행동을 결정한다.(명령을 내린다.) 명령을 전달한다.
18 예시 답안 손을 깨끗이 씻는다. 규칙적으로 운동한다. 물을 자주 마신다. 등

01 뼈가 스스로 움직이는 것이 아니라 근육의 길이가 줄어들거나 늘어나면서 뼈를 움직여 우리 몸이 움직이게 합니다.

02 ㉠은 머리뼈, ㉡은 팔뼈, ㉢은 다리뼈, ㉣은 갈비뼈, ㉤은 척추뼈입니다. 여러 개의 긴뼈가 좌우로 둥글게 연결되어 공간을 만드는 것은 갈비뼈입니다.

03 음식물은 입 → 식도 → 위 → 작은창자 → 큰창자로 이동하면서 소화되어 영양소와 수분은 몸속으로 흡수되고, 나머지는 항문을 통해 배출됩니다.

04 주입기의 펌프는 심장, 주입기의 관은 혈관, 붉은 색소 물은 혈액을 나타냅니다. 주입기로 붉은 색소 물을 한쪽 관으로 빨아들이고 다른 쪽 관으로 내보내는 실험을 통해 혈액이 어떻게 순환하는지 알아볼 수 있습니다.

05 주입기의 펌프를 느리게 누르면 붉은 색소 물이 이동하는 빠르기가 느려지고, 붉은 색소 물의 이동량이 적어집니다.

06 순환 기관에는 심장, 혈관이 있으며, 심장의 펌프 작용으로 심장에서 나온 혈액은 혈관을 통해 온몸으로 이동하고, 이 혈액은 다시 심장으로 돌아옵니다.

07 호흡 기관에는 코, 기관, 기관지, 폐가 있습니다. 숨을 들이마실 때 코를 통해 들어온 공기는 기관, 기관지를 거쳐 폐로 이동합니다. 공기가 이동하는 통로인 기관과 기관지 중 굵은 관 모양인 것은 기관입니다.

08 ㉢ 콩팥, 오줌관, 방광 등과 같은 배설 기관은 몸 안에서 생긴 노폐물을 걸러 내어 몸 밖으로 내보냅니다.

왜 틀린 답일까?

㉠ 혈관은 순환 기관입니다.

㉡ 몸 안에서 생긴 이산화 탄소를 몸 밖으로 내보내는 것은 호흡 기관이 하는 일입니다.

09 콩팥이 일을 제대로 하지 못하면 혈액에 있는 노폐물을 걸러 내지 못해 몸에 노폐물이 쌓입니다. 노폐물은 몸에 해롭기 때문에 몸에 노폐물이 쌓이면 질병에 걸릴 것입니다.

10 피부는 온도와 촉감 등을 느낍니다. 귤의 색깔은 눈으로 봅니다.

11 책상에서 떨어지는 연필을 눈으로 보면 자극을 전달하는 신경계가 이를 행동을 결정하는 신경계로 전달합니다. 행동을 결정하는 신경계가 연필을 잡으라는 명령을 내리면 명령을 전달하는 신경계가 이를 운동 기관으로 전달해 손으로 연필을 잡습니다.

12 운동을 하면 평소보다 많은 양의 영양소와 산소가 필요하고 노폐물과 이산화 탄소가 생기므로 심장이 빠르게 뛰고 호흡이 빨라집니다. 또, 체온이 올라가고 땀이 납니다.

13 (1) ㉠은 입, ㉡은 간, ㉢은 위, ㉣은 작은창자, ㉤은 큰창자입니다. 위(㉢)는 주머니 모양으로, 소화를 돕는 액체를 분비해 식도에서 넘어온 음식물을 잘게 쪼갭니다.
(2) 작은창자(㉣)는 소화를 돕는 액체를 이용해 위(㉢)에서 소화되어 넘어온 음식물을 더 잘게 쪼개고 영양소를 흡수합니다.

채점 기준	
상	소화를 돕는 액체를 이용해 음식물을 잘게 쪼개고 영양소를 흡수한다고 옳게 설명한 경우
중	음식물을 잘게 쪼개는 것과 영양소를 흡수하는 것 중 한 가지만 설명한 경우

14

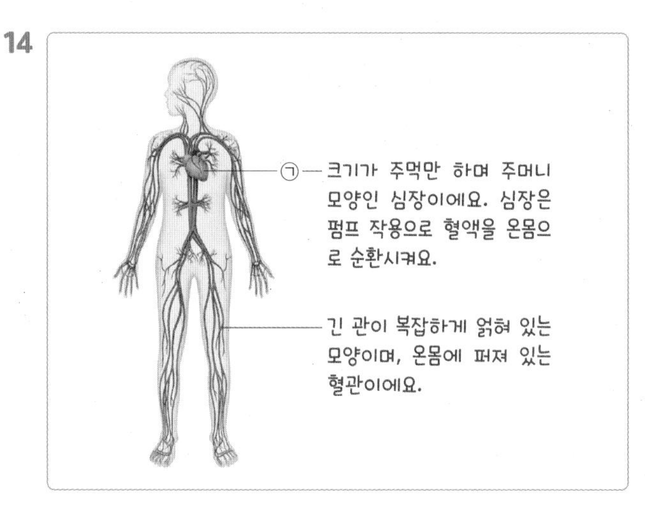

㉠은 심장입니다. 운동을 하면 평소보다 심장이 빠르게 뜁니다.

채점 기준	
상	㉠의 이름과 운동할 때 나타나는 ㉠의 변화를 모두 옳게 설명한 경우
중	㉠이 평소보다 빠르게 뛴다고만 설명한 경우
하	㉠의 이름만 옳게 쓴 경우

15 우리는 몸에 필요한 산소를 받아들이고, 몸 안에서 생긴 이산화 탄소를 몸 밖으로 내보내기 위해 숨을 쉽니다.

채점 기준	
상	산소를 받아들이고, 이산화 탄소를 내보내야 하기 때문이라는 내용을 포함하여 옳게 설명한 경우
중	산소를 받아들이기 위해서라고만 설명한 경우

16 ㉠은 강낭콩 모양으로 두 개가 있기 때문에 콩팥이고, ㉡은 작은 공 모양의 방광입니다. 콩팥에서 걸러진 노폐물은 오줌이 되어 방광에 저장되었다가 몸 밖으로 나갑니다.

채점 기준	
상	㉡을 쓰고, 방광이 하는 일을 옳게 설명한 경우
중	방광이 하는 일만 옳게 설명한 경우
하	㉡만 쓴 경우

17 신경계는 자극을 전달하며, 자극에 대한 명령을 내리고, 명령을 전달합니다.

채점 기준	
상	신경계가 하는 일을 세 가지 모두 옳게 설명한 경우
중	신경계가 하는 일을 두 가지만 옳게 설명한 경우
하	신경계가 하는 일을 한 가지만 옳게 설명한 경우

18 손을 깨끗이 씻기, 규칙적으로 운동하기, 잠을 충분히 자기, 물을 자주 마시기 등을 잘 지키면 감기를 예방하여 건강을 지킬 수 있습니다.

채점 기준	
상	감기를 예방하여 건강을 지키기 위한 생활 습관 두 가지를 옳게 설명한 경우
중	감기를 예방하여 건강을 지키기 위한 생활 습관을 한 가지만 옳게 설명한 경우

수행평가 2회

135 쪽

01 (1) 납작한 빨대 (2) 예시 답안 팔뼈에 붙어 있는 팔 안쪽 근육의 길이가 줄어들면 팔뼈가 따라 올라와 팔이 구부러진다.
02 (1) 소화 기관 (2) 예시 답안 영양소와 산소를 온몸으로 운반하고, 이산화 탄소와 노폐물을 각각 호흡 기관과 배설 기관으로 운반한다.

01 (1) 뼈와 근육 모형에서 납작한 빨대는 뼈를 나타내고, 비닐봉지는 근육을 나타냅니다.

> **만점 꿀팁** 팔뼈는 길고 단단하며, 근육은 뼈에 연결되어 뼈를 둘러싸고 있어요. 이 특징을 알고 있으면 모형에서 길고 단단한 빨대는 뼈, 빨대에 연결되어 있는 비닐봉지는 근육을 나타낸다는 것을 알 수 있어요.

(2) 뼈와 근육 모형에서 비닐봉지의 길이가 줄어들어 납작한 빨대가 구부러지는 것을 통해 팔뼈에 붙어 있는 근육의 길이가 줄어들면서 뼈가 움직이고 팔이 구부러짐을 알 수 있습니다.

> **만점 꿀팁** 비닐봉지의 길이가 줄어드는 것은 근육의 길이가 줄어드는 것으로, 납작한 빨대가 구부러져 올라오는 것은 팔뼈가 구부러져 올라오는 것으로 바꿔서 설명해요.

채점 기준	
상	팔이 구부러지는 원리를 근육의 길이 변화에 따른 뼈의 움직임과 관련지어 옳게 설명한 경우
중	팔뼈가 올라와 팔이 구부러진다고만 설명한 경우

02 (1) 운동할 때 우리 몸의 각 기관은 영향을 주고받으면서 각각의 일을 잘 수행해야 합니다. 소화 기관은 음식물을 소화해 몸에 필요한 영양소를 흡수합니다.

> **만점 꿀팁** ㉠이 영양소를 흡수하므로, ㉠은 음식물을 소화하여 영양소를 흡수하는 소화 기관이라는 것을 알 수 있어요.

(2) 순환 기관은 소화 기관에서 흡수한 영양소와 호흡 기관에서 받아들인 산소를 온몸으로 운반하고, 이산화 탄소와 노폐물을 각각 호흡 기관과 배설 기관으로 운반합니다.

> **만점 꿀팁** 순환 기관은 우리 몸에 필요한 영양소와 산소뿐 아니라 몸 안에서 생긴 이산화 탄소와 노폐물도 운반한다는 것을 기억하세요.

채점 기준	
상	영양소와 산소를 온몸으로 운반하고, 이산화 탄소와 노폐물을 각각 호흡 기관과 배설 기관으로 운반한다는 내용을 포함하여 옳게 설명한 경우
중	영양소, 산소, 이산화 탄소, 노폐물을 운반한다고만 설명한 경우
하	혈액을 순환시킨다고 설명한 경우

5 에너지와 생활

1~2 에너지가 필요한 까닭은 무엇일까요 / 우리 주변에는 어떤 에너지가 있을까요

스스로 확인해요 138 쪽

1 에너지 **2** 예시 답안 휴대 전화는 충전기로 전기를 충전해 에너지를 얻는다.

2 기계는 전기나 기름 등에서 작동하는 데 필요한 에너지를 얻습니다.

스스로 확인해요 138 쪽

1 화학 에너지, 전기 에너지 **2** 예시 답안 1. 전기의 이용: 빛에너지, 전기 에너지, 운동 에너지, 2. 계절의 변화: 열에너지, 빛에너지, 3. 연소와 소화: 열에너지, 빛에너지, 화학 에너지, 4. 우리 몸의 구조와 기능: 열에너지, 화학 에너지, 운동 에너지

2 '2. 계절의 변화' 단원에서는 낮과 밤의 길이, 기온의 변화 등에 열에너지, 빛에너지가 관련됩니다.

문제로 개념 탄탄 139 쪽

1 (1) ○ (2) ○ (3) × (4) ×
2 ㉠ 양분, ㉡ 에너지
3 (1) ○ (2) ○ (3) × (4) ×
4 화학 에너지
5 ㉠ 전기 에너지, ㉡ 전등을 켤 수 없다

1 식물은 햇빛을 이용해 스스로 만든 양분에서 에너지를 얻으며, 동물은 다른 생물을 먹어 얻은 양분에서 에너지를 얻습니다.

2 식물과 동물은 모두 양분에서 에너지를 얻습니다. 이때 식물은 햇빛을 이용해 스스로 만든 양분에서 에너지를 얻으며, 동물은 다른 생물을 먹어 얻은 양분에서 에너지를 얻습니다.

3 위치 에너지는 높은 곳에 있는 물체가 가진 에너지이고, 운동 에너지는 움직이는 물체가 가진 에너지입니다.

4 화학 에너지는 식물이나 동물의 생명 활동에 필요한 에너지입니다.

5 전기 에너지는 전기 기구를 작동하게 합니다. 따라서 전기 에너지가 없으면 전등, 스마트 기기, 텔레비전 등 전기 기구를 사용할 수 없습니다.

3 에너지 형태가 바뀌는 예를 알아볼까요

스스로 확인해요 140 쪽

1 에너지 전환 **2** 예시 답안 반딧불이가 섭취한 양분의 화학 에너지가 빛에너지로 전환되어 반딧불이의 배 부분에서 빛이 난다.

2 생물이 섭취하거나 만든 양분은 화학 에너지를 가지고 있으며, 생물은 이를 이용하여 생명 활동에 필요한 에너지를 냅니다.

문제로 개념 탄탄 141 쪽

1 (1) ㉢ (2) ㉡ (3) ㉠ **2** ㉠ 화학, ㉡ 운동
3 (1) 있다 (2) 빛, 전기 (3) 전기, 운동 (4) 빛, 화학 (5) 위치, 운동 **4** 전기 에너지 → 빛에너지

1 위로 올라가는 롤러코스터는 운동 에너지가 위치 에너지로, 광합성으로 양분을 만드는 식물은 빛에너지가 화학 에너지로, 온풍기의 따뜻한 바람은 전기 에너지가 열에너지로 바뀐 것입니다.

2 달리는 자동차, 걸어가는 원숭이, 자전거를 타는 사람은 모두 화학 에너지를 움직이는 운동 에너지로 형태를 바꾸어 이용한 예입니다.

3 에너지의 형태가 바뀌는 것을 에너지 전환이라고 합니다. 태양 전지는 빛에너지를 전기 에너지로, 범퍼카는 전기 에너지를 운동 에너지로, 광합성을 하는 사과나무는 빛에너지를 화학 에너지로, 폭포에서 떨어지는 물은 위치 에너지를 운동 에너지로 전환합니다.

4 가로등은 전기 에너지를 빛에너지로 전환하여 어두운 거리를 밝힙니다.

문제로 실력 쑥쑥

142~143 쪽

01 ⑤ 02 ㉠ 03 ④
04 예시 답안 자동차는 기름으로부터 움직이는 데 필요한 에너지를 얻는다. 만약 자동차에 기름을 넣지 않으면 자동차가 움직일 수 없어 먼 거리를 걸어 다녀야 할 것이다.
05 ③ 06 ⑤
07 (다) 08 ④ 09 빛에너지
10 ① 11 ㉡
12 예시 답안 그네가 아래에서 위로 올라갈 때에는 운동 에너지가 위치 에너지로 전환되고, 그네가 위에서 아래로 내려올 때에는 위치 에너지가 운동 에너지로 전환된다.

01 ① 에너지는 생물이 살아가는 데 필요합니다.
② 에너지는 기계를 움직이는 데 필요합니다.
③ 식물과 동물은 모두 양분에서 살아가는 데 필요한 에너지를 얻습니다.
④ 동물은 다른 생물을 먹어 얻은 양분에서 에너지를 얻습니다.

왜 틀린 답일까?
⑤ 식물은 햇빛을 받아 이를 이용해 스스로 양분을 만들어 에너지를 얻습니다.

02 ㉠ 말은 풀을 먹어서 얻은 양분에서 에너지를 얻습니다.

왜 틀린 답일까?
㉡, ㉢ 물고기나 타조와 같은 동물은 다른 생물을 먹어 얻은 양분에서 에너지를 얻습니다.

03 소, 반딧불이, 호랑이와 같은 동물은 다른 생물을 먹어 얻은 양분에서 에너지를 얻습니다. 사과나무와 같은 식물은 햇빛을 이용해 스스로 만든 양분에서 에너지를 얻습니다.

04 자동차와 같은 기계는 전기나 기름 등에서 에너지를 얻으며, 에너지를 얻지 못하면 작동할 수 없어 사람이 직접 이동하거나 힘들게 일을 해야 할 것입니다.

채점 기준	
상	예시 답안과 같이 설명한 경우
중	기름으로부터 에너지를 얻는다고만 설명한 경우

05 화학 에너지는 생물의 생명 활동에 필요한 에너지입니다.

06 ①, ②, ③, ④ 우리 주변에는 주변을 밝히는 빛에너지, 물체의 온도를 높이는 열에너지, 움직이는 물체가 가진 운동 에너지, 높은 곳에 있는 물체가 가진 위치 에너지 등이 있습니다.

왜 틀린 답일까?
⑤ 전기 에너지는 전기 기구를 작동하게 하는 에너지입니다.

07 (다): 촛불은 심지가 타면서 주변을 밝히므로 빛에너지를 가지고 있습니다.

왜 틀린 답일까?
(가): 미끄럼틀 위에 앉아 있는 사람과 같이 높은 곳에 있는 물체는 위치 에너지를 가지고 있습니다.
(나): 식물은 태양의 빛을 이용해 스스로 양분을 얻습니다. 이때 양분은 화학 에너지 형태로 저장됩니다.

08

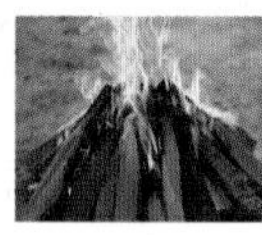

모닥불	전기다리미	가스레인지 불	회전하는 선풍기
화학 에너지 → 열에너지	전기 에너지 → 열에너지	화학 에너지 → 열에너지	전기 에너지 → 운동 에너지

①, ②, ③ 모닥불, 전기다리미, 가스레인지 불은 열에너지로 형태를 바꿉니다.

왜 틀린 답일까?
④ 회전하는 선풍기는 운동 에너지로 형태를 바꿉니다.

09 포도나무와 같은 식물은 햇빛으로부터 빛에너지를 받아 만든 양분을 화학 에너지 형태로 저장합니다.

10 양손의 손바닥을 비빌 때 손의 운동 에너지가 마찰에 의해 열에너지로 전환됩니다.

11 ㉡ 전등의 전구는 전기 에너지로 작동하여 불이 켜지므로 전기 에너지를 빛에너지로 바꿉니다.

왜 틀린 답일까?
㉠ 태양 전지는 빛에너지를 전기 에너지로 바꿉니다.
㉢ 높은 곳에서 아래로 흐르는 물은 위치 에너지를 운동 에너지로 바꿉니다.

12 위에서 아래로 운동하는 물체는 위치 에너지가 운동 에너지로 전환되고, 아래에서 위로 운동하는 물체는 운동 에너지가 위치 에너지로 전환됩니다.

채점 기준	
상	아래에서 위로 올라갈 때와 위에서 아래로 내려올 때 에너지 전환을 모두 설명한 경우
중	아래에서 위로 올라갈 때나 위에서 아래로 내려올 때 에너지 전환 하나만 옳게 설명한 경우

4 생물이 이용하는 에너지는 무엇으로부터 전환된 것일까요

스스로 확인해요 144 쪽

1 태양 **2** 예시 답안 태양 전지에서 태양의 빛에너지가 전기 에너지로 전환되고, 그 전기 에너지로 스마트 기기를 충전할 수 있다.

2 태양 전지는 태양의 빛에너지를 전기 에너지로 전환합니다.

문제로 개념 탄탄 145 쪽

1 (1) ○ (2) × (3) ×
2 ㉠ 빛에너지, ㉡ 운동 에너지
3 (1) 열 (2) 위치 (3) 빛 (4) 화학 **4** 태양

1 (1), (3) 태양이 태양광 로봇의 태양 전지를 비추면 태양의 빛에너지가 태양 전지에서 전기 에너지로 전환됩니다. 이 전기 에너지는 전동기에서 태양광 로봇을 움직이는 운동 에너지로 전환됩니다.
(2) 태양광 로봇은 주위의 온도와 상관없이 태양의 빛에너지를 이용해 움직입니다.

2 태양이 태양광 로봇의 태양 전지를 비추면 태양의 빛에너지가 태양 전지에서 전기 에너지로 전환됩니다. 이 전기 에너지는 전동기에서 태양광 로봇을 움직이는 운동 에너지로 다시 전환됩니다.

3 태양의 열에너지에 의해 물이 증발해 구름이 만들어집니다. 구름에서 비가 내려 댐에 물이 차면 물이 위치 에너지를 가집니다. 나뭇가지가 타면 화학 에너지가 열에너지와 빛에너지로 전환됩니다. 식물이 태양의 빛에너지로 광합성을 하여 만든 양분은 화학 에너지를 가집니다.

4 우리가 생활에서 이용하는 에너지는 대부분 태양으로부터 온 에너지가 전환된 것입니다.

5~6 에너지를 효율적으로 이용하는 예를 알아볼까요 / 효율적인 에너지 활용 방법을 제안해 볼까요

스스로 확인해요 147 쪽

1 1 등급 **2** 예시 답안 온돌은 나뭇가지를 태워 만든 열에너지로 음식을 조리하고 난방을 할 수 있어 에너지를 효율적으로 이용할 수 있다.

2 온돌은 아궁이에 나뭇가지를 태워 발생한 열에너지로 음식을 조리하고, 그 열에너지가 구들장 아래를 통과해 굴뚝으로 나가게 하면서 방바닥을 데우는 장치입니다.

문제로 개념 탄탄 146~147 쪽

1 에너지 소비 효율 등급
2 (1) 높다 (2) 줄어 (3) 최소한 **3** 겨울눈
4 (1) ○ (2) ○ (3) ×

1 에너지 소비 효율 등급 표시에서 에너지 소비 효율 등급이 1 등급에 가까울수록 전기 기구의 에너지 효율이 높습니다.

2 발광 다이오드[LED]등은 형광등보다 전기 에너지를 빛에너지로 전환하는 비율이 높습니다. 건축물에 이중창을 설치하면 겨울에 건축물 안의 열에너지가 빠져나가는 양이 줄어 난방에 사용하는 에너지를 줄일 수 있습니다. 곰, 개구리와 같은 동물은 먹이를 구하기 어려운 겨울 동안 겨울잠을 자면서 생명 활동에 필요한 최소한의 에너지만 사용합니다.

3 식물의 겨울눈의 비늘은 추운 겨울에 어린 싹이 열에너지를 빼앗기는 것을 막아 줍니다.

4 난방을 할 때 문을 열어 두면 바깥의 차가운 공기가 들어와 실내 온도를 높이는 데 에너지 소비가 많아지고, 냉방을 할 때 문을 열어 두면 바깥의 더운 공기가 들어와 실내 온도를 낮추는 데 에너지 소비가 많아집니다.

문제로 실력 쑥쑥

148~149 쪽

01 ㉠ 02 ㉠ 전기 에너지, ㉡ 운동 에너지

03 예시 답안 태양광 로봇을 움직이는 운동 에너지는 태양의 빛에너지가 전환된 것이다. 따라서 태양광 로봇을 움직이는 에너지는 태양으로부터 온 것이다.

04 ㉢ 05 ③ 06 온도

07 ④ 08 (나)

09 예시 답안 발광 다이오드[LED]등은 형광등보다 전기 에너지를 빛에너지로 전환하는 비율이 높기 때문에 에너지를 효율적으로 이용할 수 있다. 10 ⑤

11 예시 답안 한정된 에너지 자원과 물질을 아낄 수 있다. 필요하지 않은 형태로 전환되는 에너지를 줄여 에너지 낭비를 막을 수 있다. 전기 에너지를 만드는 과정에서 일어나는 환경 오염을 줄일 수 있다. 등 12 ㉠, ㉡

01

태양이 태양 전지를 비출 때 태양광 로봇이 움직이는 것은 태양의 빛에너지가 태양 전지에서 전기 에너지로 전환되고, 이 전기 에너지가 전동기에서 로봇을 움직이는 운동 에너지로 전환되기 때문이에요.

㉠ 태양이 태양 전지를 비추면 태양광 로봇이 움직입니다.

왜 틀린 답일까?

㉡, ㉢ 태양이 태양광 전지를 비추는 동안은 태양광 로봇이 계속 움직입니다.

02 태양이 태양광 로봇의 태양 전지를 비추면 태양의 빛에너지가 태양 전지에서 전기 에너지로 전환됩니다. 이 전기 에너지는 전동기에서 로봇을 움직이는 운동 에너지로 다시 전환됩니다.

03 태양의 빛에너지는 태양 전지에서 전기 에너지로 전환되고, 이 전기 에너지는 전동기에서 운동 에너지로 전환되어 태양광 로봇을 움직이므로 태양광 로봇을 움직이는 에너지는 태양으로부터 온 것입니다.

채점 기준	
상	태양의 빛에너지가 로봇의 운동 에너지로 전환되었으므로 태양으로부터 온 것이라고 설명한 경우
중	태양광 로봇이 움직이는 것은 태양의 빛에너지가 전환되었기 때문이라고만 설명한 경우

04 ㉢ 우리 주변의 에너지는 대부분 태양으로부터 온 에너지가 전환된 것입니다.

왜 틀린 답일까?

㉠ 나뭇가지가 타면 열에너지와 빛에너지로 전환됩니다.
㉡ 태양의 열에너지에 의해 물이 증발해 구름이 만들어집니다.

05

태양 에너지
화학 에너지
식물의 (㉠)
동물의 화학 에너지
동물의 (㉡)
운동 에너지

동물의 운동 에너지는 태양으로부터 온 에너지가 전환된 것임을 알 수 있어요.

식물이 태양의 빛에너지로 광합성을 하여 만든 양분은 화학 에너지를 가지고, 동물은 식물을 먹어 화학 에너지를 얻습니다. 이 화학 에너지가 다시 동물이 움직이는 운동 에너지로 전환됩니다.

06 건축물에 이중창이나 커튼을 설치해 단열 효과를 높이면 적정한 실내 온도를 오랫동안 유지할 수 있습니다.

07 ① 이중창은 건물 안의 열에너지가 빠져나가지 않도록 합니다.
② 식물의 겨울눈은 이듬해에 돋아날 잎이나 꽃의 열에너지가 빠져나가는 것을 막아 줍니다.
③ 발광 다이오드[LED]등은 백열등이나 형광등보다 전기 에너지를 빛에너지로 전환하는 비율이 높습니다.

왜 틀린 답일까?

④ 문을 닫고 냉방기를 사용해야 바깥의 더운 공기가 안으로 들어오는 것을 막아 전기 에너지를 적게 사용하면서 시원하게 할 수 있습니다.

08 (나): '에너지 절약' 표시가 있는 전기 기구는 전기 기구를 사용하지 않을 때 소비되는 대기 전력을 최소화합니다.

왜 틀린 답일까?

(가): 에너지 소비 효율 등급이 1 등급에 가까울수록 전기 기구의 에너지 효율이 높으므로 에너지 소비 효율 등급이 1 등급인 전기 기구를 사용해야 합니다.
(다): 온풍기를 사용할 때에는 열에너지가 외부로 빠져나가는 양을 줄이기 위해 창문을 닫아야 낭비되는 에너지를 줄일 수 있습니다.

09 에너지 효율이 높은 전기 기구를 사용해야 에너지를 효율적으로 이용하고, 에너지를 아껴 쓸 수 있습니다.

채점 기준	
상	예시 답안과 같이 설명한 경우
중	발광 다이오드[LED]등이 형광등보다 빛에너지로 전환되는 비율이 높다고만 설명한 경우
하	발광 다이오드[LED]등이 효율이 높다고만 설명한 경우

10 에너지 소비 효율 등급 표시는 전기 기구의 에너지 소비 효율 정도를 알려 주고, 에너지 절약 표시는 대기 전력 기준을 만족하여 대기 전력을 최소화한 것임을 알려 줍니다. 따라서 에너지를 효율적으로 이용하는 전기 기구임을 알려 줍니다.

11 에너지를 효율적으로 이용하면 낭비되는 에너지를 줄여서 에너지를 절약할 수 있습니다. 그리고 전기를 만드는 과정에서 일어나는 환경 오염을 줄일 수 있습니다.

채점 기준	
상	두 가지 모두 옳게 설명한 경우
중	두 가지 중 한 가지만 설명한 경우
하	에너지를 절약할 수 있다고만 쓴 경우

12 ㉠ 빈 교실에 전등이 켜져 있는 경우와 같이 전기 기구를 사용하지 않을 때는 전원을 꺼서 전기 에너지 소비를 줄여야 합니다.
㉡ 커튼, 이중창을 사용하여 단열 효과를 높이면 열이 외부로 빠져 나가는 양을 줄여 에너지 소비를 줄일 수 있습니다.

왜 틀린 답일까?

㉢ 냉방기의 온도를 낮게 설정하면 에너지 소비가 크므로, 적정한 실내 온도를 유지할 수 있도록 온도를 적절히 조절해야 합니다.

단원 평가 1회

158~160 쪽

01 (다) 02 ④ 03 화학
04 ③ 05 ㉢
06 ㉠ 열에너지, ㉡ 빛에너지 07 ④
08 (다) 09 ㉠ 화학 에너지, ㉡ 열에너지
10 ② 11 열에너지 12 ②

서술형 문제

13 예시 답안 헬리콥터는 움직이는 데 필요한 에너지를 기름으로부터 얻으며, 휴대 전화는 전기로 전지를 충전해 작동하는 데 필요한 에너지를 얻는다.
14 예시 답안 ㉠에서 상추는 햇빛의 빛에너지를 이용해 양분을 만들어 이파리에 화학 에너지로 저장하였다. ㉡에서 염소는 상추 이파리에 저장된 화학 에너지를 먹고 움직이는 운동 에너지로 전환하였다.
15 예시 답안 롤러코스터가 위로 올라가는 동안 운동 에너지가 위치 에너지로 바뀐다.
16 예시 답안 태양 전지에서 태양의 빛에너지가 전기 에너지로 전환되고, 이 전기 에너지가 발광 다이오드에서 빛에너지로 전환된다.
17 예시 답안 우리 주변의 에너지는 대부분 태양으로부터 온 에너지가 전환된 것이다.
18 예시 답안 발광 다이오드[LED]등, 전기 에너지가 열에너지로 전환되는 양이 적고 빛에너지로 전환되는 양이 많을수록 효율이 높은 전등이므로 발광 다이오드[LED]등의 효율이 더 높다.

01 (다): 자동차는 기름이나 전기를 공급받아야 움직일 수 있으므로 기름이나 전기로부터 에너지를 얻습니다.

왜 틀린 답일까?

(가): 식물은 햇빛을 이용해 스스로 만든 양분에서 에너지를 얻습니다.
(나): 동물은 다른 생물을 먹어 얻은 양분에서 에너지를 얻습니다.

02 ④ 귤나무와 같은 식물은 햇빛을 이용해 스스로 만든 양분에서 에너지를 얻습니다.

왜 틀린 답일까?

① 전기에서 에너지를 얻는 것은 자동차나 로봇과 같은 기계입니다.
② 식물은 물만으로는 에너지를 만들 수 없으며, 햇빛을 받아 스스로 만든 양분에서 에너지를 얻어 살아갑니다.
③ 모든 생물은 에너지를 얻지 못하면 살아갈 수 없습니다.
⑤ 곤충을 먹어 얻은 양분에서 에너지를 얻는 것은 개구리와 같은 동물입니다.

03 화학 에너지는 생물이 생명 활동을 하는 데 필요한 에너지로, 사람이나 동물은 음식을 먹어 화학 에너지를 얻고, 나무와 같은 식물은 햇빛을 받아 만든 양분을 열매에 화학 에너지 형태로 저장합니다.

04 ① 주변을 밝게 비추는 불이 켜진 전구는 빛에너지를 가지고 있습니다.
② 나무 위에 앉은 새는 높은 곳에 있으므로 위치 에너지를 가지고 있습니다.
④ 사과나무는 스스로 만든 양분을 열매인 사과에 화학 에너지 형태로 저장합니다.
⑤ 휴대 전화는 전기로 전지를 충전해 작동에 필요한 전기 에너지를 얻습니다.

왜 틀린 답일까?

③ 정지하고 있는 차는 움직이지 않으므로 운동 에너지를 가지고 있지 않습니다.

05 ㉢ 나무 위에서 달리는 다람쥐는 움직이면서 높은 곳에 있으므로 운동 에너지와 위치 에너지를 모두 가지고 있습니다.

왜 틀린 답일까?

㉠, ㉡ 다람쥐는 도토리 등 열매를 먹어 화학 에너지 형태로 저장합니다. 이 화학 에너지를 사용해 움직이며, 생명 활동을 합니다.

06

주변이 따뜻해지면 열에너지로 바뀐 거예요.
주변이 밝아지면 빛에너지로 바뀐 거예요.
콘센트에서 전기 에너지를 공급 받아요.

전기난로는 전기 에너지를 공급 받으면 주변을 따뜻하게 하는 열에너지와 주변을 밝게 하는 빛에너지로 전환될 수 있습니다.

07 ④ 롤러코스터가 높은 곳에서 내려올 때 위치 에너지가 운동 에너지로 바뀝니다.

왜 틀린 답일까?

① 전광판이 반짝일 때 전기 에너지가 빛에너지로 바뀝니다.
② 회전목마가 움직일 때 전기 에너지가 운동 에너지로 바뀝니다.
③ 나무가 햇빛을 받아 광합성을 할 때 빛에너지가 화학 에너지로 바뀝니다.
⑤ 아이가 밥을 먹고 자전거를 탈 때 화학 에너지가 운동 에너지로 바뀝니다.

08 (다): 식물이 태양의 빛에너지를 이용해 스스로 만든 양분은 화학 에너지 형태로 저장됩니다.

왜 틀린 답일까?

(가): 나뭇가지에는 화학 에너지가 저장되어 있습니다.
(나): 모닥불을 피워서 나뭇가지가 탈 때 나뭇가지의 화학 에너지는 열에너지와 빛에너지로 바뀝니다.

09 식물이 태양의 빛에너지를 받아 만든 양분을 화학 에너지 형태로 나뭇가지에 저장하고, 나뭇가지를 태우면 저장된 화학 에너지가 열에너지와 빛에너지로 바뀌면서 모닥불 주위가 따뜻해지고 밝아집니다.

10 태양의 빛에너지가 태양 전지에서 전기 에너지로 전환되고, 이 전기 에너지는 전동기에서 로봇을 움직이는 운동 에너지로 전환됩니다.

11 식물의 겨울눈은 이듬해에 돋아날 잎이나 꽃이 열에너지를 빼앗기지 않도록 보호합니다.

12 ① 실내 온도를 적정하게 유지하면 에너지를 효율적으로 이용할 수 있습니다.
③ 건축물에 커튼, 이중창 등을 설치해 단열 효과를 높이면 에너지를 효율적으로 사용할 수 있습니다.
④ 에너지 효율이 1 등급에 가까울수록 전기 기구의 에너지 효율이 높습니다.
⑤ 교실의 문을 자동으로 닫히게 해 바깥의 추운 공기가 들어오는 것을 막으면 실내 온도를 적정하게 유지할 수 있어 에너지를 효율적으로 사용할 수 있습니다.

왜 틀린 답일까?

② 냉난방 기구를 계속 작동하지 않고 정해진 시간에만 작동하게 하면 에너지를 효율적으로 사용할 수 있습니다.

13 기계는 기름이나 전기에서 작동하는 데 필요한 에너지를 얻습니다. 헬리콥터는 기름에서, 휴대 전화는 전기에서 에너지를 얻습니다.

채점 기준	
상	헬리콥터는 움직이는 데 필요한 에너지를 기름으로부터 얻으며, 휴대 전화는 전기로 전지를 충전해 작동하는 데 필요한 에너지를 얻는다고 설명한 경우
중	두 가지 중에서 한 가지만 옳게 설명한 경우

14 식물은 태양의 빛에너지를 이용해 생명 활동에 필요한 양분을 만들어 화학 에너지 형태로 저장하고, 동물은 다른 생물에 저장된 화학 에너지를 먹어 생명 활동에 필요한 에너지로 전환합니다.

채점 기준	
상	예시 답안과 같이 ㉠과 ㉡에서의 에너지 전환 과정을 모두 옳게 설명한 경우
중	㉠과 ㉡에서의 에너지 전환 과정 중 하나만 옳게 설명한 경우

15 롤러코스터가 낮은 곳에서 높은 곳으로 올라가는 동안에는 높이가 높아지므로 운동 에너지가 위치 에너지로 바뀝니다.

채점 기준	
상	롤러코스터가 위로 올라가는 동안 운동 에너지가 위치 에너지로 바뀐다고 설명한 경우
중	위치 에너지로 바뀐다고만 설명한 경우

16 태양 전지는 빛에너지를 전기 에너지로 전환하고, 발광 다이오드는 전기 에너지를 빛에너지로 전환합니다.

채점 기준	
상	예시 답안과 같이 설명한 경우
중	빛에너지가 전기 에너지로 전환되고, 전기 에너지가 빛에너지로 전환된다고만 설명한 경우
하	빛에너지가 전기 에너지로 전환된다고 하거나 전기 에너지가 빛에너지로 전환된다고만 설명한 경우

17 우리 주변의 에너지 전환 과정을 대략적으로 나타낸 그림에서 우리가 이용하는 에너지의 대부분은 태양으로부터 온 에너지가 전환된 것임을 알 수 있습니다.

채점 기준	
상	우리 주변의 에너지는 대부분 태양으로부터 온 에너지가 전환된 것이라고 설명한 경우
중	태양의 빛에너지라고만 쓴 경우

18 발광 다이오드[LED]등은 불을 켰을 때 형광등보다 전기 에너지가 열에너지로 전환되는 양이 적고 빛에너지로 전환되는 양이 많습니다.

채점 기준	
상	발광 다이오드[LED]등을 고르고, 전기 에너지가 열에너지로 전환되는 양이 적고 빛에너지로 전환되는 양이 많을수록 효율이 높은 전등이므로 발광 다이오드[LED]등의 효율이 더 높다고 설명한 경우
중	발광 다이오드[LED]등을 고르고, 전기 에너지가 열에너지로 전환되는 양이 적다고만 설명한 경우
하	발광 다이오드[LED]등만 쓴 경우

수행 평가 1회

161 쪽

01 (1) 양분 (2) 예시 답안 식물은 햇빛을 이용해 스스로 만든 양분에서 에너지를 얻지만 동물은 다른 생물을 먹어 얻은 양분에서 에너지를 얻는다. 생물은 에너지가 없으면 살아가지 못하기 때문에 에너지가 필요하다.
02 (1) ㉠ (2) 예시 답안 태양의 빛에너지가 태양 전지에서 전기 에너지로 전환되고, 전기 에너지가 전동기에서 운동 에너지로 전환되어 로봇이 움직인다.

01 (1) 토끼풀은 햇빛을 이용해 스스로 만든 양분에서 에너지를 얻고, 토끼는 토끼풀을 먹어 얻은 양분에서 에너지를 얻습니다.

만점 꿀팁 식물과 동물은 모두 양분에서 에너지를 얻어요.

(2) 식물은 햇빛을 이용해 스스로 만든 양분에서 에너지를 얻고, 동물은 다른 생물을 먹어 얻은 양분에서 에너지를 얻습니다. 에너지는 생물이 생명 활동을 하는 데 필요합니다.

만점 꿀팁 식물은 햇빛을 이용해 스스로 만든 양분을 화학 에너지 형태로 저장하고, 동물은 다른 생물을 먹어 얻은 양분에서 에너지를 얻어요. 생물이 생명 활동을 하려면 에너지가 필요해요.

채점 기준	
상	식물과 동물이 에너지를 얻는 방법의 차이점과 에너지가 필요한 까닭을 모두 옳게 설명한 경우
중	식물과 동물이 에너지를 얻는 방법의 차이점만 옳게 설명한 경우
하	에너지가 필요한 까닭만 옳게 설명한 경우

02 (1) 햇빛이 태양 전지를 비출 때에는 태양광 로봇이 움직이고, 햇빛이 태양 전지를 비추지 않을 때에는 태양광 로봇이 움직이지 않습니다.

만점 꿀팁 태양 전지는 햇빛을 이용해 전기 에너지를 만들어요.

(2) 태양의 빛에너지가 태양 전지에서 전기 에너지로 전환됩니다. 이 전기 에너지는 전동기에서 태양광 로봇을 움직이는 운동 에너지로 전환됩니다.

만점 꿀팁 태양 전지는 빛에너지를 전기 에너지로 전환하고, 전동기는 전기 에너지를 운동 에너지로 전환해요.

	채점 기준
상	태양의 빛에너지가 태양 전지에서 전기 에너지로 전환되고, 전기 에너지가 전동기에서 운동 에너지로 전환되어 로봇이 움직인다고 설명한 경우
중	태양의 빛에너지가 전기 에너지로 전환된다거나 전기 에너지가 운동 에너지로 전환된다고 일부만 설명한 경우
하	태양의 빛에너지에 의해 로봇이 움직인다고만 설명한 경우

단원 평가 2회

162~164 쪽

01 ④, ⑤ 02 ⑤
03 ㉠ 화학, ㉡ 위치 04 (나)
05 ⑤ 06 ㉢ 07 ㉢
08 ㉢ 09 운동 에너지
10 ㉠ 열, ㉡ 위치 11 ㉠ 12 (다)

서술형 문제

13 예시 답안 • 공통점: 식물과 동물은 모두 양분에서 에너지를 얻는다.
• 차이점: 에너지를 얻기 위한 양분을 식물은 햇빛을 이용해 스스로 만들지만, 동물은 다른 생물을 먹어 얻는다.

14 예시 답안 (다), 음식에는 생물이 생명 활동을 하는 데 필요한 화학 에너지가 저장되어 있다.

15 예시 답안 반딧불이는 먹이에서 얻은 양분을 이용해 빛을 내므로 화학 에너지가 빛에너지로 전환된다. 가로등은 전기를 이용해 빛을 내므로 전기 에너지가 빛에너지로 전환된다.

16 예시 답안 태양의 빛에너지가 태양 전지에서 전기 에너지로 전환되고, 전동기에서 전기 에너지가 운동 에너지로 전환되면서 장난감 자동차가 움직인다.

17 예시 답안 태양의 빛에너지로부터 얻은 전기 에너지가 전동기를 회전시켜 장난감 자동차를 움직인다. 따라서 장난감 자동차를 움직이는 에너지는 태양으로부터 온 것이다.

18 예시 답안 에너지 소비 효율 등급이 높은 전기 기구를 사용한다. 커튼, 이중창 등을 사용해 단열 효과를 높여 적정한 실내 온도를 오랫동안 유지한다. 식물의 겨울눈은 이듬해에 돋아날 잎이나 꽃이 열에너지를 빼앗기지 않도록 보호한다. 등

01 ④ 식물은 햇빛을 이용해 스스로 만든 양분에서 에너지를 얻습니다.
⑤ 동물은 다른 생물을 먹어 얻은 양분에서 에너지를 얻습니다.

왜 틀린 답일까?
① 동물은 다른 생물을 먹어 얻은 양분에서 필요한 에너지를 얻습니다.
② 식물은 햇빛을 이용해 스스로 양분을 만들어 필요한 에너지를 얻습니다.
③ 식물이나 동물은 에너지가 없으면 생명 활동을 할 수 없어 살아가지 못합니다.

02 ⑤ 사과나무와 같은 식물은 햇빛을 이용해 스스로 만든 양분에서 에너지를 얻습니다.

왜 틀린 답일까?
①, ②, ③, ④ 식물은 스스로 양분을 만들어 에너지를 얻지만 사람, 토끼, 개구리, 고양이와 같은 동물은 다른 생물을 먹어 얻은 양분에서 에너지를 얻습니다.

03 화학 에너지는 생물이 생명 활동을 하는 데 필요한 에너지이고, 위치 에너지는 높은 곳에 있는 물체가 가진 에너지입니다.

04 (나): 전기난로가 주변을 따듯하게 할 때 전기 에너지가 열에너지로 전환됩니다.

왜 틀린 답일까?
(가): 태양 전지에서는 태양의 빛에너지가 전기 에너지로 전환됩니다.
(다): 반딧불이가 먹이를 먹고 주위를 밝힐 때에는 화학 에너지가 빛에너지로 전환됩니다.

05 ① 음식물의 화학 에너지는 생물이 생명 활동을 하는 데 필요한 에너지입니다.
② 운동 에너지는 움직이는 물체가 가진 에너지입니다.
③ 위치 에너지는 높은 곳에 있는 물체가 가진 에너지입니다.
④ 빛에너지는 주변을 밝게 비추는 에너지입니다.

왜 틀린 답일까?
⑤ 바람에 휘날리는 태극기는 움직이고 있으므로 운동 에너지를 가지고 있습니다.

06

발로 찬 축구공이 움직일 때 화학 에너지가 운동 에너지로 전환돼요.

높이 떠 있는 축구공은 위치 에너지를 가지고 있어요.

㉢ 공중에 떠 있는 축구공의 위치 에너지가 바닥에 떨어져 굴러가는 운동 에너지로 바뀝니다.

왜 틀린 답일까?

㉠ 학생들이 달릴 때 화학 에너지가 운동 에너지로 바뀝니다.
㉡ 발로 찬 축구공이 공중에 떠 있을 때 화학 에너지가 운동 에너지로 바뀌고, 운동 에너지가 다시 위치 에너지로 바뀝니다.

07 ㉠ 회전목마는 전기 에너지로 움직이므로 전기 에너지가 운동 에너지로 전환됩니다.
㉡ 높은 곳에서 낮은 곳으로 미끄러져 내려올 때 위치 에너지가 운동 에너지로 전환됩니다.

왜 틀린 답일까?

㉢ 롤러코스터가 아래에서 위로 올라갈 때 운동 에너지가 위치 에너지로 전환됩니다.

08 ㉢ 태양광 로봇은 태양 전지에서 빛에너지가 전기 에너지로 전환되고, 전동기에서 전기 에너지가 운동 에너지로 전환되면서 움직입니다. 따라서 태양광 로봇은 태양 빛이 강한 맑은 날에 잘 움직입니다.

왜 틀린 답일까?

㉠ 태양 전지에서 빛을 전기 에너지로 전환해야 태양광 로봇이 움직일 수 있습니다.
㉡ 태양광 로봇이 움직이면 운동 에너지를 갖게 됩니다.

09 태양 전지에서 빛에너지가 전기 에너지로 전환된 후 전동기에서 전기 에너지가 운동 에너지로 전환되어 태양광 로봇이 움직입니다.

10 태양의 열에너지로 물이 증발해 구름이 만들어지고, 구름이 비로 내려 댐에 물이 저장되면 물은 위치 에너지를 가집니다. 이 물의 위치 에너지는 수력 발전소에서 전기 에너지로 전환됩니다.

11 ㉠ 건축물에 이중창을 설치하면 단열에 의해 적정한 실내 온도를 오랫동안 유지할 수 있습니다.

왜 틀린 답일까?

㉡ 식물의 겨울눈은 이듬해에 돋아날 잎이나 꽃이 열에너지를 빼기지 않도록 보호합니다.
㉢ 전기 기구의 에너지 소비 효율 등급은 1 등급에 가까울수록 에너지 효율이 높습니다.

12 (가): 옥상에 태양광 발전기를 설치하면 햇빛이 있을 때 전기 에너지를 생산할 수 있으므로 에너지를 효율적으로 사용할 수 있습니다.
(나): 사람이 있을 때에만 전기 기구를 켜면 사용하지 않을 때 낭비되는 에너지를 절약할 수 있습니다.

왜 틀린 답일까?

(다): 발광 다이오드[LED]등은 형광등보다 전기 에너지를 빛에너지로 전환하는 비율이 높으므로 발광 다이오드[LED]등을 형광등으로 교체하는 것은 에너지를 효율적으로 활용하는 방법이 아닙니다.

13 식물은 햇빛을 이용해 스스로 만든 양분에서 에너지를 얻고, 동물은 다른 생물을 먹어 얻은 양분에서 에너지를 얻습니다.

채점 기준	
상	식물과 동물이 에너지를 얻는 방법의 공통점과 차이점을 모두 옳게 설명한 경우
중	식물과 동물이 에너지를 얻는 방법의 공통점이나 차이점 중 하나만 옳게 설명한 경우

14 열에너지는 물체의 온도를 높이고, 전기 에너지는 전기 기구를 작동하며, 화학 에너지는 생물이 생명 활동을 하는 데 필요합니다.

채점 기준	
상	학생을 고르고, 음식에는 생명 활동을 하는 데 필요한 화학 에너지가 저장되어 있다고 설명한 경우
중	학생만 고른 경우

15 반딧불이는 먹이에서 얻은 화학 에너지로 빛을 내고, 가로등은 전기 에너지로 빛을 냅니다.

채점 기준	
상	반딧불이와 가로등 모두 에너지 전환을 옳게 설명한 경우
중	반딧불이와 가로등 중 하나만 에너지 전환을 옳게 설명한 경우

16 장난감 자동차는 태양 전지와 전동기를 연결해 만들었으므로 햇빛이 태양 전지에서 전기 에너지로 전환되고, 전기 에너지가 전동기를 회전시켜 장난감 자동차를 움직이게 합니다.

채점 기준	
상	태양의 빛에너지가 태양 전지에서 전기 에너지로 전환되고, 전동기에서 전기 에너지가 운동 에너지로 전환되면서 장난감 자동차가 움직인다고 설명한 경우
중	태양 전지의 전기 에너지가 전동기에 연결된 전동기를 회전시켜 장난감 자동차의 운동 에너지로 전환된다고만 설명한 경우
하	빛에너지가 운동 에너지로 전환된다고만 설명한 경우

17 태양의 빛에너지가 태양 전지에서 전기 에너지로 전환되고, 전동기에서 전기 에너지가 운동 에너지로 전환되면서 장난감 자동차가 움직입니다.

채점 기준	
상	예시 답안과 같이 설명한 경우
중	태양으로부터 온 것이라고만 설명한 경우

18 에너지를 효율적으로 이용하는 예에는 에너지 전환 과정에서 효율을 높이는 예와 에너지 사용량이나 에너지 손실을 줄이는 예가 있습니다.

채점 기준	
상	세 가지 예를 모두 옳게 설명한 경우
중	두 가지 예만 옳게 설명한 경우
하	한 가지 예만 옳게 설명한 경우

수행 평가 2회

165 쪽

01 (1) ㉠ 운동 에너지, ㉡ 위치 에너지 (2) ㉢ 전기 에너지, ㉣ 빛에너지, ㉤ 열에너지 (3) 예시 답안 미끄럼틀을 올라가는 학생은 올라가기 위에 움직이므로 운동 에너지를 가지고 있고, 올라가는 동안 높이가 높아지므로 위치 에너지도 가지고 있다.

02 (1) 형광등 (2) 발광 다이오드[LED]등 (3) 예시 답안 형광등과 발광 다이오드[LED]등은 주변을 밝히는 전기 기구이므로 같은 양이 공급된 전기 에너지에서 빛에너지로 전환되는 양이 많은 발광 다이오드[LED]등이 형광등보다 에너지를 더 효율적으로 이용한 것이다.

01 (1) 움직이는 물체는 운동 에너지를 가지고 있고, 높은 곳에 있는 물체는 위치 에너지를 가지고 있습니다.

만점 꿀팁 운동 에너지는 움직이는 물체가 가진 에너지이고, 위치 에너지는 높은 곳에 있는 물체가 가진 에너지예요.

(2) 그림에서 전기 기구를 작동하는 전기 에너지, 주변을 밝게 비추는 빛에너지, 물체의 온도를 높이는 열에너지 등을 찾을 수 있습니다.

만점 꿀팁 우리가 이용하는 에너지 형태에는 열에너지, 빛에너지, 전기 에너지, 화학 에너지, 위치 에너지, 운동 에너지 등이 있어요.

(3) 움직이는 물체는 운동 에너지를 가지고 있고, 높은 곳에 있는 물체는 위치 에너지를 가지고 있습니다.

만점 꿀팁 하나의 상황이나 물체에 여러 가지 에너지 형태가 포함될 수도 있어요.

채점 기준	
상	포함하고 있는 두 가지 에너지에 대해 모두 옳게 설명한 경우
중	포함하고 있는 두 가지 에너지 중 하나만 제시하고 설명한 경우
하	설명 없이 포함된 두 가지 에너지 형태만 쓴 경우

02 (1) 같은 양의 전기 에너지를 공급할 때 형광등은 빛에너지로 40 %～50 %가 전환되고, 발광 다이오드[LED]등은 빛에너지로 90 %가 전환되므로 빛에너지로 전환되는 양이 적은 것은 형광등입니다.

만점 꿀팁 빛에너지로 전환되는 비율이 높을수록 빛에너지로 전환된 양이 많은 거예요.

(2) 형광등과 발광 다이오드[LED]등은 주변을 밝히는 전기 기구이므로 빛에너지로 전환된 양이 많은 발광 다이오드[LED]등이 에너지를 더 효율적으로 이용한 것입니다.

만점 꿀팁 형광등과 발광 다이오드[LED]등과 같은 전기 기구는 빛에너지로 전환되는 비율이 높을수록 에너지를 더 효율적으로 이용한 거예요.

(3) 발광 다이오드[LED]등은 전등을 켰을 때 전기 에너지가 열에너지로 전환되어 손실되는 양이 형광등보다 적습니다.

만점 꿀팁 같은 양의 에너지를 공급하였을 때 손실되는 에너지가 적어서 우리가 원하는 에너지로 전환되는 비율이 높을수록 에너지를 더 효율적으로 이용한 거예요.

채점 기준	
상	형광등과 발광 다이오드[LED]등은 주변을 밝히는 전기 기구이므로 같은 양이 공급된 전기 에너지에서 빛에너지로 전환되는 양이 많은 발광 다이오드[LED]등이 형광등보다 에너지를 더 효율적으로 이용한 것이라고 설명한 경우
중	빛에너지로 전환된 양이 많기 때문이라고만 설명한 경우

초등 필수 어휘를 퍼즐 학습으로 재미있게 배우자!

- 하루에 4개씩 25일 완성으로 집중력 UP!
- 다양한 게임 퍼즐과 쓰기 퍼즐로 기억력 UP!
- 생활 속 상황과 예문으로 문해력의 바탕 어휘력 UP!

초등학교

학년 반 이름

예비초등

한글 완성
초등학교 입학 전
한글 읽기·쓰기 동시에 끝내기 [총3책]

예비 초등
자신있는 초등학교 입학 준비!
[국어, 수학, 통합교과, 학교생활 총4책]

독해 시작편
초등학교 입학 전 독해 시작하기
[총2책]

독해
교과서 단계에 맞춰 학기별
읽기 전략 공략하기 [총12책]

비문학 독해 사회편
사회 영역의 배경지식을 키우고,
비문학 읽기 전략 공략하기 [총6책]

비문학 독해 과학편
과학 영역의 배경지식을 키우고,
비문학 읽기 전략 공략하기 [총6책]

쏙셈 시작편
초등학교 입학 전 연산 시작하기
[총2책]

쏙셈
교과서에 따른 수·연산·도형·측정까지
계산력 향상하기 [총12책]

창의력 쏙셈
문장제 문제부터 창의·사고력 문제까지
수학 역량 키우기 [총12책]

쏙셈 분수·소수
3~6학년 분수·소수의 개념과 연산 원리를
집중 훈련하기 [분수 2책, 소수 2책]

알파벳 쓰기
알파벳을 보고 듣고 따라 쓰며 읽기·쓰기
한 번에 끝내기 [총1책]

파닉스
알파벳의 정확한 소릿값을 익히며
영단어 읽기 [총2책]

사이트 워드
192개 사이트 워드 학습으로
리딩 자신감 쑥쑥 키우기 [총2책]

영단어
학년별 필수 영단어를 다양한
활동으로 공략하기 [총4책]

영문법
예문과 다양한 활동으로
영문법 기초 다지기 [총4책]

하루 한장 한자

교과서 한자 어휘도 익히고
급수 한자까지 대비하기
[총12책]

큰별쌤의 명쾌한 강의와 풍부한 시각 자료로 역사의 흐름과 사건을 이미지로 기억하기 [총3책]

하루 한장 학습 관리 앱
손쉬운 학습 관리로 올바른 공부 습관을 키워요!

개념과 **연산 원리**를 집중하여
한 번에 잡는 **쏙셈 영역 학습서**

하루 한장 쏙셈
분수·소수 시리즈

하루 한장 쏙셈 분수·소수 시리즈는
학년별로 흩어져 있는 분수·소수의 개념을
연결하여 집중적으로 학습하고,
재미있게 연산 원리를 깨치게 합니다.

하루 한장 쏙셈 분수·소수 시리즈로
초등학교 분수, 소수의 탁월한 감각을 기르고,
중학교 수학에서도 자신있게 실력을 발휘해 보세요.

분수 1권

초등학교 3~4학년

- 분수의 뜻
- 단위분수, 진분수, 가분수, 대분수
- 분수의 크기 비교
- 분모가 같은 분수의 덧셈과 뺄셈

⋮

3학년 1학기 _ 분수와 소수
3학년 2학기 _ 분수
4학년 2학기 _ 분수의 덧셈과 뺄셈

스마트 학습 서비스 맛보기

분수와 소수의 원리를 직접 조작하며 익혀요!